한국산업인력관리공단 검정
검정연월일 : 1994.1.19
검정번호 : 제94-008호

비 행 원 리

저자 조 용 욱
서 욱

도서출판 청 연

추천하는 글

현대 과학의 발달은 하루가 다르게 빠른 속도로 진행되고 있음을 실감합니다. 특히, 최첨단 기술의 집합체라고 할 수 있는 항공 산업의 발달은 항공 기술 분야에 종사하고 있는 기술자는 물론, 이 분야를 전공하고자 하는 젊은이들에게 더 많은 관심과 끝없는 도전을 요구하고 있습니다. 최근의 국내 항공 산업은 복수 민간 항공을 중심으로 세계 시장에서 급신장하고 있고 항공기 제작 분야도 점차 확대되고 있는 것은 반가운 일이며, 또한 항공 전문 인력을 양성하는 대학, 군, 전문 교육 기관과 학원의 증가 추세는 고무적인 현상이라 하겠습니다.

이런 추세에 맞추어 항공 기술직에 종사하는 사람이나 새로이 입문하고자 하는 사람이 참고하여 공부할 만한 교재가 그리 흔치 않다는 것은 매우 안타까운 일이었습니다. 현재 시중이나 학교, 학원 등에서 교재로 나와 있는 항공 관련 서적들이 있기는 하나, 단편적이고 부분적인 것이 많아 새로운 항공 전문지식을 체계적으로 공부하기에는 부적합한 실정입니다.

사실, 항공기술 전문 서적은 관련 학교, 학회, 단체, 기업체 등에서 관심을 갖고 끝없는 개발을 하는 것이 바람직스럽지만, 아직까지는 기대에 못 미치고 있는 상황입니다.

다행히도, 젊은이들이 여러가지 어려운 여건임에도 항공 기술 서적 발간에 뜻을 두고 열심을 다하고 있는 것을 볼 때 크게 다행이라 하겠습니다. 이번에 출간되는 항공 종사자 교재 시리즈는 지금까지 보아 왔던 것과는 대조적으로 시대적인 요구에 맞게 최신의 연구 자료를 바탕으로 첨단 복합 소재에서부터 첨단 전자 장비에 이르기까지, 또한 기초적인 내용에서부터 현재 항공기에 적용된 첨단 기술의 예를 망라한 방대한 내용을 싣고 있습니다. 따라서, 현재 항공 분야에 종사하는 사람과 앞으로 입문하고자 하는 사람들에게 새로운 항공 기술 지식을 제공하는 좋은 지침서로서 뿐만 아니라, 국가에서 실시하는 항공 종사자 자격 시험의 수험 참고서로도 손색이 없다고 보아 이를 추천하는 바입니다.

이번에 발간되는 항공 종사자 교재 시리즈가 더욱 노력해서 최신 기술을 계속 소개하는 전문 서적의 길잡이가 되길 바랍니다.

1997년 2월 12일

교통부 항공국 항공기술과장 이 우 종

머리말

비행 원리는 항공 기술 및 항공기와 관련된 업무의 이해에 반드시 필요한 것으로서 특히 항공 분야에 종사하는 사람들에게는 필수적인 과목이라 하겠다. 항공기 기체, 항공 기관, 항공기 장비 등도 나름대로의 원리 및 기능이 있지만 가장 기초가 되는 것으로는 역시 비행 원리에서 다루는 기본적인 문제들에서 출발한다는 점을 중요시 할 필요가 있다.

흔히 비행 원리하고 하면 지레 겁을 먹고 상당히 어려울 것으로 생각하는데 이것은 그동안 복잡한 수식과 고등 수학을 통해서 비행 원리를 설명했기 때문이라고 생각한다.

저자는 이런 점을 고려하여 되도록이면 수식을 사용하지 않고도 비행 원리 및 이와 관련된 문제를 충분히 이해할 수 있게 꾸며 보았다.

제 1 장에서는 표준 대기를 중심으로 항공기와 관련된 환경을 살펴보고
제 2 장에서는 에어포일과 날개 이론을 통해서 어떻게 비행이 이루어지 는지 기본적인 개념을 이해 하도록 했다.
제 3 장에서는 여러가지 성능을 설명하므로써 비행에 관련된 문제점을 이해할 수 있게 했다.
제 4 장에서는 안정성과 조종에 관계된 것으로, 다소 생소하지만 반드시 이해하고 넘어가야할 부분이다.
제 5 장에서는 헬리콥터를 간단히 소개한다. 헬리콥터는 최근 들어 여러가지 특수 목적에 사용될 뿐만 아니라 대중 교통 수단으로도 크게 이용될 것으로 예상한다.

이와 같이 기본적인 비행 환경에서부터 항공기의 성능에 관계된 내용을 다루어서 처음 비행 원리를 접하는 사람이라도 안전하게 항공기를 이해 할 수 있게 했다. 각 장에 알맞는 내용을 적합하게 포함시키려 했으나 다소 어려운 내용이 포함된 부분도 있겠지만, 반드시 알고 넘어가야 할 부분이므로 꾸준이 노력해서 이해하기 바란다.

아무쪼록 이번에 발간되는 비행원리가 독자에게 꼭 필요한 책이 되길 바란다.

1997. 2. 28.
저자

목 차

제 1 장 대 기

제 2 장 날개 이론

제 3 장 비행 성능

제 4 장 항공기의 안정과 조종

제 5 장 헬리콥터의 비행 원리

제1장 대기

1-1. 대기의 성질

1) 대기의 성분

항공기 표면에 작용하는 공기력이나 모멘트는 표면에 작용하는 공기의 특성에 크게 좌우된다. 체적(Volume)으로 구별했을 때 지구 대기를 구성하고 있는 것은 질소가 78%, 산소가 21%, 아르곤, 이산화탄소, 기타 성분이 1%이다. 공기 역학에서 고려하는 공기는 이들 구성 요소들이 일정하게 섞인 상태를 말한다.

기 체	분자 기호	체 적
질 소	N_2	78.09
산 소	O_2	20.95
아르곤	Ar	0.93
이산화탄소	CO_2	0.03
네 온	Ne	1.8×10^{-3}
헬 륨	He	5.24×10^{-4}
메 탄	CH_4	1×10^{-4}
크립톤	Kr	1×10^{-4}
수 소	H_2	5.0×10^{-5}
제 논	Xe	1×10^{-6}
오 존	O_3	1×10^{-6}
라 돈	Rn	6×10^{-18}

표 1-1 대기의 구성 성분(ICAO)

2) 대기권의 구조

그림 1-1과 같이 대기권은 아래층에서부터 대류권, 성층권, 중간권, 열권, 극외권으로 구분한다.

A. 대류권(Troposphere)

일반적으로 대류권에서는 기상 현상인 구름의 생성, 비, 눈, 안개 등의 변화가 일어난다. 또한 지표면에서 복사되는 열로 인해서 지표로부터 1km 상승할 때마다 기온이 6.5°C씩 떨어진다.

대류권과 성층권의 경계면을 대류권계면이라 하고 적도 지방에서는 16~17km이고, 극지방에서는 8~10km이지만 그 높이는 평균 11km정도이다. 이 고도에서는 대기가 안정되어 있어 구름이 없고 기온이 낮아서 제트 항공기의 순항 고도로 적합하다.

B. 성층권(Stratosphere)

성층권에서는 여러가지 형태의 운동이 일어나므로 대기의 성분이 80km까지 거의 일정하다. 성층권 아래층의 기온은 높이에 관계 없이 대체로 일정하지만 위층에서는 높이 약 30km에 오존층이 있어 자외선을 흡수하기 때문에 높다.

성층권과 중간권의 경계면을 성층권계면이라 하며 그 높이는 50km로써 기온이 높다.

C. 중간권(Mesosphere)

성층권 위의 중간권에서는 다시 높이에 따라 기온이 감소한다. 중간권과 열권의 경계면을 중간권계면이라 하며, 그 높이는 약 80km이고 대기권에서 이곳의 기온이 가장 낮다.

D. 열권(Thermosphere)

중간권 위에는 높이에 따라 온도가 계속 상승하는 열권이 있으며 공기가 매우 희박하다. 또한 열권에는 태양이 방출하는 자외선에 의하여 대기가 정리되어 자유 전자의 밀도가 커

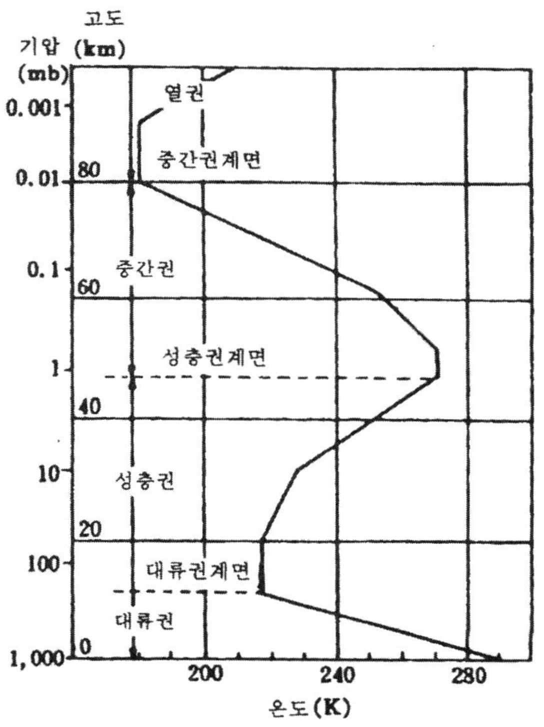

그림 1-1 대기권의 구조

지는 층이 있는데, 이 층을 전리층이라 하며 전파를 흡수, 반사하는 작용을 하여 통신에 영향을 끼친다.

E. 극외권(Exosphere)

열권 위에 극외권이 존재한다. 열권과 극외권의 경계면인 열권계면의 고도는 약 500km이다. 극외권에서는 분자, 원자가 다른 분자, 원자와 충돌할 수 있는 기회가 아주 적어 각 분자, 원자는 지상에서 발사된 탄환과 같은 궤적을 그리며 운동한다.

3) 국제표준대기(ISA)

지구를 둘러싸고 있는 대기는 질소, 산소, 그리고 수증기 등의 여러가지 기체의 혼합물로서 거기에 포함되어 있는 수증기를 제거하면 어떤 고도까지 혼합비나 조성이 변하지 않는다. 또, 대기는 고도가 높아질수록 온도, 압력(기압), 공기 밀도 등이 감소한다.

항공기는 이와 같은 대기중을 비행하기 위해 비행 특성이나 성능이 대기의 상태 변화에 영향받기 쉽고, 또 대기의 물리량은 시간과 장소에 따라 크게 변화한다. 따라서, 항공기의 설계상으로는 원래부터 운용면에 있어서도 하나의 기준이 되는 대기 상태를 정하고 이것을 국제표준대기(ISA : International Standard Atmosphere) 또는 단순히 표준대기라고 부르고 있다.

표준대기란 다음 조건을 만족하는 대기이다.

① 공기는 건조(Dry)해야 하며 이상 기체의 상태 방정식 $P=\rho gRT$가 고도, 장소, 시간에 관계 없이 만족될 것. 여기서 P, ρ, g, R, T는 각각 대기중의 어떤 고도에 있어서의 기압, 공기 밀도, 중력의 가속도, 기체 상수, 절대 온도이다. 엄밀한 계산이 필요한 경우를 제외하고, g 및 R은 고도에 상관 없이 일정하다고 생각해도 좋다.

② 해면(Sea Level)을 고도의 기준으로 하여 여기서의 기압, 공기 밀도, 온도는 각각 다음과 같다.

기 압 : P_0=29.92in · Hg=14.7psi=760mm · Hg

공기 밀도 : ρ_0=0.002377 lb · sec^2/ft^4

=1/8kg · sec^2/m^4(비중 1/800)

기 온 : T_0=15° C=59° F(288° K=519° R)

③ 고도 11km까지를 대류권이라고 하는데, 그 고도까지는 온도가 일정한 비율(-6.5°C/km)로 감소하여 11km에서 −56.5°C이고, 그 이상의 고도(성층권)에서는 −56.5°C의 일정 온도를 유지한다고 가정한다.

④ 해면에서 고도 11km까지의 온도 변화는 직선적으로 변한다.

이상의 조건에서 기압이나 공기 밀도의 고도 변화를 계산할 수가 있는데, 그 결과를 그래프로 나타낸 것이 그림 1-2이다.

이와 같이 표준대기(ISA)에서는 기압, 밀도, 기온의 모든 양이 고도에 대해 한결같이 정해져 있으므로, 표준대기의 조건하에서는 어떤 고도에 있어서의 이들의 어느 값을 알면 역으로 고도를 구하는 것도 가능해진다.

실제 대기중에서 측정한 압력, 밀도, 그리고 온도로부터 이렇게 하여 구한 고도를 각각 기압 고도(Pressure Altitude), 밀도 고도(Density Altitude), 온도 고도(Temperature Altitude)라고 한다. 다만 이들이 아주 똑같아지는 것은 당연한 것이지만, 이는 실제의 대기가 표준대기와 같은 경우에 한하며 현실적으로 실제의 대기가 표준대기와 같아지는 것은 거의 기대할 수 없다.

예를 들면 대류권계면(Tropopause)이라 하더라고 극지방에서는 8~10km 이하, 적도에서는 16~17km 이상까지 달하고 기온도 장소 뿐만이 아니라 시간적으로도 크게 변화한다.

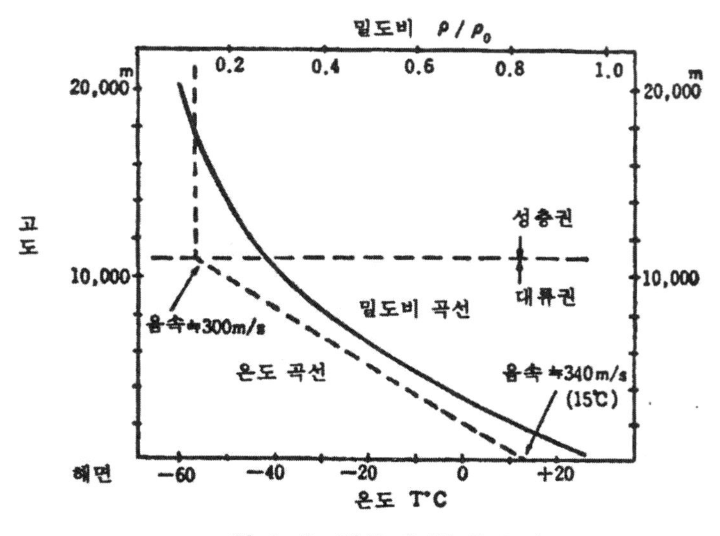

그림 1-2 밀도비 및 온도비

고도 Z (m)	온도 T (°C)	기압 p(kg/cm²)	기압비 p/p₀	밀도 (kg-s²/m⁴)	밀도비 ρ/ρ₀	음속 (m/s)
0	**15.00**	**1.03323**	**1.00000**	**.12492**	**1.00000**	**340.42**
500	11.75	.97343	.94213	.11903	.95287	338.50
1000	8.50	.91646	.88699	.11336	.90746	336.56
1500	5.25	.86223	.83450	.10789	.86373	334.62
2000	2.00	.81062	.78456	.10263	.82162	332.66
2500	− 1.25	.76155	.73706	.09757	.78111	330.69
3000	− 4.50	.71491	.69196	.09270	.74214	328.70
3500	− 7.75	.67061	.64904	.08802	.60467	326.71
4000	**−11.00**	**.62955**	**.60884**	**.08352**	**.66867**	**324.70**
4500	−14.25	.58866	.56973	.07921	.63410	322.68
5000	−17.50	.55085	.53313	.07506	.60091	320.65
5500	−20.75	.51502	.49846	.07108	.56906	318.61
6000	**−24.00**	**.48111**	**.46564**	**.06727**	**.53852**	**316.55**
6500	−27.25	.44903	.43459	.06361	.50926	314.48
7000	−30.50	.41870	.40524	.06011	.48122	312.39
7500	−33.75	.39005	.37751	.05676	.45438	310.29
8000	**−37.00**	**.36302**	**.35134**	**.05355**	**.42870**	**308.18**
8500	−40.25	.33752	.32666	.05048	.40415	306.05
9000	−43.50	.31348	.30340	.04755	.38069	304.91
9500	−46.75	.29086	.28151	.04475	.35828	301.75
10000	**−50.00**	**.26975**	**.26091**	**.04208**	**.33690**	**299.58**
10500	−53.25	.24957	.24154	.03953	.31651	297.39
11000	−56.50	.23078	.22336	.03710	.29707	295.18
11500	〃	.21329	.20643	.03429	.27455	〃
12000	〃	**.19712**	**.19078**	**.03169**	**.25373**	〃
12500	〃	.18217	.17631	.02929	.23450	〃
13000	〃	.16386	.16294	.02707	.21672	〃
13500	〃	.15559	.15059	.02501	.20029	〃
14000	〃	.14380	.13917	.02312	.18510	〃
14500	〃	.13290	.12862	.02136	.17107	〃
15000	〃	.12282	.11887	.01974	.15810	〃
15500	〃	.11351	.10986	.01825	.14611	〃
16000	〃	**.10490**	**.10153**	**.01686**	**.13503**	〃
16500	〃	.09694	.09383	.01558	.12480	〃
17000	〃	.08959	.08671	.01440	.11534	〃
17500	〃	.08280	.08014	.01331	.10659	〃
18000	〃	.07652	.07406	.01230	.09851	〃
18500	〃	.07072	.06845	.01137	.09104	〃
19000	〃	.06536	.06326	.01051	.08413	〃
19500	〃	.06040	.05846	.00971	.07776	〃
20000	〃	**.05582**	**0.05403**	**0.00897**	**.07186**	〃

표 1-2 표준대기표

항공기에 사용하는 고도계는 기압 고도계가 사용되고 있는데, 이것은 대기압이 이들 3가지 중에서 가장 변동이 작고, 또 측정하기 쉽기 때문이다.

한편, 항공기의 성능면에서 가장 중요한 요소는 공기 밀도이다. 해면상의 공기 밀도는 이미 주어진 것처럼 물의 거의 1/800로서 물에 비해서는 작다고 하지만, 매우 큰 값임을 알아야 한다. 공기 밀도는 고도 변화 뿐만이 아니고 온도에 의해서도 변화한다. 어떤 기압 고도하에서 측정한 기온이 표준대기와 다른 경우, 예를 들면 기온이 표준대기보다 높으면 공기는 팽창하기 때문에 공기 밀도가 작아지고, 따라서 밀도 고도는 기압 고도보다 높아진다.

1-2. 기체의 성질과 법칙

항공기는 공기중을 움직이는 것이지만, 비행하고 있는 항공기의 날개 등의 주위를 보면 공기가 흐르고 있는 것과 같다. 이러한 견지에서 보면 공기를 단지 정지한 매체가 아닌 이동하는 기체로 보아야 하는 것은 분명하다. 그러므로 공기가 기체로서 어떤 성질을 갖고, 또 거기에 어떤 법칙이 성립하는지를 이해할 필요가 있다.

공기가 갖는 첫번째의 성질은 외부 힘에 의해 체적이나 밀도가 변화하는 것인데 반드시 압축을 받는 것 뿐만이 아니라 팽창도 하는데, 이러한 성질은 일반적으로 압축성(Compressibility)이라고 부른다. 그러나, 이 압축성은 물체가 음속(Velocity of Sound)에 가깝거나 그 이상의 고도로 움직일 때는 문제가 되지만, 일반적인 프로펠러 항공기처럼 최대 속도가 300kt 이하인 비행기에서는 해면상의 음속(약 660kt)에 비하여 작으므로 모든 비행 속도 영역에서 공기의 압축성을 무시하고 다룰 수가 있다.

두번째 성질로는 공기가 물체에 붙으려고 하는 성질, 즉 점성(Viscosity)이 있다. 점성은 물체가 운동할 때 항상 관계되고 이것을 무시하고서는 다룰 수가 없으며 매우 중요한 의미를 가지므로 자세히 알아볼 필요가 있다. 그러나, 먼저 유체의 기본적인 관계를 알기 위해 압축성을 무시하고, 또 점성이 없는 유체(Inviscid Fluid)를 생각해보고 점차 점성의 효과를 고려해보기로 한다.

유체의 운동을 흐름(Flow)이라 하며, 특히 그 흐름 속의 임의의 점에서의 유속, 압력, 밀도, 그리고 온도 등이 시간적으로 변동하지 않을 경우를 정상류(Steady Flow)라고 한다. 지금 변함 없는 정상류를 생각해 보고 그 속의 임의의 형태를 가진 물체를 넣었다고 한다면 유체 입자의 움직이는 경로, 즉 유선(Stream Line)은 그림 1-3과 같이 된다.

이와 같은 흐름은 물체의 영향을 받고, 유선의 간격은 공간적으로 일그러져 있으므로 유속이나 압력 등의 크기가 다르다. 따라서 유속이나 압력이 부분적인 변화를 나타내는 유체에는 일정한 법칙이 적용될 수 있으며 그것은 연속의 법칙과 베르누이 법칙이다.

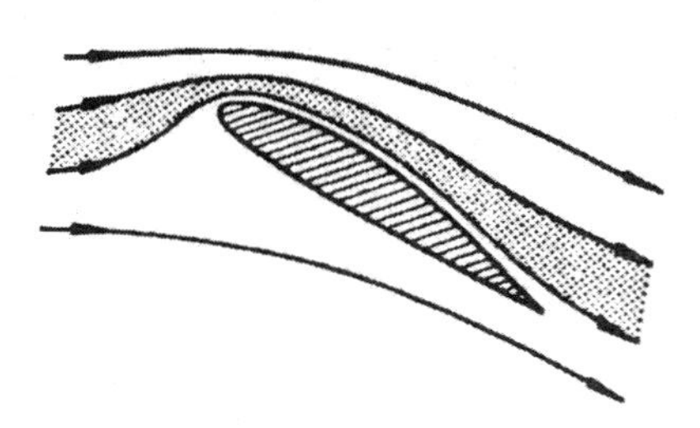

그림 1-3 유선(Stream Line)

1) 연속의 법칙

정상 흐름이고 점성이 없는 유체를 완전 유체(Perfect Fluid)라고 한다.

지금 비압축성인 완전 유체에서 물체 주위의 흐름에 한개의 폐곡선을 잡고 그 각 점을 지나는 유선을 그리면 하나의 흐름 튜브가 생긴다. 이 튜브를 유관(Stream Tube)이라 한다.

그림 1-4와 같이 유관에 2개의 단면을 설정하고 그 면적을 S_1, S_2, 유속을 V_1, V_2라고 하면 단위시간에 단면 S_1을 지난 유관에 유입되는 유량은 $\rho_1 V_1 S_1$(ρ_1은 공기 밀도), 또 단면 S_2를 지나 흐르는 유량은 $\rho_2 V_2 S_2$가 된다. 정상 흐름에서는 단면 S_1과 S_2로 둘러쌓인 유관 내의 흐름량이 항상 일정하므로 유입량=유출량이어야 한다.

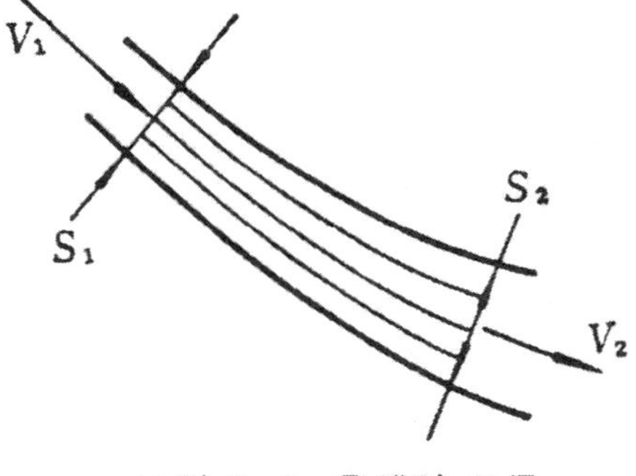

그림 1-4 유체의 흐름

$$\rho_1 V_1 S_1 = \rho_2 V_2 S_2 \qquad \text{(1-1)}$$

이 관계식을 연속의 법칙(Equation of Continuity)이라고 한다.

압축성을 무시할 수 있는 유체에서는 $\rho_1 = \rho_2$이므로 식 (1-1)은 다음과 같이 나타낼 수 있다.

$$V_1 S_1 = V_2 S_2 \qquad \text{(1-2)}$$

이 관계에서 비압축성 유체에 있어서의 같은 유관 내의 유속은 유관의 단면적에 반비례함을 알 수 있다. 예를 들어 그림 1-5와 같은 경우에는 $S_2 > S_1$이므로 $V_2 < V_1$가 된다.

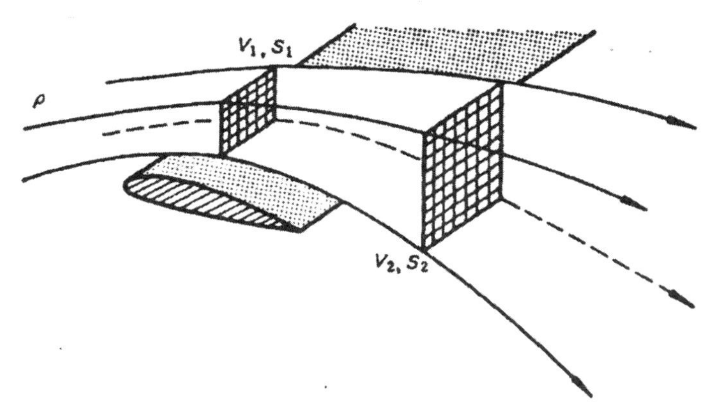

그림 1-5 유체의 흐름

2) 베르누이의 정리

유체 속에 잠겨 있는 어느 한 지점에 작용하는 압력은 상하 좌우 방향에 관계 없이 일정하게 작용하는데, 이 압력은 유체의 정압(Static Pressure)이라고 한다. 정지 상태에 있는 유체의 정압은 주어진 점의 위쪽에 있는 유체의 무게에 비례한다. 따라서, 대기압이란 측정하는 점의 위쪽에 있는 공기의 무게를 나타내며, 수중에 있는 한 점의 압력은 그 점의 위쪽에 있는 물 무게와 공기 무게를 합한 값을 나타낸다.

유체가 흐를 때 유체의 입자는 속도를 가지게 되며 입자의 질량과 속도의 제곱을 곱한 값은 입자의 운동 에너지를 나타낸다. 유체의 운동 에너지는 압력으로 나타낼 수 있다. 예를 들어 수평 방향으로 균일하게 흐르는 유체가 그 흐름 방향에 대하여 수직으로 세워진 벽면에 부딪히면 벽면에 힘이 작용한다. 이때 유체의 운동 에너지는 벽면에 단위 면적당 작용하는 힘인 압력으로 변환된다. 흐르는 유체의 운동 에너지를 해당되는 압력으로 변환했을 때의 이 압력을 동압(Dynamic Pressure)이라 한다.

유체의 밀도를 ρ, 속도를 V라고 하면 동압 q를 다음 식으로 표시된다.

$$q = \frac{1}{2}\rho V^2 \quad \text{------------------------------} (1\text{-}3)$$

이 식으로부터 유체의 동압은 유체의 운동 에너지가 압력으로 변환된 것이며, 그 값은 속도의 제곱에 비례하는 것을 알 수 있다.

이상 유체의 정상 흐름에서 동일한 유선상의 정압 P와 동압 q 사이에는 다음과 같은 관계가 성립한다.

$$\text{정압}(P)+\text{동압}(q)=\text{전압}(P_t)=\text{일정}$$

유체의 흐름에서 정압과 동압을 합한 값은 일정한데, 이 압력을 전압(Total Pressure)이라 한다. 위의 관계를 수식으로 나타내면 다음과 같다.

$$P+\frac{1}{2}\rho V^2=P_t \qquad (1-4)$$

이 식은 유체 역학에서 가장 기초적인 식이며 이 관계를 베르누이의 정리(Bernoulli's Theorem)라고 한다. 정상 흐름의 경우에 베르누이의 정리는 정압과 동압을 합한 결과가 항상 일정하다는 것을 나타내며, 어느 한점에서 흐름의 속도가 빨라지면 그 곳에서의 정압은 감소함을 나타낸다.

3) 정압, 동압, 전압

해저의 수압이 높다던가 압축기의 압력이 얼마라고 할 때, 그 압력은 유체 중의 어떤 점에서 모든 방향에 같은 크기를 나타내는 것으로 생각하고 있다. 이 압력을 정압(Static Pressure)이라 하며 P로 나타낸다. 이 정압은 정지 중의 유체에는 물론이고 운동하고 있는 유체에도 존재하며 모든 방향에 대해 수직분력으로 작용한다.

한편, 흐름 속에 평판(Flat Plate)을 직각으로 놓으면 흐름은 정면으로 막히게 되어 평판을 떠밀어 보내려고 하는 압력이 작용한다. 이 압력은 운동하고 있는 유체에만 존재하는 압력이므로 동압(Dynamic Pressure)이라 하고 q로 나타낸다.

그래서 평판의 정면에 작용하는 압력은 그 유체중의 정압 P(평판에서 떨어진 곳에서 측정)와 동압 q와의 합계가 되며, 그 식은 다음과 같다.

$$P+\frac{1}{2}\rho V^2 \qquad (1-5)$$

앞에서 설명한 정압은 유체가 갖는 위치에너지(Potential Energy)를 나타내며, 동압은 유체의 운동에너지(Kinetic Energy)를 나타낸다고 생각할 수 있다. 그래서 2가지의 합계는 유체의 기계적 에너지의 총합을 나타낸다고 할 수 있다. 이 총합을 전압(Total Pressure)이라고 부른다. 이상에서 정압, 동압, 전압의 세가지를 명확히 구분하고 이해할 수 있었다.

4) 피토 튜브 · 벤츄리 튜브

피토 튜브(Pitot Tube)는 베르누이의 정리를 응용한 속도계(Airspeed Indicator)로서 비행기나 풍동의 사용에 적절하며 원리는 그림 1-6와 같다.

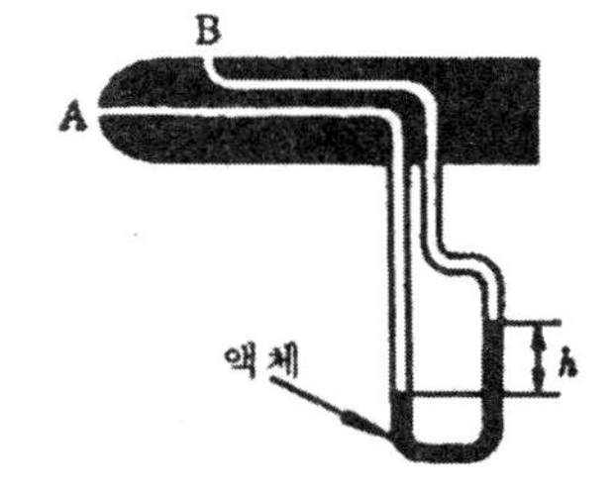

그림 1-6 피토 튜브의 원리

정압은 B점에서 측정한다. 둥근 관을 흐름에 평행하게 놓고 그 측벽의 B점에 구멍이 있어서 B점의 구멍에 가해지는 유체의 압력을 측정하면 정압을 얻는다. 전압은 A점에서 측정된다. A점은 튜브의 측면 끝에 있으며 흐름에 직각인 부분에 구멍이 있으므로 A점 구멍으로 유입 압력을 측정하면 전압을 얻는다.

동압은 직접적으로는 측정할 수 없으나 전압(정압+동압)과 정압과의 차이므로, 그림 1-5의 U자관에 표시된 높이의 차 h를 측정하면 구할 수 있다.

위의 것을 식으로 나타내면 다음과 같이 된다.

A점의 압력 $= P + \frac{1}{2}\rho V^2$
B점의 압력 $= P$(정압)
A점과 B점의 압력차 $= \frac{1}{2}\rho V^2$

이 압력차와 액체의 높이 h에 의한 압력이 균형을 이루고 있으므로,

$$\frac{1}{2}\rho V^2 = \gamma h = V \text{ ---------------------------- } (1\text{-}6)$$

따라서, 높이 h를 측정하면 식 (1-6)에서의 속도 V를 계산할 수 있다.

풍동의 측정에 피토 튜브를 사용하는 경우, 일반적으로 액체는 알콜을 사용하지만 물($\gamma=1$)이라고 생각하자. $\rho=1/8$이므로 풍속이 20m/s일 때는 ∴ $h=25$mm가 되어 계측하기 쉬우나, 5m/s일 때는 $h \fallingdotseq 1.5$mm가 되어 계측 오차를 피하기 어려우므로 실용적이지 못하다.

현재 사용중인 대기 속도계는 대부분 피토 튜브(Pitot Tube)를 사용하고 있으며, 액체 기둥 대신 다이아프램(Diaphragm)의 변형을 이용하고 있다 (그림 1-6).

속도계는 설명과 같이 $\frac{1}{2}\rho V^2$를 측정하는 것이므로 해면 고도에서는 정확한 속도를 나타내지만, 높은 고도에서는 ρ의 값이 작아서 진대기 속도(True Airspeed : TAS)보다 작은 속도를 나타낸다. 그것을 계기 속도 또는 지시대기 속도(Indicated Airspeed : IAS)라고 한다.

한편, 사용되고 있는 피토 튜브는 그다지 돌출되어 있지 않고 비행기 주위의 공기 흐름이 불균일하기 때문에 오차를 포함하고 있다. 이것을 위치 오차(Position Error)라고 한다. 위치 오차를 완전히 수정한 것을 표현할 때는 지시대기 속도라고 하지 않고 교정 대기 속도(Calibrated Airspeed : CAS)라고 부른다.

등가 대기 속도 V_0는 어느 지점의 압력 $\frac{1}{2}\rho V^2$을 $\frac{1}{2}\rho_0 V_0^2$(ρ_0은 해면 값)으로 고려한 것이다. 공기 압축성의 영향이 작을 때 교정 대기 속도의 값이 등가 대기 속도의 값과 거의 같다.

앞에서 흐름 속도가 큰 곳에서는 정압이 낮아짐을 알 수 있었다. 한편, 연속의 법칙에서 유속 튜브가 가는 곳에서는 유속이 큰 것을 알 수 있다. 따라서 유속 튜브가 가늘어지면 정압이 반드시 낮아진다.

이 특성은 날개에 생기는 양력을 생각할 때는 물론, 임의의 물체 주위의 흐름과 물체 형상과의 관련을 생각할 때 항상 인용되는 중요 특성이다.

벤츄리 튜브(Venturi Tube)는 이 특성을 이용한 유속계이다. 그림 1-8에서 A점의 유속을 V_1, 정압을 P_1, 튜브의 단면적을 S_1로 하고 B점의 각각의 값을 V_2, P_2, S_2라고 하면,

$$\text{A점의 전압} = P_1 + \frac{1}{2}\rho V_1^2$$
$$\text{B점의 전압} = P_2 + \frac{1}{2}\rho_0 V_2^2$$

전압은 같은 관에 대해 일정하므로,

$$P_1 + \frac{1}{2}\rho V_1^2 = P_2 + \frac{1}{2}\rho_0 V_2^2$$
$$\therefore P_1 - P_2 = \frac{1}{2}\rho(V_2^2 - V_1^2)$$

연속 법칙의 식 (1-1), $S_1 V_1 = S_2 V_2$을 이용하여,

$$P_1 - P_2 = \frac{1}{2}\rho V_1^2(S_1^2/S_2^2 - 1) \quad \text{------------------------}(1\text{-}7)$$

윗 식에 의해 V_1이 작을 경우라도 S_1/S_2를 크게 해두면 좌변의 $P_1 - P_2$가 커진다. 따라서, 그림 1-7의 h가 크게 되고 계측 오차를 피해서 작은 속도 V_1을 구할 수 있다. 그러므로 글라이더처럼 속도가 늦은 것에는 벤츄리형의 속도계가 적합하다.

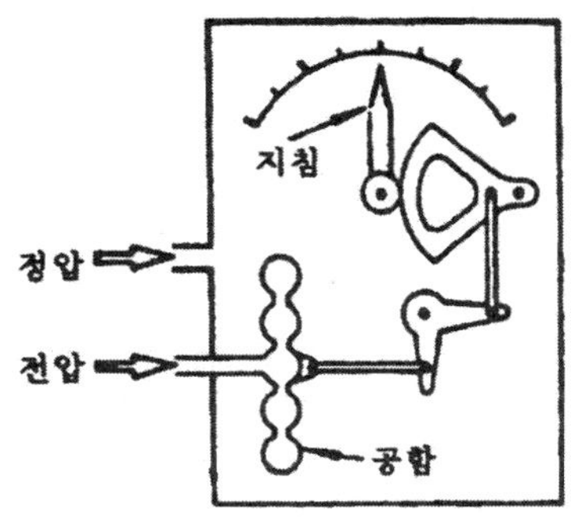

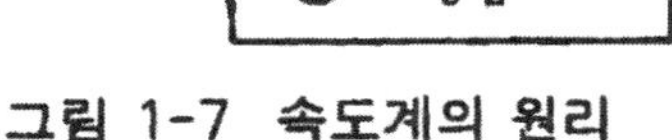

그림 1-7 속도계의 원리

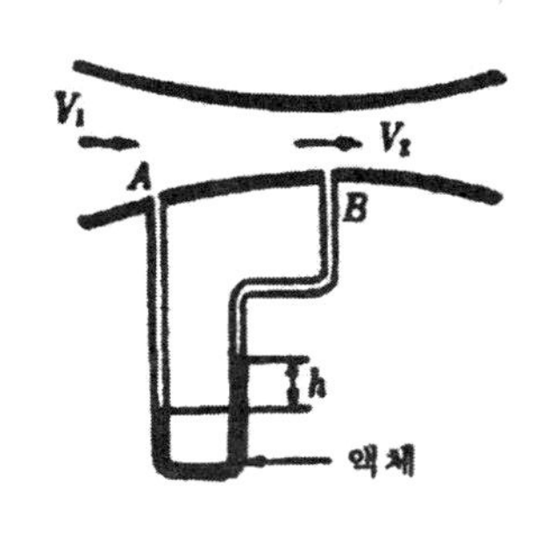

그림 1-8 벤츄리 튜브의 원리

실용시에 속도계(즉 U자관)의 한 끝은 B점에 연결되나 다른 끝은 A점으로의 배관을 생략해서 조종실 내로 개방하는 수가 많다. 조종실 내는 약간 부담이 되어 A점의 대기압보다 작지만, 약간의 오차가 있음을 알면서도 생략하고 있다.

5) 압력 계수

똑같은 흐름 속에 물체를 넣으면 그 주위의 유속이나 압력이 변화하므로 물체 표면에 작용하는 압력(정압)이 어떻게 분포되어 있는지를 아는 것은 흥미깊다. 그림 1-9와 같이 물체에서 충분히 떨어진 곳에서의 유속을 V_0, 정압을 P_0이라고 하고, 물체 표면상의 임의의 점에서의 유속 및 정압을 각각 V, P로 하자.

유속과 압력과의 사이에는 베르누이의 정리에서 다음과 같은 관계가 성립한다.

$$P_0+\frac{1}{2}\rho V_0^2=P+\frac{1}{2}\rho V^2 \quad \text{------------------------}(1\text{-}8)$$

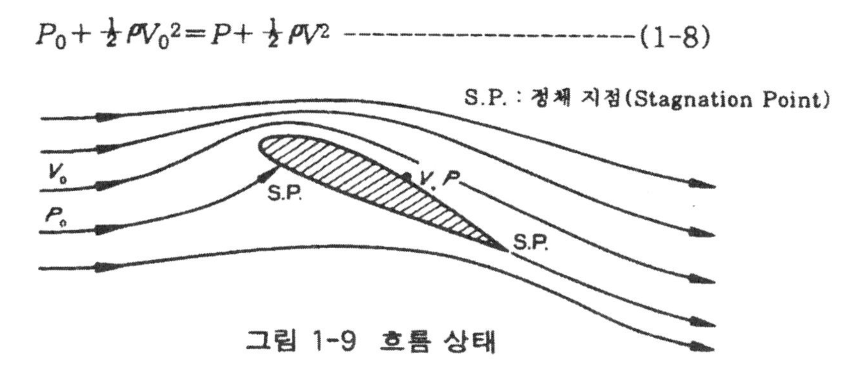

그림 1-9 흐름 상태

물체 표면상의 압력 P는 물체에서 충분히 떨어진 곳에서의 압력 P_0와의 차로 비교하는 수가 많고, 또 이것을 유체의 동압($\frac{1}{2}\rho V_0^2$)으로 나눈 다음과 같은 계수를 도입한다.

$$C_P = \frac{P - P_0}{1/2\rho V^2} \quad \text{------(1-9)}$$

이 C_P를 압력 계수(Pressure Coefficient)라 하며, 이것은 물체 표면상의 국소 압력이 주위의 압력(Ambient Pressure)에 대해 어느 정도 변화하고 있는지를 아는 기준으로 사용할 수 있다.

$$V > V_0,\ P < P_0,\ C_P < 0$$
$$V = V_0,\ P = P_0,\ C_P = 0$$
$$V < V_0,\ P > P_0,\ C_P > 0$$

특히, 흐름이 물체의 상하로 나뉘는 분기점을 정체 지점(Stagnation Point)이라 하는데 이 점에서는 유속 V는 0이다. 따라서, 정체 지점(S.P.)에서의 정압은

$$P = P_0 + \frac{1}{2}\rho V_0^2 = P_t \quad \text{------(1-10)}$$

이 되어 이 곳에서는 유체가 가지는 전압이 작용하게 되어 압력 계수가 $C_P = +1$이 된다.

대칭적인 물체를 흐름에 평행으로 놓았을 때의 물체 표면에 있어서의 압력 분포 및 유속 분포의 예를 그림 1-10에 나타냈다.

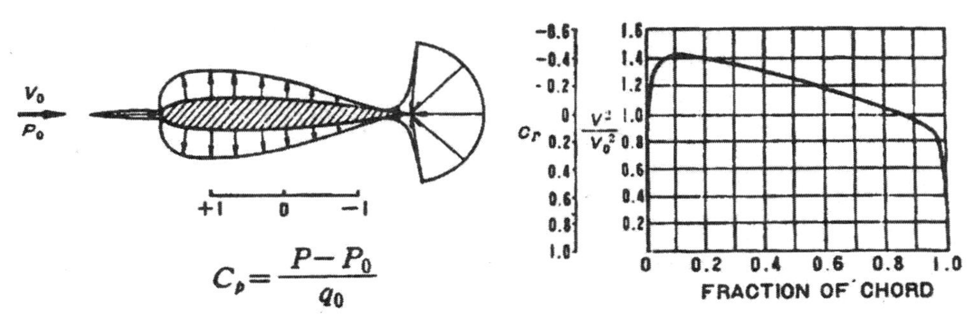

그림 1-10 이상 유체의 압력과 속도 분포

6) 대기 속도

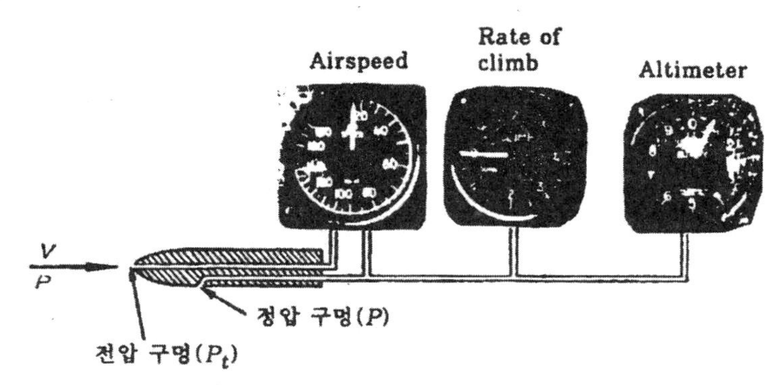

그림 1-11 피토 튜브와 피토 정압 계통

유체 법칙의 응용으로 항공기의 운용상 매우 중요한 대기 속도의 측정법에 대해 설명한다. 측정 수단에는 통상 피토관(Pitot Tube)을 사용한 공기역학적 방법이 널리 사용된다. 지금 그림 1-11과 같은 피토 튜브를 공기 흐름에 대해 평행으로 놓았다고 하고 유체의 점성의 영향은 적다고 해서 이것을 무시하고 생각하자.

전압 구멍(Total Pressure Hole)은 공기 흐름의 정체 지점(S.P.)에 대응되는 것으로 정압 구멍(Static Pressure Hole 또는 Static Port)은 대기 정압의 취입구이다. 전압 P_t와 정압 P와의 사이에는 식 (1-10)에서도 알 수 있듯이 다음과 같은 관계가 성립한다.

$$P_t - P = \frac{1}{2}\rho V^2 \text{ ----------------------------(1-11)}$$

이 식에서 유속 V를 구하면 다음과 같다.

$$V = \sqrt{\frac{2(P_t - P)}{\rho}} \text{ --------------------------(1-12)}$$

이 식에서 압력차(Differential Pressure)($P_t - P$)와 공기 밀도(ρ)가 주어지면 유속 V는 구해지게 된다. 그러나, 이들 중 압력차는 피토 정압 계통(Pitot Static System)으로 직접 측정할 수 있으나 공기 밀도는 측정할 수 없고, 특히 밀도는 고도나 대기 상태에 따라 크게 변화한다. 그래서 표준대기에서의 해면상의 공기 밀도(ρ_0)를 기준으로 해서 이것을 이용하여 식 (1-12)를 다시 써보면 다음과 같이 된다.

$$V=\sqrt{\frac{2(P_t-P}{\rho_0}}\cdot\sqrt{\frac{\rho_0}{\rho}} \quad \text{------------------------(1-13)}$$

$$\text{여기서,}\ V_1=\sqrt{\frac{2(P_t-P)}{\rho_0}},\ \sigma=\frac{\rho}{\rho_0} \quad \text{-------------------(1-14)}$$

라고 놓으면 식 (1-13)은 다음 관계식으로 나타난다.

$$V=V_1\cdot\frac{1}{\sqrt{\sigma}} \quad \text{-----------------------------------(1-15)}$$

여기서, V_1는 압력차 (P_t-P)로 정해지고, 이 차압의 평방근에 비례하도록 눈금 표시를 하면 V_1를 알 수 있다. 비행기에 사용되는 속도계는 이렇게 해서 공기 밀도의 변화를 무시하고 표시하므로 진대기 속도 V를 나타내지 않는다. 따라서, 이들을 구별해서

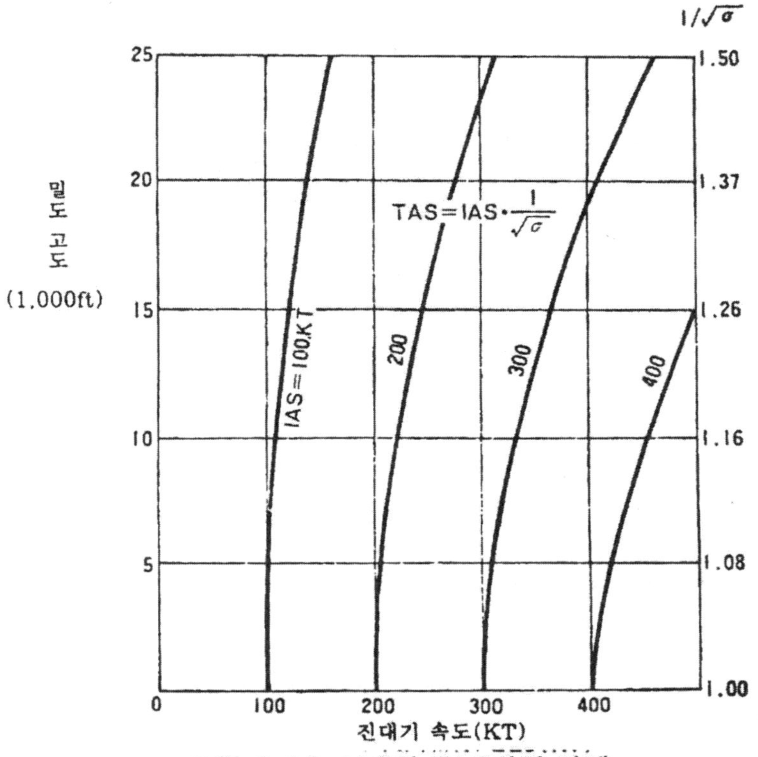

그림 1-12 IAS와 TAS와의 관계

V를 진대기 속도　　TAS(True Airspeed)
V_1를 지시대기 속도　IAS(Indicated Airspeed)

IAS와 TAS는 표준대기 해면상에서는 같아지지만 고도가 높아지거나 대기가 국제표준대기와 다를 때는 다른 값이 되므로, TAS를 알려면 기압 고도와 외기 온도를 각각 다른 방법으로 측정해서(이것으로 그때의 공기 밀도를 알 수 있다) σ의 값을 계산해야 한다. 그러나 실제로는 이와 같은 계산을 하는 것이 번거로운데다 시간도 걸리므로 테이블이나 챠트를 써서 식 (1-15)로부터 TAS를 구하거나 항법 계산 장치를 사용해서 직접 읽는 등의 방법을 취한다. IAS는 비행기의 운용상 매우 중요한 의미와 역할을 하고, 한편 TAS는 항법에서 중요한 속도이므로 이들의 관계는 충분히 이해해 둘 필요가 있다. IAS에 대한 TAS의 밀도 고도(Density Altitude)의 변화는 거의 그림 1-12와 같이 된다.

실제의 비행기에서는 정압 구멍이 반드시 피토관에 삽입되지 않으므로, 기체 동체 쪽에서 또 기체 자세 등의 변화가 있어도 거의 대기압과 같은 압력이 되는 장소를 선택하여 장착하는 경우가 많다. 그림 1-13은 비행기의 동체 표면에 따른 압력 분포를 나타낸 것이다. 대기압과 표면의 정압이 같아지는 장소가 몇 군데 있으므로, 위의 조건을 가장 잘 만족하는 장소에 정압 구멍을 설치하게 된다. 전압을 검출하는 피토관도 공기 흐름에 마주하고 다른 물체 표면에서 생긴 경계층 속에 들어가지 않을 장소가 선택된다. 다음에 대

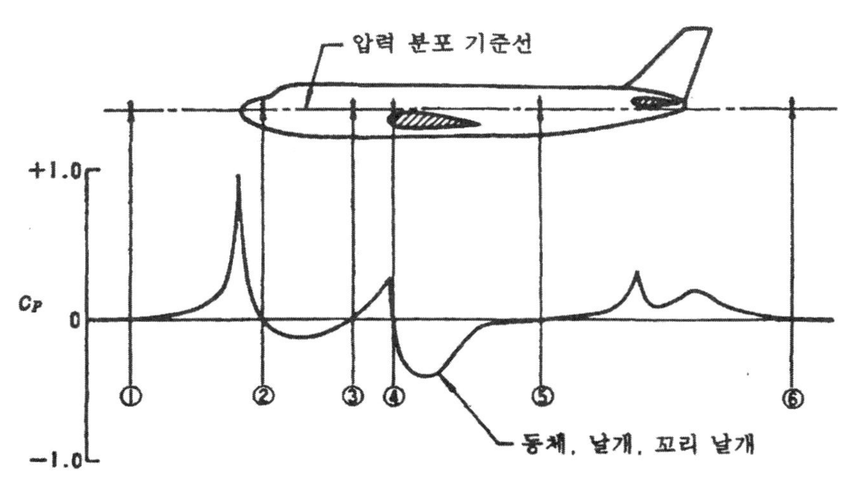

그림 1-13 항공기 동체 ①~⑥의 일반적인 압력 분포

기 속도계(Airspeed Indicator)에 관계되는 몇가지 중요 사항에 대해 설명한다.

대기 속도계는 피토 정압 계통에 의해 전압과 정압을 검출해서 그 압력차에 대응되는 속도 표시를 얻을 수 있도록 계기판의 눈금 표시를 하고 지침의 위치에서 속도를 읽는 계기이다. 그러나, 어떤 항공기의 대기 속도도 다음 조건으로 하고 있다.

① 압력 검출부에서 계기 장치에 이르기까지의 정도가 높을 것
② 정압은 비행중인 대기압을 정확히 측정할 것
③ 고도=0에서 속도 지시치가 TAS와 일치할 것

위의 조건 ①에서 계기 자체 정밀도에 관한 오차를 계기 오차(Instrument Error)라고 하는데, 최근에는 계기의 정밀도도 향상되어 이 오차는 매우 적어졌다.

조건 ②에 관해서는 특히 정압 구멍에 작용하는 압력이 정확히 대기압과 일치할 것이 필요하다. 정압 구멍이 피토 튜브에 있는 경우는 비교적 정도가 높게 대기압(정압)을 검출한다. 그러나, 동체 측면 쪽에 정압 구멍이 있는 중형기나 대형기에서는 기체의 자세가 변하거나(정상 비행을 하고 있는 경우라도 비행 속도나 고도, 또는 그때의 기체 중량에 의해 비행 자세가 변화한다) 혹은 주익의 안쪽 후방에 장착된 플랩 등의 하향각에 의해 정압 구멍에 작용하는 압력이 대기압과 달라지는 수가 있다. 정압 구멍의 장착 위치에 관계되는 이러한 오차를 특히 위치 오차(Position Error)라고 한다. 이처럼 어떤 특정한 비행 상태에서는 정확한 오차의 속도를 지시하더라도 그 밖의 경우에는 오차가 있는 속도 표시가 되고, 또 이 오차는 비행기마다 다른 값을 갖는다. 따라서, 이 위치 오차를 수정한 속도를 교정 대기 속도(Calibrated Airspeed)라고 정의하고 일반적으로 CAS로 표시한다. 그림 1-14은 IAS에 대해 위치 오차의 수정치를 일례로 나타낸 것이다. CAS는 각종의 비행기에 있어서 성능 비교의 기준으로 사용되며 비행 규정 등에 정의되어 있는 기준 속도는 CAS로 나타내므로 주의해야 한다.

조건 ③에 관해서는 고도=0에서 IAS(엄밀히는 CAS)=TAS가 되도록 계기를 설계하고 있다는 것이다. 실제의 대기 속도계에서는 비행 속도가 빨라짐에 따라 압축성의 영향이 가해지기 때문에 고도=0에서 생기는 공기의 압축성을 고려하고 있다. 다만, 비행 고도가 높아짐에 따라 대기 온도는 저하되고 그 때문에 음속도 낮아지는 등으로 압축성의 영향을 받는다. 그러나, 소형 프로펠러기와 같이 200kt 이하, 또 10,000ft 이하인 고도를 비행하는 비행기에서는 압축성의 보정을 너무 고려할 필요는 없다.

한편, 젯트기처럼 고고도를 고속으로 비행하는 항공기에서는 압축성의 영향이 커져 CAS와 TAS와의 관계는 복잡해진다. 그 때문에 비행기의 설계자가 사용하는 속도로 TAS에 대해 공기 밀도 보정 만을 고려한 속도, 즉 다음 식을 사용하는 경우가 있다.

$$EAS = TAS\sqrt{\sigma} \quad \text{------------------------------}(1\text{-}16)$$

여기서, 이 EAS를 등가 대기 속도(Equivalent Airspeed)라고 한다.

비행 고도나 상승률, 강하율을 알기 위해서는 정압 구멍은 중요하다. 기압 고도는 기본적으로는 정압의 절대치를 측정하여 고도 눈금을 매긴 것이고, 또 상승률, 강하율은 단위 시간당의 정압 변화와 기압 고도의 2가지를 조합해서 구하고 있다.

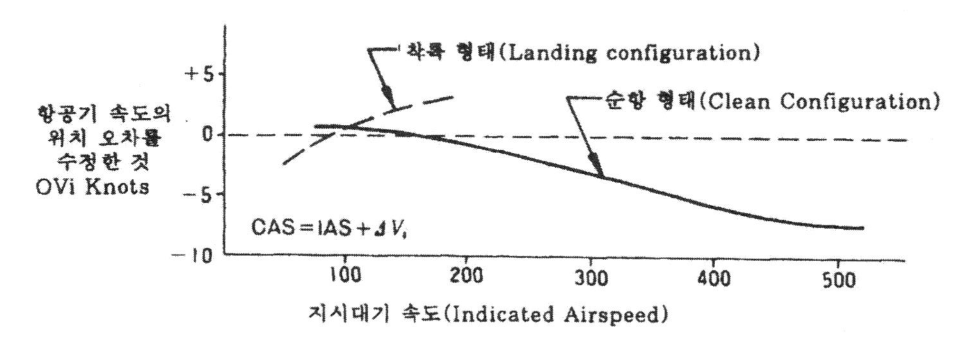

그림 1-14 일반적인 위치 오차 수정

1-3. 점성 효과

1) 점성 효과

실제의 유체에서는 만약 그것이 물 흐름이든지 혹은 공기 흐름든지 간에 흐름 속에 놓인 물체는 흐름으로부터 힘을 받고 흐름이 흐트러지거나 소용돌이를 만든다는 사실이다. 이와 같은 현상이 일어나는 원인은 유체와 물체 사이에 생기는 마찰력 등에 의한 것이며, 유체의 점성에 대해 그것을 무시할 수 없다는 것을 의미한다. 점성(Viscosity)이 미치는 효과는 기본적으로 위의 현상으로 대표되는 것이나 항공기에 주는 영향이 크므로 더 상세히 설명한다.

먼저 일정한 흐름 속에 흐름에 평행으로 놓은 1개의 평판을 생각해 보자. 이 평판 표면 가까이 흐르는 유체의 모습을 보면 그림 1-15와 같이 판의 선단에서 한참 동안은 스무스한 흐름으로 흐트러짐이 없으나, 어느 정도 진행된 곳에서 점차 흐트러지기 시작한다. 이 흐름의 모습으로 흐트러짐이 없는 흐름을 층류(Laminar Flow), 흐트러진 유역을 난류(Turbulent Flow), 그리고 바뀌기 시작하는 영역을 천이(Transition)라고 한다. 난류에서는 이미 정상류가 아니고 속도 성분은 시간에 따라 불규칙하게 변화한다.

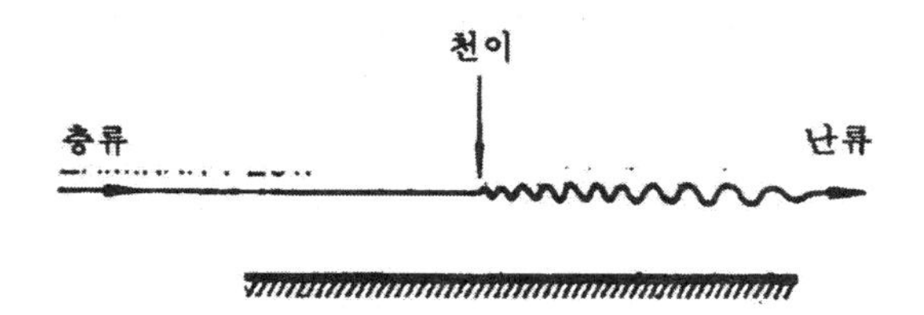

그림 1-15 평판(Flat Plate)에서의 흐름 형태

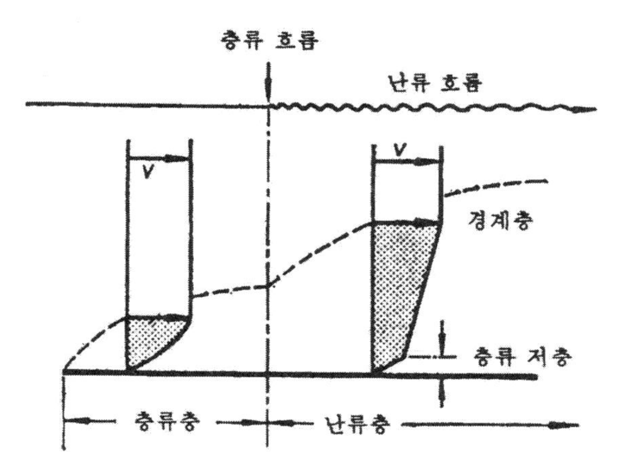

그림 1-16 경계층(Boundary Layer)

여기서, 평판상의 유속 분포를 보면 판 표면 근처를 통과하는 흐름은 급격하게 감속을 받는다. 이와 같이 일반류의 유속에 비해 유속이 늦어져 있는 영역을 경계층(Boundary Layer)이라고 하며, 경계층은 판의 앞부분에서 후방으로 감에 따라 공기 흐름의 에너지를 소산시키면서 두께가 늘고 어떤 거리 이상 후방이 되면 층류는 흐트러져 불안한 흐름이 되고 두께가 커진다(그림 1-16). 층류와 난류에서는 경계층의 성질이나 두께에 차이가 있으므로, 각각의 경계층을 층류 경계층(Laminar Boundary Layer) 및 난류 경계층(Turbulent Boundary Layer)으로 구별한다. 그러나 난류 경계층에서도 표면에 아주 가까운 곳을 통과하는 흐름은 흐트러짐이 적고 아직 난류로서의 성질을 갖지 못하므로 이 얇은 경계층을 특히 층류 저층(Laminar Sublayer)이라고 한다.

경계층 내에서 표면으로부터의 높이에 따른 속도 변화(속도 구배)를 보면 층류 경계층에서는 비교적 느린 속도 구배를 갖는데 대해 난류층 중 표면에 매우 가까운 곳에 있는 층류 저층에서는 급격한 속도 변화가 일어나고 있기 때문에 여기서는 속도 구배도 크다.

이와 같은 속도 구배는 유체에 작용하는 전단 응력(Shearing Stress)의 크기에 직접 관계되며, 다음과 같이 나타낼 수 있다.

$$\text{전단 응력} \quad \mu\frac{dV}{dy} \text{ ---------------------------(1-17)}$$

μ : 점성 계수(Coefficient of Viscosity)
dV/dy : 속도 구배

물체에 작용하는 마찰력은 물체 표면에 작용하는 전단 응력에 비례하므로, 난류 경계층은 층류 저층의 존재에 의해 층류 경계층에서 생기는 값보다 큰 마찰력이 작용하게 된다. 측정에 의하면 난류 경계층에서 생기는 마찰력은 층류 경계층에서 생기는 값의 2~3배 정도라고 한다.

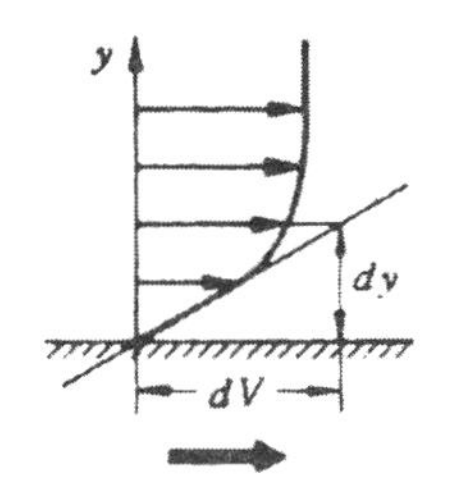

그림 1-17
경계층과 전단(Shear)

여기서 정지 유체중을 물체가 움직인 경우를 생각해 보면 물체를 운동시키기 위해서는 물체 주위의 유체를 함께 움직이게 되어, 그만큼 큰 힘이 필요하다. 물체를 움직일 때 필요로 하는 이와 같은 힘을 특히 마찰 항력(Friction Drag)이라고 하는데, 이 크기는 공기 흐름의 점성 계수나 물체 표면의 상태와 공기 흐름과 물체와의 상대 속도의 크기(속도 구배는 속도가 빠를수록 크다) 등에 의해 정해진다.

다음에 물체 표면이 곡선을 가질 경우를 생각해 보자.

그림 1-18은 평판 (a)와 구브러진 판 (b), (c)에서의 경계층을 비교한 것인데, (b)에서와 같은 경우에는 유체 법칙에서도 알 수 있듯이 일반적으로 공기 흐름이 가속을 받아 압력도 후방으로 갈수록 떨어지고, 또 흐름은 층류를 유지하여 경계층은 얇아진다. 그러나, (c)처럼 하류로 갈수록 공기 흐름이 감속되어 압력이 높아질 경우는 경계층이 구부러지면 후방에서 갑자기 두꺼워지고 시간적으로도 공간적으로도 심하게 변동하는 소용돌이(Vortex)가 발생하는데, 이 소용돌이는 유속이 빠르고, 또 곡률이 클수록 크고 세다. 이 소용돌이 영역이 발생하는 이유는 유체가 갖는 관성력(흐름의 방향을 유지하려고 하는 성질)이 클 때, 곡률이 큰 영역에서 흐름이 이미 표면을 따라 흐를 수 없고 공기 흐름이 표면에서 떨어져 나간데다가, 이 공기 흐름이 떨어진 곳

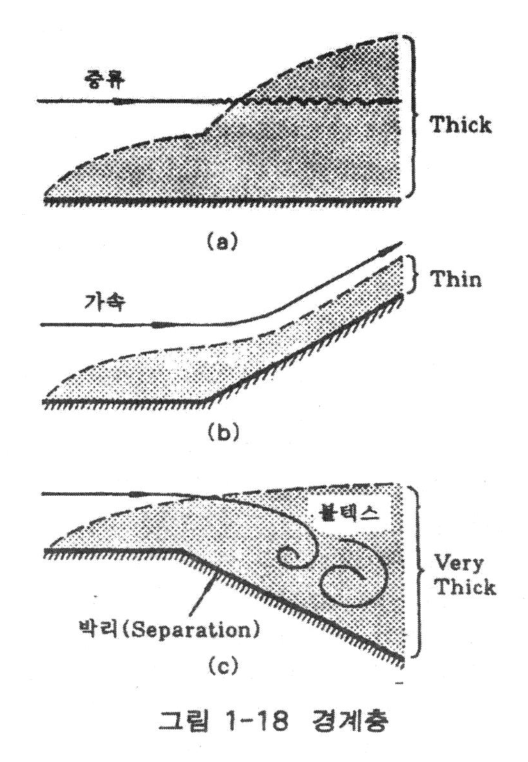

그림 1-18 경계층

에서는 급격히 압력이 떨어져서 일단 흘러간 흐름을 역으로 빨아들여 소용돌이를 만들게 된다. 이 소용돌이는 원래의 흐름이 정상류더라도 비정상이라 물체 표면에 작용하는 압력을 시간적으로 심하게 변동시킨다.

공기 흐름이 물체 표면에서 떨어지는 현상을 박리(Separation), 그 시작점을 박리점(Separation Point)이라 한다. 박리를 만들고 있는 영역의 경계층에서 물체 표면에 수직으로 취한 속도 분포는 소용돌이의 발생 때문에 표면 근처에서 역류한다. 흐름이 역류되기 쉬운지의 여부, 즉 박리를 일으키는 정도는 표면 근처의 속도 구배에 관계되므로, 정상류의 빠르기가 같더라고 층류 쪽이 난류보다 박리를 일으키기 쉽다고 할 수 있다.

이상에서 박리가 일어나기 쉬운 조건에는 표면의 곡률이 크고 곡률이 같으면 유속이 크며 흐름이 층류일 것 등이 있다. 따라서, 박리의 발생을 가능한 한 지체시키려면 물체의 곡률을 가능한 한 줄이거나 곡률이 있는 장소의 난류층을 가능하면 후방으로 옮기고, 또 어떠한 방법으로든 층류를 강제적으로 난류로 바꾸는 것 등을 생각할 수 있다. 유속에 대해서는 속도가 작으면 영향도 작으나, 저속시에는 박리가 발생하려고 할 때 유속을 크게 하면 박리는 급격히 발생한다.

2) 물체 주위의 공기 흐름

공기 흐름에 점성이 있으면 유체 법칙은 약간 엄밀성이 결핍되는 정도이나, 공기 흐름이 박리되고 있는 경우에는 그들의 적용은 매우 곤란해진다. 그림 1-19는 완전 유체와 점성이 있는 실제 유체에서의 물체 주위의 압력 분포를 비교한 것인데, 이 그림에서는 서로 매우 유사함을 알 수 있다.

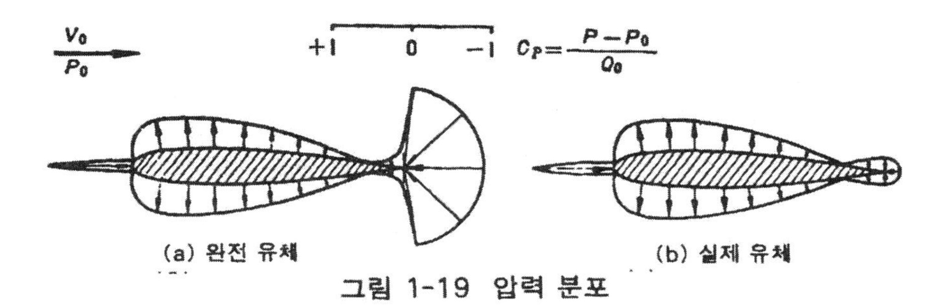

그림 1-19 압력 분포

그러나, 한 장의 평판을 흐름에 대해 수직으로 놓았다고 하면 실제의 공기 흐름에서는 그림 1-20과 같이 흐름의 박리가 일어나 평판의 전후에 큰 압력차가 생겨서 판을 하류로 떠내려 보내려고 하는 힘이 작용한다. 이때 작용하는 힘은 주로 판 전후의 압력차에 의한 것이므로, 이것을 압력 항력(Pressure Drag)이라 한다. 유체가 완전 유체라면, 유선 및 압력 분포는 전후 대칭이 되고 박리가 없는 것 뿐만 아니고 판에 작용하는 힘도 작용하지 않으므로 압력 항력도 유체의 점성 영향으로 생각할 수 있다. 압력 항력은 반드시 흐름이 박리된 경우에만 작용하는 것이 아니고 물체 표면에서의 마찰에 의해 공기 흐름의 에너지가 소모되어도 생긴다. 다만, 흐름이 박리되면 압력 항력은 급격한 증가를 보이게 된다.

임의의 형상을 가진 물체에서는 어떤 두께와 길이를 갖는 표면이 곡률을 갖기 때문에 정도의 차는 있어도 마찰 항력과 압력 항력 2가지가 작용하며, 그들의 크기는 물체의 형, 크기, 표면의 형상, 공기 흐름에 대한 자세에 따라 크게 변화한다. 예를 들어 유선형을 한 물체라도 흐름에 대해 큰 각도를 갖게 하면, 이미 흐름에 대해서는 유선형으로 작용하지 않고 흐름이 박리를 일으키기 쉬워진다. 그림 1-21은 실제의 공기 흐름중에서 물체의 자세를 변화시켰을 때 일어나는 흐름의 변화를 나타낸 것이다.

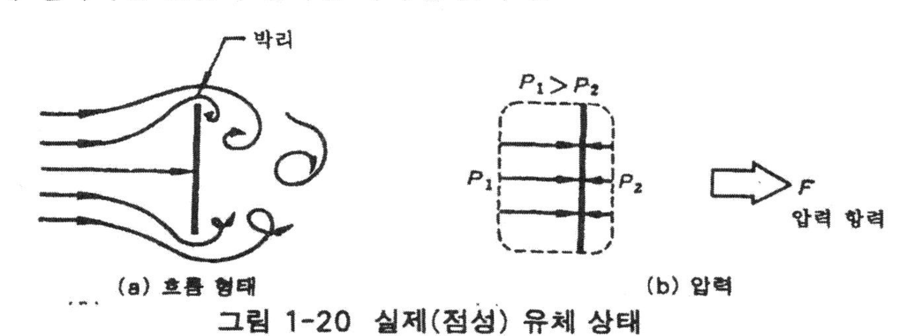

그림 1-20 실제(점성) 유체 상태

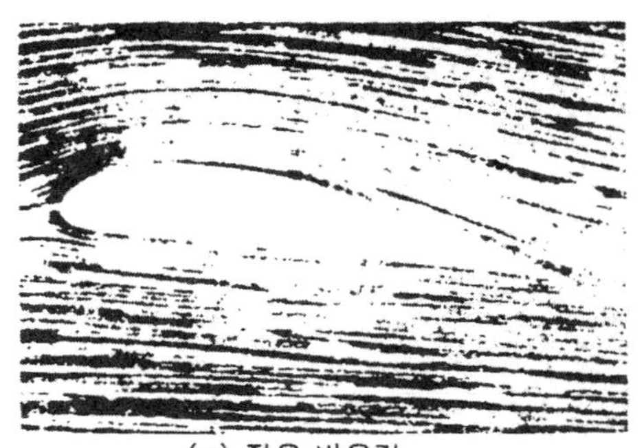
(a) 작은 받음각

(b) 큰 받음각

그림 1-21 실제 유체 상태에서 에어포일의 흐름 형태

3) 레이놀즈 수

항공 관계에서는 물체의 크기나 비행 고도, 속도 등의 영향을 표시하는데 레이놀즈 수(Reynolds Number) R을 사용하는 경우가 많다. 레이놀즈 수란 공기 흐름의 밀도를 ρ, 유속을 V, 평판의 선단으로부터의 거리를 l 이라고 했을 때 다음 관계로 정의된다.

$$R=\frac{\rho Vl}{\mu} \qquad \text{-----------------------------}(1\text{-}18)$$

μ : 점도 계수(Coefficient of Viscosity)

단위 시간에 단위 면적당 통과하는 공기 흐름의 질량이 ρV이고 단위 시간당의 운동량, 즉 관성력이 ρV^2임을 고려하여 식 (1-18)을 다시 쓰면 다음과 같이 나타낸다.

$$R=\frac{\rho V^2}{\mu\frac{V}{L}}=\frac{\text{관성력}}{\text{점성력}} \text{-----------------------}(1\text{-}19)$$

특히 층류에서 난류로 변하는 천이점에서의 레이놀즈 수는 평판의 경우는 거의 일정하다고 알려져 있는데, 이 레이놀즈 수를 임계 레이놀즈 수(Critical Reynolds Number) R_{CR}이라 한다.

레이놀즈 수를 써서 물체 주위의 흐름을 표현하려면 l 대신에 그 물체의 길이 C를 써서 물체의 후단에서의 값으로 나타내어 다음과 같이 나타낸다.

$$R=\frac{\rho VC}{\mu} \qquad \text{-----------------------------}(1\text{-}20)$$

점성 계수 μ의 크기는 공기 흐름의 온도에 관계되며 온도가 높을수록 약간 증가하지만, 물체의 레이놀즈 수는 같은 형의 물체라면 길이나 크기가 클수록 커진다. 레이놀즈 수가 R_{CR}보다 커지면 커질수록 물체 표면을 흐르는 공기 흐름은 상대적으로 난류 부분이 늘어나서 후방 부근에 곡률을 갖는 경우라도 박리가 일어나기 어려워지나 마찰 항력은 증가한다. 한편 아주 똑같은 형태의 물체라도 공기 밀도는 고도에 따라 변화하므로 고도가 낮을수록, 또 유속이 클수록 레이놀즈 수가 증대하기 때문에 천이점은 전방으로 이동하고 난류 부분이 늘어나게 된다. 이러한 유체의 성질 때문에 실제의 비행기와 그것을 축척한 모델과를 비교하더라도 반드시 주위의 흐름이 같지 않고 유체에 미치는 힘도 축척비로 주어지는 것은 아니므로 같은 효과에 의해 같은 비행기에서 고도나 속도를 변화시키면 흐름이나 힘이 변화함을 이해할 수 있을 것이다.

물체가 평판이 아니고 어떤 두께를 가지고 있는 경우는 그 전방에서 공기 흐름이 가속되어 층류를 갖는다는 것은 이미 설명했다. 이처럼 물체가 두께를 가질 때나 흐름에 대한 각도(자세)가 변화면 평판 상의 흐름으로 정의한 레이놀즈 수, 또는 임계 레이놀즈 수는 엄밀한 의미를 갖지 않는다. 그러나 비행기의 날개 등에서 보이는 비교적 얇은 물체를 흐름에 거의 평행에 가까운 자세로 놓았을 때는 근사적으로 평판처럼 고려할 수 있다.

레이놀즈 수가 작다는 것은 층류가 차지하는 비율이 크다는 것을 의미한다. 표면이 곡률을 갖는 곳을 층류로 흐르고 있는 경우는 난류로 흐르고 있는 경우에 비해 박리를 일으키기 쉬운 상황이 된다.

왕복 엔진 항공기에서는 비행 고도가 그다지 높지 않으므로 레이놀즈 수는 오로지 날개 코드 길이를 나타내는 기준, 즉 치수 효과(Scale Effect)를 아는 기준으로 사용되어 왔다. 그러나, 고고도를 비행하는 제트 항공기의 경우에는 공기 밀도의 감소에 따른 레이놀즈 수의 감소가 발생하고 동일한 항공기라도 고도가 높아지면 박리가 발생하는 받음각이 작아진다.

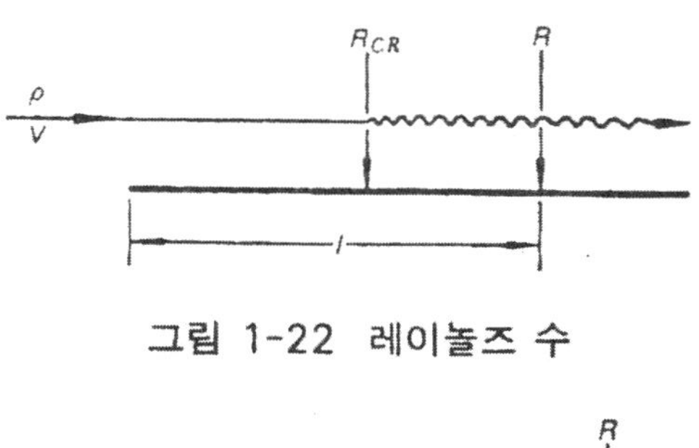

그림 1-22 레이놀즈 수

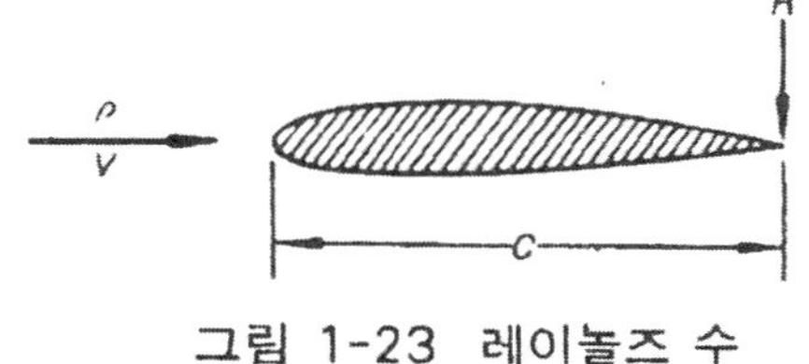

그림 1-23 레이놀즈 수

1-4. 고속 공기 역학

1) 압축성 흐름

앞에서는 저속 흐름일 때 공기를 밀도가 일정한 비압축성 유체라고 가정 하였다. 그러나 비행체가 공기중을 고속으로 비행하면 저속 비행에서는 예상하지 못했던 특이한 현상들이 나타나는데, 이러한 현상들은 공기의 압축성 효과를 고려해야만 설명할 수 있다.

공기중으로 전파되는 소리의 속도(음속)와 비행체의 속도 사이에 일어나는 관계를 이해하기 위하여 종을 장치한 어떤 비행체의 이동 상태를 가정해 보자.

비행체가 정지 상태에 있을 때 종을 치면 종소리는 사방으로 동일한 속도로 시간이 경과함에 따라 동일한 거리 만큼씩 전파된다. 종소리는 아주 미소한 압력과 밀도의 변화를 나타내는 교란으로써 공기 중에 음속으로 전파된다. 비행체를 이동시키면서 종을 치면 종소리의 전파 범위는 그림 1-24(a)와 같이 비행체의 앞쪽에는 가까운 거리까지만 전파되고 뒤쪽으로는 멀리까지 전파된다.

비행체의 속도가 빨라질수록 비행체의 앞쪽으로 전파되는 교란 파들은 밀집되고 이로 인하여 압력은 상승되고 밀도는 증가되어 압축성 영향이 나타나게 된다. 비행체의 속도가 음속보다 더 커지면 종소리는 그림 1-24(b)와 같이 원추형으로된 구역에 한하여 들리게 된다. 이렇게 비행체의 속도가 음속보다 더 크면 비행체에서 발생된 교란의 전파 범위가 비행 방향의 뒤쪽에 한정되는 것을 알 수 있다.

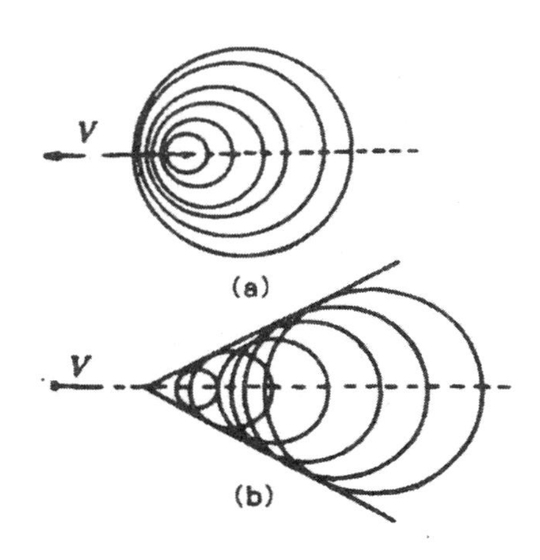

그림 1-24 압축파의 전파

그림 1-24(b)에서 원추 밖은 종소리가 들리지 않는 구역(교란이 전혀 없는 구역)으로 이 구역을 고요한 구역이라고 하고, 원추 안은 종소리가 들리는 구역(교란이 있는 구역)으로 이곳을 작용 구역이라고 한다.

원추 표면은 고요한 구역과 작용 구역의 경계이며 종소리가 전파되는 한계를 나타내는 면으로서, 이 면을 마하파

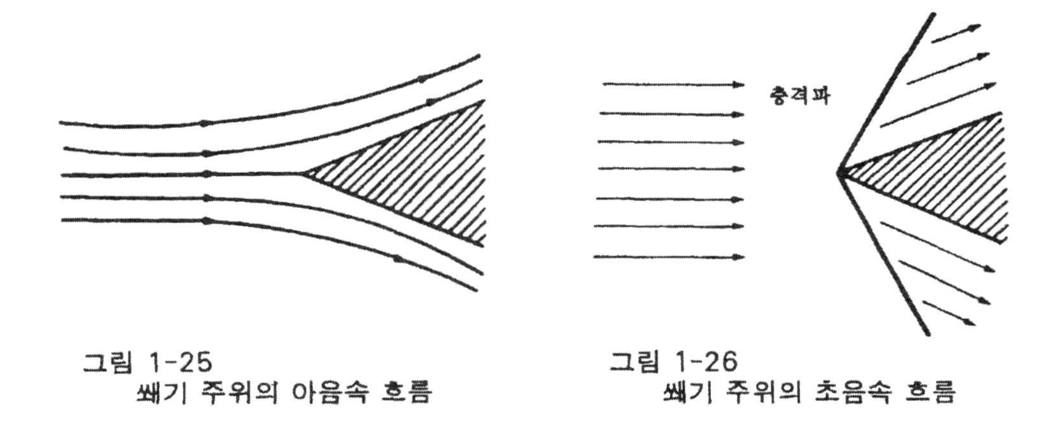

그림 1-25
쐐기 주위의 아음속 흐름

그림 1-26
쐐기 주위의 초음속 흐름

(Mach Wave) 또는 마하선(Mach Line)이라고 한다. 마하파는 초음속 흐름에 미소한 교란이 전파되는 면 또는 선을 나타내며, 공기 입자가 마하파를 지나면 압력과 밀도의 미소한 변화를 일으킨다.

공기가 균일하게 정상 상태로 쐐기 모양의 물체 위를 흘러갈 때 아음속 흐름과 초음속 흐름의 특성을 비교할 때 경계층의 영향은 없는 것으로 가정한다. 만일 흐름의 속도가 음속보다 작으면 흐르는 공기 입자들은 물체에 도달하기 전에 물체가 있는 것을 감지하기 때문에 흐름 방향을 서서히 변화하고, 흐름의 성질도 점차적으로 변화하면서 그림 1-25와 같이 유선을 따라 흐르게 된다. 한편, 흐름의 속도가 음속보다 빠르면 공기 입자들은 물체에 도달하기 전까지는 물체가 있는 것을 감지하지 못하기 때문에 물체 가까운 곳까지 도달한 후에 흐름 방향을 급격히 변화하게 된다. 이 흐름의 급격한 변화로 인하여 압력이 급격히 증가되고 밀도와 온도 역시 불연속적으로 증가하게 되는데, 이 현상을 충격파(Shock Wave)라고 한다.

그림 1-26은 초음속 흐름에서 쐐기의 리딩에이지에 충격파가 발생하는 것을 보여주고 있다. 공기 입자들은 충격파 전면까지 균일하게 흘러오다가 충격파를 지나면서 급격히 방향을 바꿔 쐐기 모양의 벽면과 나란하게 흐른다. 마하파는 앞에서 설명한 바와 같이 물체의 한점에서 발생된 미소한 교란이 초음속 흐름에서 전달되는 파인데, 물체가 커지고 물체로 인하여 흐름 방향이 급격히 변하게 되면 많은 마하파가 발생하게 되고 많은 마하파가 중첩되면 충격파를 형성한다.

그림 1-27은 벽면이 점차적으로 굽어지는 곡면위에 공기가 초음속으로 흐를 때 마하파와 충격파가 발생하는 것을 보여주고 있다. 벽면이 미소한

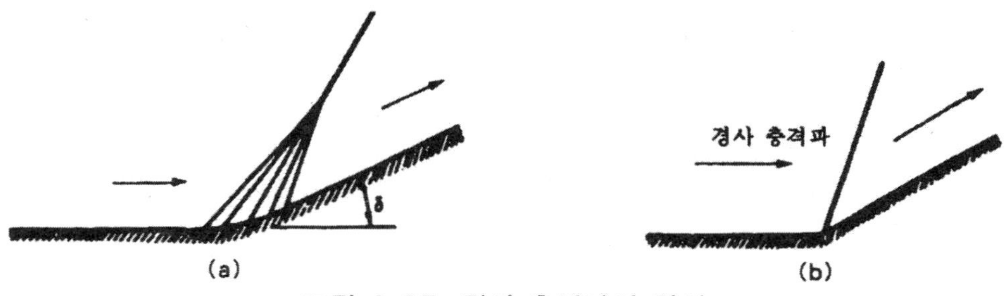

그림 1-27 경사 충격파의 형성

양 만큼 꺾이면 그 변화로 인하여 마하파가 발생하며 벽면이 조금씩 계속해서 꺾여지면 연속해서 여러개의 마하파가 발생한다. 앞쪽에서 발생한 마하파보다 뒤쪽에서 발생한 마하파의 구배가 더 크기 때문에 이들 마하파가 벽면의 위쪽으로 가면 서로 겹치게 된다. 벽면 가까운 구역에 있는 각 마하파의 강도는 미소하지만 벽면의 위쪽에서 많은 마하파가 겹치면 충격파를 형성하고 그 강도는 대단히 커서 밀도, 압력, 온도 등의 급격한 증가를 나타낸다.

벽면을 서서히 변화시키는 대신 급격하게 벽면이 많이 꺾이면 벽면 가까운 구역에서 마하파는 발생하지 못하고 꺽인 점으로부터 충격파가 발생한다.

2) 흐름 영역의 분류

A. 천음속 영역(Transonic Range)

비행 마하수, M이 M_{cr}(임계 마하수) 이상이 되면 $M < 1$이더라도 날개의 일부에 초음속 흐름의 영역이 생기거나 충격파의 발생이 보이며, $M \geq 1$일 때는 날개 주위의 공기 흐름은 거의 초음속 흐름이 되지만, 날개 전방에서 떨어진 충격파가 발생하고, 이것과 리딩에이지와의 사이에 아음속 영역이 형성된다.

이와 같이 날개 주위의 흐름 속도에 아음속 흐름과 초음속 흐름이 혼재하고 있는 비행 속도 영역을 천음속 영역이라고 한다. 이 속도 영역에서는 압축성의 영향 중에서도 가장 공력 특성이 강한 효과를 갖고 충격파나 충격파 유도 박리가 발생하는 것이 특징이다.

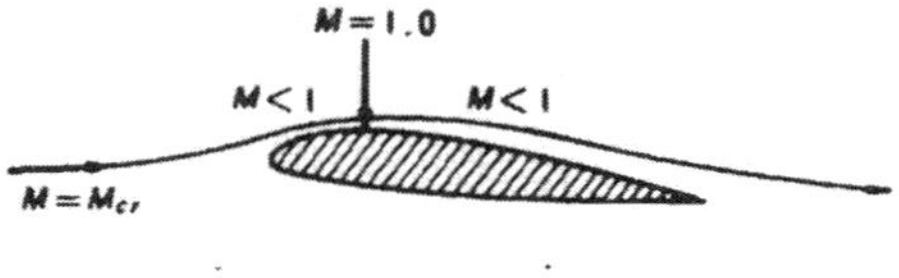

그림 1-28 임계 마하수

그림 1-29는 천음속 영역 내에서의 흐름 속도 분포에 대한 전형적인 예를 나타낸 것이다. 단지, 받음각은 일정한 것으로 하고 있다.

이 그림에서 천음속 영역의 특징을 조금 상세하게 조사해 보자.

① $M=0.7$에서 날개 윗면에 초음속 흐름이 존재하는 것은 이 날개가 어느 정도 캠버를 갖고 $M_{cr} < 0.7$임을 의미한다. 날개 윗면 거의 중앙부에 발생하는 충격파는 아직 약해서 충격파에 의한 압력 상승도 작으므로 충격파 유도 박리는 일어나지 않고 흐름은 다시 달라 붙는다.

② $M=0.9$에서는 초음속 영역이 넓어지고 충격파는 강도가 늘어가면서 위치를 후진시킨다. 이때에는 충격파 직후에서 압력이 급증하고 경계층도 두께가 늘어나므로 충격파 유도 박리가 가장 세게 유기된다. 이 마하수에서는 날개 밑면에도 초음속 흐름과 약한 충격파의 발생이 보인다.

③ $M=0.95$에서는 날개의 대부분을 차지하는 흐름이 초음속 흐름이 되어 충격파가 날개 트레일링에이지까지 후진한다. 충격파는 더 한층 세기가 늘어나지만 충격파 유도 박리는 트레일링에이지 부근에서만 일어나고 그 영향이 적다.

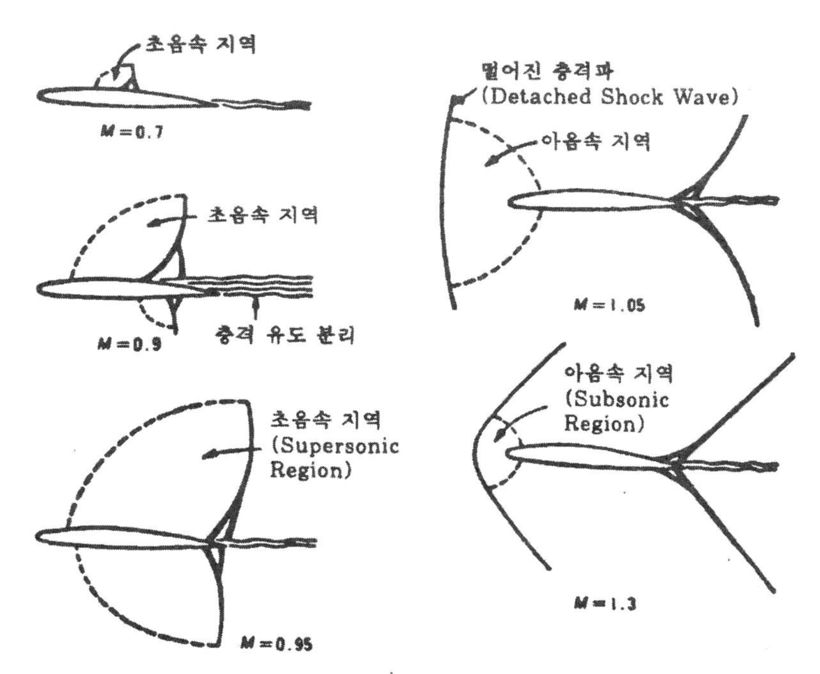

그림 1-29 천음속 영역에서의 흐름 형태

④ M=1.05에서는 날개 전방에서 충격파가 형성되어 리딩에이지부에 아음속 흐름이 남는 것 외에 모두 초음속 흐름이 된다.

⑤ M=1.3에서는 경사 충격파(Oblique Shock Wave)가 되어 떨어진 충격파의 위치도 날개 리딩에이지(Wing Leading Edge)와 가까워지고 아음속 흐름의 영역이 좁혀진다.

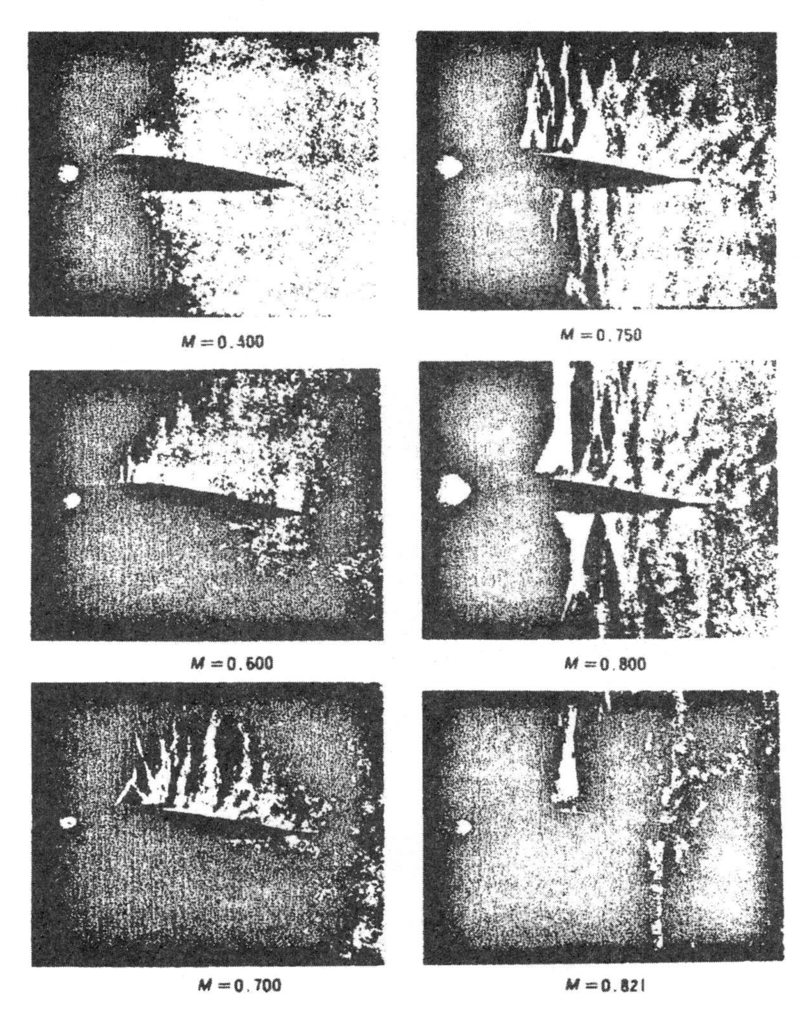

그림 1-30 천음속 흐름의 슐리겐 사진(NACA 23015 : α=3°)

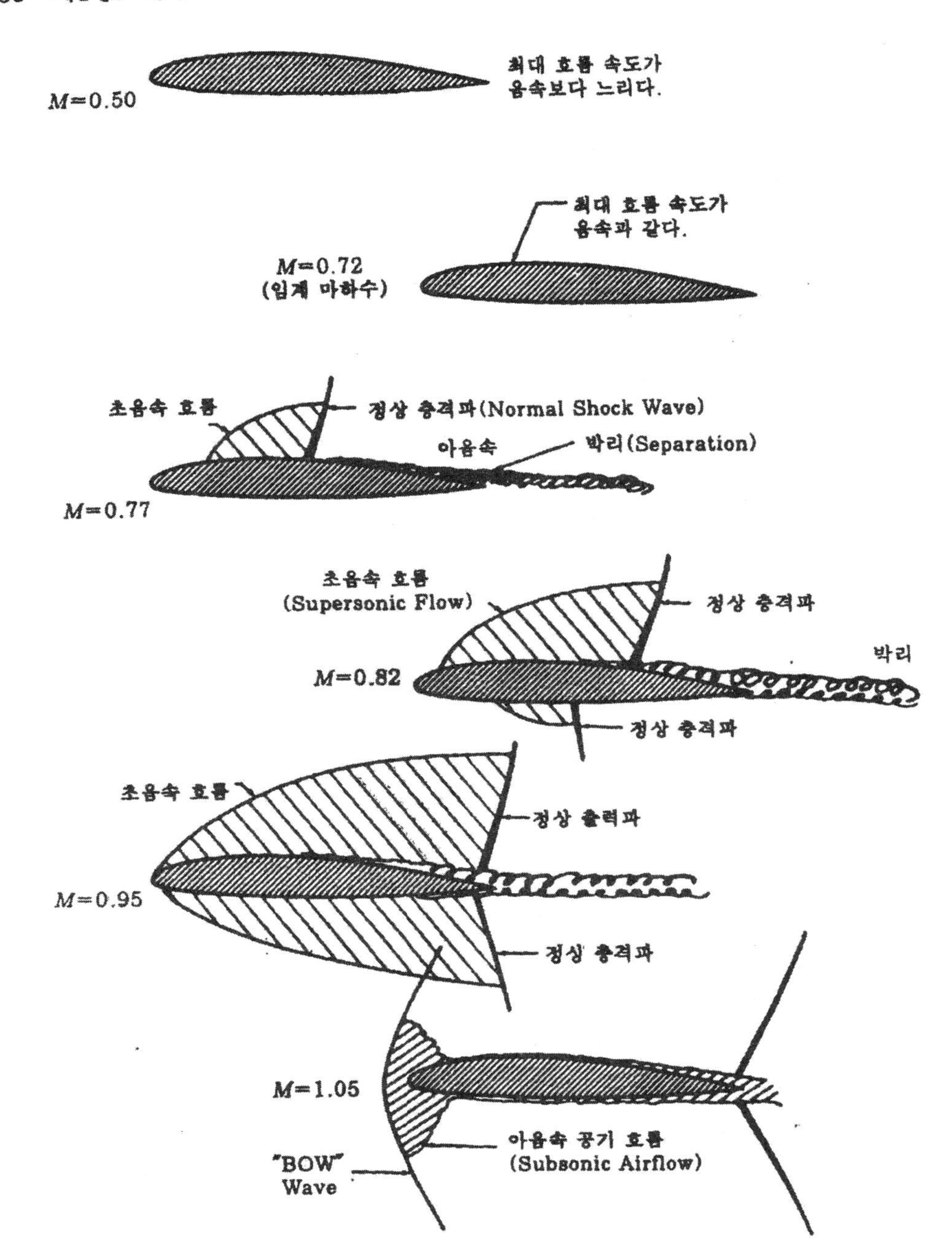

그림 1-31 천음속 흐름(Transonic Flow) 형태

일반적인 제트 항공기는 최대 비행 마하수가 0.9 정도, 또는 그것보다 약간 작은 속도이므로 앞의 예 중에서 M=0.95까지의 특징이 중요한 의미를 갖게 된다.

그림 1-30에 NACA 23015 에어포일에서의 천음속 흐름을 나타냈다.

B. 초음속 영역(Supersonic Range)

리딩에이지 반경이 비교적 큰 날개에서는 비행 마하수가 커지더라도 리딩에이지나 트레일링에이지 부근에 아음속 흐름이 생겨버리나, 리딩에이지 반경이 아주 작은 얇은 날개를 받음각을 작게 하여 초음속 흐름 속에 놓으면 날개 주위의 공기 흐름은 모두 초음속 흐름이 된다. 이때의 속도 영역을 초음속 영역이라고 한다.

실제의 항공기에서는 쐐기형 날개(Double Wedge Airfoil)나 렌즈형 날개(Biconvex Airfoil, 별명 Circular-arc Airfoil)가 사용되므로 이러한 에어포일을 사용할 때는 거의 $M>1.2$에서 초음속 영역에 달한다고 생각해도 좋다.

단지 이 속도 영역에서는 공기 흐름의 상태가 아음속 영역일 때에 비해 매우 다르므로, 날개나 기체의 설계에 있어서 초음속 영역에서의 상태가 좋은 것 뿐만이 아니라 이착륙시의 낮은 아음속 영역에서도 뛰어난 특성을 가질 것이 요구된다.

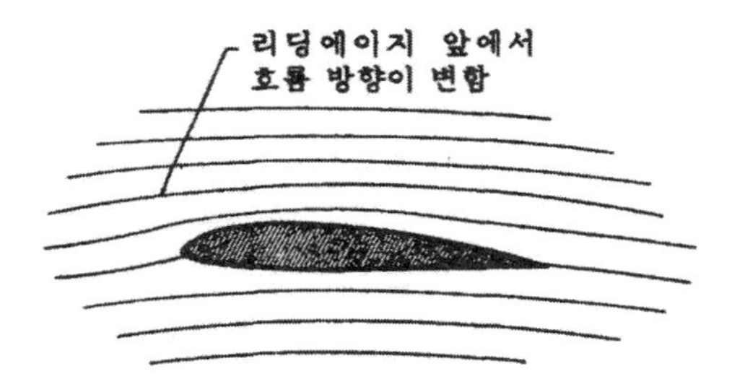

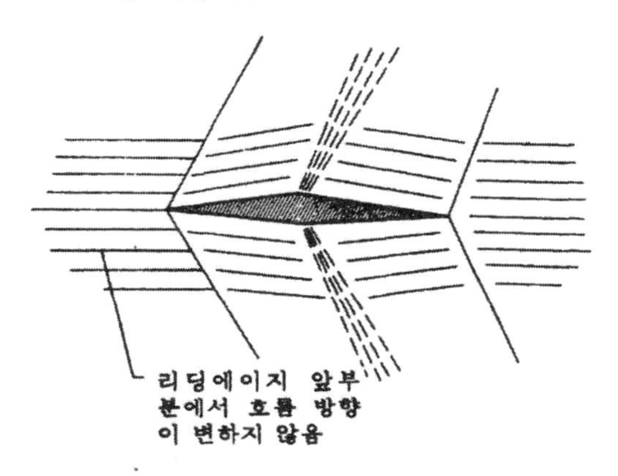

그림 1-32
아음속과 초음속 흐름 형태의 비교

C. 극초음속 영역(Hypersonic Range)

비행 마하수가 4~5 이상이 되면 전압이나 전체 온도의 증가가 현저하고, 또 충격파 상호간이나 충격파와 경계층과의 사이에 강렬한 상호 작용이 발생하여 공력 특성은 물론 역학적 강도나 내열 강도상 매우 가혹한 환경에 돌입한다. 이러한 속도 영역을 극초음속 영역이라고 한다.

2) 초음속 흐름과 충격파

A. 마하수

공기의 압축성 효과를 나타내는데 가장 중요하게 사용되는 무차원 양은 마하수(Mach Number)이다. 마하수는 음속과 비행체의 속도비로 정의되며 음속을 C, 비행체의 속도를 V라고 하면 다음과 같다.

$$Ma = V/C$$

음속은 미소한 교란이 공기중에 전파되는 속도로써 온도가 증가할수록 빨라진다. 0°C의 공기중에서 음속은 331.2m/s이며, 공기의 온도가 t°C일 때 음속은 다음 식과 같다.

$$C = C_0\sqrt{\frac{273+t}{273}}$$

여기서, $C_0 = 331.2\text{m/s}$
$t =$ 온도(°C)

아래 표는 마하수의 크기를 이용하여 흐름의 특성을 대략적으로 나타낸 것이다.

마하수(M)	흐름의 특성
0.3 이하	아음속 흐름(비압축성 흐름)
0.3~0.75	아음속 흐름(압축성 흐름)
0.75~1.2	천음속 흐름(압축성 흐름, 부분적 충격파 발생)
1.2~5.0	초음속 흐름(압축성 흐름, 충격파 발생)
5.0 이상	극초음속 흐름(압축성 흐름, 흐름 특성의 큰 변화)

위 표에서와 같이 비행체가 공기 중을 비행할 때 비행 속도에 따라 저속 비행할 때는 공기를 비압축성 유체로 취급하여도 무방하지만, 아음속 흐름일지라도 고속 비행일 때는 공기를 압축성 유체로 취급해야 한다. 그리고 초음속 흐름이 되면 아음속 흐름에서는 예상하지 못했던 충격파 현상이 발생한다.

B. 마하선(Mach Line)

정지 유체 속을 1개의 입자가 일정 시간에 1개의 음파를 발생시킨다고 생각하고 이때의 입자가 만드는 파면을 조사해보자. 그림 1-33과 같이 입자의 운동 속도 V가 음속 C보다 작은 경우는 항상 파면 속에 입자가 존재하는데 대해 음속 이상에서 움직이고 있을 때는 파면의 외측에 입자가 존재한다. 이와 같이 입자가 초음속으로 움직이고 있을 때의 음파가 만드는 선을 마하선(Mach Line) 또는 마하콘(Mach Cone)이라고 한다.

여기서, 마하선과 입자의 운동 방향이 이루는 각 μ를 마하각(Mach Angle)이라고 하는데, 이것은 다음과 같이 나타낸다.

$$Sin\,\mu = \frac{1}{M}\,(M > 1) \qquad \text{(1-21)}$$

정지 유체중을 초음속으로 운동하고 있는 것이 어떤 크기를 가진 물체일 경우에는 거기에 발생하는 마하선은 물체를 구성하는 많은 입자로부터 각각 나오는 것으로 생각하면 된다.

예를 들어 평평한 판면을 따라 그것에 평행으로 흐르는 초음속 흐름을 생각해보자. 만약 점성의 영향을 무시할 수 있다면 베르누이의 방정식에서도 알 수 있듯이 흐름 속도는 물론, 압력, 온도 등의 상태량에도 변화가 일어나지 않으므로 마하선은 평판상의 어느 곳이나 평행으로 생긴다.

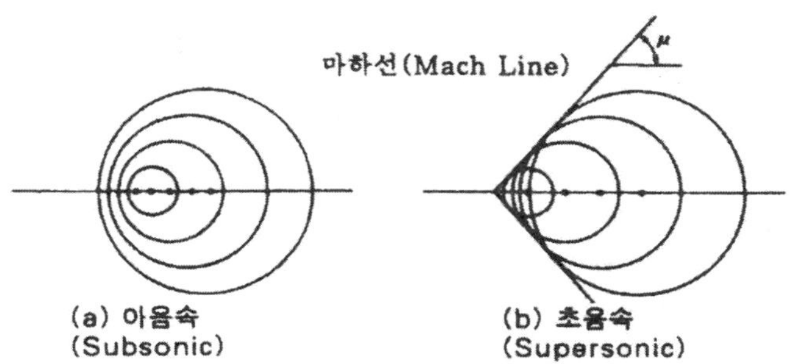

그림 1-33 입자 운동(Partical Motion)에 의해서 생기는 압력 파장

C. 마하수와 박리

마하수가 큰, 즉 음속에 대해 유속이 클 경우에는 흐름의 방향에서 수직 방향으로 확산 속도가 상대적으로 작아진 것을 의미하고 동일한 곡률을 갖는 표면을 통과할 때라도 박리가 일어나기 쉬워진다. 따라서, 동일 유속이라도 유체의 온도가 낮을수록 마하수가 커지고 박리되기 쉬워진다.

따라서, 어떤 에어포일을 사용할 때, 비행 고도와 마하수의 조합에 따라서 박리가 발생하는 받음각에 차이가 생긴다.

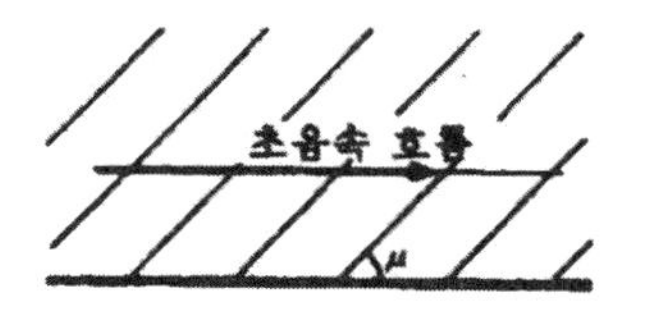

· 흐름 속도
· 압력
· 압력
· 온도 등이 변하지 않는다.

그림 1-34 평판의 초음속 흐름

D. 충격파

물체 표면이 그림 1-35처럼 구부러져 있을 경우의 초음속 흐름은 아음속흐름일 때와는 반대로 흐름 속도는 감소하고 압력 등은 증가한다. 이때, 곡부 하류에서는 온도 증가에 따라 음속이 커져 있기 때문에 마하수는 감소하고 마하각이 커진다. 그 결과, 표면에서 어떤 거리 만큼 떨어진 곳에 마하파가 모이게 된다. 이 마하파의 다발을 충격파(Shock Wave)라고 하며, 특히 이 충격파가 그 전방의 흐름에 대해 비스듬히 생기는 경우는 경사 충격파(Oblique Shock Wave)라고 한다.

표면의 곡률이 느리고 그 표면 근처를 흐르는 유체는 유속이나 압력 등의 변화가 연속적으로 일어나는데 대해 경사 충격파를 통과하는 초음속 흐름은 거기서 흐름 속도의 급감과 압력, 밀도, 온도 등의 급증이 일어나고, 동시에 흐름의 방향이 충격파를 경계로 급격히 변하므로 하류에서는 거의 표면에 평행인 초음속 흐름이 된다.

충격파 통과시에 일어나는 이들 상태량 변화는 그림 1-36에서와 같이 마하수가 클수록, 또 표면의 굴곡 각 θ가 클수록 커진다. 이와 같이 상태량의 변화가 클 경우 충격파가 강하다고 한다. 다만, 경사 충격파의 하류에서 마하수가 그 전방의 값보다 작아져도 그 흐름은 초음속 흐름이다. 또 충격파 전방의 흐름은 하류의 물체 형상에 의해 영향받지 않는다.

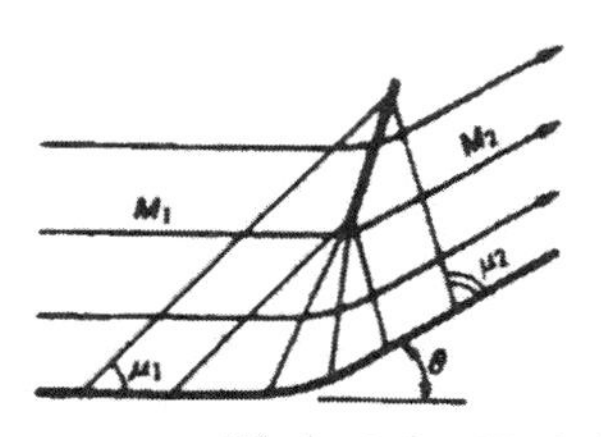

· 흐름 속도 감소
· 압력, 밀도, 온도 증가
· $M_1 > M_2 > 1$
· $M_1 < M_2$

그림 1-35 곡면에서의 충격파 형성

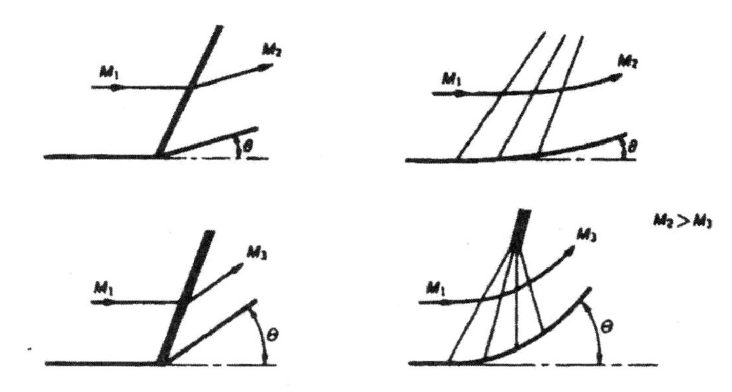

그림 1-36 충격파 강도

E. 경사 충격파(Oblique Shock Wave)

초음속 공기 흐름이 있는 곳의 경우에 바로 앞의 공기 흐름을 고려해보자. 이것은 그림 1-37의 초음속 흐름으로 코너에서의 흐름과 같다.

경사 충격파를 지나는 초음속 공기 흐름은 다음과 같은 변화를 겪는다.

① 공기 흐름이 느려진다. 파장(Wave) 뒤의 속도와 마하수는 감소되지만 흐름은 계속 초음속이다.

② 흐름 방향은 표면을 따라서 흐르는 것으로 바뀐다.

③ 파장 뒤의 공기 흐름의 정압은 증가한다.

④ 파장 뒤의 공기 흐름의 밀도는 증가된다.

⑤ 공기 흐름의 이용 가능한 에너지의 일부(동압과 정압의 합으로 나타난다)는 분산되고 이용할 수 없는 열에너지로 바뀐다. 그런 까닭에 충격파는 에너지의 낭비를 초래한다.

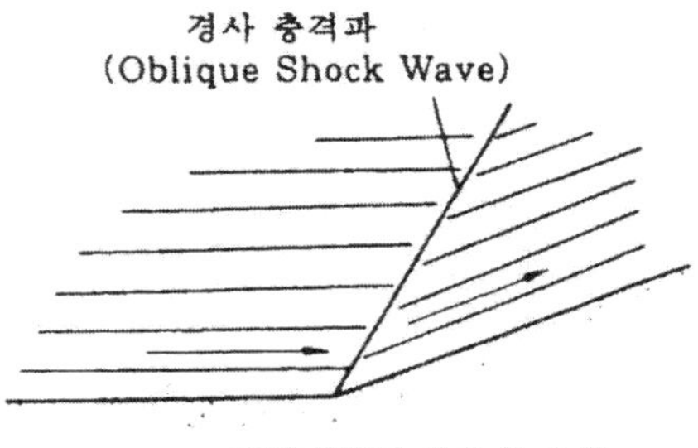

코너에서의 초음속 흐름

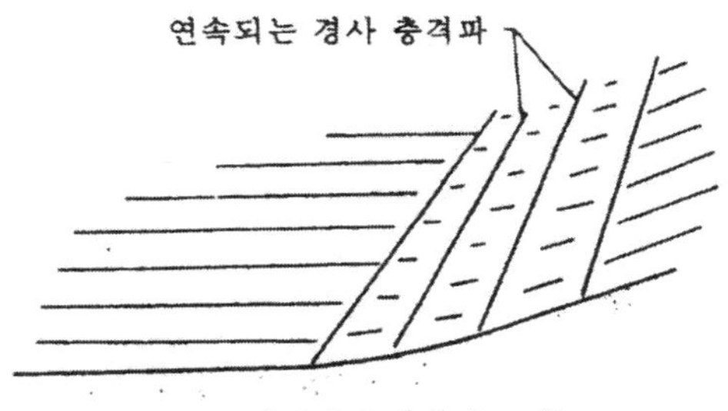

둥근 코너에서의 초음속 흐름

그림 1-37 경사 충격파의 형성

경사 충격파 형성의 일반적인 경우는 초음속 흐름으로 뻗친 쐐기 지점(혹은 V자 모양)에서 생긴다.

경사 충격파는 쐐기의 각 표면에 형성되고 충격파의 경사는 자유 흐름 마하수(전혀 어떠한 장애를 받지 않고 흐를 때의 흐름 속도)와 쐐기각과의 함수 관계이다.

자유 흐름 마하수가 증가하면 같은 마하수라도 충격파가 감소하고 쐐기각(Wedge Angle)이 증가하면서 충격파각이 증가하고, 만약 쐐기각이 심각한 크기로 증가하면 충격파가 쐐기의 리딩에이지에서부터 떨어진다. 여기서 중요한 것으로 충격파의 분리는 충격파 중심 부분의 바로 뒤 흐름에서 아음속을 만든다는 것이다. 그림 1-38은 이 일반적인 흐름 형태와 마하수와 쐐기각을 설명한 것이다.

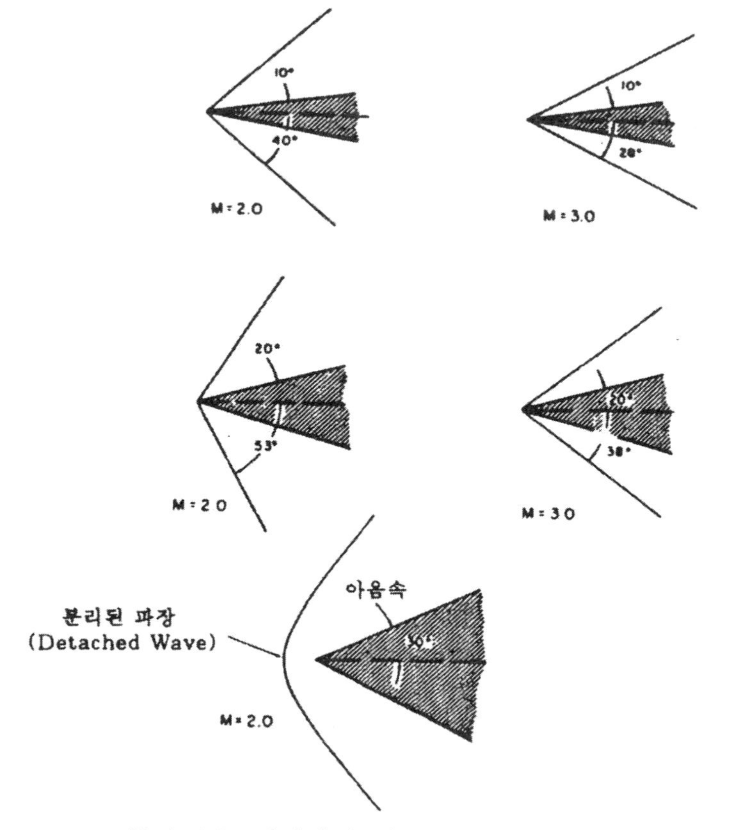

그림 1-38 여러가지 쐐기 모양에 의한 충격파 형성

초음속 공기 흐름으로 쐐기를 가로지르는 흐름은 2차원(Two Dimension)이지만, 만약 초음속 흐름에 콘(Cone)을 놓으면 공기 흐름은 3차원(Three Dimension)이 되고 흐름 특성에는 눈에 띄는 차이가 있게 된다.

같은 마하수와 흐름 방향 변화에서 3차원 흐름은 압력과 밀도의 적은 변화와 함께 약한 충격파를 만든다. 또한 이 원추형 파장(Conical Wave) 형성은 공기 흐름의 변화를 갖게 하고, 파장 전면을 지나 호르는 곳에서 계속 발생하고 파장 강도는 표면으로부터 떨어진 거리에 따라 변한다.

그림 1-39는 콘을 지나는 일반적인 3차원 흐름이다. 경사 충격파는 어떤 압력 파장처럼 반사되는 영향을 보여준다.

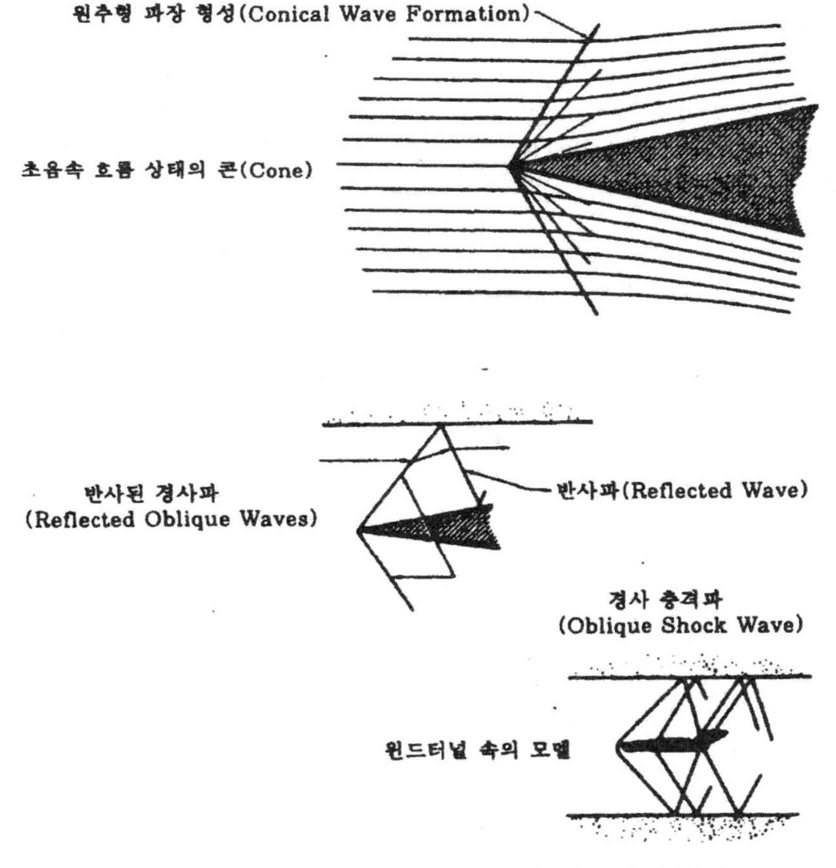

그림 1-39 3차원 흐름과 반사된 충격파

F. 수직 충격파(Normal Shock Wave;정상 충격파)

앞끝이 뭉툭한 물체가 초음속 공기 흐름에 놓이면 충격파가 형성되고 리딩 에이지로부터 분리된다. 이 분리된 파장은 또한 쐐기(Wedge)나 콘각(Cone Angle)이 어떤 임계 수치를 초과할 때 발생한다.

충격파가 상향 흐름에 수직하게 형성되면 충격파는 수직 충격파라고 부르고 파장의 바로 뒤는 아음속 흐름이다.

초음속 흐름에서 상당히 뭉툭한 어떤 물체는 리딩에이지의 바로 앞에서 수직 충격파를 형성하고 공기 흐름을 아음속으로 느리게 해서 고익 흐름은 물체의 주위로 흐르게 된다.

일단 뭉툭한 코를 지난 공기 흐름은 아음속으로 남거나 초음속으로 다시 되돌아가는데 코의 모양이나 자유 흐름 마하수에 좌우된다. 위에서 말한 수직 충격파의 형성 이외에도 이와 똑같은 파장의 형태가 초음속 흐름에서(물체가 없을 때도) 전혀 다른 방법으로 형성된다.

이것은 특히 초음속 흐름이 방향 변화 없이 아음속으로 느려지면 수직 충격파가 초음속과 아음속 지역 사이의 경계에서 형성된다. 이것은 중요한 현상으로 항공기는 항상 비행 속도가 음속이 되기 전에 어떤 압축성 효과에 마주치게 되기 때문이다.

그림 1-40은 높은 아음속에서 에어포일이 초음속의 지역 흐름 속도를 갖는 것을 보여준다. 지역 초음속 흐름이 뒤로 움직이면서 수직 충격파가 형성되어 흐름을 느리게 하여 아음속이 되게 한다.

아음속에서 초음속으로의 흐름 변화는 매끈하고, 만약 변화가 점차적이고 매끈한 표면에서이면 충격파를 동반하지 않는다. 초음속에서 아음속으로 흐름의 변화에서 방향 변화가 없으면 항상 수직 충격파를 형성한다.

초음속 공기 흐름이 수직 충격파를 통해 지날 때 다음과 같은 변화를 경험한다.

① 공기 흐름은 아음속으로 느려진다. 파장 뒤의 지역 마하수는 대략 파장 바로 앞의 마하수와 비슷하다. 즉, 파장의 바로 앞 마하수가 1.25이면 파장의 뒤 마하수는 대략 0.80이다.

② 파장 바로 뒤의 공기 흐름 방향은 불변이다.

③ 파장의 뒤 공기 흐름의 정압은 크게 증가한다.

④ 파장의 뒤 공기 흐름의 밀도는 크게 증가한다.

⑤ 공기 흐름의 에너지(전압으로 지시되고 이것은 동압+정압)는 크게 감소한다. 수직 충격파는 아주 큰 에너지의 소모 과정이다.

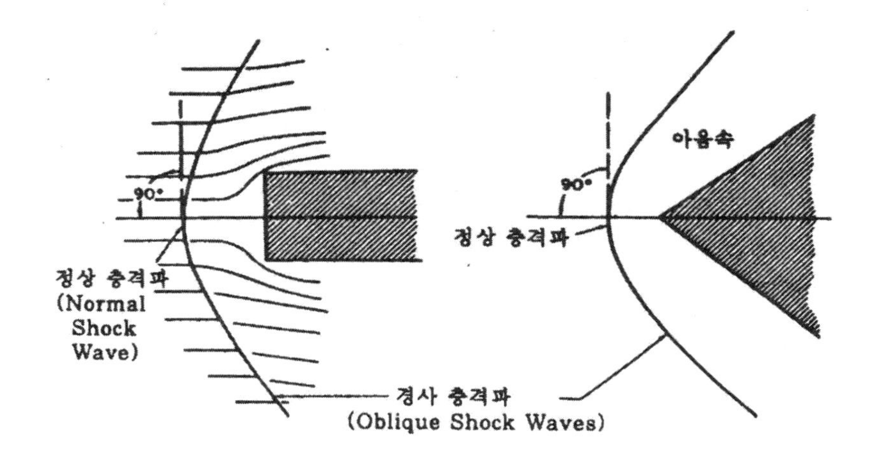

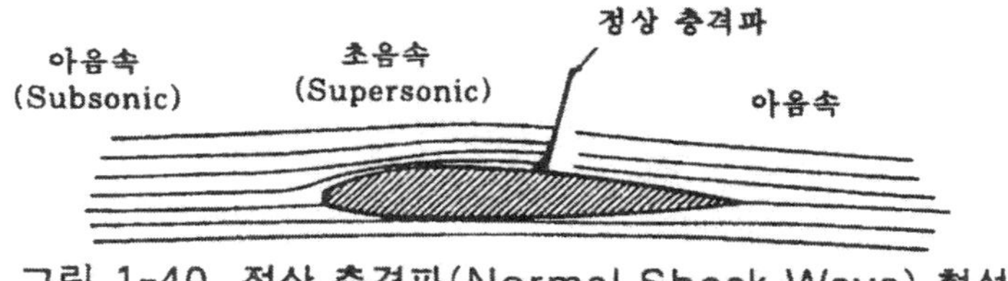

그림 1-40 정상 충격파(Normal Shock Wave) 형성

G. 충격파 유도 박리

날개 표면의 흐름이 일부가 초음속이고, 또 그 직후에 충격파가 발생하고 있는 경우에는 경계층과 충격파와의 상호 작용이 생긴다. 특히, 충격파에 의한 큰 압력 변화는 그 직후의 경계층을 두껍게 하고 흐름의 박리를 유발한다.

이 충격파에 따른 박리를 특히 충격파 유도 박리(Shock Induced Separation)라 하며, 받음각을 크게 했을 때의

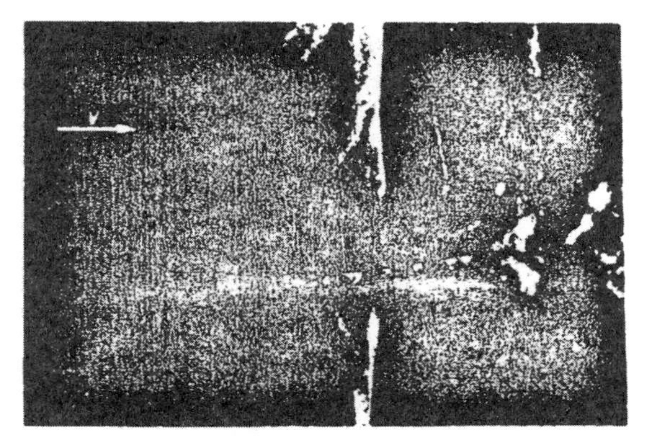

그림 1-41 충격파 유도 박리 (Shock Induced Separation)

박리와 구별하고 있다. 충격파 유도 박리는 경계층이 층류 경계층일 경우처럼 일어나기 쉽고, 한편 난류 경계층일 때는 충격파의 발생 위치가 후진하여 압력 변화도 완만해지므로 박리가 일어나기 어렵다. 따라서, 충격파의 발생을 지체시키고 약화하여 압력 항력(Pressure Drag)을 감소시키려면 편곡점 부근에서의 경계층을 난류로 유지하거나 소용돌이 발생판(Vortex Generator) 등을 써서 강제적으로 경계층에 에너지를 공급하여 충격파와 경계층과의 간섭을 줄이는 등의 대책을 취한다.

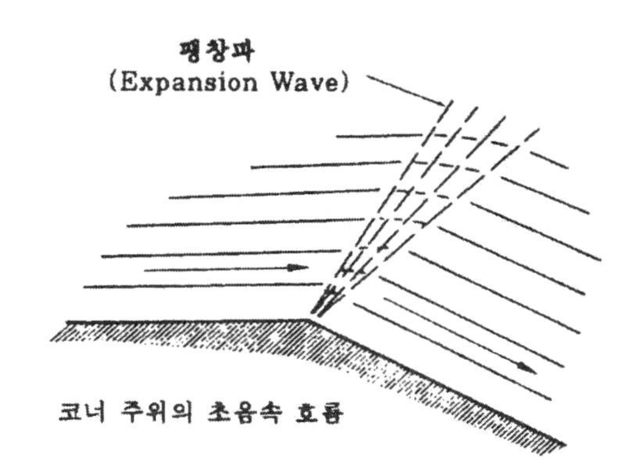

충격파에 의해 박리된 흐름은 시간적으로도 공간적으로도 매우 흐트러져 있고 기체로서의 성질도 없다.

H. 팽창파

물체 표면이 그림 1-42과 같이 구부러져 있을 때는 유관 면적이 하류일수록 넓어지는 원리와 마찬가지이므로, 초음속 흐름은 가속을 받음과 동시에 하류로 갈수록 압력, 밀도, 온도는 떨어진다. **이때는 하류일수록 마하각이 작아지고 마하파가 발산되므로 이것을 팽창파(Expansion Wave)라고 부른다.**

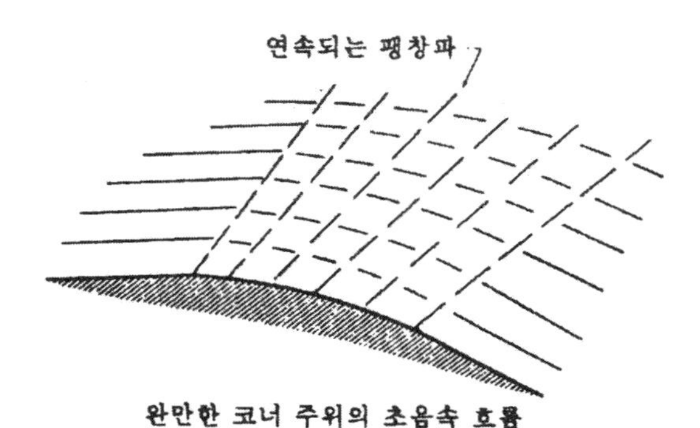

그림 1-42 팽창파의 형성

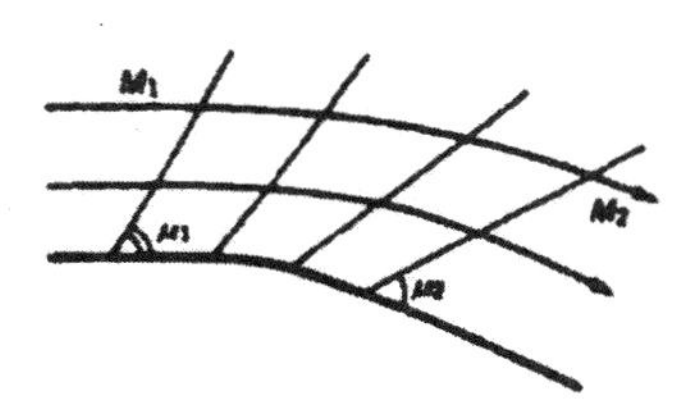

그림 1-43 팽창파(Expansion Wave) 형성

1. 물체 주위의 초음속 흐름

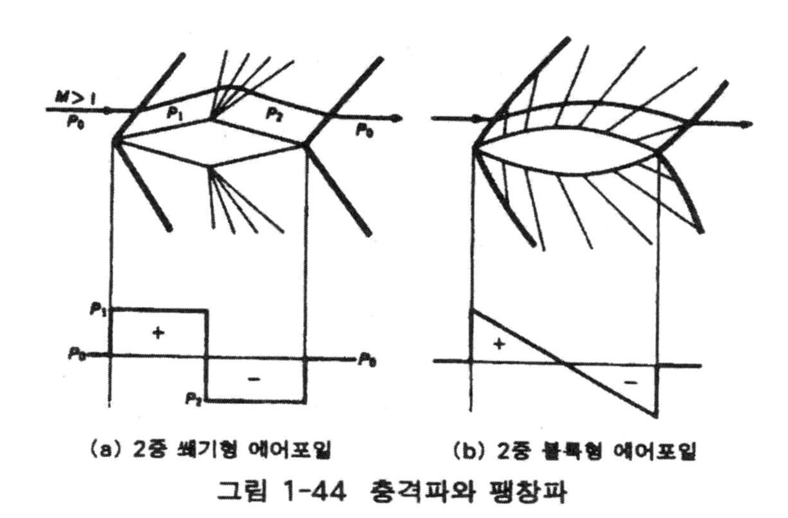

(a) 2중 쐐기형 에어포일 (b) 2중 볼록형 에어포일

그림 1-44 충격파와 팽창파

한결같은 초음속 흐름 속에 대칭인 쐐기형 날개(Double Wedge Airfoil) 및 렌즈형 날개(Biconvex Airfoil)를 받음각=0으로 놓았을 때, 그들 주위의 흐름과 표면을 따른 압력 분포를 나타낸 것이 그림 1-44이다.

이 그림의 (a)에서도 알 수 있듯이 리딩에이지의 충격파는 흐름을 압력 P_1까지 압축하고 날개 중앙부에서 나오는 팽창파는 그것을 압력 P_2까지 팽창시키며 리딩에이지의 충격파는 그것을 거의 일반 흐름의 값 P_0까지 재압축한다. 이 때문에 전반부 표면의 압력은 증가하고 후반부 표면의 압력은 감소하므로 이 에어포일에는 다음과 같은 항력이 작용하게 된다.

$$D=(P_1-P_2)t \quad \text{--------------------------}(1\text{-}30)$$

t : Airfoil Thickness

이 항력은 비점성 유체에서도 존재하므로, 이 항력을 특히 초음속 흐름에서의 조파 항력(Wave Drag)이라고 부른다.

받음각의 영향에 대해서 간단히 이해하기 위해 그림 1-45와 같은 평판을 생각해서 알아볼 수 있다. 이 그림에서 평판 표면 근처의 초음속 흐름은 그 표면을 따른 흐름의 압력은 상면에서 저하, 하면에서 증가함을 알 수 있다. 또 이 압력 분포에서 공기력의 작용점인 압력 중심(Center of Pressure : CP)은 평판의 중앙, 즉 50% 날개 코드 길이에 있고 작용하는 공기력은 평

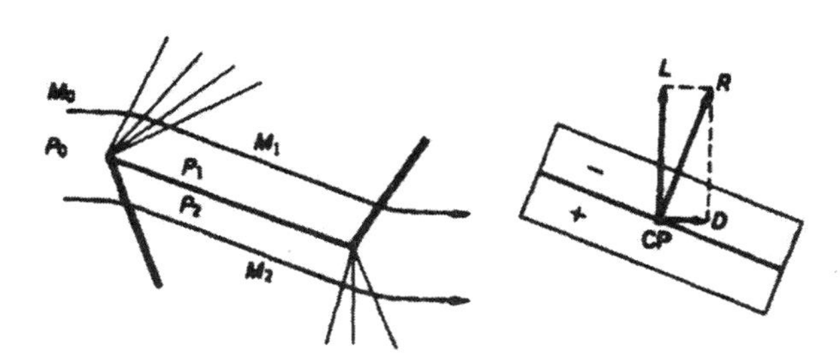

그림 1-45 평판에 대한 속도와 압력 분포

판에 수직으로 생긴다. 그 때문에 일반 흐름에 대해 직각 방향인 힘의 성분인 양력(Lift)과 함께 평행 방향 성분인 항력(Drag)도 생기게 된다. 특히 이때의 항력은 흐름과 평판과의 사이에 점성이 없는 경우라도 존재한다는 점에서 이 받음각을 준 것에 의한 항력도 일종의 조파 항력(Wave Drag)으로 생각할 수 있다.

J. 떨어진 충격파

초음속 흐름 속에 그림 1-47과 같은 앞이 둥근 물체를 놓으면 물체의 상류, 약간 떨어진 곳에 충격파가 형성된다. 이 충격파를 특히 떨어진 충격파(Detached Shock Wave 또는 Bow Shock)라고 한다.

이와 같은 충격파가 생기는 이유는 물체 선단의 정체점 부근에서는 흐름이 아음속이 되고 압력의 급증이 생겨서 그 압축 공기가 전방의 초음속 흐름에 대해서 물체처럼 작용하기 때문이다. 물체 선단 측방의 일반 흐름에 직각으로 생기는 충격파를 수직 충격파(Normal Shock Wave)라고 한다. 수직 충격파의 경우 하류의 흐름은 항상 아음속으로 감속된다.

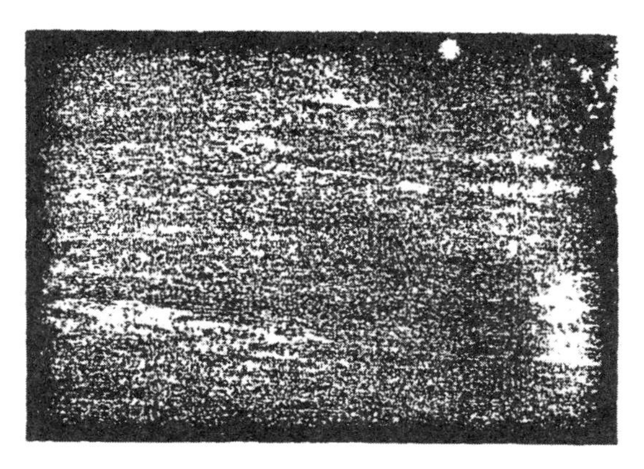

그림 1-46
M=1.65인 탄환의 초음속 흐름

한편, 물체의 중심선에서 떨어짐에 따라 충격파는 약해짐과 동시에 점차로 기울어져, 점차적으로 마하각에 가까운 경사 충격파를 형성한다. 경사 충격파를 통과하는 흐름은 그 전방의 마하수보다는 작으나 그래도 초음속 흐름이다. 또 그림 1-47에서의 마하수 및 압력의 변화는 물체 전방에서는 중심선을 따라, 정체점 이후는 물체 표면을 다른 값으로 나타낸 것이다.

떨어진 충격파와 물체 선단과의 거리는 마하수가 클수록, 또 선단이 날카로울수록 짧아지며 아음속 흐름 영역도 작아진다.

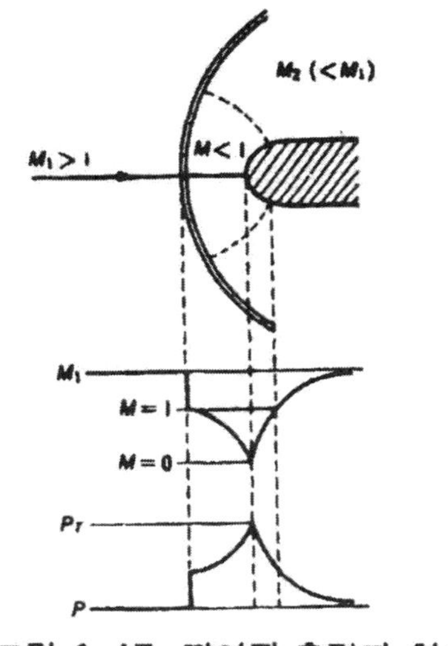

그림 1-47 떨어진 충격파 형성

초음속으로 비행하는 비행기의 날개 리딩에이지 전방에서 떨어진 충격파가 발생하여 리딩에이지에 고압 영역이 생기면 압력 항력(Pressure Drag)이 현저히 증가하므로 초음속 항공기용 날개는 모든 리딩에이지를 날카롭게 하며 이들의 항력을 감소시키도록 하고 있다.

표 1-3은 각 초음속 파장을 비교한 것이다.

파장 형성의 형태	경사 충격파	정상 충격파	팽창파
흐름 방향 변화	코너로 흐른 다음 다시 이전의 흐름으로 전환	변화 없다	코너 주변을 흐르고 이전 흐름으로부터 멀어진다.
속도와 마하수의 영향	감소되지만 계속 초음속이다.	아음속으로 감소	더 큰 마하수로 증가
정압과 밀도의 영향	증가	더 크게 증가	감소
에너지나 전압의 영향	감소	더 크게 감소	변화가 없다

표 1-3 초음속 파장(Supersonic Wave)의 특성

제2장 날개 이론

2-1. 에어포일의 특성

에어포일의 공력 특성은 그 형상에 따라 매우 크게 변하기 때문에 공력 특성에 영향을 주는 형상 요소에 대해 이해해 둘 필요가 있다.

1) 에어포일의 명칭

에어포일(Airfoil)에 관한 명칭은 그림 2-1에 나타낸 것과 같이 에어포일의 전방 끝을 리딩에이지(Leading Edge), 후방 끝을 트레일링에이지(Trailling Edge), 리딩에이지와 트레일링에이지를 연결하는 직선을 날개 코드(Chord) 혹은 날개 코드 라인(Chord Line)이라 하고, 그 길이를 날개 코드 길이(Chord Length)라 한다. 또, 에어포일의 상하면에 내접하는 원 중심을 리딩에이지에서 트레일링에이지까지 연결하는 선이 평균선(Mean Line) 혹은 중심선이며 날개 코드 라인과 평균선 사이의 거리가 캠버(Camber)이다. 단, 일반적으로는 캠버가 최대가 될 때의 값을 간단히 캠버라 표현한다.

그밖에 에어포일의 공력 특성에 관한 것으로서 날개 두께(Thickness), 날개 두께가 최대가 되는 위치와 리딩에이지에서의 거리, 캠버가 최대가 되는

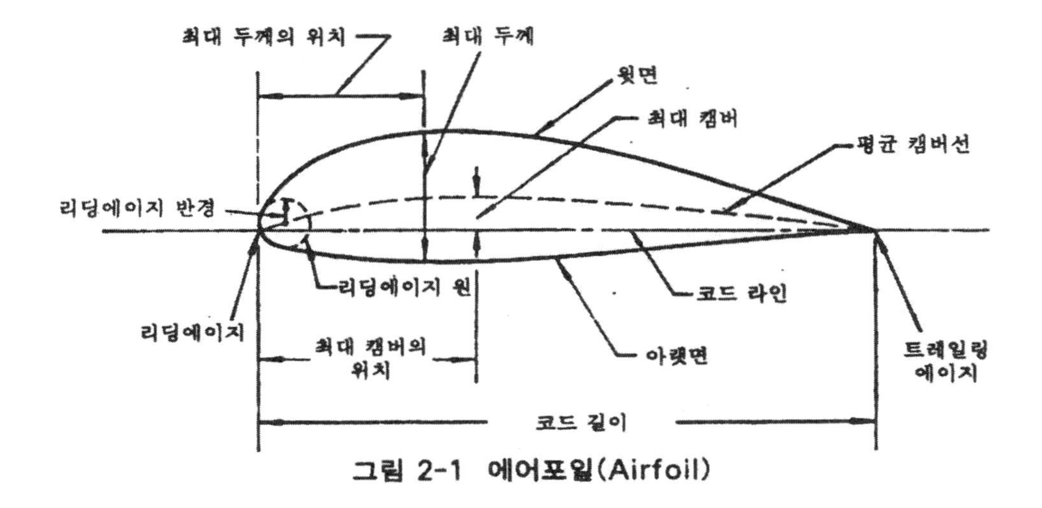

그림 2-1 에어포일(Airfoil)

위치까지의 거리 등이 있으며, 에어포일에 있어서는 서로 다른 형상으로 고안한 것이 많으므로 각각의 크기를 날개 코드 길이 c에 대한 %로 표시하고 있다. 특히 %로 표시된 날개 두께를 형상 날개 두께(Profile Thickness)라 한다. 예를 들어 코드 길이가 2m인 날개의 두께가 30cm라면 형상 날개 두께는 15%가 되고, 또 캠버=0인 날개이면 이것을 대칭 날개(Symmetric Airfoil)라 한다.

또, 날개 리딩에이지는 일반적으로 둥글게 되어 있지만, 이 리딩에이지에 내접한 원을 리딩에이지 원(Leading Edge Circle), 그 반경을 리딩에이지 반경(Leading Edge Radius)이라 한다.

형상의 차이가 공력 특성에 주는 영향은 다음과 같이 정리할 수 있다.

A. 날개 두께(Thickness)

얇은 날개는 받음각이 작을 때 항력도 적지만, 큰 받음각을 취하면 흐름에 박리가 쉽게 일어나서 항력의 급격한 증가를 초래한다. 따라서 받음각을 크게 취할 수 없는 결점이 있으며 날개의 강도도 낮아진다. 한편, 두꺼운 날개인 경우에는 받음각이 작을 때 항력은 비교적 크지만 큰 받음각이라도 박리가 일어나기 어려우므로 그것 만큼 큰 양력을 얻을 수 있어 강도의 확보도 쉽다.

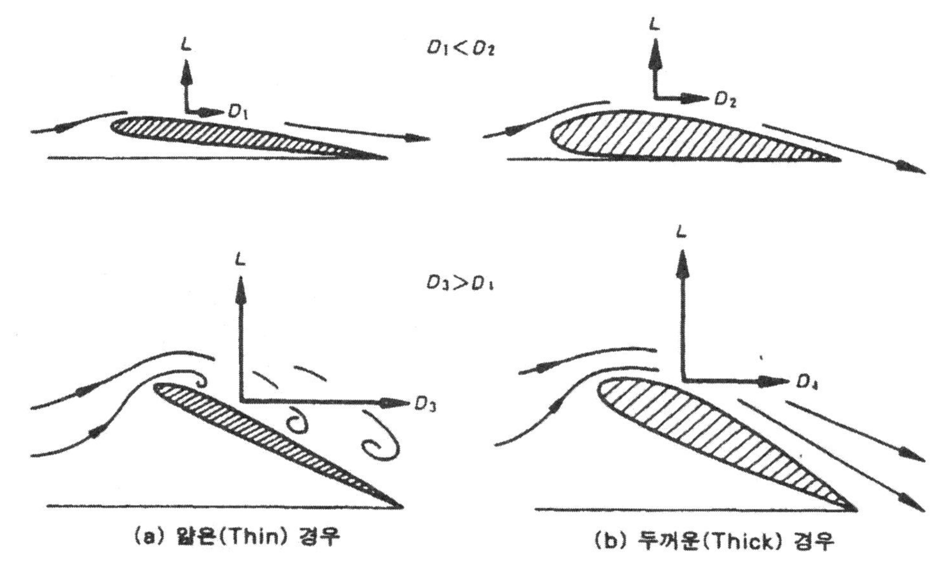

그림 2-2 두께 영향(Thickness Effect)

B. 날개 두께 분포와 리딩에이지 반경

날개 두께 분포가 다른 경우에는 받음각이 같으면 양력에는 거의 차이가 생기지 않지만, 항력과 최대 받음각에 차이가 생긴다. 예를 들어 리딩에이지 반경이 작은 에어포일은 받음각이 작을 때에는 항력이 작고 받음각이 어느 정도 이상으로 커지면 박리를 일으키기 쉬워지므로 항력의 급격한 증가를 초래한다.

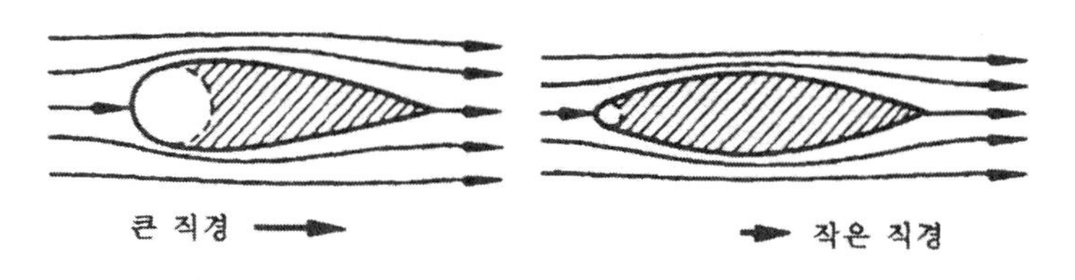

(a) 작은 받음각

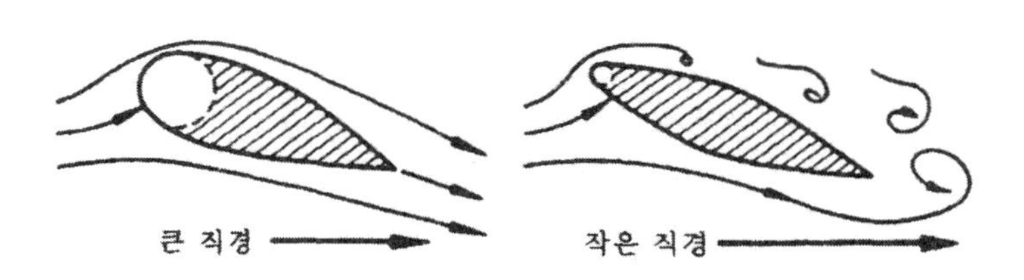

(b) 큰 받음각

그림 2-3 두께 분포의 영향

C. 캠버(Camber)

날개 두께나 리딩에이지 반경이 같아도 캠버가 다르면 받음각에 대한 양력, 항력에는 차이가 생긴다. 예를 들어 그림 2-4와 같이 대칭 날개 단면과 캠버형 에어포일(Cambered Airfoil)을 받음각=0으로 놓고 비교했을 때 대칭 날개의 양력 $L=0$이지만 캠버가 있으면 양력이 생긴다. 이와 같이 동일 받음각에 대해서는 캠버가 큰 날개일수록 큰 양력을 얻을 수 있으며 동시에 큰 받음각을 취할 수 있다.

또, 캠버가 있는 날개의 후방을 통과하는 공기 흐름은 아랫쪽(거의 평균선 방향)으로 편향한다.

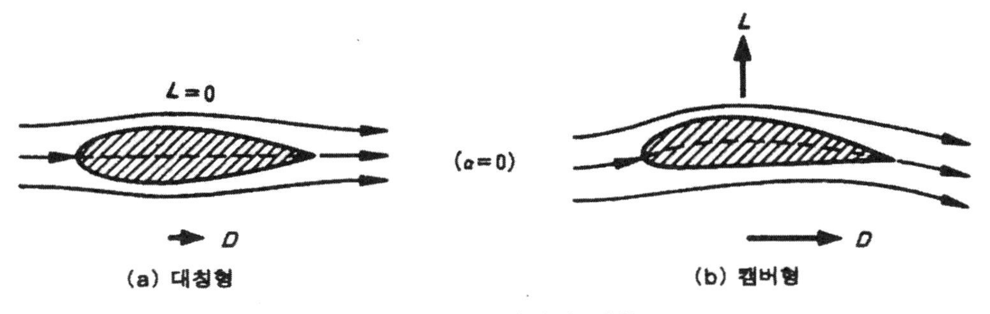

그림 2-4 캠버의 영향

D. 날개 코드 길이(Chord Length)

같은 종류의 에어포일도 날개 코드 길이가 큰 경우에는 날개 윗면을 흐르는 공기 흐름이 난류로 이동하기 쉬우므로 큰 받음각까지 박리를 일으키기가 어려워진다. 따라서, 형상이 같아도 반드시 같은 공력 특성을 나타낸다고는 할 수 없으므로 주의할 필요가 있다. 동시에 같은 날개를 고도를 바꿔 비교할 때에도 레이놀즈 수(Reynolds Number)의 차이에 의해 같은 효과를 가지기 때문에 같은 비행기라도 비행 조건이 다르면 비행 특성, 성능에 변화가 생긴다. 이들 레이놀즈 수에 의한 특성 변화를 레이놀즈 수 효과(Reynolds Number Effect) 혹은 치수 효과(Scale Effect)라 한다.

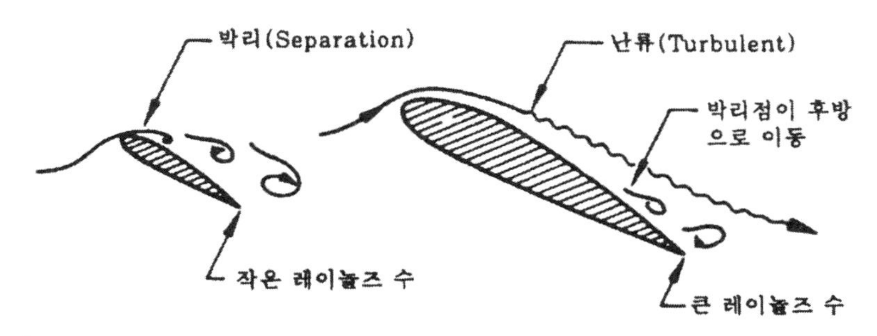

그림 2-5 레이놀즈 수의 영향

2) 에어포일의 공력 특성

에어포일은 양력, 항력과 모멘트를 생기게 하며 이 공기력은 에어포일의 형상에 따라 그 특성이 달라진다.

A. 에어포일에 작용하는 공기력

공기 흐름중에 날개를 놓았을 경우, 공기 입자는 날개 때문에 속도 및 흐름의 방향에 변화를 받게 된다. 이와 같은 현상은 공기 입자가 물체의 존재 때문에 힘을 받고 있다는 것을 뜻한다. 날개는 이 힘의 반작용으로 공기에 의해서 힘을 받으며 이 힘은 양력과 항력으로 나누어진다. 날개 대신에 그림 2-6과 같이 흐름 방향에 수직으로 놓인 평판을 예로 들어보자. 이 경우에 평판은 공기력이라고 하는 항력 F_x를 받는다.

평판 면적을 S, 공기 밀도를 ρ, 풍속을 V라 하면 1초 간에 평판에 충돌하는 공기의 체적은 그림에서 점선으로 표시되며, V의 두께를 가진 체적 즉 VS이다. 충돌하는 공기 질량은 ρVS이다. 공기 입자가 평판에 충돌하기 전의 속도가 V이고 충돌 후의 속도가 0이 되었다고 하면 속도 변화, 즉 1초 동안 변화된 가속도는 $V-0=V$이다. 따라서, 힘은 질량과 가속도의 곱이 되고 그림의 점선으로 표시된 체적의 공기는 $\rho VS \times V=\rho V^2S$의 힘을 평판에 작용시킨다.

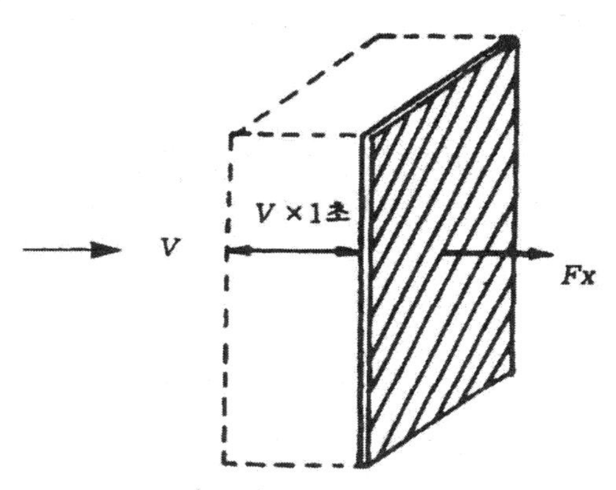

그림 2-6 평판에 작용하는 공기력

평판이 받는 힘을 유체가 작용하는 힘의 반작용이라 하면, 평판의 반력 $Fx=\rho V^2S$이다. 그러나 실험에 의하면 $Fx=0.64\rho V^2S$이며 이것은 점선으로 표시한 체적의 공기중 일부가 판의 주변에서 튀어나갔다는 것을 의미한다. 여기에서 중요한 사실은 일반적으로 물체에 작용하는 공기력은 공기의 밀도와 속도의 제곱(V^2)에 비례하고, 물체의 면적(S)에 비례한다는 것이다. 즉 다음과 같은 공식이 성립한다.

$$Fx=\rho V^2S \quad \text{------------------------------}(2\text{-}1)$$

혹은 일반적으로 비례 상수 K를 사용하여 표시하면 다음과 같다.

$$Fx=K\rho V^2S \quad \text{----------------------------}(2\text{-}2)$$

여기서, K는 실험에 의하면 0.64에 해당된다. 일반적으로 K는 물체의 모양과 유체중에 있는 물체의 자세에 관계되며, 유체의 종류, 속도 및 물체의 크기와는 관계 없다.

평판 대신에 에어포일을 그림 2-7과 같이 공기 흐름 속에 놓았을 때 에어포일에는 그림과 같이 흐름 방향에 수직으로 양력이 발생하고 흐름 방향과 같은 방향으로 항력이 생긴다. 이때, 흐름 방향과 코드 라인이 이루는 각을 받음각(Angle of Attack)이라 한다.

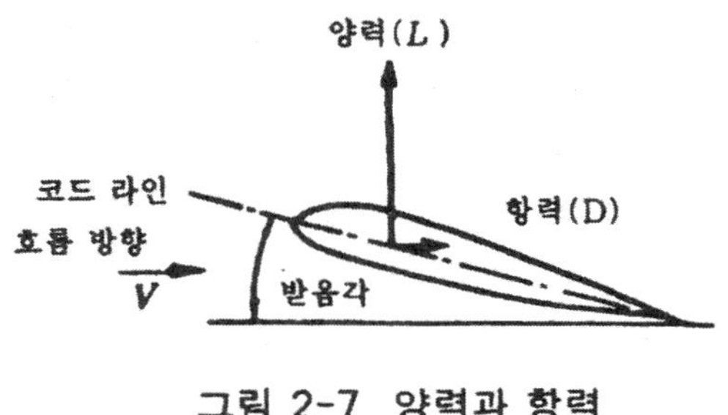

그림 2-7 양력과 항력

B. 양력 계수와 항력 계수

앞에서 설명한 바와 같이 양력과 항력도 공기력이므로 다음과 같은 식이 성립한다.

양력 : $L \propto \rho V^2 S$
항력 : $D \propto \rho V^2 S$ ---------------------------(2-3)

위 식에 비례 상수를 도입하고 $\frac{1}{2}$을 넣어서 식을 바꾸어 쓰면 다음과 같다.

$$L=\frac{1}{2}C_L \rho V^2 S$$

$$D=\frac{1}{C_D}\rho V^2 S \quad \text{---------------------------(2-4)}$$

이와 같이 정의한 비례 상수 C_L과 C_D를 각각 양력 계수 및 항력 계수라 부르며, 에어포일의 형태 및 유체중의 자세, 즉 받음각에 관계되는 무차원이다.

C. 받음각과 C_L 및 C_D의 관계

C_L 및 C_D는 날개의 모양과 받음각에 의해서 정해지며, 대표적 에어포일인 클라크 Y형의 C_L 및 C_D의 받음각 α에 대한 변화를 그림 2-8에서 살펴보자.

① α=-5.3°일 때 C_L=0, 즉 양력이 0이 된다. 이 받음각을 무양력 받음각이라 한다.
② 무양력 받음각으로부터 α를 증가시키면 거의 직선적으로 C_L이 증가한다.
③ α가 18° 근처에서 C_L은 최대로 된다. 이때의 C_L을 최대 양력 계수라 부르고 C_{Lmas}로 표시한다. 또, 이때의 받음각을 실속각이라 한다.

④ 실속각을 넘으면 C_L은 급격히 감소한다. 이 현상을 실속(Stall)이라 한다.
⑤ C_D는 -5°에서 최소가 된다. 이 때의 C_D를 최소 항력 계수라 하며 C_{Dmin}으로 표시한다.
⑥ α가 커지면 C_D는 포물선과 같이 증가하고 실속각을 넘어서면 C_D는 급격히 증가한다.

이것은 실속했을 때에는 날개 윗면의 흐름이 박리 현상이 생기기 때문이다. 이와 같은 C_L, C_D의 곡선을 에어포일의 특성 곡선이라 부르며 에어포일이 다르면 곡선이 달라지는 것은 당연하나 그 경향이 비슷하다. 에어포일은 최대 양력 계수가 크고 최소 항력 계수가 작을수록 좋다.

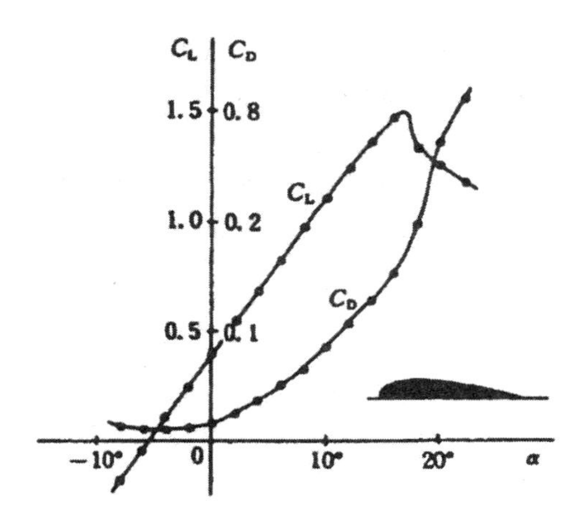

그림 2-8 클라크 Y형 에어포일의 양항 곡선

3) 풍압 분포와 풍압 중심

에어포일의 둘레 흐름 모양, 풍압 분포는 받음각을 바꾸면 변한다. 그 변화의 한 예가 그림 2-9이며, 그 공기력의 합력점을 풍압 중심(Center of Pressure)이라 한다. 풍압 중심의 상세한 설명은 뒤에서 다루기로 하고 여기서는 대략적 경향을 설명한다.

첫째, 받음각을 크게 하면 에어포일 둘레의 최대 풍속점이 에어포일 윗면의 리딩에이지 근방에 나타나기 때문에 최대 부압점도 여기에서

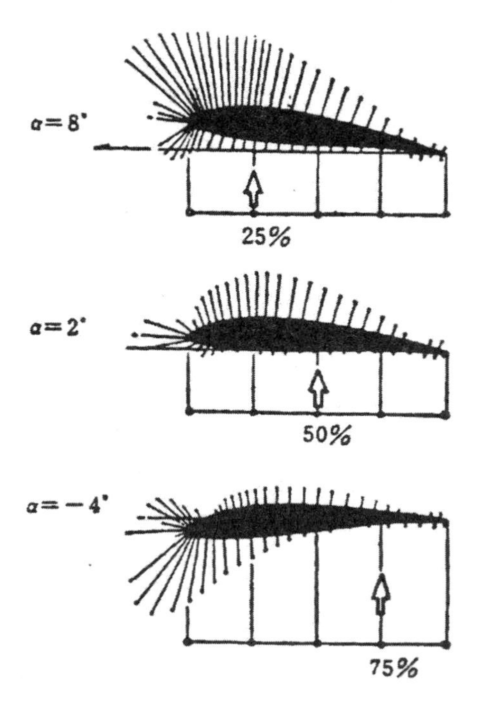

그림 2-9 NACA 4412 에어포일의 풍압 분포

발생하여 그림과 같이 풍압 중심이 날개 코드의 25% 부근에서(에어포일에 의해 다소 다르지만) 움직이게 된다.

둘째, 순항 비행 등과 같이 에어포일 받음각이 작을 때(특히 층류형 에어포일을 이용한 경우)에는 최대 부압점이 날개 코드 중앙 부근에 나타나고 풍압 중심이 날개 코드의 50% 부근에서 생겨나게 된다.

셋째, 급강하시 등, 받음각이 음의 값으로 되면 최대 부압점이 에어포일 아랫면의 리딩에이지 근방에 생겨나며, 그 때문에 에어포일이 하강하는 경향을 보이고 풍압 중심이 날개 코드의 75%로 이동한다.

위에서 설명한 수치는 각종 에어포일의 대략적 경향이며 실제로는 에어포일에 따라 풍압 중심의 이동량이 다르다.

풍압 중심의 위치를 나타낼 때, 그림 2-10과 같이 C.P.라고 하고, 다음과 같이 나타낸다.

$$C.P = \frac{l}{c}$$

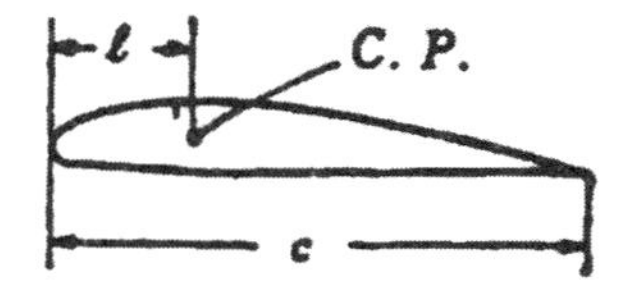

그림 2-10 풍압 중심의 표시

2-2. NACA 표준 에어포일

에어포일은 비행기의 성능을 결정하는 가장 본질적인 요소이며, 그 특성은 날개 두께, 두께 분포, 캠버 및 레이놀즈 수 등에 의해 결정되지만 각각의 분포를 어떻게 결정하는가에 의해 성능 뿐만 아니라 비행기의 운동 특성에도 큰 영향을 준다.

현재 사용되고 있는 에어포일의 역사적인 배경에는 1920년경 개발된 Gottingen 398(독일), Clark Y, Munk M-6, M-12(미국), Glauert(영국) 등으로 대표적인 에어포일이 있었다. 그 후, 미국의 NACA에 의하여 조직적으로 에어포일을 분류하여 현재에는 대부분의 에어포일을 다음과 같이 분류한다.

① 4자리 계열 에어포일(4 Digit Series Airfoil)
② 5자리 계열 에어포일(5 Digit Series Airfoil)
③ 1~7 계열 에어포일(1~7 Series Airfoil)
④ 초음속 에어포일(Supersonic Airfoil)

이것을 NACA 표준 에어포일(NACA Standard Airfoil)로 하였다. 예를 들어 4자리 계열이나 5자리 계열은 당시 최고로 양호한 에어포일이었다. Clark Y나 Gottingen 398을 기본으로 하여 날개 두께 분포를 그대로 하고 캠버와 날개 두께를 변화시킨 것에 의해 결정하고 있다. 표준 에어포일에는 그 공력 특성에 관한 데이터가 갖추어져 있어서 요구하는 비행기의 특성, 성능에 맞는 에어포일의 선택이 가능하게 되어 있다. 단, 비행기에 따라서는 이들을 특성에 맞게 독자적인 에어포일도 사용되고 있으며 새로운 에어포일의 연구 개발도 행해지고 있다.

앞의 표준 에어포일 가운데 실제 항공기에 많이 사용되고 있는 에어포일을 중심으로 에어포일의 표시법과 그들의 특성을 설명하기로 하겠다.

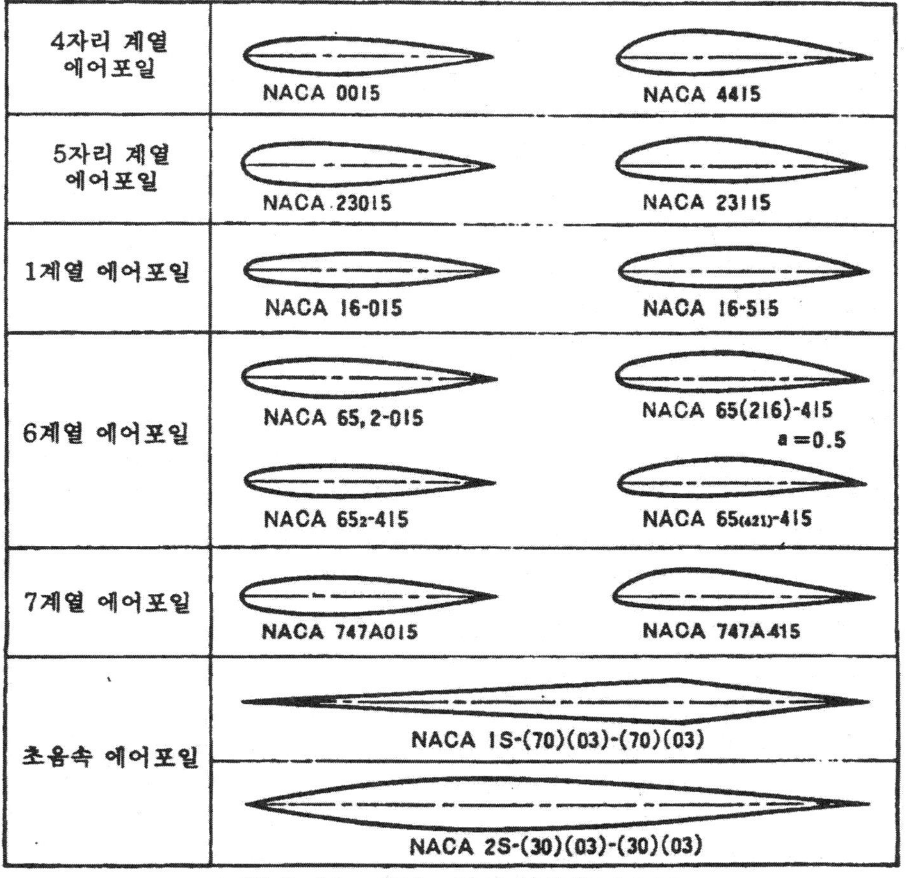

그림 2-11 에어포일의 분류(NACA)

1) 4자리 계열 에어포일(4 Digit Series)

이 계열은 최대 날개 두께가 날개 코드 길이 30% 정도에 위치한 에어포일로 다음과 같이 4개의 숫자을 이용하여 에어포일 형상을 표현한 것이다. 각 숫자는 다음과 같은 의미를 지니고 있다.

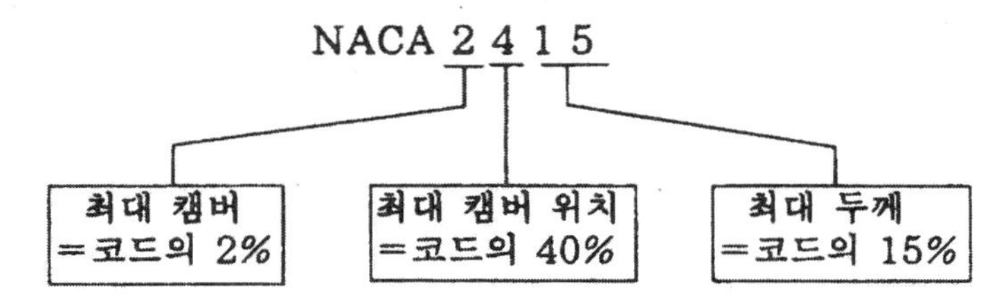

4자 계열은 00××, 24××, 44×× 등이 주로 사용되고, 특히 00××는 대칭형 에어포일을 의미한다. 4자리 계열의 양력 곡선을 그림 2-12에 나타내었다.

이 양력 곡선에서 다음의 특징을 알 수 있다.

① 날개 두께가 15~18% 정도까지는 두꺼운 만큼 리딩에이지 반경도 커지기 때문에 실속각(α_s) 및 최대 양력 계수(C_{Lmax})가 커진다. 그러나 그 이상의 두께는 큰 받음각일 때 날개의 중앙부 후방에서 박리가 생기고 C_{Lmax}의 값은 오히려 작아지는 경향을 띤다.

② 캠버의 크기는 특히 0 양력각(α_0)이 틀리게 나타난다. 예를 들어 캠버=0인 대칭형 에어포일에서는 받음각=0이고 양력 계수=0이 되기 때문에 양력 곡선은 원점을 통하는 직선이 된다. 그러나, 양(+)의 캠버(Positive Camber)에서는 받음각이 0이라고 해도 날개 윗면에서 공기 흐름의 가속이 아랫면보다 크기 때문에 압력차가 발생하여 양력이 작용한다. 이때 양력=0으로 하기 위해서는 받음각을 음(−)으로 선택할 필요가 있으며, 0 양력각은 캠버가 큰 만큼 음의 값을 가지게 된다.

또, 캠버가 클수록 날개 윗면에서의 곡률이 증가하므로 받음각을 크게 할 수 있고 C_{Lmax}의 값도 크게 할 수 있다. 단, 실제 사용 범위로서의 캠버는 최대 4% 정도이다. 항력에 관해서는 날개 두께가 클수록, 또 캠버가 클수록 낮은 받음각에서 항력은 크며(얇은 날개에 비해 마찰 항력, 압력 항력 둘다 증가한다), 큰 받음각에서는 공기 흐름의 박리가 느려지므로 항력은 오히려 얇은 날개보다도 감소하는 경향이 있다. 또, 양력 곡선의 구배(Slope)는 에어포일에 따라 거의 변화를 받지 않음에 주목해야 한다.

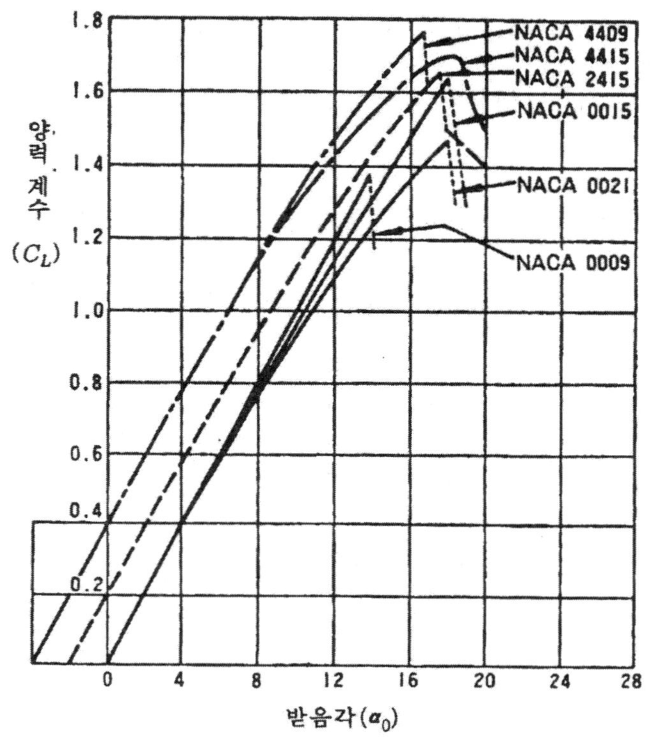

그림 2-12 4자리 계열 에어포일의 공력 특성(R=8×10⁶)

2) 5자리 계열 에어포일(5 Digit Series)

이 에어포일은 4자리 계열의 날개 두께 분포를 바꾸지 않고 최대 캠버 위치를 전방으로 위치시켜 날개 리딩에이지에서의 윗면 곡률을 크게 하고, 큰 받음각에서 리딩에이지 박리를 일어나기 어렵게 하여 C_{Lmax}를 크게 하도록 한

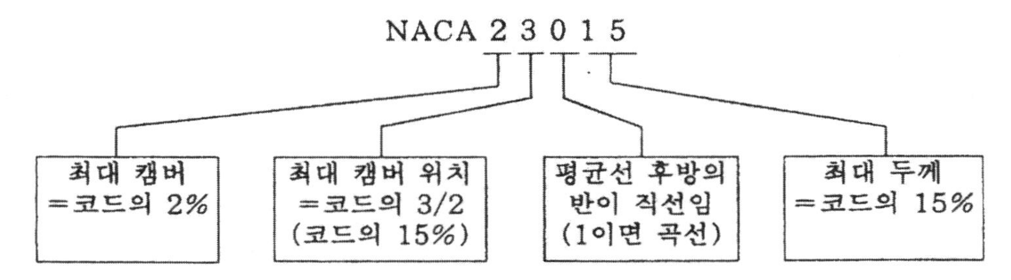

것이다. 단, 실속각을 넘었을 때의 양력 곡선은 급격하게 구부러지고 양력 계수의 갑작스런 저하가 일어나기 쉽다.

일반적으로 5자리 계열에는 230×× 혹은 231××가 있으며, 각 숫자가 갖는 의미는 다음과 같다.

3) 개량형 4자리 계열 에어포일(Modified 4 Digit Series)

비행기의 저속 성능을 확보할 뿐만 아니라 고속 성능의 향상을 도모하기 위해, 특히 항력 감소를 목적으로 한 에어포일의 개발이 진행된 후 최초로 4자리 계열의 개량 형태로 등장한 것이 이 에어포일이다. 이것는 고속 비행시의 항력을 줄이기 위해 날개 두께 분포를 바꾸었다. 즉 리딩에이지 반경을 작게 함과 동시에 최대 날개 두께 위치를 코드의 40% 부근까지 후방으로 옮겨놓고 낮은 받음각일 때 날개 리딩에이지에서 중앙부 부근까지 층류를 유지하도록 한 것이다.

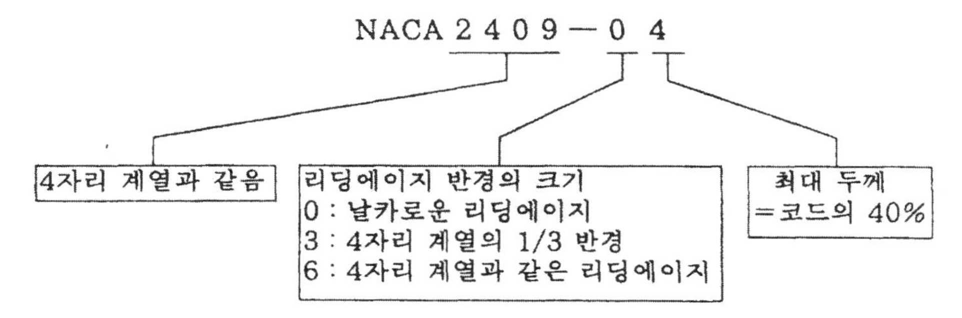

4) 1계열 에어포일(1-Series)

이 에어포일은 어느 특정 받음각 또는 양력 계수에 대해 항력 계수가 최소가 되도록 설계된 것으로서 이때의 양력 계수를 특히 설계 양력 계수(Design Lift Coefficient)라 하고 있다. 설계 양력 계수는 날개 윗면, 아랫면 사이의 압력 차이가 날개 코드 길이에 따라 50~60%의 위치까지 거의 같아지도록 평균선의 형태를 정하고 있다. 과거 프로펠러의 에어포일로 많이 사용되었다.

1계열에서는 16－×××가 사용되는 예가 많기 때문에 16계열 에어포일이라고도 한다.

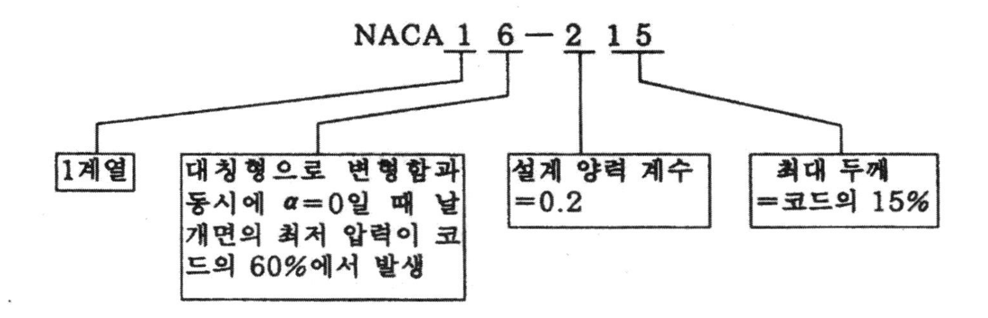

5) 6계열 에어포일(6-Series)

이 계열은 1계열과 같은 모양, 최대 날개 두께 위치를 날개 코드 중앙 부근으로 하여 설계 양력 계수의 근처에서 특히 항력 계수가 작아지도록 한 것으로서 받음각이 작을 때 날개 전방의 흐름이 층류를 유지하는 에어포일이라는 점에서 층류형 에어포일(Laminar Flow Airfoil)이라고도 부른다.

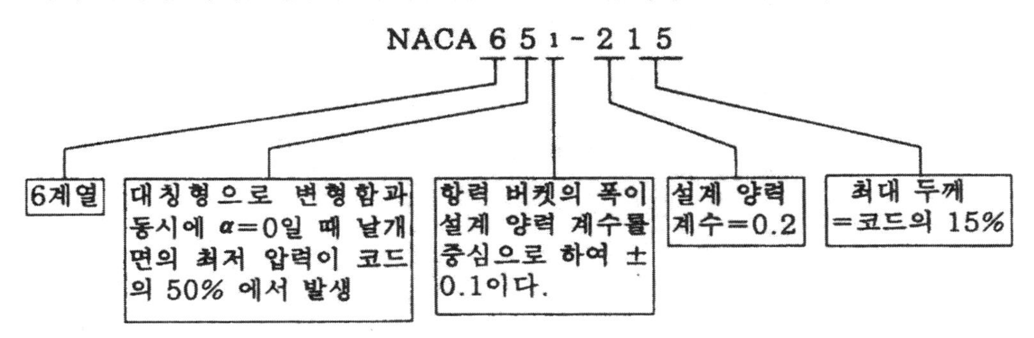

여기에서 항력 버켓(Drag Bucket)이란 극곡선(Polar Curve)에서 어느 양력 계수의 주변의 항력 계수가 갑자기 작아지는 경우를 말하는데, 그 중심의 양력 계수가 설계 양력 계수이다.

이 에어포일에서 예를 들면 NACA 65_3—018은 대칭형 에어포일이고, NACA 65_3—618은 캠버형 에어포일(Cambered Airfoil)이다.

그림 2-14는 이들 극곡선의 차이를 나타낸 것이다. 날개 두께가 얇을수록 혹은 레이놀즈 수가 클수록 항력 버켓은 좁고 깊어진다. 그림 2-15는 4자리 계열과 6계열 에어포일의 압력 분포 차이를 나타낸 것이다. 같은 두께라도 6계열 쪽이 압력 최소값은 작고 그만큼 날개면에서의 유속은 느려지므로 마찰항력이 작아지고 있다.

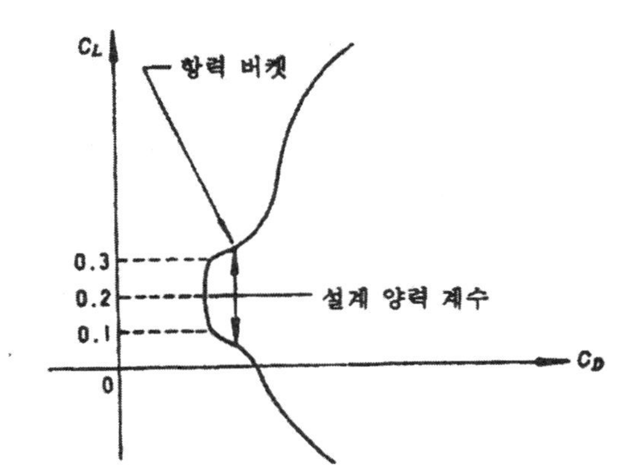

그림 2-13 극곡선(NACA65,-215)

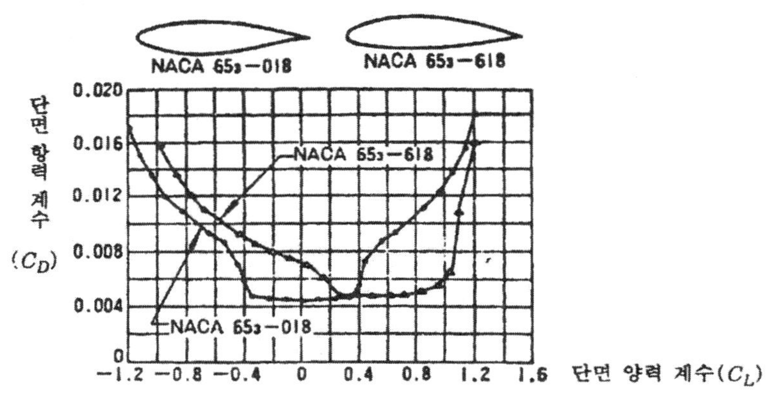

그림 2-14 두개의 6계열 에어포일의 극곡선

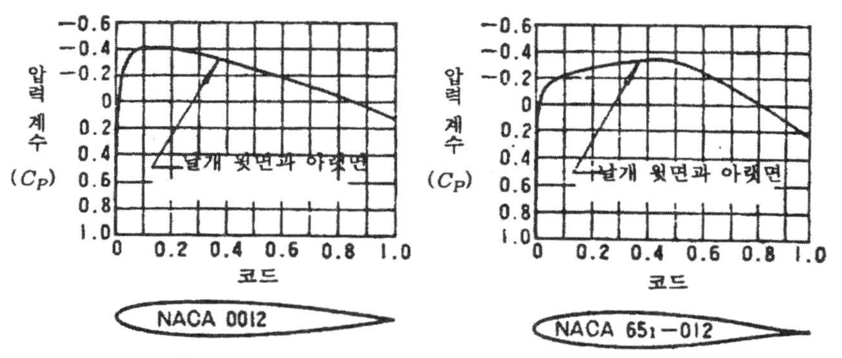

그림 2-15 "0" 받음각에서 4자리와 6계열 대칭형 에어포일의 압력 분포

그림 2-16은 대표적인 에어포일의 양력 곡선과 극곡선을 비교한 것이다. 같아보이는 에어포일이라도 공력 특성이 크게 달라짐을 알 수 있다.

2-3. 레이놀즈 수 효과

날개 주변의 공기 흐름이 층류 부분이 많은지, 난류 부분이 많은지를 판단하는 것으로 레이놀즈 수가 있다는 것은 이미 밝혀진 바다. 에어포일이 동일해도 그 크기(Scale)가 다르기도 하고 비행 고도나 속도가 변화하면 공력 특성에 차이가 생기는 것을 의미하고 있다.

1) 최대 양력 계수의 변화

받음각이 작을 때의 양력 계수는 레이놀즈 수(RN)에 의해 그다지 영향을 받지 않지만, 큰 받음각에 있어서는 꽤 많이 변화하며, 특히 최대 양력 계수(C_{Lmax}) 및 실속 받음각(α_s)은 레이놀즈 수가 커질수록 큰 값으로 되는 경향이 있다(그림 2-17).

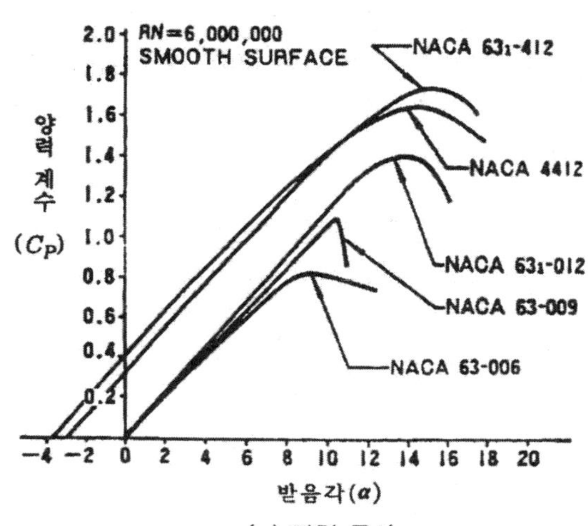

(a) 양력 곡선

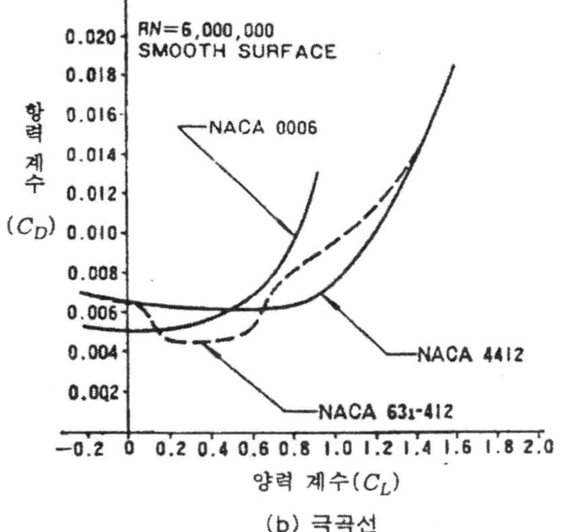

(b) 극곡선

그림 2-16 에어포일의 특성

이와 같은 변화가 생기는 이유는 낮은 레이놀즈 수일 때는 비교적 작은 받음각에서 층류 박리가 일어나기 때문이고 레이놀즈 수가 커짐에 따라 천이점이 날개 윗면 전방으로 이동해 난류층이 형성되기 때문에 박리는 느려진다. 따라서 같은 에어포일이라도 큰 날개일수록 C_{Lmax}는 커지고, 또 같은 비행기라도 고도가 낮을 때일수록 C_{Lmax}는 커진다. 그림 2-18은 여러 가지 에어포일로 보이는 C_{Lmax}의 값과 레이놀즈 수와의 관계를 나타낸 것이다.

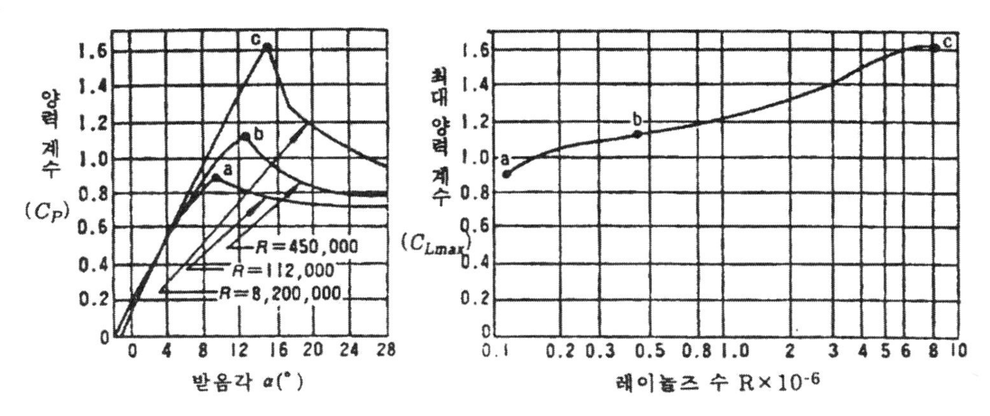

그림 2-17 레이놀즈 수의 영향

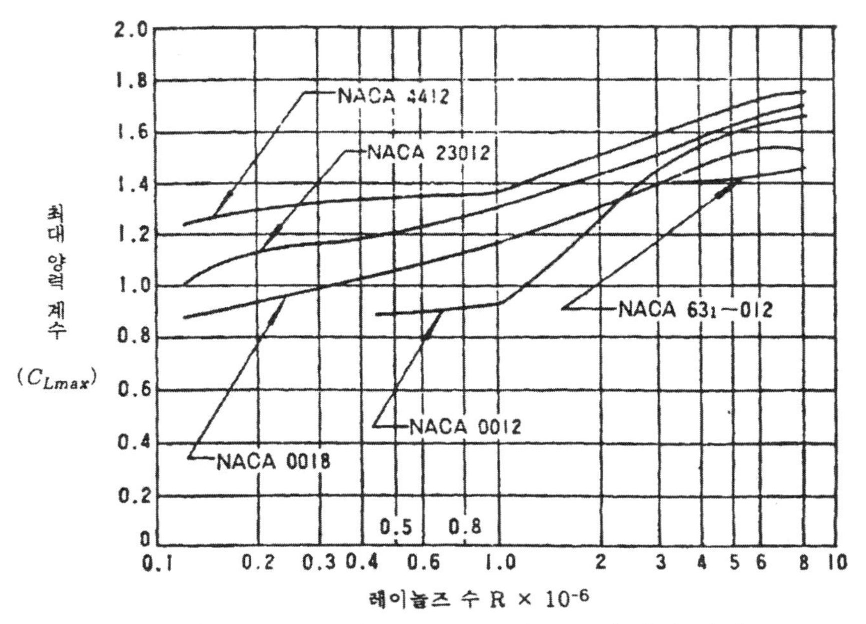

그림 2-18 에어포일 C_{Lmax}와 RN 수와의 관계

2) 최소 항력 계수의 변화

항력 계수에 있어서도 레이놀즈 수의 영향은 크고, 일반적으로 레이놀즈 수가 클수록 항력 계수는 작다. 이것은 레이놀즈 수가 크면 박리의 발생이 느려져 항력에 크게 영향을 주는 압력 항력이 감소하기 때문이다. 그림 2-19에 레이놀즈 수에 따른 극곡선의 변화를 나타내었다. 이와 같은 레이놀즈 수 효과로 비행기의 크기가 커질수록 공력 특성은 개선된다.

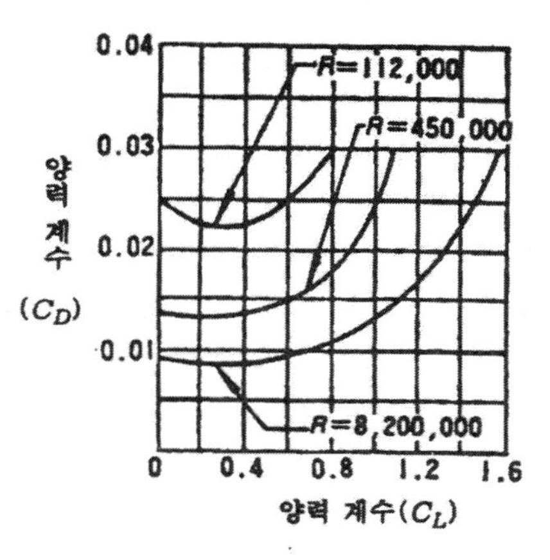

그림 2-19 항력 곡선에서 레이놀즈 수의 효과

3) 날개 표면 상태에 의한 영향

날개나 기체 표면 각 부를 통과하는 공기 흐름을 가능한 한 순조롭게 흐르게 하는 것은 마찰 항력을 줄이므로 중요하다. 날개의 경우는 특히 윗면에서 마찰 항력이 크게 작용한다. 그림 2-20은 층류형 에어포일에 있어 표면이 매끄러운가(Clean), 거친가(Rough)로 생기는 극곡선의 차이를 나타낸 것이다. 표면 상태

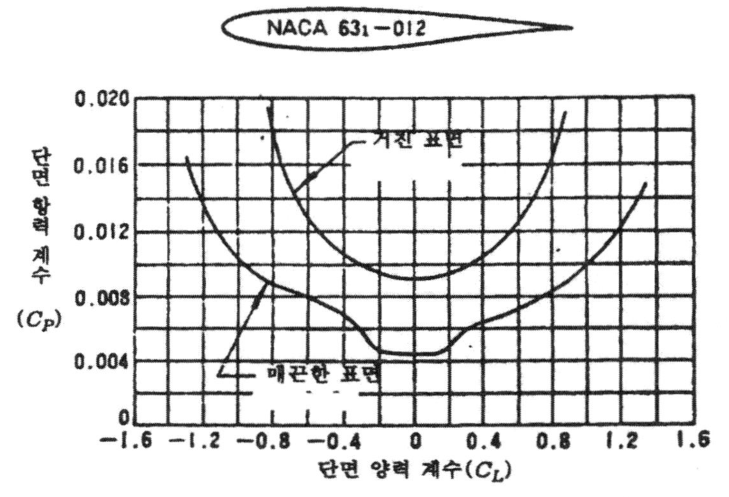

그림 2-20 NACA 63_1 -012의 곡력 특성

에 대해서는 기체 제작 단계에서 결정되는 요소 이외에 기름이나 먼지 등이 묻기도 하고 한냉시에 결빙(Icing)을 일으킴으로 인하여 변화하는 것이 많다.

또, 결빙은 날개의 공력 특성을 크게 악화시키기 때문에 특히 문제가 된다. 겨울철이나 비나 눈 속을 비행하거나 여름이라도 고고도의 구름 속을 비행하는 경우, 날개 리딩에이지에 결빙을 일으키기 쉬우며 경우에 따라서는 에어포일을 변형시키는 경우도 있다. 이로 인해 작은 받음각에서도 공기 흐름은 박리되고 양력 감소, 항력 급증과 결빙에 의한 기체 중량의 증가 등을 초래하여 매우 위험해진다. 따라서, 전천후(All-weather)비행이 요구되는 비행기에는 반드시 날개나 프로펠러의 리딩에이지에 제빙 부츠(Deicer Boots)를 장착하기도 하고(주로 프로펠러 항공기), 방빙 장치(Anti-ice System)를 날개 리딩에이지이나 엔진 공기 흡입구(제트 항공기에 많다) 등에 장착하여 결빙에 의한 성능 저하를 막고 있다.

2-4. 에어포일의 종류

고속용 에어포일은 현재에도 연구되고 개량에 힘쓰고 있지만, 여기서는 저항력 에어포일의 대표적인 것으로서 층류형 에어포일(Laminar Flow Airfoil), 피키 에어포일(Peaky Airfoil), 특히 최근 주목을 받고 있는 초음계 에어포일(Supercritical Airfoil)에 대해 설명하기로 하겠다.

1) 층류형 에어포일(Laminar Flow Airfoil)

그림 2-21에 나타낸 바와 같이 NACA 표준 에어포일 가운데 4자리계열 에어포일과 6계열 에어포일에서의 임계 마하수의 크기를 비교해 보면 같은 두께라도 6계열 날개가 또 같은 계열이라면 얇고 캠버가 적은 날개 쪽이 임계 마하수가 크게 취해짐을 알 수 있다.

이와 같이 고속 비행시에 항력이 적고 임계 마하수가 크게 취해진 에어포일로 개발되어 온 것으로써 얇고 캠버가 적으며, 최대 날개 두께 위치가 날개 코드 중앙부에 오도록 한 것이 층류형 에어포일이다.

일반적으로 층류형 에어포일이란, 받음각이 작을 때 날개 전체에 마찰 항력이 적은 층류가 흐르는 것에서 이름 붙여진 것으로서, 특히 마하수에서의 압력 분포가 마치 지붕과 같은 모양이 되므로 루프 탑 에어포일(Roof Top Airfoil)이라고도 부른다.

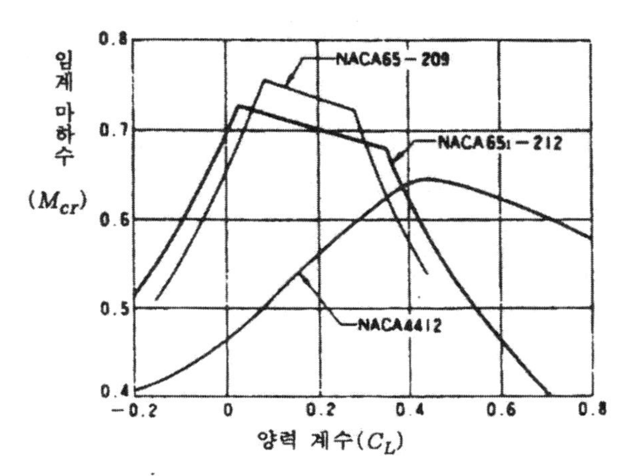

그림 2-21 임계 마하수와 에어포일 형태

제트 항공기인 보잉 707, 727, 737 등에 사용되고 있는 날개 단면은 날개 상하면의 두께 분포가 다른 NACA 7계열 에어포일을 개량한 일종의 층류형 에어포일이다.

층류형 에어포일은 이와 같은 장점이 있는 반면, 다음과 같은 문제점도 있다.

① 임계 마하수(M_{cr})와 확산 마하수(M_{div})의 차이가 그다지 크지 않고, 비행 마하수가 임계 마하수를 조금 웃돌면 충격파 유도 박리에 의한 항력의 급증, 압력 분포의 급변에 의한 풍압 중심(CP)의 전진, 공력 중심(AC) 주위의 공력 모멘트(Aerodynamic Moment)의 급변이 일어나는 등, 비행 특성 및 강도상에 문제가 생긴다.

② 날개 두께가 얇을수록 임계 마하수는 크게 되지만, 한편 날개 강성이 떨어지고 고속시에 플러터(Flutter) 등의 이상 진동을 일으키기도 하며 날개의 변형, 비틀림 등의 변형에 의한 공력 특성 악화를 초래하기 쉬워진다. 이것을 막기 위해 구조를 보강하면 구조 중량이 증가한다.

③ 리딩에이지 반경이 작고 얇은 날개는 어

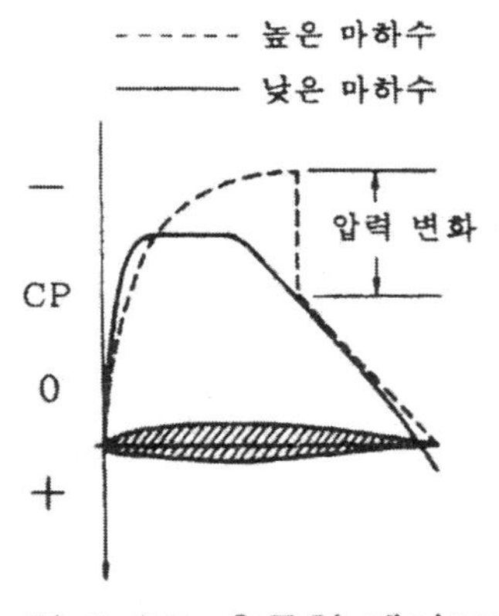

그림 2-22 층류형 에어포일
(Roof Top Airfoil)

떤 특정 받음각 부근에서 임계 마하수를 크게 취할 수 있지만, 받음각의 증가에 따른 M_{div}의 급격한 감소는 고속 비행시의 운동 성능을 나쁘게 한다.

④ 리딩에이지 반경, 날개 두께 및 캠버가 작은 날개는 실속각 (Stall Angle)이 작아지고 최대 양력 계수(C_{Lmax})도 떨어지기 때문에 실속 속도(Stalling Speed)가 증가하고 급격한 실속으로 들어가기 쉬워 실속 특성의 악화를 초래한다.

2) 피키 에어포일(Peaky Airfoil)

층류형 에어포일은 임계 마하수와 확산 마하수의 차이가 적고, 확산 마하수를 넘으면 비행 특성도 급격히 나빠지는 결점이 있다. 이같은 층류 날개의한계를 극복할 수단으로서 생각할 수 있는 것은 임계 마하수를 크게하여 충격파 유도 박리를 느리게 하여 확산 마하수를 조금이라도 크게 하는 것이다. 이같은 생각에서 나온 에어포일이 피키 에어포일이다.

종래의 층류형 에어포일은 리딩에이지 반경을 작게 선택하고 있는 반면, 반대로 피키 에어포일은 리딩에이지 반경을 조금 크게 하고 그 후 날개 두께 변화를 적게 한 형상을 갖고 있다. 이 때문에 그림 2-23에 나타낸 바와 같이 리딩에이지부에서의 가속은 크지만, 그 후의 유속 변화는 완만해진다. 따라서 저속시에는 리딩에이지부의 압력 계수는 급격히 작아진다.

피키 에어포일은 압력 분포의 특징에서 이름 붙여진 것이다. 고속시의 임계 마하수는 층류 날개보다 오히려 작아지지만, 충격파의 발생 위치는 후진하고 또 이때의 충격파는 약하며 충격파 유도 박리도 일어나기 어려우므로 확산 마하수는 같은 두께의 층류 날개에 비해 크게 되는 장점이 있다. 단, 저속시의 항력은 층류 날개보다 약간 커진다.

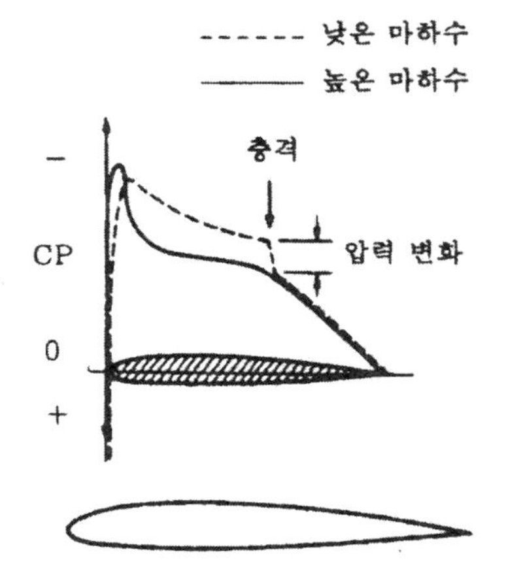

그림 2-23 피키 에어포일
(Peaky Airfoil)

이 에어포일은 현재 Douglas DC-10이나 Lockheed L-1011에 사용되고 있는 기본적 에어포일이다. 이미 Douglas DC-8, DC-9에 사용되고 있는 에어포일도 공력적인 면에서는 약간 뒤떨어진다고 할 수 있으며, 같은 압력 분포와 공력 특성을 가지는 피키 에어포일이다.

3) 초임계 에어포일(Supercritical Airfoil)

이 날개는 1968년, NASA의 Richard T. Whitcomb이 개발한 최신의 고속 항공기용 에어포일이다. 형상은 그림 2-24에 나타난 바와 같이 리딩에이지 반경이 비교적 크고 날개 윗면은 평평하지만 트레일링에이지 가까이는 얇은 동시에 곡률을 가지며(캠버가 있는 트레일링에이지), 날개 아랫면의 트레일링에이지부도 큰 곡률을 갖고 있어 마치 플랩(Flap)을 약간 내린듯한 모양을 하고 있다.

그림 2-25(a)는 층류형 에어포일과의 압력 분포를 비교한 것이다. 이 그림에서 알 수 있듯이 초임계 에어포일은 높은 마하수로 비행중에 날개 주위의 공기 흐름이 대부분 초음속이 되어도 그 형상 특성에 의해 충격파는 날개 전방부에서 발생하고 또 약하기 때문에 충격파에 의한 공기 흐름의 박리도 일어나기 어려워서 항력을 작게 할 수 있다. 한편, 날개 아랫면에서는 후방에서 감속이 커지도록 하여 압력을 높이고 있으므로 상하면에서의 압력차는 크고 양력도 충분히 크게 취할 수 있는 장점이 있다.

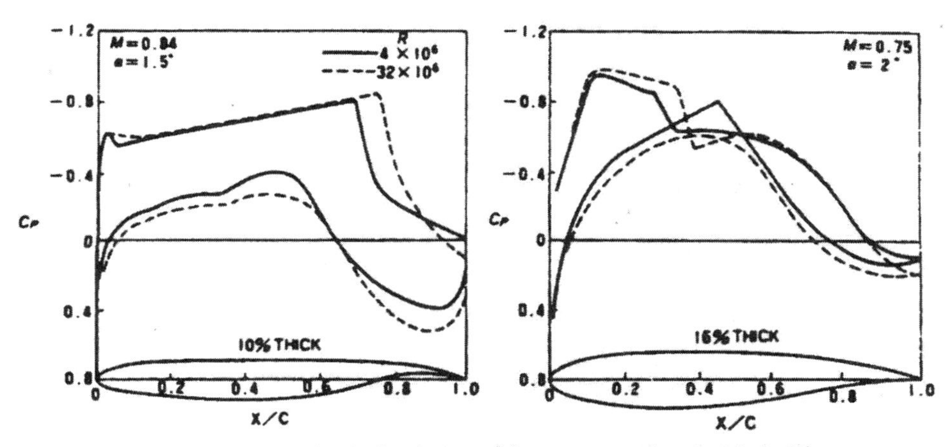

그림 2-24 초임계 에어포일(Supercritical Airfoil)

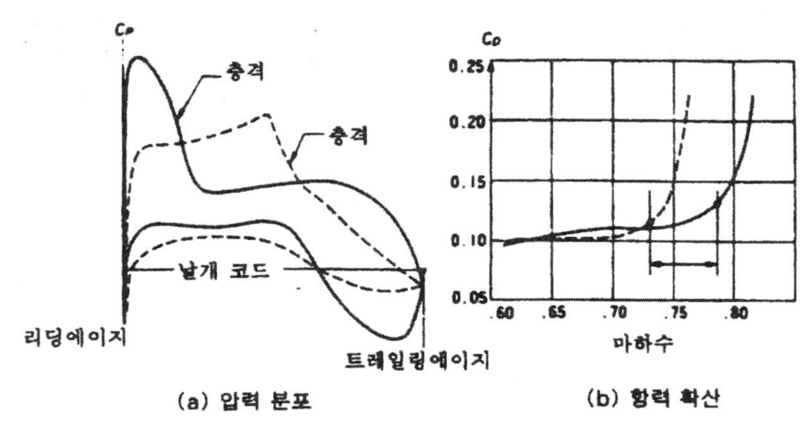

그림 2-25 초임계 에어포일의 특성

그림 2-25(b)는 날개 두께를 같게 선택했을 때 층류형 에어포일과 초임계 에어포일에 있어서의 확산 마하수를 비교한 것으로서 이 에어포일이 왜 항력 증가를 적게 하는데 적합한 날개인가가 이해될 것이다.

초임계 에어포일은 확산 마하수를 같게 하면 층류형 에어포일보다도 두껍게 되기 때문에 구조 중량을 가볍게 할 수 있고, 반대로 구조 중량을 같게 하면 순항 속도를 크게 선택할 수 있다.

또, 이 날개는 실속 받음각이 커지므로 C_{Lmax}도 커져서 저속 성능도 향상된다. 단, 트레일링에이지가 너무 얇아져서 플랩과 같은 장치의 강도가 약해지는 결점이 있다.

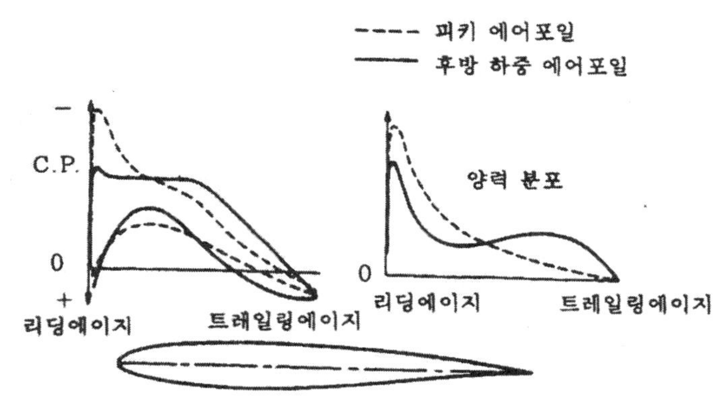

그림 2-26 후방 하중 에어포일(Rear Loading Airfoil)

이 날개를 최초로 실용화한 제트 항공기는 맥도널 더글라스(McDonnell Douglas)사의 YC-15 AMST(Advanced Medium STOL Transport)이며 앞으로 대형 제트 항공기를 시작으로 소형 제트 항공기 등에도 대폭 사용되고 있다. 또, Airbus A-300에 사용되고 있는 호커 시들레이사의 연구에 의한 에어포일은 후방 하중 에어포일(Rear Loading Airfoil)이라 부르고 있는데, 압력 분포나 성능에서 보면 초임계 에어포일에 가까운 특성을 가진다고 말할 수 있다.

어쨌든, 이들 고속 항공기용 에어포일은 리딩에이지의 형상 특성이 공력 특성에 크게 영향을 주고 있는 것에 주의를 기울일 필요가 있다.

2-5. 후퇴 날개의 특성

제트 항공기용 날개에는 다음과 같은 많은 요구를 동시에 만족시킬 필요가 있다.

① 고속 비행시에 항력이 적은 것
② 충분한 강성과 강도를 가지며 고속시에 위험한 플러터(Flutter) 등의 현상이 일어나지 않는 것
③ 날개 내부에 다량의 연료를 탑재할 수 있는 것
(즉, 날개 두께가 어느 정도 두꺼운 것)
④ 저속 영역에서 고속 영역까지의 넓은 속도 영역에서 충분한 양력을 발생하고 안정성이 확보될 수 있는 것
⑤ 실속 특성이 뛰어난 것

여기에서는 일반적인 제트 항공기에서 볼 수 있는 후퇴 날개에 대한 이상의 조건을 충족시키기 위한 구조상의 대책과 공력 특성에 대해 설명하기로 하겠다.

1) 후퇴각(Sweepback Angle)

고속 비행시에 항력을 경감하고 동시에 최대 비행 속도를 향상시키며, 확산 마하수(M_{div})가 큰 에어포일을 사용해야 하는 중요성에 대해서는 앞에서 설명하였다. 그러나, 확산 마하수가 큰 에어포일은 날개 두께가 얇아져 경량 구조인 동시에 강도를 유지하기가 곤란한 경향이 있어 에어포일 단독으로 얻을 수 있는 값보다도 확산 마하수를 크게 하기 위해 어떤 다른 대책이 있어야 한

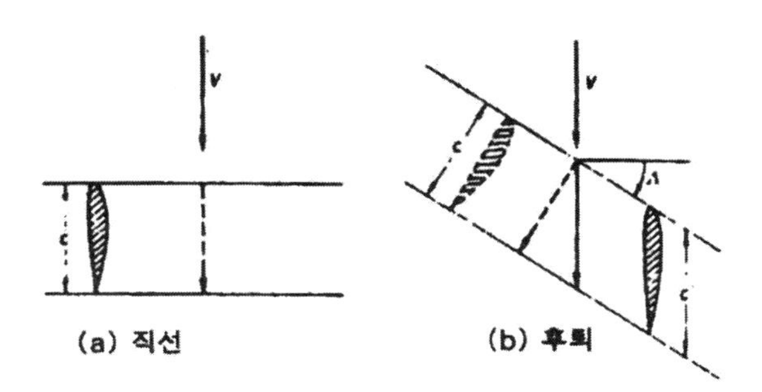

그림 2-27 후퇴의 영향(Sweepback Effect)

다.

이 대책으로 가장 중요한 것은 날개의 평면형으로 후퇴 날개(Swept Wing)를 사용하는 것이다. 그림 2-27과 같이 날개에 후퇴각을 주면, 같은 날개라도 공기 흐름이 통과하는 경로, 즉 공기 역학적으로 날개 코드 길이(Chord Length)를 길게 하는 효과를 가져오게 되고 구조상의 두께는 같더라도 공기역학적으로는 날개 두께를 얇게 한 것과 같은 효과를 가지게 할 수 있다.

날개 표면에서 공기 흐름의 가속은 거의 날개 두께에 비례하므로 직선 날개에서의 임계 마하수를 $M_{cr}(0)$로 했을 경우, 후퇴각 Λ를 갖는 후퇴 날개의 임계 마하수 $M_{cr}(\Lambda)$은 거의 다음 관계로 나타낼 수 있다.

$$M_{cr(\Lambda)} = \frac{M_{cr}(0)}{\cos\Lambda} \quad \text{------------------------}(2\text{-}5)$$

이 관계에서 예를 들면 $M_{cr}(0)=0.7$의 직선 날개에 $\Lambda=30°$의 후퇴각을 가지게 한다면, $M_{cr}(30°) \fallingdotseq 0.8$이 되고 후퇴각 효과가 크다는 것을 알 수 있다. 이와 같이 후퇴각을 크게 할수록 임계 마하수가 커지므로 충격파의 발생, 더 나아가서는 충격파에 의한 박리의 발생을 보다 고속 영역까지 늦어지게 할 수 있다.

따라서 날개에 후퇴각을 취하는 것은 항력 확산 마하수(M_{div})를 크게 하는 데에 큰 효과가 있으며, 확산 마하수 이상의 마하수라도 항력 계수의 증가량은 적어진다(그림 2-28).

단, 후퇴각이 커질수록 구조상이나 공력 특성상 여러가지 이해 득실이 생기므로 실제로 후퇴각의 크기를 결정하는 것은 그리 단순한 문제는 아니다.

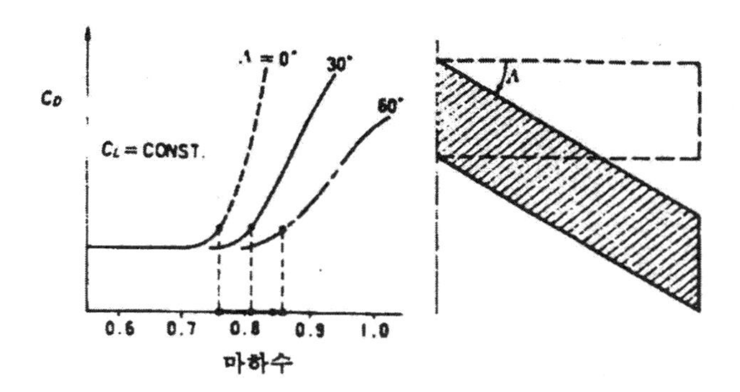

그림 2-28 항력 발산에서의 후퇴 영향

최대 운용 속도가 거의 마하 0.9 이하인 일반 민간 제트 항공기의 대부분은 날개의 후퇴각이 25°~37.5°(25% Chord에서), 종횡비(Aspect Ratio)가 약 7 정도인 테이퍼형 후퇴 날개를 사용하고 있다. 더 자세히 조사해보면 날개 리딩에이지나 트레일링에이지의 후퇴각의 크기는 반드시 날개 루트(Wing Root) 부근과 윙팁(Wing Tip)에서 같지는 않고 스팬(Span)에 따라 날개 두께나 에어포일도 다른 것 등, 실제의 후퇴 날개는 복잡한 구성을 갖고 있음을 알 수 있다. 따라서 후퇴 날개 항공기의 비행 특성을 알기 위해서는 왜 이같은 날개 구성을 취하고 있는지의 이유를 밝힐 필요가 있다. 그래서 몇개의 관점에서 후퇴 날개의 기본 구성의 의미에 대해 설명하겠다.

2) 후퇴 날개의 강도 확보 대책

날개 전체의 항력 확산 마하수(M_{div})를 가능한 한 크게 하기 위해서는 확산 마하수를 크게 취할 수 있는 에어포일의 사용과 가능한 한 큰 후퇴각을 가지게 하는 것이다. 그러나 후퇴각이 커질수록 날개 면적과 종횡비가 같은 직선 날개에 비해 구조상의 스팬(Structural Span)이 길어지고 직선 날개와 같은 설계 강도를 얻기 위해서는 굽힘이나 휘어진 부분에 보강재를 많이 사용하므로 구조 중량이 증가해버린다.

비행 속도의 향상 대책인 얇은 날개와 후퇴 날개의 조합은 이 강도상의 문제를 매우 심각하게 여기며, 이것이 반대로 후퇴 날개의 기본 구성을 결정하고 있는 것이라고도 말할 수 있다.

후퇴 날개의 강도 확보 대책으로서는 날개의 두께, 후퇴각의 크기, 테이퍼

비(Taper Ratio), 종횡비, 스팬에 따른 날개 두께 분포의 변화, 날개 구조 자체의 대책 등이 있다.

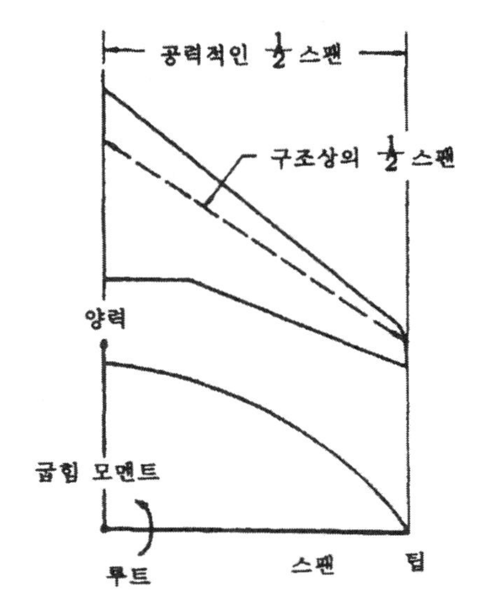

그림 2-29 기본적인 날개의 스팬에 따른 기하학적인 분포와 양력 분포

A. 날개 두께와 후퇴각

구조 중량을 경감하고 충분한 강성 강도를 확보하기 위해서는 M_{div}를 그다지 저하시키지 않는 범위에서 날개 두께를 어느 정도 크게 하거나, 후퇴각을 줄이는 것이다.

이 점에서 뛰어난 에어포일의 개발이 효과를 발휘할 수 있으며, 피키 에어포일이나 초임계 날개와 같이, 동일한 날개 두께라도 큰 확산 마하수를 가지는 경우에는 날개 두께를 얇게 하지 않고 후퇴각을 크게 하지 않고도 고속 비행에 견딜 수 있는 강도, 강성을 얻을 수 있으며 연료 탱크 용적을 크게 할 수 있게 된다.

예를 들어, NACA 6계열의 층류형 에어포일을 이용하여 DC-8의 최대 순항 속도 $M=0.88$을 달성하기 위해서는 평균 날개 두께가 9.3%, 후퇴각이 36°가 되어야 하지만, 실제로 사용된 에어포일은 평균 날개 두께 11.2%, 후퇴각을 코드의 30°(25% Chord에서)로 하고 있다. 또 만약, 이것을 초임계 에어포일로 바꿔놓았다고 하면 날개 두께는 보다 크고 후퇴각을 보다 작게 할 수 있으며 기체의 경량화 또는 기체 피로 강도의 향상을 도모할 수 있다.

B. 테이퍼 비(Taper Ratio)

날개의 테이퍼 비(Tip Chord와 Root Chord 부분)를 작게 하는 것, 즉 윙팁일수록 날개 코드 길이를 짧게 하는 것은 윙팁에 발생하는 양력을 줄이고, 풍압 중심을 날개 안쪽 전방으로 오게 하므로 날개 루트(Wing Root)에 가장 강하게 작용하는 굽힘 모멘트를 감소시키는 것이 목적이다. 단, 테이버 비를 너무 작게 하면 가로 안정이 나빠지고 윙팁 실속(Wing Tip Stall)을 일으키기 쉽기 때문에, 일반적인 후퇴 날개에는 0.3~0.4 정도의 테이퍼 비를 선택한다.

C. 종횡비(Aspect Ratio)

동일 날개 면적의 직선 날개에 있어서도 종횡비가 커질수록 스팬이 커져 날개 루트에 작용하는 굽힘 모멘트는 증가한다. 후퇴 날개의 경우 공력적 스팬(Aerodynamic Span)은 같아도 구조상의 스팬이 길어지므로 후퇴각이 커질수록 날개 루트의 굽힘 모멘트가 커지고 강성의 감소가 일어난다. 또한 날개의 풍압 중심이 후방으로 되기 때문에 강성 저하로 인하여 윙팁(Wing Tip)이 휘어지기 쉽고 날개 루트(Wing Root) 특히 후방 스파(Rear Spar)에 큰 부담이 생긴다. 이러한 현상을 방지하기 위해서는 종횡비를 어느 정도 작게 선택해야 한다.

그러나, 종횡비가 작아지면 날개의 강성을 증가시킬 수 있는 반면, 저속, 조종성이 나빠지기도 하고 유도 항력이 증가하여 최대 양항비 $(L/D)_{max}$도 작아지며 순항시 항력 증가를 초래한다. 따라서 항속 성능을 향상시키고 경제성을 확보하기 위해서는 어느 정도 종횡비를 크게 할 필요도 있으므로 위 사항들의 타협점으로 항공기의 종횡비는 8 전후로 선택된다.

또, 항공기에서도 고속 비행 특성을 주로 생각하는 경우에는 후퇴각을 크게 하고 종횡비를 약간 작게 하며, 반대로 고속성을 어느 정도 희생해도 항속 성능을 우선시키는 경우에는 후퇴각을 약간 작게 하고 종횡비를 조금 크게 선

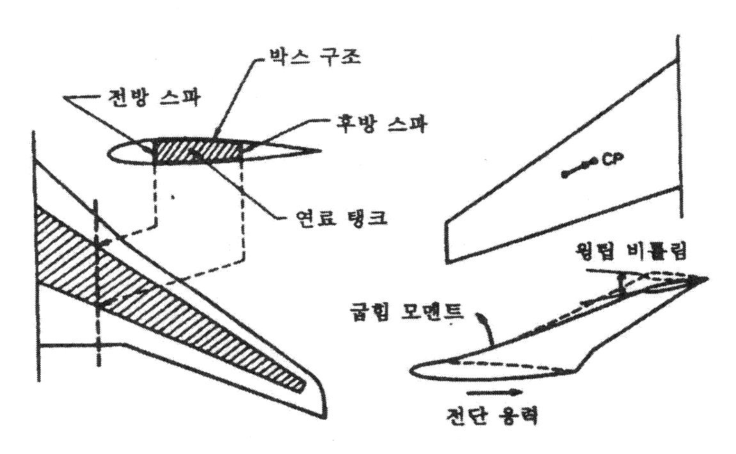

그림 2-30 테이퍼진 후퇴 날개

택하는 등, 목적에 따라 방법을 달리하고 있다.

최근 NASA에서 개발되어 실용화중인 것 중에는 윙팁 플레이트(Wing Tip Plate)라고 하는 윙넷(Winglet)을 윙팁에 장착함으로써 윙팁에서의 업와쉬(Up Wash)를 막고 양력 증가를 도모함과 함께 유도 항력이 감소하기 때문에, 실질적으로 종횡비를 크게 한 것같은 효과를 가지게 할 수 있다. 구조상의 종횡비를 적게 하여 날개 효율(Wing Efficiency)을 높이는 이같은 방법은 계속 연구되어 대형 항공기에도 사용되는 추세에 있다

D. 스팬에 따른 날개 두께 분포

얇은 날개, 후퇴각, 비교적 큰 종횡비에 의한 강성 저하를 보충하기 위해 날개 루트 부근은 날개 두께를 12~15%, 윙팁은 8~10% 로 한다. 이 때문에 날개의 테이퍼와 날개 루트는 날개 코드 및 두께가 커지므로 구조상의 강도는 크게 된다.

그러나, 루트에서 날개 두께가 커지면 확산 마하수는 작아지며, 동체 등에 영향을 받아 에너지 흐름이 부딪쳐서 후퇴각 효과가 감소한다. 이 결점을 보충하기 위해서는 날개 루트 부근의 리딩에이지부를 큰 후퇴각을 가지게 하는 방법과 에어포일에 날개 윗면의 곡률을 줄여 가속을 느리게 하는 방법 등을 조합하고 있다.

E. 날개 구조의 강화

날개의 구조 강도를 직접 향상시키는 한편, 경량화를 도모함도 중요하다. 최근의 대형 항공기에는 날개의 기본 구조로서 스파(Spar)와 스킨(Skin)으로 사각의 상자형을 구성하고 전단력과 굽힘 모멘트를 스파나 스트링거(Stringer)로 전달하고 비틀림 모멘트를 스킨에서 받아들인다는 박스 구조(Box Structure)를 사용하고 있는 예가 많으며 내부를 연료 탱크로서 사용하고 있다. 또한 날개에 엔진을 장치하거나 날개 내부에 연료 탱크를 내장시키는 것 등 비행중의 날개 루트에 생기는 굽힘 모멘트를 감소시킬 수 있으며 구조 중량을 줄이거나 강도를 증가시킬 수 있다.

앞에서 설명한 것처럼 후퇴 날개의 기본형은 항력 감소에 의한 고속 성능의 향상과 강도상의 제약 등 2가지면에서 결정된다. 특히, 날개 강도로서는 제트 항공기의 경우, 운용상의 모든 속도 범위에서 2.5g의 하중 배수에 견딜 수 있는 점, 어떤 크기의 설계 돌풍에 마주친다해도 견딜 수 있는 점, 플러터 등 위험한 진동을 일으키지 않다는 점 등을 고려해 결정할 수 있다.

그러나 실제의 후퇴 날개가 굽힘이나 비틀림을 조금도 일으키지 않는다고 할 수 없으므로 공력 탄성상의 문제가 남아 이것이 비행 속도를 제한하기도 하고 비행 특성을 나쁘게 할 수도 있다.

3) 윙팁 실속(Wing Tip Stall)의 방지 대책

고속 성능을 얻기 위한 후퇴각과 강도상의 테이퍼가 결합된 후퇴 날개는 저속 비행시나 이륙하려고 할 때와 같이 큰 받음각 비행인 경우에 윙팁 실속을 일으키기 쉬워진다. 윙팁 실속을 일으키면 롤링(Rolling)에 대한 복원 효과가 상실되어 스핀(Spin)으로 들어가기 쉬워지고 윙팁 쪽에 장착되어 있는 보조 날개(Aileron)의 효과가 없어져서 조종 성능이 상실될 위험성이 있다. 또, 후퇴 날개에 있어 윙팁 실속은 풍압 중심(CP)을 전방으로 이동시키므로 기수 상승 모멘트(Nose Up Moment)가 생기고 실속을 더욱 심하게 하는 경향이 있다.

여기서는 위험성이 있는 윙팁 실속이 왜 후퇴 날개에서 일어나기 쉬운지, 또 이것을 방지하기 위해서는 일반적으로 어떤 대책이 요구되는지에 대해 생각해 보기로 하겠다.

윙팁 실속이 일어나기 쉬워지는 주된 원인은 윙팁에서의 업 와쉬(Up Wash)가 커지는 것과 날개 윗면 경계층 내의 흐름이 윙팁 방향으로 편류되고 윙팁 가까이에 박리하기 쉬운 비교적 저에너지의 경계층이 생기는 것 등 2가지를 들 수 있다.

TYPE	ASPECT RATIO	TAPER RATIO	AIRFOIL THICKNESS (%)			SWEEPBACK ANGLE	DIHEDRAL ANGLE	INCIDENCE ANGLE
			ROOT	KINK	TIP			
B707-200	7.346	0.323	14	10	9	35°	+7°	+2°
B727-200	7.67	0.372	13	10	9	32°	+3°	+2°
B737-200	8.83	0.341	15	12	11	25°	+6°	+1°
B747	6.96	0.356	13.44	7.8	8.0	37.5°	+7°	+2°

표 2-1 보잉 항공기의 날개에 관한 자료

A. 윙팁에의 업 와쉬 효과

테이퍼 비가 작을수록 날개 상하면의 압력차는 날개 스팬의 안쪽에서 커지고 이 압력차를 보충하도록 하는 업 와쉬(Up Wash)는 윙팁의 국부적 받음각을 크게 하므로 윙팁일수록 실속각(Stall Angle)에 근접하는 경향이 있다. 또, 날개에 후퇴각을 취하면 외측부의 날개면은 전방 안쪽에 있는 날개의 업 와쉬(Up Wash)에 의한 영향을 받아서 윙팁에서의 박리를 일으키기 쉽다.

B. 경계층 내의 흐름

직선 날개인 경우, 날개를 통과하는 공기 흐름은 기본적으로 상하 방향으로 나뉘어질 뿐이지만, 후퇴 날개인 경우에는 그림 2-32에 나타낸 것처럼 스팬 방향으로 인접한 날개의 압력 분포가 다르고 이 스팬 방향의 압력차에 의해 가로방향의 흐름이 생긴다.

이 가로 방향의 흐름은 날개 전방에서는 윙팁 방향, 날개에 업와쉬된 흐름은 리딩에이지 바로 뒤에서 약간 내측으로 날개 후반의 대부분은 다시 윙팁 방향으로 나아간다. 이들 가로 방향의 흐름은 받음각이 커질수록 현저해진다.

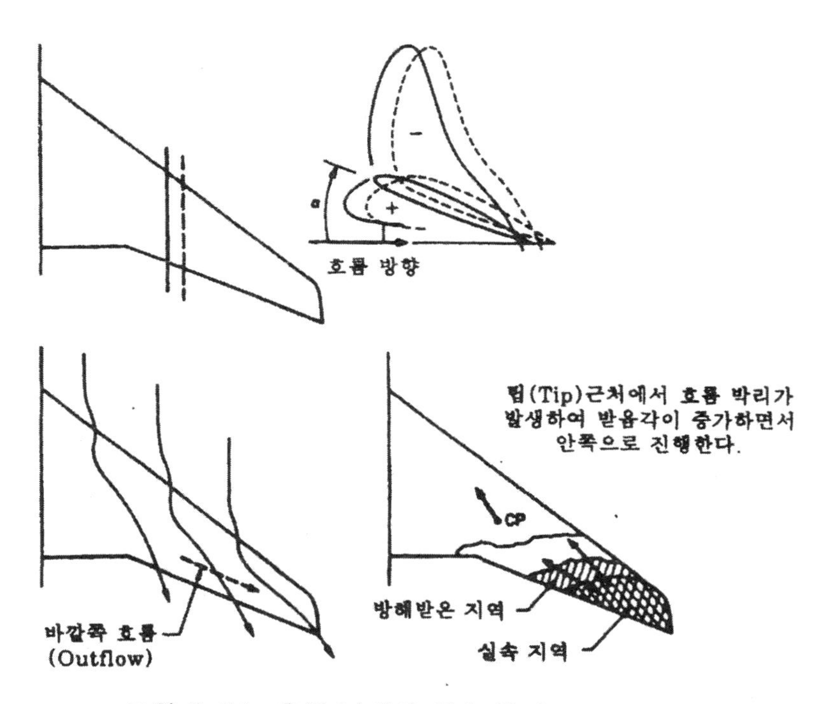

그림 2-31 후퇴 날개의 실속 특성

특히, 날개 후반부에서의 윙팁 방향의 흐름을 교차 공기 흐름(Cross Flow 또는 Out Flow)이라 한다. 이 흐름 성분이 증가할수록 경계층이 두꺼워지고 큰 받음각을 취함에 따라 윙팁은 공기 흐름의 박리가 일어나기 쉬워진다.

그림 2-32는 스팬 방향에 따른 양력 계수 분포를 나타낸 것이다. 만약 그림 2-32(a)와 같이 루트(Root)에서 팁(Tip)까지 동일 에어포일로 후퇴 날개를 구성했다고 하면, 스팬에 따른 양력 계수는 윙팁에서 크고 날개 루트 부근에서는 작아진다. 이것은 업 와쉬 효과에 의한 것이라고 생각할 수 있지만, 에어포일의 최대 양력 계수는 스팬에 대해 같으므로 윙팁일수록 최대 양력 계수에 대한 여유가 적어지게 된다.

그 결과, 받음각이 커져서 윙팁에서 실속으로 들어가기 쉬워지는데 이같은 경향은 후퇴각이 클수록 테이퍼 비가 작을수록 강해진다.

윙팁 실속을 방지하고 저속 안정성, 조종성을 높이기 위해서는 기본적으로 그림 2-32(b)에 나타난 바와 같이 날개의 스팬에 따라 최대 양력 계수가 다르도록 설계하여 공기 흐름의 박리가 상대적으로 날개 루트 근방에서 시작되도록 하는 것이다.

일반 제트 항공기에 사용되고 있는 윙팁 실속 방지 대책으로서는 공기역학적 와쉬 아웃(Aerodynamic Wash Out), 기하학적 와쉬 아웃(Geometric Wash Out), 경계층 팬스(Boundary Layer Fence), 리딩에이지 팬스(Leading Edge Fence) 및 고양력 장치 등이 있다.

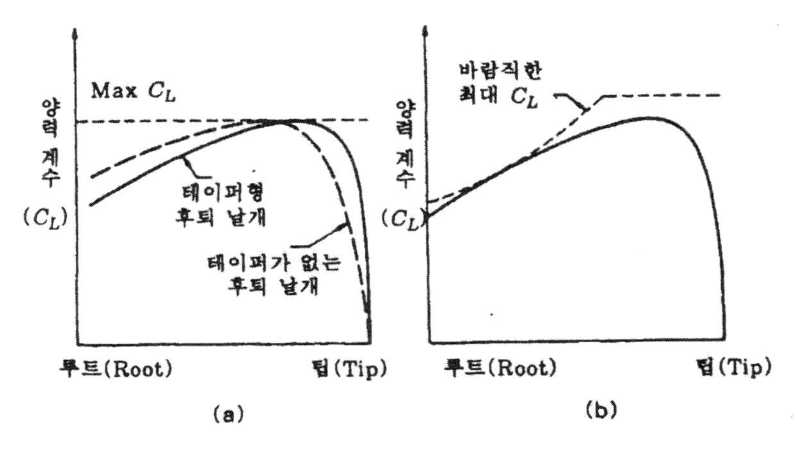

그림 2-32 스팬 방향(Spanwise)의 양력 계수 분포

① 윙팁과 루트에서 상대적으로 실속각이 다른 에어포일을 이용하여 실속이 루트 가까이에서 시작되도록 한다. 이를 위해 루트 부근에 리딩에이지 반경을 윙팁보다 상대적으로 작은 에어포일을 이용하기도 하고 루트에 실속각이 작은 역캠버(Negative Camber)의 에어포일을 사용하는 공기역학적 와쉬 아웃(Aerodynamic Wash Out)을 설치하는 것이다. 고속 항공기에 있어 공기역학적 와쉬 아웃은 저속 항공기와 같이 윙팁에서 큰 캠버를 갖게 하진 않는다. 이것은 주로 다음과 같은 단점이 생기기 때문이다.

ⓐ 윙팁에 큰 리딩에이지 반경과 캠버를 가지게 하면 고속 비행시에 윙팁이 압축성의 영향을 빨리 받아 항력의 증대를 초래하고 날개의 풍압 중심(CP)을 후퇴시켜 세로 균형을 깰 가능성이 있다.

ⓑ 윙팁에서 확산 마하수가 작아져 고속성을 깨뜨리기도 하고 고속 비행시에 윙팁에서 충격파 유도 박리를 일으켜 가로 안정 및 세로 안정을 나쁘게 한다.

ⓒ 캠버가 클수록 공력 중심(AC) 주위의 공력 모멘트가 증가하고 고속 비행시에 윙팁의 받음각을 줄이도록 하는 굽힘 모멘트가 작용한다. 이것은 강도상은 물론 고속 비행시에 윙팁에서의 양력을 급격히 감소시키고 종적 안정이나 조종을 곤란하게 한다.

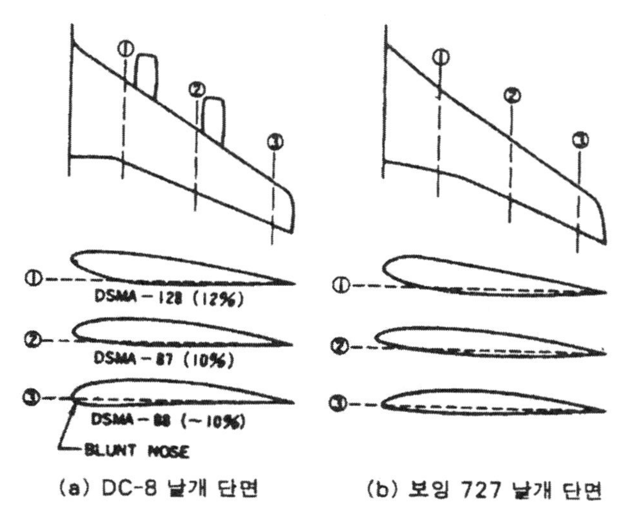

그림 2-33 팁 실속(Tip Stall) 방지를 위한 공기역학적 및 기하학적 와쉬 아웃 (Washout)

루트(Root)의 리딩에이지 반경이 작고, 역 캠버로 되는 한편, 양력의 대부분을 떠맡는 루트의 최대 양력 계수(C_{Lmax})가 작아진다. 따라서 고속 항공기에서는 윙팁 실속을 방지하여 저속 비행시의 안정성을 확보하고 있지만, 실속 속도는 오히려 커져버린다.

② 날개에 기하학적 와쉬 아웃(Geometric Wash Out)을 설치한다. 이것은 루트의 취부각(Incidence Angle)을 크게 하고, 윙팁은 취부각을 작게 하도록 구조적인 비틀림을 주어 윙팁에서의 받음각을 실속각에 대해 여유를 가지게 하는 방법이다.

그림 2-33에 윙팁 실속 방지를 목적으로 실제로 취해진 대책으로서 (a)DC-8, (b)B727의 예를 나타내었다. 어느 것이나 공기역학적 및 기하학적 와쉬 아웃을 설치하고 있음을 알 수 있다.

③ 경계층 펜스(Boundary Layer Fence)를 장착한다. 이것은 큰 받음각일때의 공기 흐름이 윙팁 방향으로 흐르는 것을 막는 정류 작용과 경계층이 두꺼워지는 것을 막고 윙팁 실속을 막는 효과를 지닌다.

④ 날개의 리딩에이지에 리딩에이지판(Leading Edge Fence) 또는 개이빨(Dog Teeth) 모양의 리딩에이지 등을 장치하여 큰 받음각을 취했을 때에만 소용돌이를 발생시켜 경계층을 없애는 방법이다.

⑤ 윙팁 리딩에이지에 슬랫(Slat)이나 슬롯(Slot) 등의 고양력 장치를 설치한다.

플랩을 내려 비행할 때일수록 저속 성능의 향상도 기대되지만, 트레일링에이지 플랩(Trailing Edge Flap)을 내리면 오히려 윙팁을 돌아들어가는 업와쉬각이 증가하고 윙팁 실속을 일으키기 쉽게 하는 경향이 있다. 이 때문에 플랩 조작시에는 윙팁에서의 실속각이 아주 커지도록 하는 보조 장치가 필요하며 이같은 효과를 가지는 리딩에이지 플랩 등은 윙팁 실속 방지상 큰 역할을 담당한다.

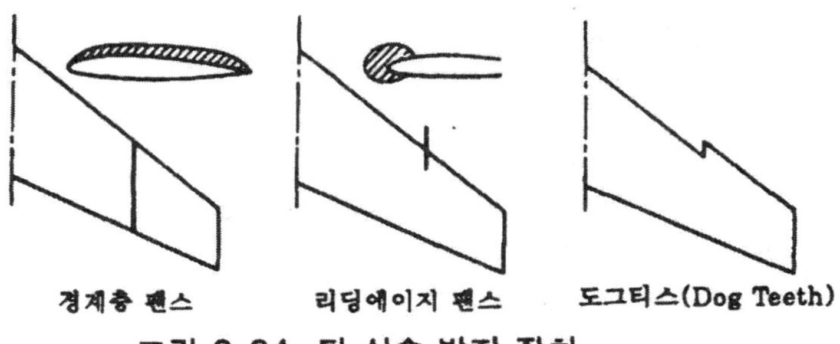

그림 2-34 팁 실속 방지 장치

4) 후퇴 날개와 양력 곡선

그림 2-35는 직선 날개와 후퇴 날개의 양력 곡선을 비교한 것으로서 이 그림에서 후퇴 날개의 공력 특성은 아래와 같다.

① 양력 곡선 구배(Lift Curve Slope)가 작아진다.

② 최대 양력 계수가 작아진다.

③ 실속각(Stall Angle)은 커진다.

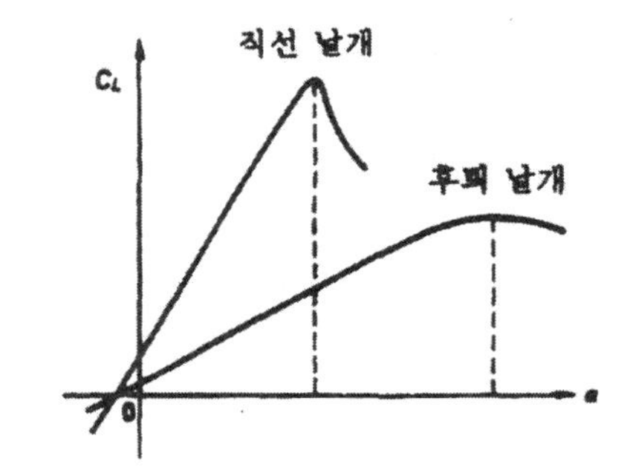

그림 2-35 후퇴 날개의 양력 곡선

이러한 특징은 후퇴각이 커질수록 현저하다.

우선, 양력 곡선에 있어 이같은 변화가 일어나는 이유에 대해 생각해 보기로 하자. 후퇴각을 취함으로 인하여 날개에서의 유속의 가속은 떨어지고, 한편 날개 상하면의 압력차는 속도의 거의 제곱으로 변화하므로, 동일 받음각에 대한 후퇴 날개의 양력 계수 $C_L(\Lambda)$는 직선 날개의 값을 $C_L(0)$으로 했을 때, 거의 다음의 관계식이 주어질 수 있다.

$$C_L(\Lambda) = C_L(0)\cos^2\Lambda \quad \text{------------------------(2-6)}$$

여기에 또 테이퍼와 후퇴각에 의한 업 와쉬 효과로 날개 상하면에서의 압력차가 감소해 결과적으로 양력 곡선 구배를 작아지게 한다.

그러나, 받음각이 클 때에는 후퇴각에 의한 얇은 날개 효과가 실속각을 작게 하는 것과 업 와쉬 효과가 날개 안쪽의 박리 방지에 도움이 되지 않으므로, 날개 후방에 다운 와쉬 또는 후방 볼텍스(Trailing Vortex)로 에너지를 소산시키는 등으로 어느 정도의 실속각 증가는 일어나도 최대 양력 계수 C_{Lmax}를 회복하는 데까지 이르지는 못한다.

후퇴 날개의 이같은 성질은 다음과 같은 비행 특성을 낳게 된다.

① 비행 속도의 변화나 피치 조종(Pitch Control) 등에 있어 양력을 얻는 데는 직선 날개에 비해 큰 받음각(따라서 피치 자세)의 변화를 필요로 한다.

② 돌풍이나 악기류중을 비행할 때 받음각의 급변으로 급속한 상승을 하기도 하며 과대한 비행 하중이 작용하기 어려워지고 제트 항공기와 같이 구조 설계상, 돌풍 하중의 경감이 중요시되는 항공기에 적합하다.

③ 기본적인 고속 날개는 최대 양력 계수를 그다지 크게 취할 수 없어 실속 속도가 커진다. 그러나, 고속 성능을 우선시키기 위해서 실속 속도의 증가는 어느 정도 인정한다. 저속 성능을 향상시키기 위해서는 뛰어난 고양력 장치가 필요하다.

5) 상반각 효과와 바람개비 효과

상반각 효과(Dihedral Effect)란, 비행기가 어떠한 영향으로 옆미끄럼(Side Slipping)을 일으켰을 때, 이것을 막는 힘의 작용, 즉 복원 효과를 말한다. 한편, 바람개비 효과(Weather-cock Effect)란 이때의 옆미끄럼각(Sideslip Angle, β)을 없애도록 기수를 공기 흐름 방향으로 향하게 하는 효과를 말한다.

후퇴 날개에 옆미끄럼이 생기면 그림 2-36의 관계에서도 알 수 있듯이 공력 효과상 좌우의 날개에 대한 후퇴각에 차이가 생기고 미끄러져 있는 방향의 날개는 양력 및 항력이 증가하는 반면, 반대쪽의 날개에서는 모두 감소한다.

이때의 양력차는 날개에 롤링 모멘트(Rolling Moment)를 생기게 하여 옆미끄럼이 생겼을 때 날개를 기울여 옆미끄럼을 막도록 하고, 한편 항력차는 요잉 모멘트(Yawing Moment)를 만들어 기수를 상대풍의 방향으로 향하도록 한다.

따라서, 후퇴 날개는 날개 자체가 상반각 효과와 바람개비 효과를 갖고 있으며 이들의 세기는 후퇴각이 클수록 현저해짐을 알 수 있다. 그러나, 이들 효과가 나타나는 것은 옆미끄럼각이 그다지 커지지 않는 범위로 제한되어야 함에 주의할 필요가 있다.

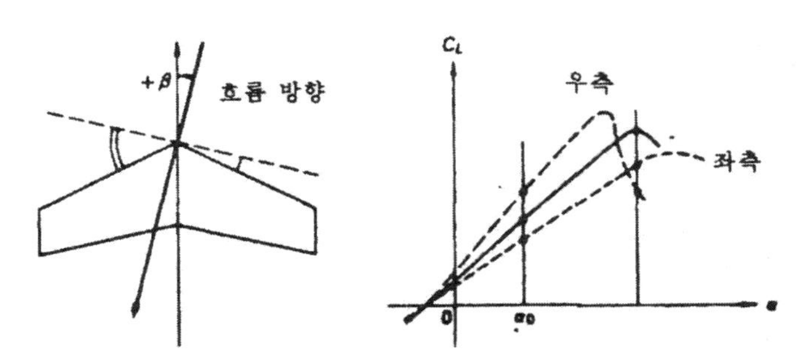

그림 2-36 후퇴 날개에서의 옆미끄럼(Sideslip)의 영향

예를 들어, 저속 비행 중일 때처럼 받음각이 큰 상태에서 큰 옆미끄럼이 일어나면 미끄러지고 있는 쪽의 날개는 후퇴각 감소 효과로 인해 실속각이 감소하고 받음각 자체는 변화하지 않는 경우라도 실속을 일으키기 쉬워지며, 양력의 감소와 항력의 급증이 일어나 스핀(Spin)으로 들어가기 쉬워진다.

반대로, 고속 비행시에 강한 옆미끄럼이 일어나면 미끌어진 쪽의 날개가 후퇴각 감소 효과로 확산마하수(M_{div})가 작아지므로 충격파 유도 박리를 일으키기 쉽고 옆미끄럼에 대한 복원 효과를 (−)로 하는 경우도 있다. 이 같은 효과를 (−) 상반각 효과(Negative Dihedral Effect)라 한다.

2-6. 날개의 공력 특성

여기에서는 유체 이론을 기본으로 비행기에 작용하는 공기력을 위주로 특히 날개(Wing)의 공력 특성에 대해 설명하겠다.

비행기가 어떤 속도 V로 비행하고 있을 때에는 기체 중량(Weight)과 같은 양력(Lift) 및 공기 항력(Drag)과 같은 추력(Thrust)이 주어져야 한다.

이들 힘 가운데 날개는 기본적으로 양력을 발생시키기 위한 것이고, 항력은 날개의 양력 발생에 의해 부수적으로 일어나는 것과 동체나 미부에서와 같이 날개 이외의 부분에서 발생하는 것과의 총합이다.

비행기에 있어서 작은 추력으로 무거운 기체를 비행시키기 위해 큰 양력을 발생시키고 기체에 발생하는 항력을 어떤 방법으로 작게 하느냐에 대해 특히 주의를 기울일 필요가 있다. 따라서, 기체에 작용하는 공기력을 우선 날개의 단면인 에어포일(Airfoil)에 걸린 공기력 및 특성을 명확히 한 날개 전체의 공력 특성과 기체 전체의 공력 특성으로 발전시켜 설명하겠다.

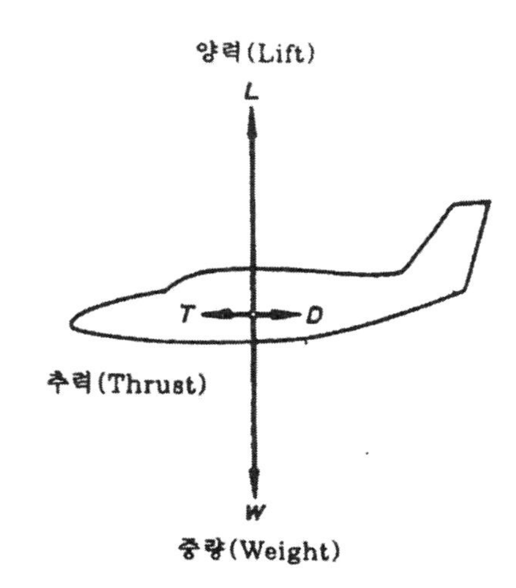

그림 2-37 기본적인 힘(Force) 관계

1) 날개의 명칭과 정의

날개를 위에서 봤을 때의 모양을 일반적으로 날개의 평면형(Planform)이라 하고, 비행기에 따라 여러가지 모양이 있으며 각 모양대로 이름이 붙여지고 있다. 그 대표적인 것으로 사각형 날개(Rectangular Wing), 타원형 날개(Elliptical Wing), 테이퍼형 날개(Tapered Wing), 후퇴형 날개(Swept Wing), 삼각형 날개(Delta Wing) 등이 있다. 날개 평면형의 차이는 그 비행기의 특성에 영향을 주며, 또 이것들의 특성 개선을 위하여 항공기 부분을 변형해 이용하는 것이 많다.

다음은 날개 평면형의 특징을 표현하는 용어와 정의를 나타낸 것이다.

① 날개 면적(Wing Area : S) — 날개 표면의 면적이며 동체나 엔진 나셀(Nacelle) 등에 의해 가리워진 부분도 포함된다.

② 스팬 혹은 날개 폭(Span, Width : b) — 좌우 날개의 윙텁간의 거리

③ 날개 코드 길이(Chord : c) — 날개의 진행 방향에 대한 앞쪽 끝을 리딩에이지(Leading Edge : L/E), 후방 끝을 트레일링에이지(Trailing Edge : T/E)라 하고 날개 코드 길이는 리딩에이지와 트레일링에이지를 연결하는 직선 거리를 말한다.

사각형 날개 이외에는 날개 폭에 따른 날개 코드 길이가 다르므로, 일반적으로 날개 코드 길이라 하는 경우는 평균 날개 코드 길이($c=S/b$)를 말하며, 이것을 특히 기하학적 평균 날개 코드(Geometric Mean Chord : GMC)라 한다.

④ 종횡비(Aspect Ratio)

$$A=\frac{b}{c}=\frac{b^2}{S}$$

⑤ 테이퍼 비(Taper Ratio)

$$\lambda=\frac{Tip\ Chord}{Root\ Chord}=\frac{C_t}{C_r}$$

예를 들면 사각형 날개에서는 $\lambda=1$, 삼각형에서는 $\lambda=0$이다.

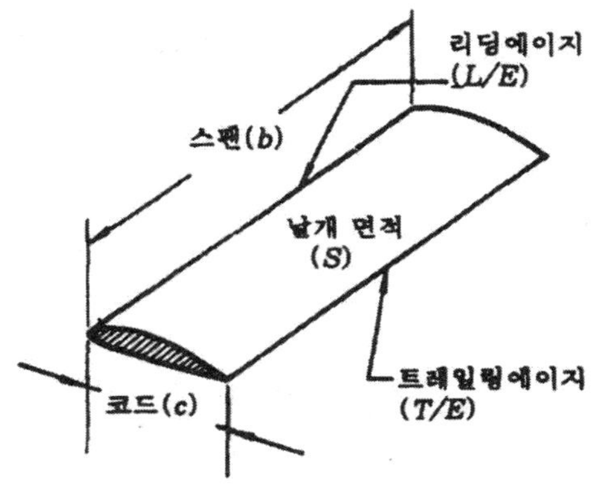

그림 2-38 날개(Wing)

⑥ 후퇴각(Sweepback Angle : Λ)— 날개 코드 길이에서 리딩에이지로부터 25%인 곳을 루트에서 윙텁까지 연결하는 선과 기체 가로축과 이루는 각을 말한다.

⑦ 상반각(Dihedral Angle)과 하반각(Anhedral Angle) — 기체를 수평으로 놓고 날개면을 전방에서 봤을 때의 반각(Hedral Angle)을 말한다.

⑧ 취부각(Incidence Angle) — 기체의 종축에 대한 날개 코드 라인(Chord Line)의 취부각(Incidence Angle). 순항시에 기체가 수평이 되도록 날개를 장착할 수 있다.

⑨ 와쉬 아웃(Wash Out) — 윙텁의 날개 취부각을 날개 루트의 취부각(Incidence Angle)보다도 작게 선택하는 와쉬 아웃을 기하학적 와쉬 아웃(Geometric Wash Out)이라고도 한다.

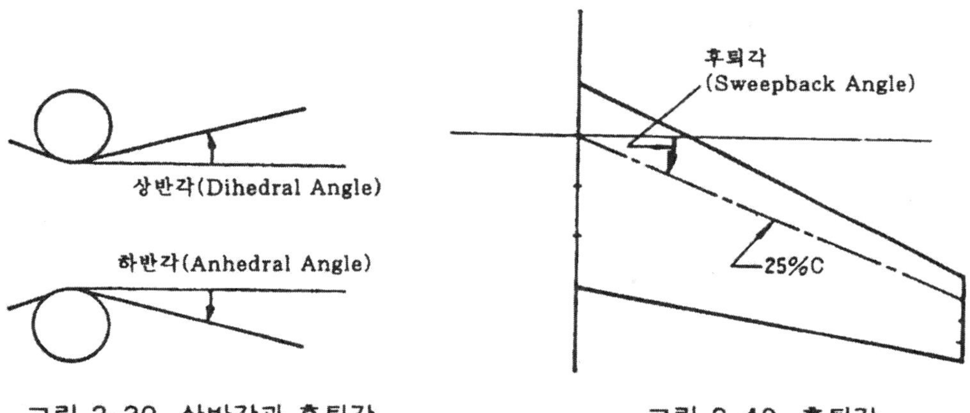

그림 2-39 상반각과 후퇴각

그림 2-40 후퇴각

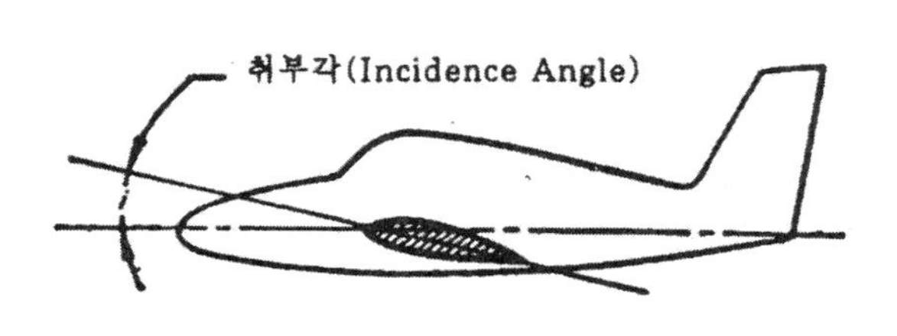

그림 2-41 취부각

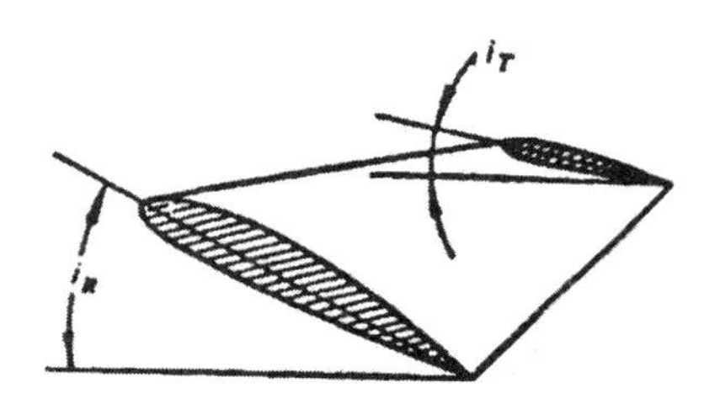

그림 2-42 기하학적인 와쉬 아웃

2) 날개의 공기력

공기 흐름중에 1개의 날개를 놓았을 때 이 날개에 작용하는 힘과 그 힘을 변화시키는 요소를 알아보자

지금, 날개 스팬 방향으로 형상이 같은 에어포일로 이루어진 사각형 날개를 고안하여 그 윙팁을 마찰이 적은 얇은 판으로 막았다고 하면 날개 주변의 공기 흐름은 날개 스팬 방향으로 전부 같아지고 흐름을 2차원적으로 다룰 수 있다(그림 2-43). 이때 날개 근방의 흐름과 압력 분포를 나타낸 것이 그림 2-44이고 압력에 의한 부호는 압력 계수에 대응시킨 것이다.

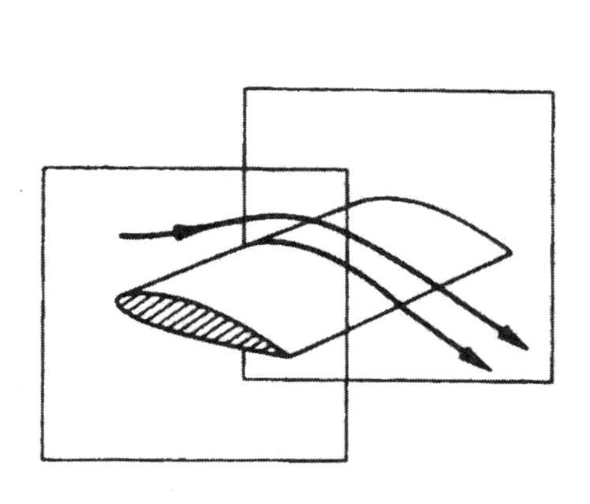

그림 2-43 2차원적인 흐름

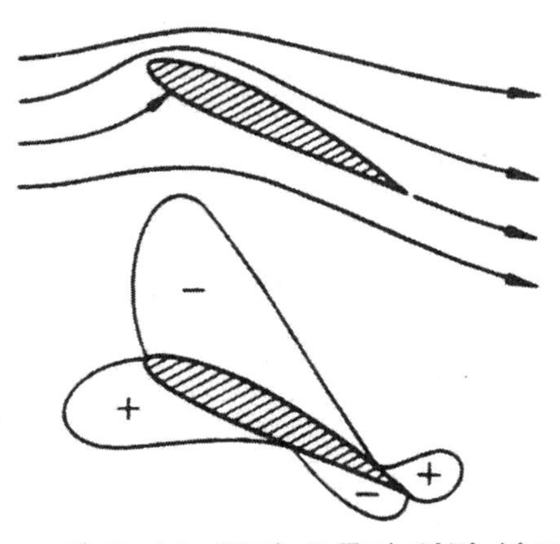

그림 2-44 공기 흐름과 압력 분포

점성을 갖는 공기 흐름에 있어서 이 날개에 작용하는 힘은 압력 차이에 의한 것과 마찰력에 의한 것을 생각할 필요가 있고 그들의 합력(Resultant, R)을 벡터로 표시한 것이 그림 2-45이다.

여기서, 흐름 방향과 날개 코드가 이루는 각을 받음각(Angle of Attack)이라 정의하고, 일반적으로 α로 표시한다. 또 합력의 작

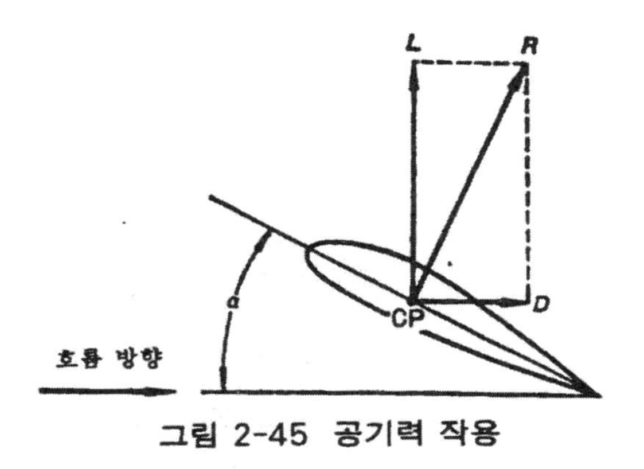

그림 2-45 공기력 작용

용점을 풍압 중심(Center of Pressure, CP)이라 하여, 합력의 흐름 방향에 수직인 성분을 양력(Lift, L), 평행한 성분을 항력(Drag, D)이라 정의한다.

또, 날개에 작용하는 양력이나 항력은 마찰력을 없애고 날개 주위의 압력차이에 의해 발생되며, 이 압력차는 공기 흐름의 동압 ($1/2\rho V^2$)에 관계하기 때문에 날개에 걸린 힘은 일반적으로 다음과 같다.

$$F \propto \left(\frac{1}{2}\rho V^2\right)S \qquad \text{-------- (2-7)}$$

여기서 S는 날개의 면적이다. 따라서, 날개에서의 양력 및 항력에 대해 각각의 비례 계수를 C_L, C_D라고 놓으면, 다음과 같다.

$$L = C_L \frac{1}{2}\rho V^2 S \qquad \text{-------- (2-8)}$$

$$D = C_D \frac{1}{2}\rho V^2 S \qquad \text{-------- (2-9)}$$

여기서 C_L은 양력 계수(Lift Coeffcient), C_D는 항력 계수(Drag Coefficient)라 한다.

흐름 상태(공기 밀도나 유속)가 같은 경우에 날개에 작용하는 양력 및 항력을 변화시키는 요소로는 받음각과 에어포일의 형상(Airfoil Shape)을 생각할 수 있다.

특히, 위로 부양시키는 양력을 발생하기 위해서는 받음각을 (+)의 값으로

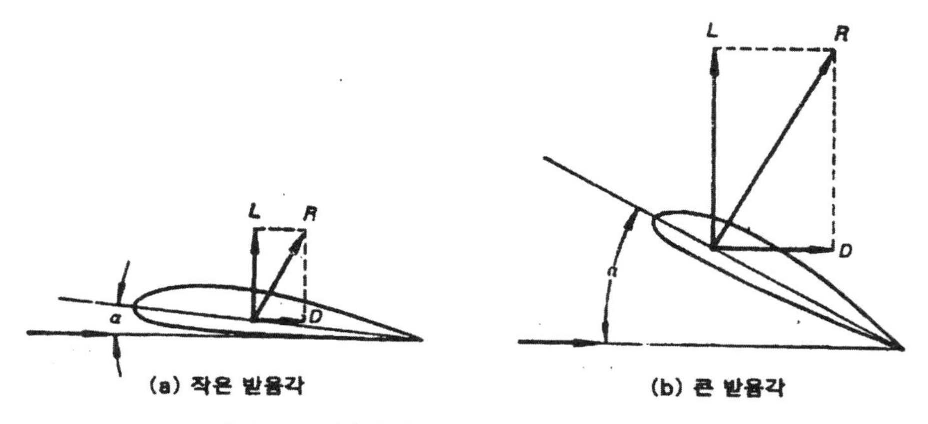

그림 2-46 받음각(Angle of Attack)의 영향

할 필요가 있다. 받음각을 크게 하면 할수록 날개 윗면에서의 공기 흐름은 가속되어 압력이 떨어지고, 날개 아랫면에서는 압력이 증가하여 날개 상하면에서의 압력차는 커지며 양력과 항력은 함께 증가한다.

단, 받음각을 너무 크게 취하면 날개 리딩에이지 바로 뒤에서 흐름의 박리가 일어나 양력은 감소하고 항력은 급증하는 경향이 있다. 이와 같이 받음각의 변화는 어느 범위 내에 있어서만 실용적이라는 것을 알 수 있다.

2-7. 비행기의 날개

1) 날개의 평면형

2차원적인 상태를 에어포일(Airfoil)이라 하고 그림 2-47의 3차원적 상태를 날개(Wing)로 구별하고 있다.

*b*를 날개 스팬(Wing Span)이라 하고 시위 길이를 *C*, 기하학적 평균 시위를 *Cm*, 날개의 평면형이 차지하는 면적 *S*를 날개 면적(Wing Area)이라 부르며, 이때 종횡비(Aspect ratio)를 구하는 식은 다음과 같다.

$$A=\frac{b}{C}=\frac{b}{C_m}=\frac{b^2}{S}=\frac{S}{C_m^2}$$

최대 양항비를 고려할 때 글라이더(Glider)는 25 정도이고, 제트 항공기는 7, 초음속 전투기는 2.5이다.

A. 사각형 날개(그림 2-48)

날개 루트, 윙팁의 에어포일이 동일한 것을 말한다. 구조 역학적으로 다소 무리는 있지만 제작이 쉽고 소형 저가격인 항공기에 적합하다.

특히 윙팁 실속이 없고 보조 날개의 효율이 양호하여 처음 비행하는 조종사라도 곡예 비행을 할 수 있는 것이 특징이다.

B. 테이퍼형 날개(그림 2-48)

루트의 코드길이 두께비를 크게 할 수 있고 강도가 경량화에 유리하므로 모든 항공기에 적용된다. 날개 루트와 윙팁과의 코드 길이비를 테이퍼 비라 부르는데 테이퍼 비가 너무 크면 윙팁 실속을 초래한다.

C. 타원형 날개 (그림 2-48)

이 타원형의 날개를 이용하면 날개폭 방향의 항력 계수의 분포가 균일해지고 유도 항력이 최소로 되어 이상적인 형상이라고 말할 수 있지만, 롤링(Rolling)시에는 윙팁 실속(Wing Tip Stall)의 우려가 있다. 제작 곤란으로 최근에는 생산되지 않는다.

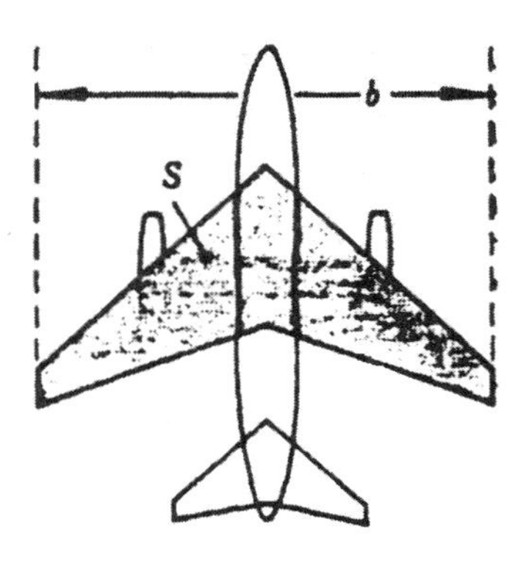

그림 2-47 날개(Wing)

D. 전진형 날개(그림 2-48)

날개의 리딩에이지 좌우가 일직선인 것을 말한다. 큰 받음각에서 날개 아랫면의 흐름이 안쪽으로 기울고 윙팁 실속이 방지되어 곡예비행에 적합하다

E. 후퇴형 날개(그림 2-48)

그림 2-49과 같이 25% 코드 라인과 좌우측에서 정한 각도를 후퇴각이라 한다. 후퇴형 날개는 음속에 가까운 고속 항공기에 적용되고 있다. 고속 비행시의 항력 감소에 유리하다고 알려져 있지만, 실제로는 직선 날개에 생기기 쉬운 방향타 효과의 역전을 완화할 수 있고 안전 비행에 유리한 것이 큰 특징이다.

F. 삼각형 날개(델타 윙)

후퇴형 날개 항공기보다 높은 고도에서 비행할 수 있다. 후퇴각을 너무 크게 하면 날개 루트 부분에서 후방 스파(Spar)의 장착이 어렵게 되고 메인 랜딩 기어의 리트랙션(Retraction)이 어렵게 되지만 삼각형 날개는 이들 난점을 해소할 수 있다. 특히 날개 루트 코드 길이를 크게 할 수 있기 때문에 날개 두께비를 작게 해 충격파

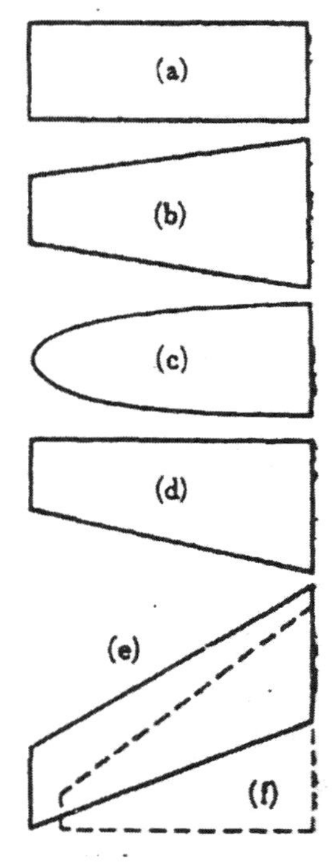

그림 2-48 날개의 종류

그림 2-49 후퇴각

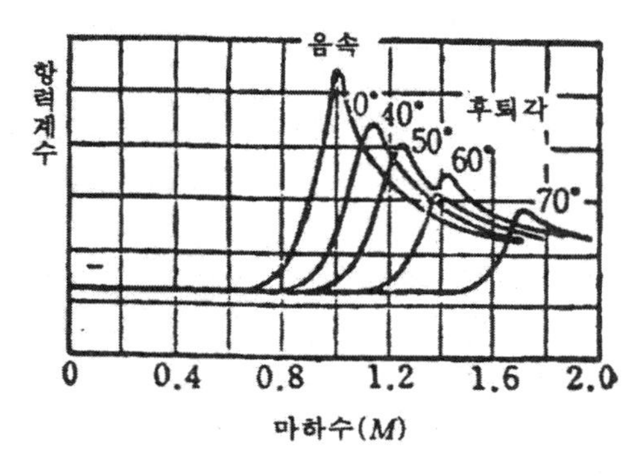

그림 2-50 후퇴각, M, C_D의 관계

발생의 방지가 쉬워진다.

그러나 최대 양력 계수가 작으므로 날개 면적을 크게 할 필요가 있다. 저속 비행시의 받음각이 크게 되므로 이 · 착륙시 조종 시계를 양호하게 하기 위해 동체 앞부분을 꺾는 식으로 하는 등의 대책이 필요하다.

같은 삼각형 날개 항공기라도 맥도널 더글라스의 A-4 스카이호크와 같이 수평 꼬리 날개의 한 형식이면 플랩을 내릴 때 풍압 중심이 후퇴해도 꼬리 날개에서 모멘트를 균형있게 한다. 꼬리 날개가 없는 형식은 이 균형이 곤란하고 강력한 플랩을 이용하기 어렵다는 단점이 있다.

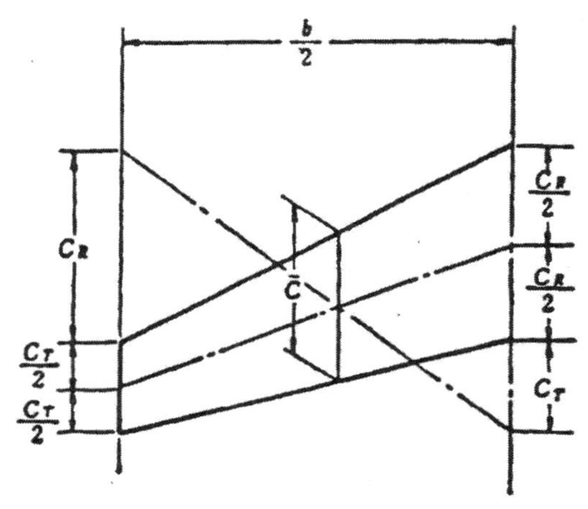

그림 2-51 MAC의 작도법

2) 공력 평균 시위(MAC)

날개의 롤링 모멘트(Rolling Moment) 특성을 대표할 수 있는 날개 시위를 고안하여 공력 평균 시위(Mean Aerodynamic Chord)라 부르며 MAC 라 표시한다.

테이퍼 날개의 날개 루트와 윙팁은 두께비도 에어포일 형상도 다르며 다운 와쉬도 있지만 실제 사용되는 MAC는 평면도 만으로 결정되며 그림 2-51의 요령과 같다. 그림에서 보면 *C*에 의해 MAC의 길이와 그 위치가 결정된다. 날개의 평면형이 그림 2-51과 같은 종류가 아니고, 복잡한 평면형의 경우는 그 평면형을 그림과 같이 유사하게 그리고 MAC를 구한다. 비행기를 설계할 때, 중심 위치는 MAC의 25%(리딩에이지에서부터 25% 코드 길이) 부근에 알맞도록 설계한다. 그러나 최근의 여객기 등에도 강력한 꼬리 날개를 사용하여 중심 허용 한계를 23%~43%로 한 것이 많다.

3) 날개 평면형의 효과

지금까지는 날개 스팬에 따라 공기 흐름 분포가 전부 2차원 날개를 가정해 조사해왔지만, 여기서는 날개 형상을 특징짓는 종횡비(Aspect Ratio)와 평면형(Planform)에 기인한 효과로 전개하고 보다 실제적인 공기력의 작용을 조사하기로 한다.

A. 종횡비(Aspect Ratio)

날개 평면형의 대표로서 유한 날개 스팬을 갖는 사각형 날개를 생각해 본다.

날개 스팬이 유한하므로 증가되는 효과는 특히 윙팁(Wing Tip) 부근에 나타난다. 즉, 그림 2-52에 나타낸 바와 같이 윙팁에서는 날개 상하면에 생기는 압력 차이로 날개 아랫면에서 윗면으로 향해 공기 흐름의 업 와쉬(Up Wash)가 발생한다. 이 업 와쉬는 상하면의 압력 차이를 적게 하고 날개 트레일링에이지부에서의 다운 와쉬각(유도 받음

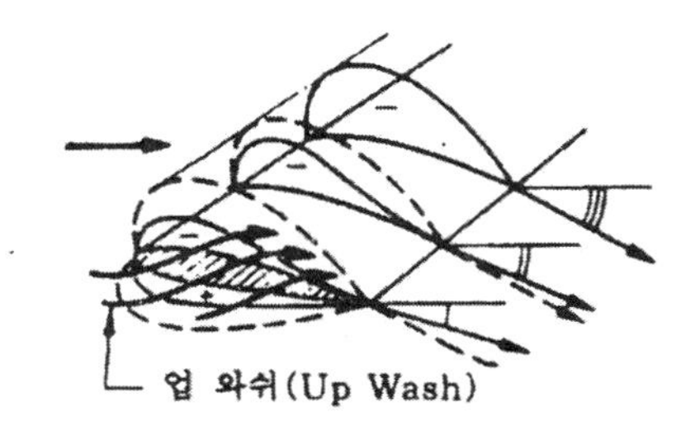

그림 2-52 윙팁(Wingtip)의 영향

각)을 감소시킨다. 따라서, 윙팁부에서는 같은 받음각이라도 양력이 감소한다.

이같은 윙팁부에서의 업 와쉬에 의한 영향은 큰 받음각을 취했을 때 그만큼 강하게 나타나며, 또 일반 흐름의 흐름 속도가 느릴수록(실제의 비행기는 비행 속도가 느릴 때일수록) 윙팁에서 중앙부로 이르게 된다.

이상에서도 알 수 있는 바와 같이 종횡비가 큰 날개일수록 윙팁부의 영향은 작아지고 2차원 날개에 가까운 특성을 갖게 되며 양력 손실도 적다. 그러나 날개 스팬이 길고 종횡비가 큰 날개는 날개의 구조 강도가 떨어지고, 특히 날개 루트 부근에는 매우 큰 굽힙 모멘트가 작용한다. 따라서 실제의 날개에서는 구조 강도와 균형에서 종횡비의 크기가 결정된다.

B. 평면형

날개 면적 및 종횡비가 같고 날개 평면형이 다른 경우를 생각해본다. 평면형이 다르면 특히 윙팁(Wing Tip)에 있어서의 압력의 차이가 생기고, 그 결과 스팬에 따른 다운 와쉬 분포에 차가 생기는 것과 이것들을 평균한 다운 와쉬각도 달라진다. 날개 평면형의 대표로서 사각형 날개, 테이퍼 날개를 예로 들면 다음과 같다.

a. 사각형 날개

윙팁에서 압력 차이가 크므로 업 와쉬, 다운 와쉬는 윙팁부 부근으로 제한할 수 있다.

b. 테이퍼 날개

날개 안쪽의 날개 코드 길이 및 두께가 커지므로 압력 차이는 날개 루트가 가장 커지고 윙팁에서의 업 와쉬에 의한 영향은 안쪽까지 미친다. 이 때문에 날개 면적, 에어포일, 받음각 등이 같아도 날개 전체에 작용하는 양력의 크기는 사각형 날개에 비해 작게 되며 윙팁부에서는 업 와쉬가 강하기 때문에 공기 흐름의 박리를 일으키기 쉽다. 단, 테이퍼 날개는 동일 면적의 사각형 날개에 비해 날개 중앙부가 두꺼워 강도가 큰 장점이 있다.

이상의 종횡비와 평면형의 효과에 대한 설명에서도 알 수 있듯이 실제 비행기의 날개와 같이 유한한 종횡비와 선택된 평면형에 대해서는 2차원 날개를 기준으로 한 공기력보다도 작아지고 날개로서의 효율이 떨어진다.

따라서, 날개의 종횡비와 평면형의 양자를 고려했을 때, C_L 및 C_D에 대한 관계식은 다음과 같이 표시된다.

$$C_L = 2\pi e(\alpha + \alpha_0) \quad \text{------------------------(2-10)}$$

$$C_D = C_{D0} + \frac{C_L^2}{4\pi e} = C_{D0} + \pi e(\alpha + \alpha_0)^2 \quad \text{------(2-11)}$$

여기서 e는 날개 효율 계수(Wing Efficiency Factor)라 하며 일반적인 날개는 e =0.7~0.9가 된다.

C. 윙넷(Winglet)

날개 효율의 향상을 도모하기 위한 대책으로 실용화되고 있는 것에 윙넷(Winglet)이라고 하는 윙팁 플레이트(Wing Tip Plate)가 있다(그림 2-53).

윙팁 플레이트를 설치함으로서 날개끝의 압력 차이를 보충해서 업 와쉬를 막고 양력 증가를 도모함과 더불어 유도 항력을 감소시킬 수 있기 때문에, 실질적으로는 종횡비를 크게 한 것같은 효과를 가지게 할 수 있다. 종횡비가 큰 날개는 날개에 작용하는 양력으로 인하여 날개 루트에 큰 응력이 걸리고 강도상의 문제도 생기므로 윙넷과 같은 날개 효율 증대 수단이 유효하다.

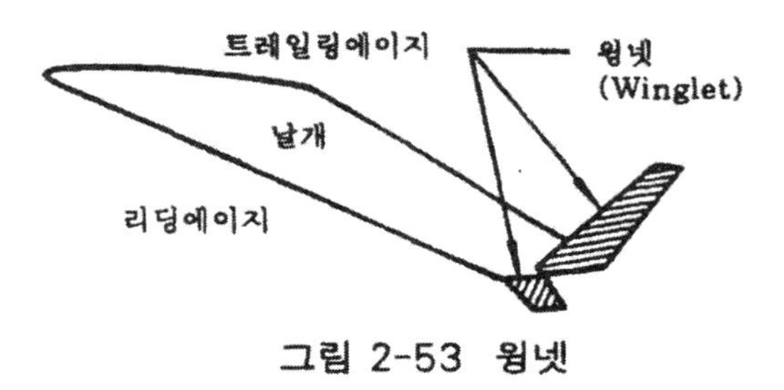

그림 2-53 윙넷

4) 기체의 전체 항력

양력의 대부분은 날개에서 만들어지지만, 항력은 날개 뿐만이 아니라 동체(Fuselage), 미부(Tail 혹은 Empennage), 엔진 나셀, 착륙 장치(Landing Gear) 등 모든 곳에서 작용한다. 그러나, 날개 이외에서 생기는 항력에는 유도 항력이 비교적 적고 마찰 항력이나 압력 항력 등 점성에 의한 항력이 대부분이다. 날개 이외에서 생긴 항력을 특히 구조 항력(Structural Drag)이라 한다. 기체 전체에 작용하는 항력 중 유체의 점성이 원인인 것을 유해 항력(Parasite Drag)이라 하고, 이것에는 구조 항력이나 날개의 형상 항력 등이 포함된다. 따라서, 비행기 전체에는 유해 항력과 유도 항력이 작용하게 된다.

유해 항력에 대한 항력 계수는 기체의 자세와 받음각에 따라 다소 변동하지만, 그 최소가 되는 값을 최소 유해 항력 계수(Minimum Parasite Drag Coefficient), C_{DPmin}라 하면 기체 전체에서의 항력 계수는 다음과 같이 된다.

$$C_D = C_{DPmin} + \frac{C_L^2}{4\pi e} \quad \text{------------------------(2-12)}$$

유해 항력 계수를 가능한 한 작게 하기 위해서는 기체 각부를 유선형(Streamlined Body)으로 할 것, 기체 표면을 매끄럽게 할 것 등이 필요하며, 또한 날개면을 통과한 공기 흐름과 동체와의 상호 작용에 의해 생기는 간섭 항력(Interference Drag)을 최소한으로 제한하는 것도 중요하다.

다음에 동체의 형상에 의한 항력 변화와 간섭 항력에 대해 설명한다.

A. 동체의 장단비(Fineness Ratio)

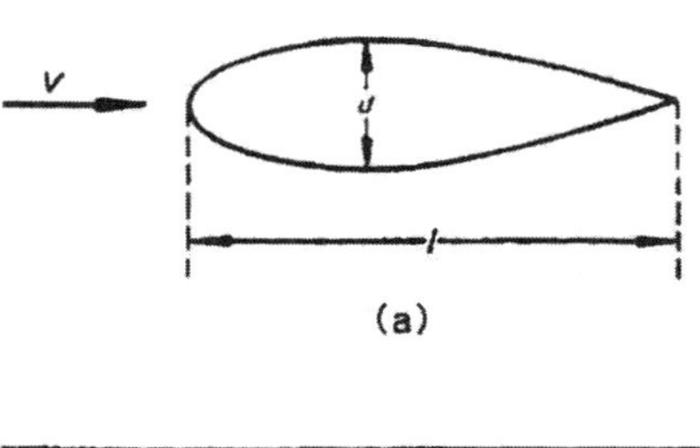

(a)

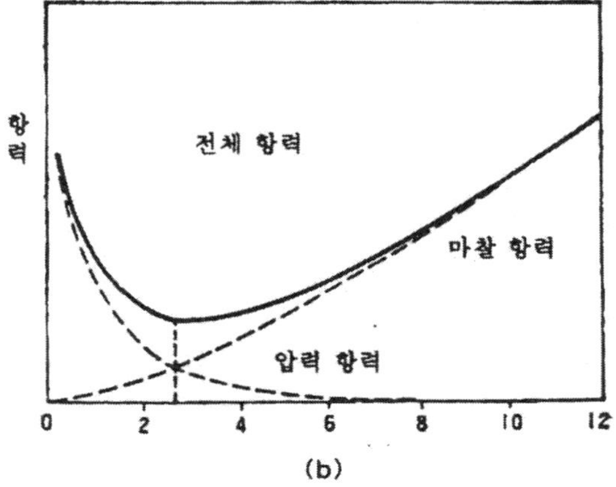

(b)

그림 2-54 장단비(Fineness Ratio)

동체에 작용하는 항력을 작게 하기 위해서는 동체를 유선형으로 하는 것은 말할 것도 없다. 지금 동체가 그림 2-54(a)와 같이 길고 가느다란 회전체라 생각했을 때의 항력은 동체 길이와 최대 직경과의 비를 변화시키면 크기가 증감한다.

그래서 장단비를

$$Fineness\ Ratio(f)=\frac{Length(f)}{Max\ Diameter(d)}$$

라 정의했을 때, 항력과 f와의 관계는 그림 2-54(b)로 표시할 수 있다. 이 그림에서 동체의 항력은 $f=2.5$ 부근에서 최소가 됨을 알 수 있다. f에 의해 항력이 변하는 이유는 $f<2.5$에서 물체의 표면적이 커져 마찰 항력이 증가하기 때문이다.

실제의 비행기에서는 동체가 완만한 회전체가 아니고 동체에는 공기 흡입구(Air Intake)나 피토관, 안테나 등이 장착되어 항력은 증가한다. 또, 대형 항공기일 때 장단비가 커지는 경향이 있으므로 동체 표면에 생기는 마찰 항력과 표면 구조재의 접합부 등에 생기는 압력 항력을 가능한 한 작게 할 필요가 있다.

B. 간섭 항력(Interference Drag)

유해 항력의 크기는 날개나 동체, 꼬리 날개 등에 생기는 각각의 항력을 합해도 정해지지 않는다. 이것은 기체 각부를 통과하는 공기 흐름이 서로 간섭을 일으키기 때문이며, 이때 발생하는 항력을 간섭 항력이라 한다. 특히 간섭 항력이 문제가 되는 것은 날개와 동체의 결합에 기인하는 것과 날개의 장착

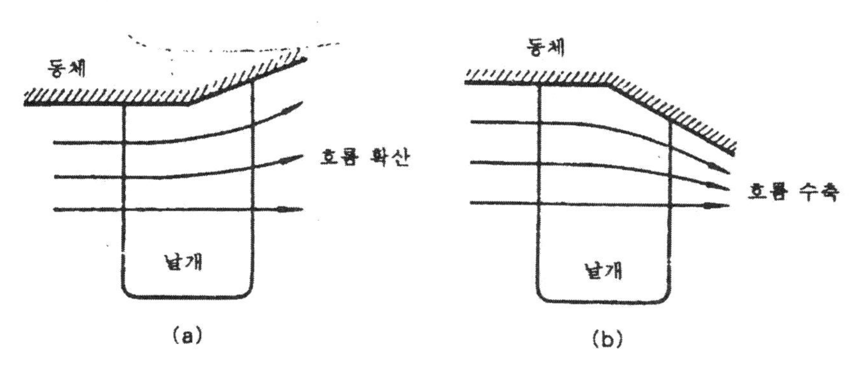

그림 2-55 날개-동체의 연결 부분

위치에 관한 것이고, 또 엔진 나셀, 파일론(Pylon), 착륙 장치 등과 날개와 동체의 간섭 등도 있다.

a. 날개와 동체

날개와 동체의 결합으로 인하여 항력 크기에 차이가 생긴다. 이것은 날개와 동체의 결합으로 날개를 통과하는 공기 흐름이 확산이 되는지, 수축되는 지에 따라 차이가 생기기 때문이다.

지금까지는 공기 흐름을 날개 면적의 상하면에 한정하여 다루어왔지만, 그림 2-55와 같이 가로 방향의 흐름도 고려할 필요가 있다.

그림 2-55(a)에서는 흐름의 확산이 일어나 하류 흐름일수록 흐름 속도는 감소되고 경계층은 두꺼워진다. 이 때문에 날개의 받음각이 커지면 용이하게 박리를 일으키고 항력의 급증을 초래하기 쉽다.

그림 2-55(b)에서는 흐름이 수축되므로 공기 흐름의 박리는 큰 받음각까지 발생하기 어렵고 그만큼 간섭 항력은 감소한다. 실제의 비행기에 있어 그림 2-56(b)와 같은 특성을 가지게 하기 위해서는 그림 2-56에 다음 사항들의 대책을 취해 공기 흐름의 조기 박리를 막는다.

① 날개 루트 부근의 동체부를 돌출시켰다(소형 항공기에 많다).

② 필렛(Fillet)을 장착한다(대형 항공기에 많다).

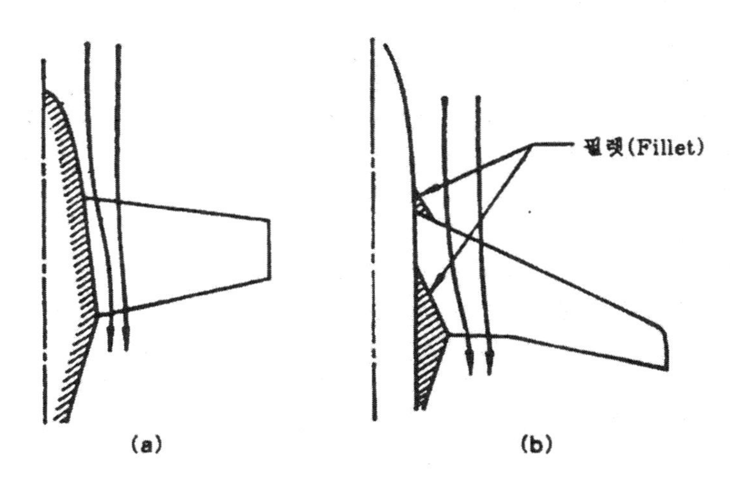

그림 2-56 흐름의 수축(Flow Convergence)

b. 날개의 장착 위치

동체에 대한 날개의 장착 위치에 따라서도 간섭 항력의 크기에 변화가 일어난다.

① 고익(High-Wing)

날개 장착 위치가 동체 상부에 있는 고익기의 경우, 날개가 (+) 취부각을 갖기 때문에 트레일링에이지부가 동체 가운데로 깊숙히 들어가고 있는 것같은 모양으로 되어 날개 윗면을 통과하는 공기 흐름은 동체를 피해 통과한다. 이 때문에 공기 흐름은 수축되어 박리를 일으키기 어렵다.

고익기는 필렛 등의 완만한 형태가 필요 없는 점, 유효 날개 면적을 넓게 취할 수 있는 점, 이착륙시에 다소 기체가 기울어져도 윙텁을 지면에 접촉할 위험성이 적은 점, 상반각 효과를 가진 점, 창(Window)에서의 아랫쪽 시계가 날개로 방해되지 않는다 등의 장점은 있지만, 날개를 지탱하는 동체부의 강도를 증가시킬 필요가 있고 보강으로 인해 구조 중량이 커지는 것이나 해면에 불시착했을 때 승무원, 승객의 탈출이 곤란해지는 것, 착륙 장치의 장착, 위치에 따라 랜딩기어 스트러트(Strut)가 길어지고 강도상의 문제나 항력이 증가하는 등의 결점도 있다.

② 중익(Middle-Wing)

동체의 중앙 측면을 통과하는 공기 흐름은 날개 리딩에이지의 정체지점(Stagnation Point)에서 압력이 급증하므로 경계층이 두꺼워지고 날개 리딩에이지의 전방에서 박리를 일으키기 쉽다. 이 경향을 줄이기 위해 리딩에이지 필렛(Leading Edge Fillet)을 장착하는 등의 대책을 취할 수 있다.

③ 저익(Low-Wing)

날개 리딩에이지 직전의 동체부는 중익의 경우와 같은 모양으로 박리가 일어나기 쉬운 한편, 날개 트레일링에이지부는 동체의 아래 부분에 위치하고 있어 동체 단면이 원에 가까울 때는 트레일링에이지에서의 박리가 강하게 일어나기 쉽다. 따라서 저익기에서는 날개 전방에서 후방으로 미치는 큰 필렛을 장착해 간섭 항력의 감소를 일으킬 필요가 있다

필렛이 가장 그 효과를 잘 나타낼 때는 받음각이 클 때이고, 보통 비행속도가 느릴 때만큼 받음각이 커지므로 저속시에 작용하는 항력을 작게 하는 역할을 가진다고 할 수 있다. 저익이라도 필렛을 장착한 것으로 고익이나 혹은 그것 이상의 특성 개선을 행할 수 있다.

항공기 각 부분을 흐르는 공기 흐름이 순조롭고 압력 항력, 마찰 항력, 간섭 항력 등이 작아지도록 하는 것을 일반적으로 페어링(Fairing)이라 하고 필렛은 물론 윙팁 페어링(Wing Tip Fairing), 엔진부의 카울링(Cowling)이나 나셀(Nacelle), 거기다가 대형기의 플랩(Flap)부로 보이는 플랩 트랙 페어링(Flap Track Fairing) 등은 모두 항력 감소의 대책으로 취해진 수단이다.

이상에서 기체에 작용하는 기본적 공기력, 즉 양력과 항력에 대해 이론적으로 고찰했지만, 실제의 비행기는 플랩 및 착륙 장치 등의 형태 변화에 따라 작용하는 공기력의 크기도 다르다.

항력의 생성 원인에 대해 그림 2-57과 같이 정리할 수 있다. 또, 유해 항력(Parasite Drag)에 관계하는 것은 압력 항력(Pressure Drag)과 마찰 항력(Friction Drag)이다.

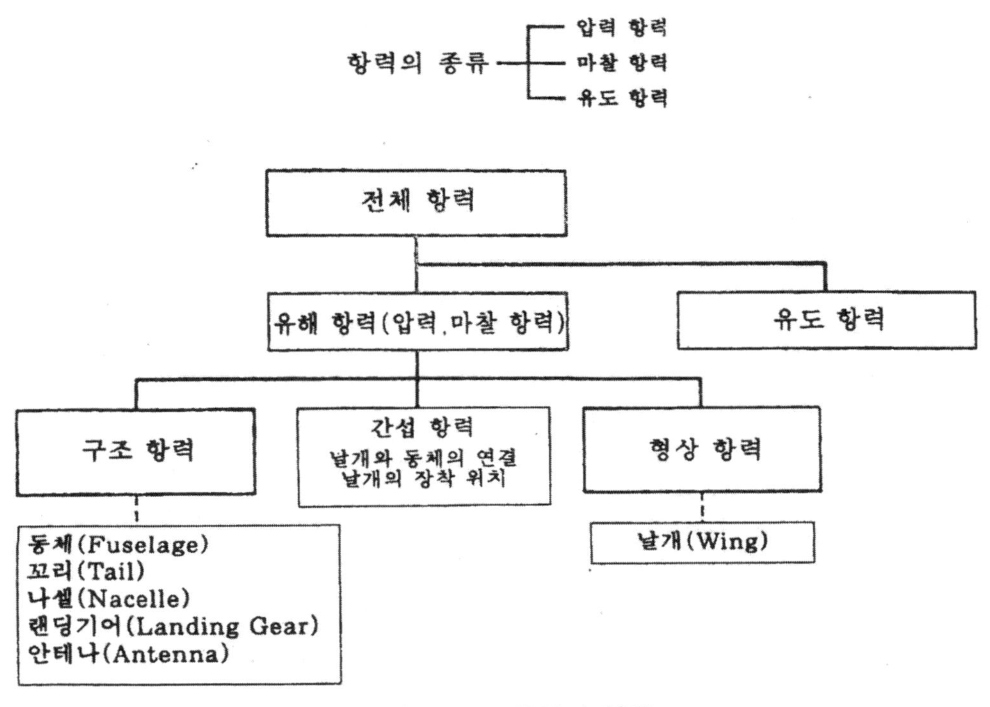

그림 2-57 항력의 분류

5) 날개의 순환 이론

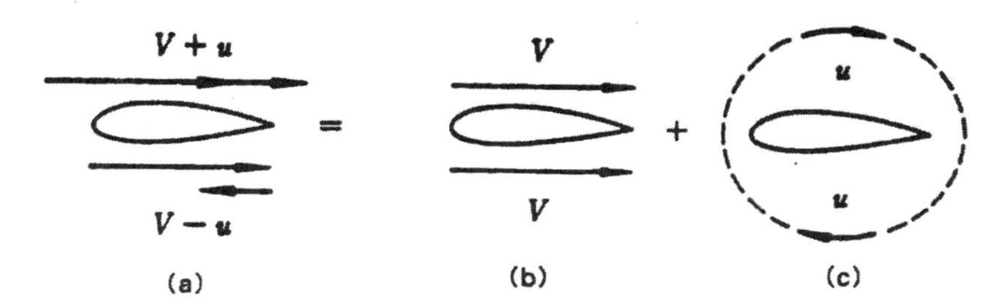

그림 2-58 에어포일 주위의 흐름 분해

날개에 양력을 생기게 하는 것은 흐름 속도가 날개 윗면에서 크고, 날개 아랫면에서 작아지기 때문이다.

그것을 나타내는 한 방법으로 일반 흐름 속도를 V라고 하고, 상하면의 흐름 속도를 $V+u$, $V-u$로 근사하면 그림 2-58(a)와 같이 나타낸다. (b)는 평행한 흐름, (c)는 순환 흐름을 합성한 것이라 생각할 수 있다.

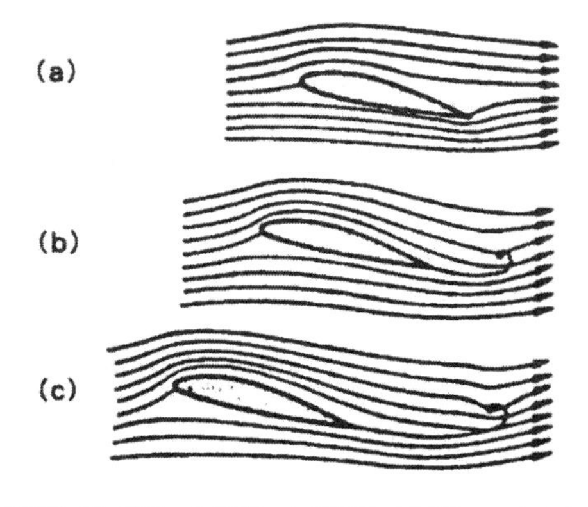

그림 2-59 날개 스타팅 볼텍스의 발생

프랜틀의 볼텍스 이론(Vortex Theory)은 위의 순환의 원리를 이용하여 그림 2-61의 바운드 볼텍스(Bound Vortex), 윙팁 볼텍스(Wing Tip Vortex), 스타팅 볼텍스(Starting Vortex)가 존재하는 것을 통해서 날개의 특성 계산에 성공하였다.

그림 2-59은 정지 유체중에서 날개를 움직인 상태를 나타낸다. 그림 (a)는 정지 상태에서 움직이는 트레일링에이지의 흐름에 무리가 있고, 곧 그림 (b), (c)로 변화하여 후방에 볼텍스를 생기게 한다. 이것을 스타팅 볼텍스라 한다.

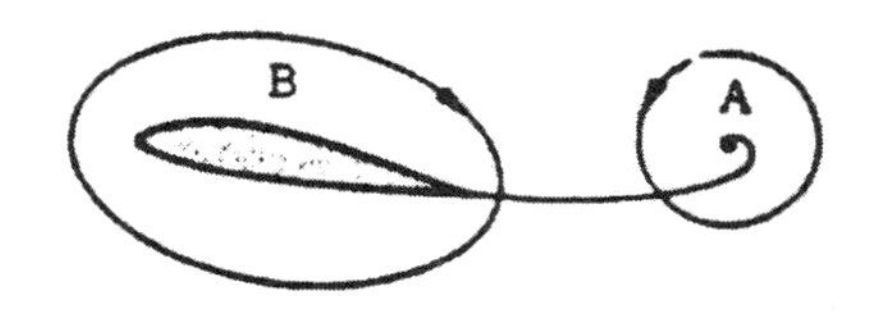

그림 2-60 날개 주위의 순환 발생

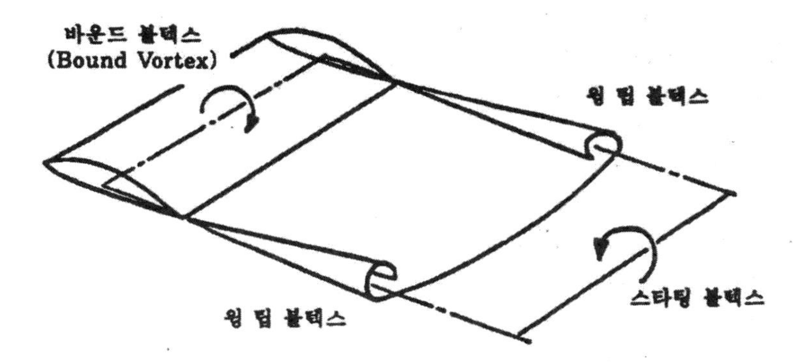

그림 2-61 프랜틀의 볼텍스 순환

헤름홀츠의 제1원리에 의하면 이상 유체 중에는 볼텍스는 발생하지도 않고 사라지지도 않는다고 한다. 따라서, 그림 2-60의 전체 영역의 볼텍스는 초기 상태의 0으로 유지하도록 하기 위해 어디까지나 날개에 따라 흘러가는 순환 B(바운드 볼텍스라 한다. 그림 2-61)와 스타팅 볼텍스 A는 강도는 같고 방향은 반대라고 할 수 있다.

실제 테이퍼 날개에서는 그림 2-62와 같이 날개 스팬의 중간부에서도 볼텍스를 생기게 하므로, 윙팁 볼텍스를 포함해 트레일링 볼텍스(Trailing Vortex)라 한다. 또 바운드 볼텍스와 대비시켜 프리 볼텍스(Free Vortex)라고도 부른다. 말굽 볼텍스는 바운드 볼텍스도 포함해 말한다.

트레일링 볼텍스는 실제로는 그 다음에 합류해 좌우 2개의 자유 볼텍스(간격은 날개 스팬보다 약간 작다)로 되지만, 그대로 한 계산은 실제와 잘 일치한다.

윙팁 볼텍스 등을 발생되게 하는 것은 날개의 상하면의 압력 차이에 의해 윙팁에서는 아랫면의 (+)압이 윗면의 (−)압으로 흘러들기 때문이다.

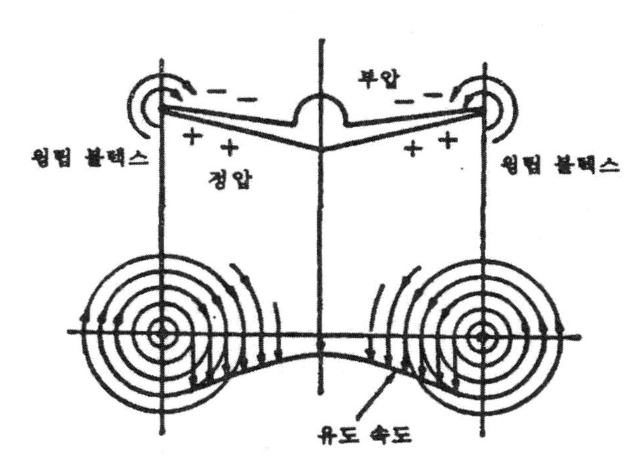

그림 2-62 윙팁 볼텍스와 유도 속도

볼텍스 순환은 주변의 공기를 질질 끄는 것같은 작용을 미치기 때문에 볼텍스 순환의 안쪽에서는 아랫쪽의 흐름을 생기게 하고 원의 바깥쪽에서는 윗쪽의 흐름을 발생시키게 한다. 볼텍스계에 의해 발생된 이들 흐름 속도를 유도 속도(Induced Velocity)라 부른다. 그 유도 속도의 크기는 볼텍스의 강도에 비례하고 볼텍스로부터의 거리에 반비례한다.

비행기가 수평 비행하고 있을 때 앞에서 설명한 유도 속도가 존재하므로 수평 꼬리 날개에의 공기 흐름은 아랫쪽 공기 흐름이 된다. 이것을 다운 와쉬(Down Wash)라 한다.

주날개의 종횡비 A가 작을수록 2개의 자유 볼텍스가 수평 꼬리 날개에 가까워지고 꼬리 날개가 강한 다운 와쉬를 받으므로 꼬리 날개의 효과는 겉보기보다 떨어진다.

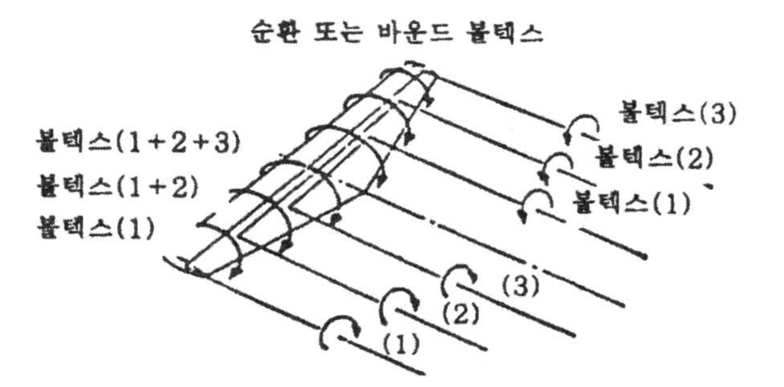

그림 2-63 볼텍스 군

날개는 후방에만 볼텍스(반무한의 볼텍스)가 있지만, 수평 꼬리 날개는 전방 및 후방에 볼텍스(근사적으로 양무한의 볼텍스)가 있기 때문에 다운 와쉬는 근사적으로 1 : 2가 되고 날개로의 다운 와쉬 속도를 ω라 하면 꼬리 날개로는 약 2ω가 된다.

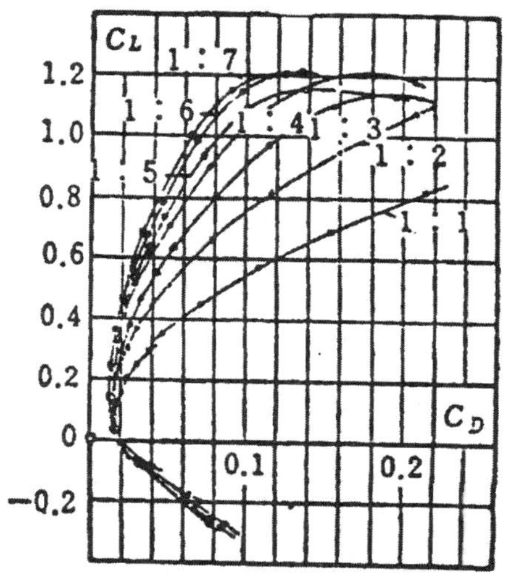

그림 2-64 A, C_D, C_L 의 관계

이 다운 와쉬 ω 때문에 그림 2-65와 같이 다운 와쉬각 $\Delta\alpha$를 만든다.

그러므로 공기 흐름에 대한 유효 받음각 α_e가 날개의 외관상의 받음각 α보다 작아진다. 그로 인해 2차원의 에어포일과는 달리 3차원 날개는 실속각이 커지고, 또 유도 항력을 새로이 발생시킨다.

그것들을 식 (2-18)에서 나타낸다. 프랜틀은 식 (2-21)을 그림 2-65의 실험 결과에 적용하면 모든 실험점의 종횡비 6의 곡선상에 모인 것을 표시해 그의 이론이 타당한 것임을 실증했다.

6) 유도 항력

날개 스팬(Wing Span)이 유한한 경우, 좌우의 자유 볼텍스로 인한 유도 속도, 또는 다운 와쉬(Down Wash) 속도 ω를 발생시키며, 그로 인해 실제의 흐름은 그림 2-65의 V'로 되어 일반 흐름 V보다 하향의 방향을 나타낸다. 따라서 실제의 양력 벡터는 L' 방향으로 뒤로 경사지고 비행 직선 V에 따른 분력 D_i를 갖는다. 이 분력 D_i는 다운 와쉬 속도 ω에 의해 생겨난 저항이므로 유도 항력(Induced Drag)이라 부른다. 즉, 날개 스팬이 유한하고 양력을 갖는 경우에는 필연적으로 유도 항력을 발생시킨다.

유도 항력 D_i는 $L' \fallingdotseq L$이므로, 다운 와쉬각 $\Delta\alpha$를 구하면 다음 식으로 계산할 수 있다.

$$D_i = L \tan\Delta\alpha = L\Delta\alpha(\tan\Delta\alpha = \Delta\alpha)$$

$$\tan\Delta\alpha = \frac{\omega}{V}$$

$$\Delta\alpha = \frac{\omega}{V} \quad \text{--(2-13)}$$

$\Delta\alpha$는 다운 와쉬 속도 ω를 구하려면 다음 식으로 계산할 수 있다.

$$\Delta\alpha = \frac{\omega}{V} \quad \text{------------------------------------(2-14)}$$

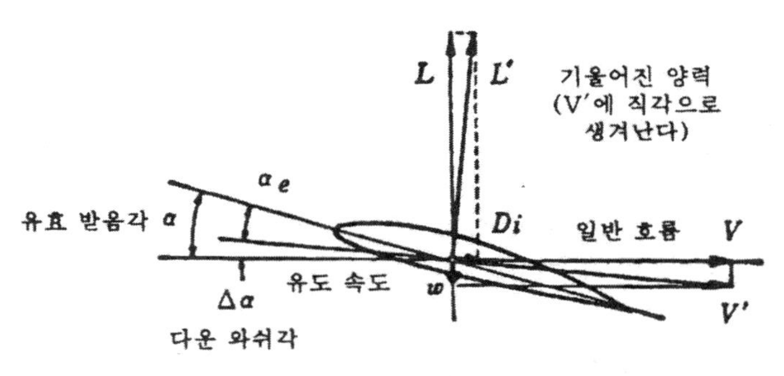

그림 2-65 유효 받음각과 유도 받음각

날개의 양력을 발생시키는 것은 그림 2-66에서와 같이 날개 스팬 b를 직경으로 하는 원 내의 공기 흐름이라고 생각할 수 있다. 그 공기량 M(매초)은 풍속 V(매초)와 공기 밀도 ρ에 의해 다음과 같다.

$$M=\rho\times\frac{\pi}{4}b^2\times V \quad \text{---- (2-15)}$$

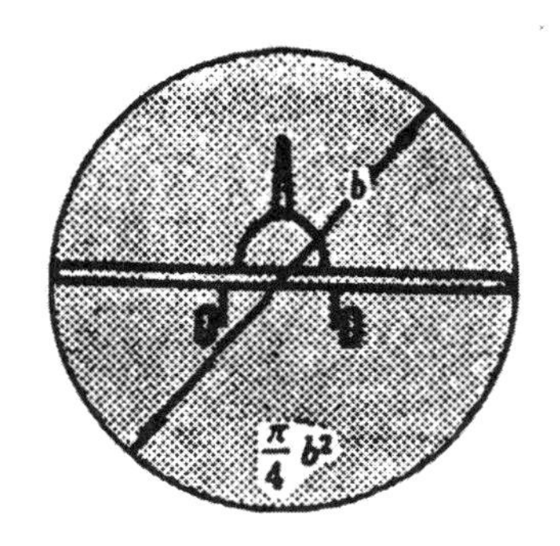

그림 2-66 양력에 기여하는 공기 흐름

그러면 식 (2-14)에서 날개의 다운 와쉬 속도를 ω라고 했기 때문에 꼬리 날개의 다운 와쉬는 약 2ω가 된다. 즉 공기 흐름 M은, 무한 전방에서는 하향 흐름 속도는 0이지만, 날개를 통과하면 무한 후방에서는 하향 유속 2ω로 된다.

여기서 운동량의 법칙을 이용하자. 공기량 M은 무한 전방에서 수직 속도가 0이고, 무한 후방에서 2ω로 되며 운동량 변화가 $M\times2\omega$와 같다. 그 변화가 날개에 생기는 양력과 같다고 하는 것이 운동량의 법칙이므로 다음 식을 얻게 된다.

$$M\times(2w-0)=\rho\frac{\pi}{4}b^2V2\omega=L=\frac{1}{2}\rho V^2C_LS \quad \text{--(2-16)}$$

식 (2-14)에서 다운 와쉬 속도 ω가 구해진다. 종횡비 A(그림 2-47)를 이용하면 다음과 같다.

$$\omega=V\frac{1}{\pi}\frac{S}{b^2}C_L=V\frac{1}{\pi A}C_L \quad \text{----------------(2-17)}$$

식 (2-14)에 식 (2-17)를 대입해 다운 와쉬각 $\Delta\alpha$를 얻을 수 있다.

$$\Delta\alpha=\frac{1}{\pi A}C_L \quad \text{------------------------------(2-18)}$$

식 (2-13)에 식 (2-18)을 대입하고, 또

$$D_i=C_{Di}\frac{1}{2}\rho V^2S$$

$$L=C_L\frac{1}{2}\rho V^2S$$

도 대입하면 다음 식을 얻는다.

$$C_{Di}=\frac{1}{\pi A}C_L^2 \quad \text{------------------------(2-19)}$$

이상에서 C_{Di}도 구해졌다. 이것을 유도 항력 계수(Induced Drag Coefficient)라 부르고, 식 (2-19)는 비행기의 성능 계산에 아주 중요한 식이다.

다운 와쉬각 $\Delta\alpha$의 식 (2-18)도 중요하다.

실속각 16°의 대칭 에어포일($A=\infty$)을 이용하여 실속각 27.5°를 얻기 위해서 종횡비 A를 어느 정도로 하면 좋을까라고 하는 문제의 경우, 그림 2-67과 같이 $C_{Lmax}=1.6$은 불변이고 $\Delta\alpha=11.5°$는 래디안(57.3°)으로 약 0.2이므로 식 (2-18)에 의해 $A≒2.5$가 된다. 종횡비가 A_1, A_2인 날개가 2개 있을 때, 식 (2-18)을 2개로 생각하면 다음과 같다.

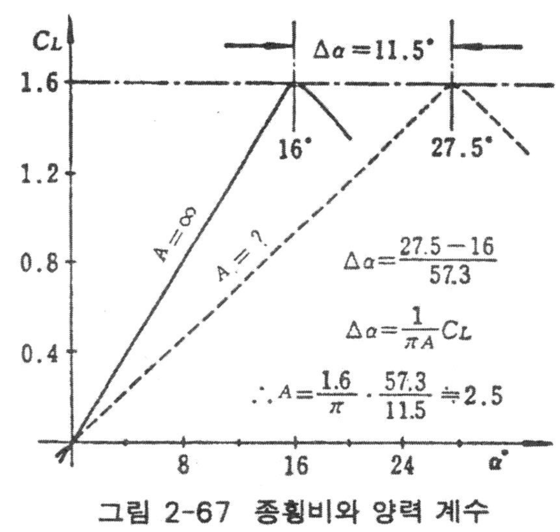

그림 2-67 종횡비와 양력 계수

$$\Delta\alpha_{12}=\frac{C_L}{\pi}\left(\frac{1}{A_1}-\frac{1}{A_2}\right) \quad \text{--------------------(2-20)}$$

따라서, $A=6$의 날개 실험값에서 $A=9$의 날개 양력 곡선을 산출할 수 있다.

비행기의 날개에는 최소 항력 계수 C_{DO}가 있고 유한 날개 스팬의 경우에는 위에서 설명한 유도 항력 계수 C_{Di}가 가산되므로, 전체 항력 계수 C_D는 다음과 같다.

$$C_D=C_{D0}+C_{Di}=C_{D0}+\frac{1}{\pi A_e}C_L^2 \quad \text{-----------(2-21)}$$

A_e는 유효 종횡비라 부르며 일반적인 날개를 타원형 날개로 치환하기 위한 값이다.

그런데 비행기 전체의 성능 계산에도 식 (2-21)이 그대로 이용된다. 그 경우 C_{DO}는 비행기의 최소 항력 계수를 이용할 수 있지만, 받음각이 증가하면 동체의 저항, 날개와 동체와의 간섭 저항 등이 증가하므로 $A_e=0.9A$라고 두는 것이 비행기의 실제값에 일치된다.

2-8. 비행기의 공력 특성

1) 간섭 항력과 유선형

비행기의 항력은 형상 항력과 유도 항력의 합이다. 제1의 형상 항력은 날개, 동체 등 각 부분으로 분할해 계산할 수 있고 제2의 유도 항력은 식을 이용해 계산할 수 있다.

그런데 유도 항력은 비행기가 공중에 뜨기 때문에 날개의 양력과 연계되어 필연적으로 생겨나고 어쩔 수 없지만 형상 항력은 유해, 무익한 것이다. 따라서, 형상 항력을 유해 항력이라고도 부르고 라이트 형제의 비행 이래, 유해 항력을 감소시키려는 노력이 계속되었다. 공냉 발동기를 카울링으로 덮고 조종석을 밀폐식의 윈드쉴드로 하고 기체의 표면에 나온 연료 주입구의 형상 및 기체 둘레에 생긴 유선이 혼란스러워지지 않도록 유선화 하였다. 여기서 그림 2-68의 날개와 동체 결합부를 생각해 보자. 받음각이 커지면 공기 흐름은 날개 트레일링에이지에서 박리하기 쉽다. 그것이 동체의 흐름을 혼란시키므로 동체 결합부가 맨먼저 박리해 받음각과 함께 유해 항력이 증가한다.

즉, 2가지의 흐름이 서로 간섭해 새로운 유해 항력을 생겨나게 한다. 그것을 간섭 항력(Interference Drag)이라 부른다. 그림 2-68은 그 방지에 유효한 필렛(Fillet)이고 꼬리 날개와 동체와의 결합부에도 이용한다.

같은 현상이 쌍발 항공기의 동체와 나셀 사이에도 발생한다. 날개 전방, 두부분의 사이가 좁은 부분을 통과하는 공기 흐름은 날개 트레일링에이지에 도달하기 위해 아래로 퍼지고, 또 나셀의 윗면에 도달하기 위해 좌우로 퍼질 필요도 있다. 그러나 이것에 못미쳐 공기 흐름은 박리한다. 맨먼저 나셀 부분에서 실속하므로 나셀 실속

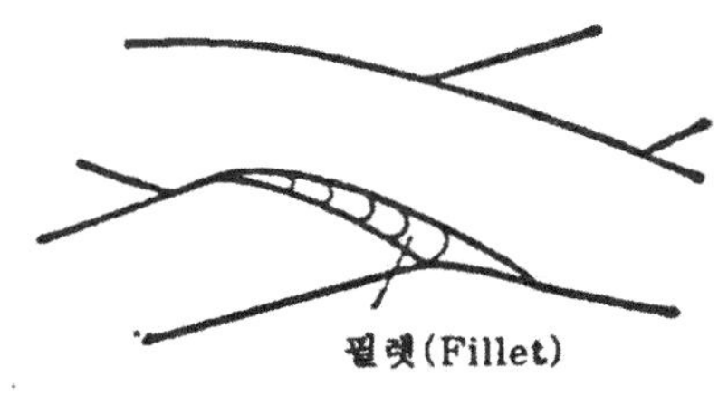

그림 2-68 필렛(Fillet)

(Nacelle Stall)이라 한다.

그림 2-69는 DC-3의 나셀 실속의 사진이다. 미리 풍동 모형을 백색으로 페인트하고 매끄럽게 물로 윤을 낸다. 가솔린을 태워 그을음을 모아 망으로 정선해 가루로 만들고 기름 등에 섞어 점도가 높은 검은 액을 만든다.

재봉틀 기름과 같은 점도가 낮은 투명액을 미리 모형에 도포해 두면 풍동 실험할 때, 날개 리딩에이지 등에 검은색 액체가 잘 떠서 흘러가게 해 준다.

그림 (a)에서 동체 주위의 흐름은 양호하지만, 나셀 후방의 날개 트레일링에이지부가 희고, 검은 액이 흘러들어가지 않는다. 동체를 크게 해서 양의 곡률을 강하게 하면 동체 부분의 압력이 떨어지고 검은 액이 흘러들어간다.

그림 (b)는 받음각을 1° 만큼 증가한 그림이다. 날개와 동체 결합부에 역류의 조짐이 있고 필렛의 증가가 필요하다는 걸 알 수 있다.

그림 (c)는 받음각 2°를 추가했으므로 나셀 동체 사이의 날개가 완전히 실속해 있다. 이 실속 방지를 위해서는 나셀과 동체의 간격을 넓히고 상호 간섭을 완화하는 것이 가장 효과적이다.

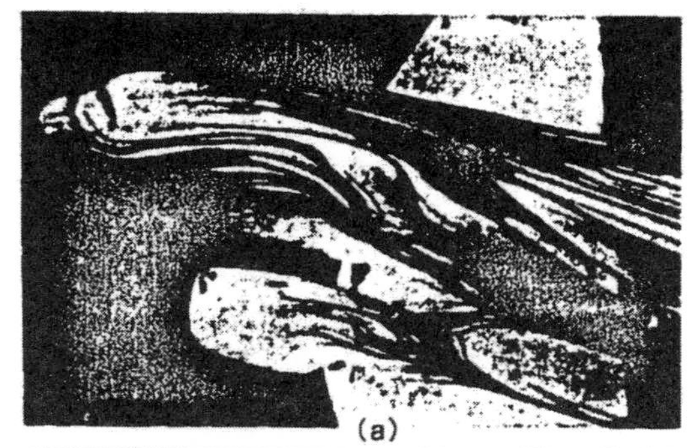
(a)

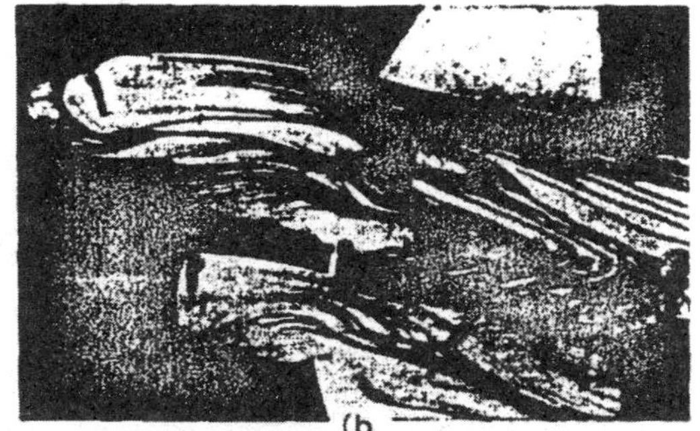
(b)

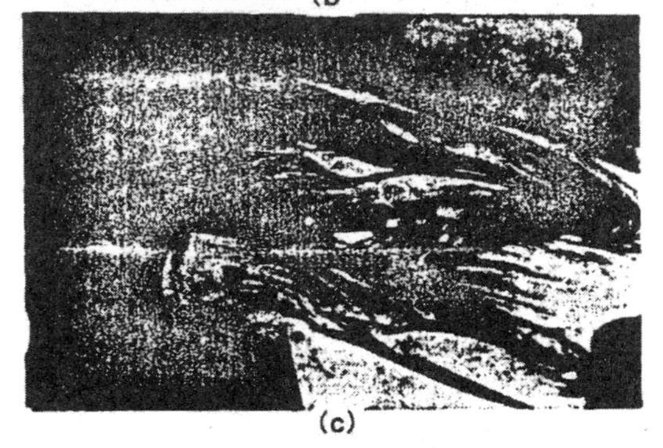
(c)

그림 2-69 나셀 실속

날개의 루트(Root)나 나셀부에 미리 박리를 발생시키면 최대 양력 계수가 감소하게 된다. 그 박리 흐름은 꽤 큰 볼텍스로 되어 꼬리 날개를 치므로 기체 진동을 생기게 하기 쉽다. 그것을 버펫팅(Buffeting)이라 부른다. 그래서 큰 받음각의 풍동 실험에서는 최대 양력의 감소, 진동의 발생 방지에 노력해야만 한다.

모형기(Prototype)의 풍동 모형을 표준 공기 흐름에서 실험할 난류 격자를 이용해 그림 2-70(b)의 강제 난류로 하여 유효 레이놀즈 수를 높이면 만족스런 흐름을 얻을 수 있고, 그것을 확인하는데는 앞에서와 같은 검은색을 사용한 오일 흐름 실험법이 유용하다. 그림 2-70(a)의 리딩에이지 근방에는 작은 역류가 발생하지만, 실제 비행기에 가까운 그림 2-70(b)에서는 순조롭게 흐른다. 또 캐로신에 산화 티탄 분말을 섞어서 유류 실험이 가능하다.

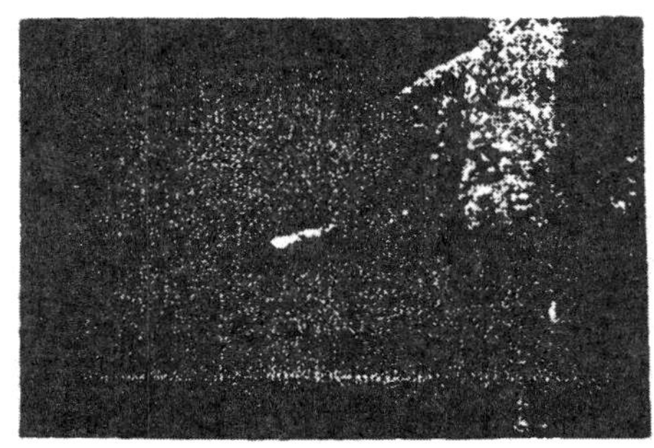

(a) 표준 기류

(b) 강제 난류 흐름

그림 2-70 오일 흐름 실험

2) 날개의 실속 특성

실속(Stall)이란 기체가 고도를 유지할 수 없어지는 상태를 말하지만, 그와 같은 상태는 받음각이 실속각(α_s)보다 커지는 것과 관계가 있다. 그림 2-71에 나타낸 바와 같이 받음각이 실속각(α_s) 이상이 되면, 지금까지 받음각이 크게 됨에 따라 증가해 온 양력 계수가 갑자기 감소하기 시작하고, 한편 항력 계수는 한 단계 증가하여 공기 흐름의 박리에 의한 영향이 현저해진다. 이같은 현상이 일어나는 받음각 영역을 실속 영역(Stall Region)이라 한다.

실속각 가까이의 양력 곡선을 보면 날개의 종류에 의해서는 이것이 받음각이 증가함에 따라 급격히 꺾어지는 것과 완만하게 변화하는 것이 있으며, 양

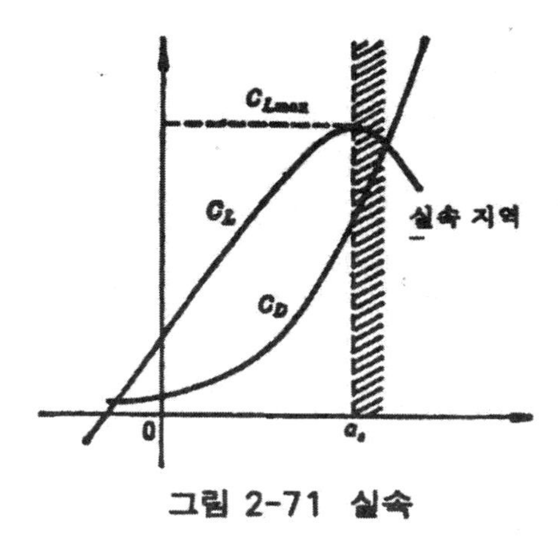

그림 2-71 실속

력 곡선에서는 이들의 특징은 비행기가 실속에 들어갔을 때 운동 특성, 즉 실속 특성(Stalling Characteristics)에 영향을 준다.

예를 들면 갑자기 꺾어지는 곡선을 가지는 날개는 받음각이 α_s를 조금이라도 웃돌면 갑자기, 그리고 급격히 실속으로 들어갈 위험성이 있다. 날개 두께가 얇고 리딩에이지 반경이 작은 고속용의 에어포일일수록, 또 종횡비가 큰

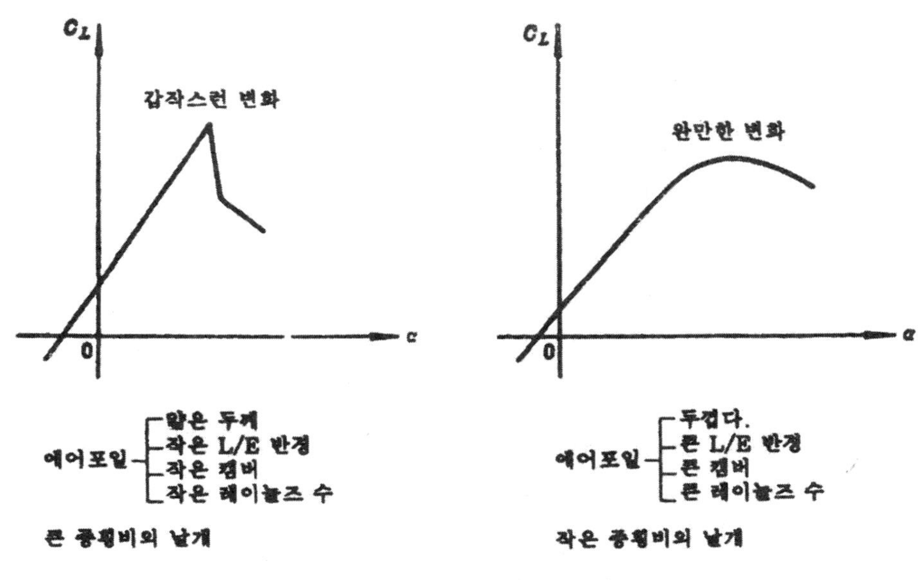

그림 2-72 실속 특성

날개일수록 이와 같은 나쁜 실속 특성을 가지는 경향이 있다.

날개가 실속 상태로 되었을 때, 날개 스팬 방향에 따라 실속이 어떻게 일어나느냐도 중요한 문제이다. 날개 전체를 평균으로 유지했을 때의 양력 곡선은 같아도 날개 평면형에 따라 다운 와쉬의 분포가 다르기 때문에 스팬(Span)에 따른 양력 곡선이나 항력 곡선의 분포에 차이가 생긴다.

다음에 직선 날개 중 대표적인 사각형 날개, 테이퍼 날개, 타원형 날개에 대한 실속 특성의 차이를 설명한다.

A. 사각형 날개(Rectangular Wing)

사각형 날개는 날개 상하면에 생기는 압력 차이를 보충하는 업 와쉬(Up Wash) 효과가 윙팁(Wing Tip)에 집중되기 때문에 스팬에 따른 날개의 취부각(Incidence Angle)이 같은 경우에는 윙팁에 작용하는 양력 계수는 윙 루트(Wing Root) 부근에 비해 작아진다. 이것은 스팬 방향의 양력 곡선에도 영향을 주고 그림 2-73에 나타낸 것처럼 양력 곡선 구배는 윙 루트에서는 크고 윙팁으로 갈수록 작아지며, 그것과 대응해 실속각에도 차이가 생기고, 윙팁의 실속각은 커진다. 따라서 사각형 날개에 있어서는 받음각을 크게 하기 어려워짐에 따라 실속 영역은 윙 루트에서 윙팁으로 발전하는 경향이 있음을 알 수 있다.

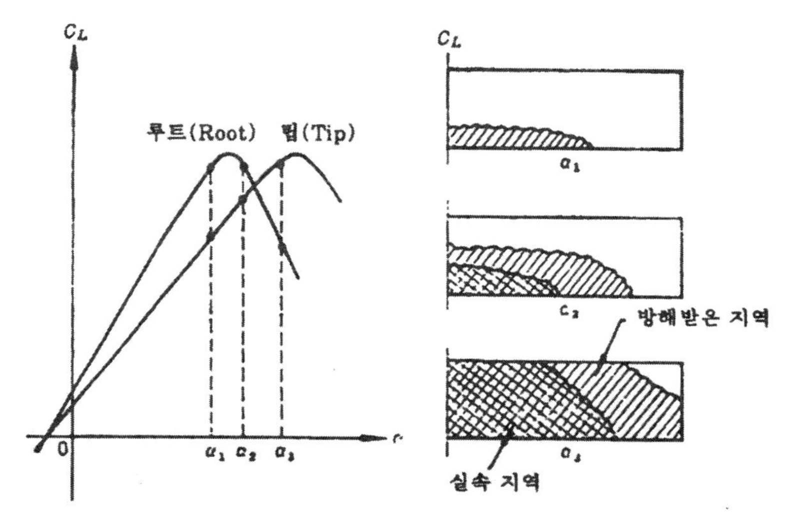

그림 2-73 사각형 날개의 실속 진행

B. 테이퍼형 날개(Tapered Wing)

테이퍼 비(Taper Ratio)가 작아짐에 따라, 윙팁에서의 업 와쉬(Up Wash)는 압력 차이가 가장 큰 윙 루트(Wing Root) 부근에 집중적으로 모을 수 있기 때문에, 양력 곡선의 구배는 사각형 날개일 때와는 반대로 윙팁일수록 커지고 그림 2-74와 같이 실속은 윙팁에서 발생하기 쉬워진다. 단, 테이퍼 비=0.5 정도에서는 다음 타원형 날개와 같이 윙팁 및 윙 루트의 양력 곡선은 거의 같아진다.

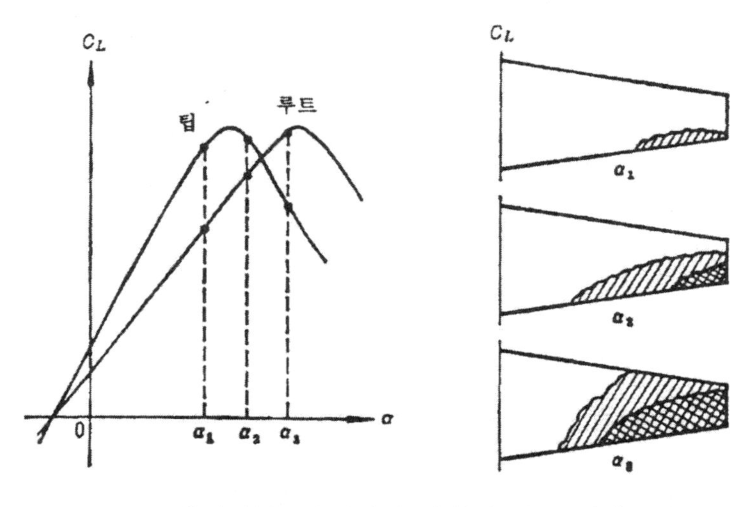

그림 2-74 테이퍼형 날개의 실속 진행

C. 타원형 날개(Elliptical Wing)

타원형 날개는 사각형 날개와 테이퍼형 날개의 중간인 평면형이 되므로, 다운 와쉬(Down Wash) 분포는 날개 스팬 방향에서 거의 같아지고 실속도 균일하게 일어난다. 타원형 날개는 실속각에 이르기까지 국부적인 실속이 일어나지 않는 점에서 뛰어난 것처럼 보이지만, 일단 실속에 들어가면 날개 전체에 실속 영역이 넓어지고 실속으로부터의 회복이 느려지는 결점도 있다.

그림 2-76은 여러 평면형의 날개에서의 넓은 실속 영역을 나타낸 것이다. 테이퍼형 날개 및 후퇴형 날개(Sweepback Wing)는 모두 윙팁에서 실속이 시작되기 쉬운 특징이 있다.

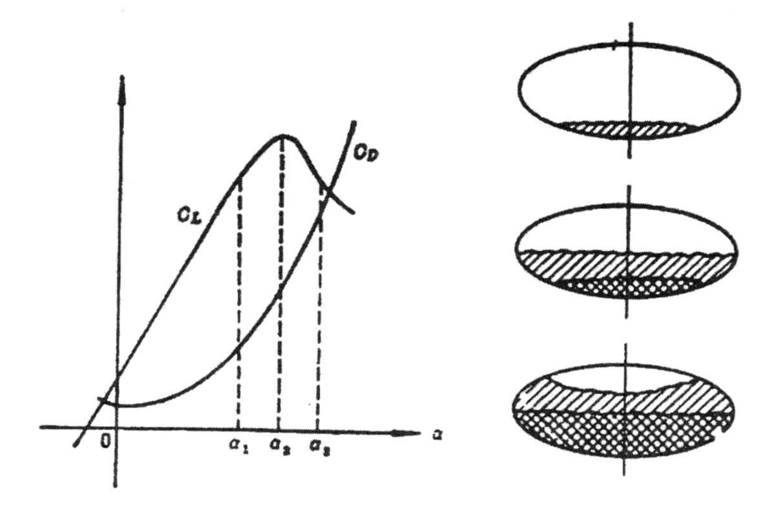

그림 2-75 타원형 날개의 실속 지역

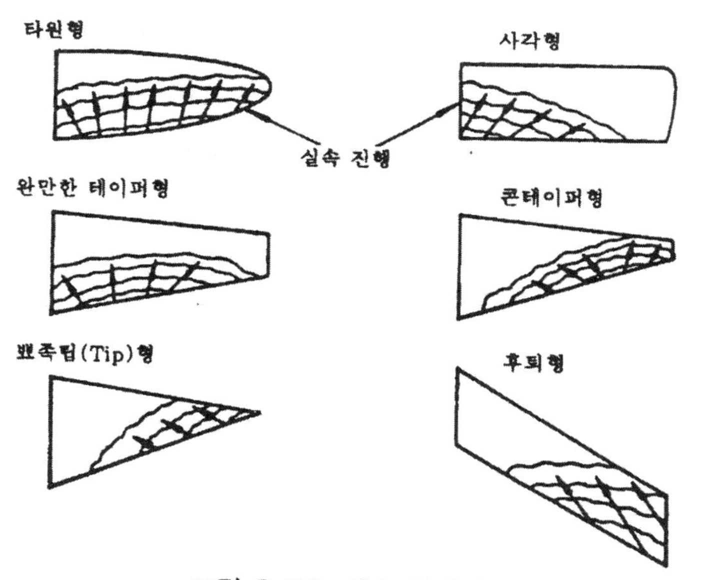

그림 2-76 실속 진행의 종류

3) 롤링에 대한 감쇠 효과와 윙팁 실속

수평 비행을 하고 있을 때는 좌우 날개에 작용하고 있는 받음각은 같고 양력도 같다. 이같은 상태에 있는 비행기에 어떤 외력이 가해져 롤링 운동(Rolling)이 일어났을 때의 날개에 미치는 영향을 생각해 보자. 그림 2-77에 나타낸 바와 같이 비행중 롤링이 일어나면 받음각이 좌우 날개에서 달라진다. 즉, 내려간 쪽의 날개는 받음각이 증가하고 올라간 쪽은 감소한다.

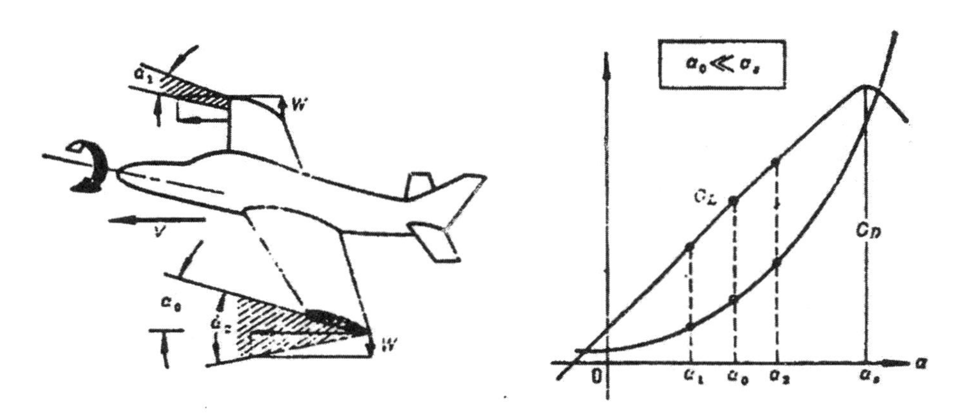

그림 2-77 롤링(Rolling)에 따른 받음각의 변화

이 때문에, 최초 좌우 날개 받음각 모두가 α_0이라도 내려가 있는 날개는 α_2(> α_0), 올라가 있는 날개는 α_1(< α_0)가 되고 특성 곡선으로 보는 바와 같이 좌우 날개에 작용하는 양력, 항력은 모두 변화한다. 이때의 좌우 날개의 양력차는 롤링을 막는 힘, 즉 감쇠력을 만들게 된다. 받음각의 변화는 윙팁일수록 크고, 또 감쇠 모멘트는 날개 중심에서 윙팁까지의 거리와 양력 변화의 곱에 부여되므로 이 감쇠력의 크기에는 윙팁이 크게 작용하는 것이 명백하다.

따라서, 스팬(Span)이 길고 테이퍼 비가 큰 날개일수록 같은 롤링 운동에 대해 큰 감쇠력이 작용하고 고속으로 비행하고 있을 때, 또는 롤링 속도가 클 때일수록 양력의 변화도 크고 강한 감쇠력을 보인다. 날개 그 자체가 롤링을 억제하는 성질을 갖는 것은 비행기의 안정성상 매우 중요한 것이다. 또, 롤링에 따른 좌우 날개의 항력에도 차이가 생기고 기수를 좌우로 흔드는 운동, 즉 요잉(Yawing)도 부수적으로 일어나게 된다. 이같은 롤링에 대한 감쇠력의 발생은 이 운동에 의한 받음각 변화가 실속각을 넘지 않는 범위에서만 가능하고 고속시에는 낮은 받음각으로 비행하기 때문에 그만큼 실속각에 대한 여유가 많다.

그러나, 저속시 때처럼 비교적 받음각 α_0이 큰 경우에 롤링이 일어나면 반드시 감쇠력이 작용하지는 않고 오히려 급격히 롤링을 강하게 할 수 있는 위험성도 있다. 이로 인해 그림 2-78에서 보는 바와 같이 아래쪽으로 내려간 날개의 받음각이 너무 커져 실속각을 초과하는 한편, 올라가 있는 쪽의 날개는 받음각의 감소에 따라 양력이 저하한다.

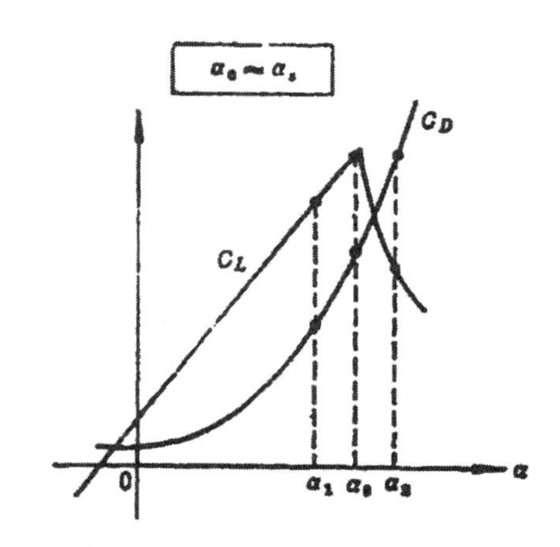

그림 2-78 롤링에 따른 받음각의 변화

따라서 큰 받음각일 때의 롤링은 다음과 같은 현상을 일으키기 쉽다.

① 좌우 날개의 양력차(아래쪽으로 움직이고 있는 쪽이 양력이 작게 된다)로 점점 롤링을 강하게 한다.

② 좌우 날개에 작용하는 양력은 모두 감소하고 고도가 감소된다. 따라서 받음각도 증가하고 항력 증가로 인해 속도를 감소시킨다. 이것은 또 연쇄적으로 양력을 감소시킨다.

③ 아래쪽으로 움직이는 날개는 공기 흐름의 박리에 의한 급격한 항력 증가를 가져오므로 그때 항력차에 의해 큰 요잉을 유도하고, 또 이 요잉은 좌우 날개에 해당하는 공기 흐름의 속도를 비대칭으로 하여 롤링을 더욱 강하게 해버린다.

이같이 롤링으로 한쪽 날개가 실속으로 들어가고 점점 롤링과 요잉을 강하게 하면서 기체 전체를 실속시키는 현상을 자전(Autorotation)이라 하고, 그 결과 나선을 그리면서 고도를 감소시켜 버리는 비행 상태를 드릴링(Drilling) 또는 스핀(Spin)이라 한다.

롤링에 따른 받음각의 변화는 윙텁일수록 크고 실속도 윙텁에서 발생하기 쉬우므로 이같은 실속을 윙텁 실속(Wing Tip Stall)이라 한다. 윙텁 실속은 양력 곡선이 실속각 부근으로 갑자기 꺾여지는 특성을 갖는 날개나 테이퍼

비가 작은 날개 또는 후퇴형 날개일수록 일으키기 쉽다.

일단, 스핀으로 들어가면 보조 날개(Aileron) 등을 사용해도 그 기능을 잃게 되고, 또 꼬리 날개도 크게 옆으로 미끄러짐으로 효능이 없어지는 등, 자세의 회복상, 또 기체의 강도상 매우 위험한 상황으로 되기 쉽다. 특히 저속 비행이 요구되는 이륙(Take off)이나 착륙(Landing)시에 윙팁 실속을 일으키면 고도에도 여유가 적을 때이므로 매우 위험하다.

실제로 이용되고 있는 날개는 날개 장착 루트에 작용하는 굽힘 모멘트를 적게 해 강도를 확보하기 위해 테이퍼 비를 작게 하고 있는 예가 많고(특히 대형 항공기) 윙팁일수록 두께도 얇아진다. 이 때문에 같은 에어포일(Airfoil)을 사용해도 스팬(Span)이 작고 테이퍼 비가 작을수록 윙팁 실속을 일으키기 쉬운 경향을 더욱 크게 만든다. 따라서, 저속 비행중에 스핀(Spin)을 어렵게 하기 위한 대책, 즉 윙팁 실속을 늦어지게 하는 대책이 필요하다.

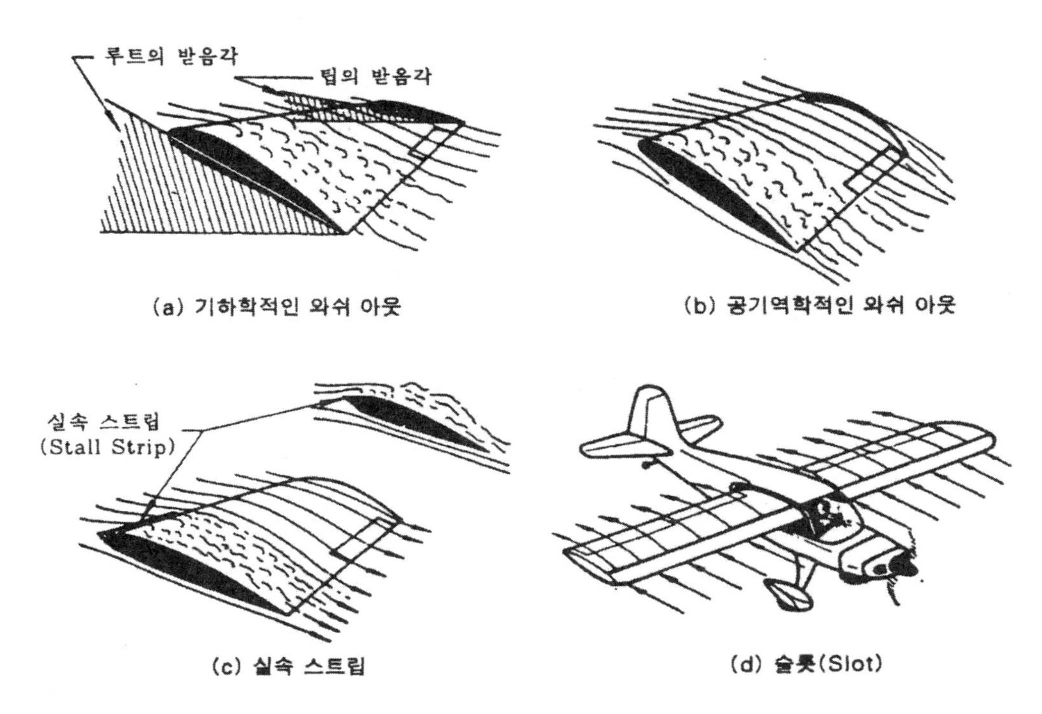

그림 2-79 팁 실속 보호 장치

윙팁 실속의 방지 대책으로는 테이퍼 비를 그다지 작게 하지 않는다는 것 외에 다음과 같은 대책을 들 수 있다.

① 윙팁(Wing Tip)으로 감에 따라 받음각이 작아지도록 날개를 와쉬 아웃(Wash Out)으로 하여 실속이 윙 루트에서 시작되도록 한다. 이것을 기하학적 와쉬 아웃이라 한다.

② 윙팁부에는 날개 두께비, 리딩에이지 반경, 캠버 등이 큰 에어포일을 이용하여 실속각을 윙 루트보다도 크게 한다. 이것을 공기역학적 와쉬 아웃(Aerodynamic Wash Out)이라 한다. 윙 루트 부근에 역 캠버(Negative Camber)의 에어포일을 사용하고 있는 예도 있지만, 같은 이유이다.

③ 윙 루트에 실속 스트립(Stall Strip)을 장착해 큰 받음각을 취했을 때 공기 흐름을 강제로 박리시킨다.

④ 윙팁부의 날개 리딩에이지 안쪽에 슬롯(Slot)을 설치하고 날개 아랫면을 통한 공기 흐름을 강제적으로 윗면으로 유도해서 박리를 방지한다.

또, 운용중에 윙팁 실속이 일어나기 쉬운 받음각을 취하지 않도록 실속을 일으키는 속도에 대해 여유를 가진 속도 범위에서 비행할 필요가 있다.

2-9. 날개 공력 보조 장치

양력 또는 항력을 목적에 따라 변화시키기 위해 날개면(Wing Surface) 혹은 기체에 장착된 장치를 일반적으로 보조 장치(Auxiliary Device)라 하고 양력을 증가시키기 위한 장치를 고양력 장치(High Lift Device), 항력을 크게 하는 장치를 고항력 장치(High Drag Device)라 한다. 본장에서는 보조 장치의 기본적인 형상 및 공력 특성에 주는 영향을 설명한다.

1) 고양력 장치

고속 성능을 추구한 결과 날개나 기체에 작용하는 항력을 어떻게 작게 하느냐에 대해 큰 노력을 기울여왔기 때문에 날개 두께나 캠버가 작은 날개가 사용되고 날개면 하중(Wing Loading)도 커져왔다. 그러나, 이같은 대책은 최대 양력 계수(C_{Lmax})를 작게 해, 더 큰 날개면 하중과 더불어 속도를 크게 하기 때문에 저속 성능이나 감속성을 나쁘게 하는 결과를 초래하게 된다. 따라서, 고속 성능은 물론 저속 성능도 만족시키기 위해서는 비행시에는 항력이 작은 날개를 이용하고 그 대신 저속 비행시에는 어떠한 수단을 이용해 실속 속도를 저하시킬 필요가 있다. 실속 속도를 낮게 하기 위해서는 에어포일을 변화시켜 C_{Lmax}를 크게 하는 방법, 날개 면적을 증가시켜 날개면 하중을 감소시키는 방법, 그리고 다른 동력원을 이용해서 박리층을 없애는 방법이 고안되었다.

A. 트레일링에이지 플랩(Trailing Edge Flap)

C_{Lmax}를 크게 하는 대책으로, 특히 날개 트레일링에이지를 아래쪽으로 구부려 캠버를 증가시키도록 한 것이 트레일링에이지 플랩(Trailing Edge Flap)이고 간단히 플랩(Flap)이라 하면 이것을 가리킨다. 트레일링에이지 플랩의 기본적 타입에는 다음과 같은 종류가 있다.

a. 플레인 플랩(Plain Flap)

날개 트레일링에이지가 단순히 구부러진 형태의 간단한 것으로 소형 저속 항공기에 이용되고 있는 경우가 많다. 다만, 큰 각도로 내리면 플랩에 공기 흐름의 박리가 생겨 각도가 한정되어 버리므로 C_{Lmax}는 그다지 크게 되지 않는다.

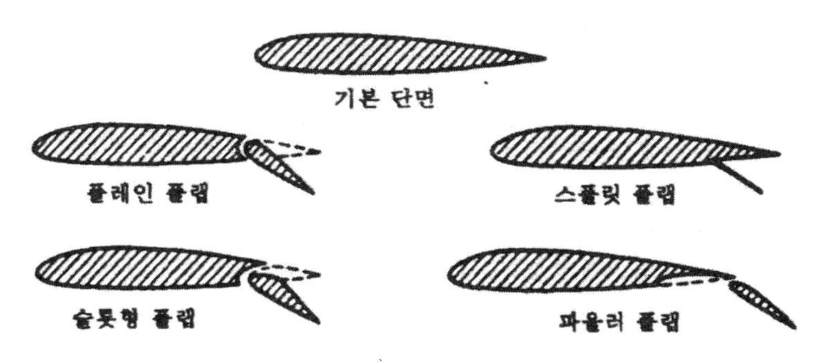

그림 2-80 4가지 기본적인 형태의 트레일링에이지 플랩

b. 스플릿 플랩(Split Flap)

날개 트레일링에이지부 아랫면의 일부를 내려서 날개 윗면의 공기 흐름을 강제적으로 흡수해 박리를 늦어지도록 한 것이다. 구조는 간단하여 날개의 일부가 갈라지는 형상으로 되는 것에서 이름이 붙여졌다. C_{Lmax}의 증가분은 플레인 플랩과 같은 정도이지만, 트레일링에이지에서 강한 박리가 생기기 때문에 항력의 증가는 두드러진다.

c. 슬롯 플랩(Slotted Flap)

슬롯 플랩은 플랩을 내렸을 때 플랩의 전방에 슬롯(Slot)을 만들고, 여기서부터 날개 아랫면의 공기 흐름을 윗면으로 인도해 트레일링에이지의 박리를 방지하도록 한 것이다. 이 때문에 플랩을 큰 각도로 내릴 수 있으므로 C_{Lmax}도 크게 취할 수 있다.

d. 파울러 플랩(Fowler Flap)

파울러 플랩은 플랩을 내리면 우선 트레일링에이지 끝부분에 장착된 플랩이 후방으로 이동하고, 그 후 날개 트레일링에이지와 플랩 리딩에이지 사이에 슬롯을 만들면서 아래쪽으로 도는 것처럼 한 것이다. 단, 플랩이 펴졌을 때 (Extend)의 형상에서도 알 수 있는 바와 같이, 날개 코드(Chord) 길이에 대한 플랩 길이의 비가 슬롯 플랩 등에 비해 작아지므로 큰 내림 각도는 취할 수 없다.

그러나 이 플랩은 날개 면적을 증가시키고 슬롯의 효과와 캠버 증가 효과가 동시에 나타나게 하므로, 플랩중에 C_{Lmax}의 증가도 최대가 된다. 이와 같이 기본적 플랩을 개량하여 더욱 큰 C_{Lmax}를 얻도록 한 것도 있다. 예를 들어 잽 플랩(Zap Flap)은 스플릿 플랩이 더욱 후방으로 이동시키면서 내리도록 해 급격한 항력 증가를 방지하도록 한 것이다.

슬롯 플랩의 개량으로서 2중 또는 3중 슬롯 플랩(Double or Triple Slotted Flap)이 있고 이것은 플랩 전방의 슬롯에 베인(Vane)을 설치하고 슬롯이 2개 또는 3개가 가능하도록 한 것이다. 이 때문에 박리를 생기게 하지 않고 큰 플랩각을 취할 수 있으며, 또 파울러 플랩과 같이 날개 면적의 증가도 얻을 수 있으므로 C_{Lmax}는 매우 커지게 된다. 그러나, 구조적으로 복잡해지고 장착부에 충분한 강도를 갖게 할 필요가 생기며 또 이것들을 구동시키는 장치나 중량 증가 등의 문제도 발생하므로 주로 C_{Lmax}가 작은 기본 날개를 사용한 고속 대형 항공기에 이용된다.

그림 2-81은 기본적 플랩의 양력 곡선과 극곡선과를 비교한 것이다. 이 그래프에서 플랩은 날개의 캠버를 증가시키므로 0 양력각은 좌로 이동하고 실속각도 조금 감소하는 것을 알 수 있다. 플랩은 양력이나 항력을 증가시킬 뿐만 아니라, 플랩 아랫면에서의 압력 증가로 인해 CP 위치는 후방으로 이동하고, 그 결과 항공기 주변의 모멘트에 걸친 C_{Lmax}도 한층 큰 (−)의 값이 된다. 특히 파울러 플랩이나 이것을 응용한 플랩은 이 효과가 크고 날개에 큰 압축 응력을 작용시키기도 하고, 기체에 요잉 운동을 유발하게 되어 강도상 및 안정성상 불합리한 면도 생겨난다.

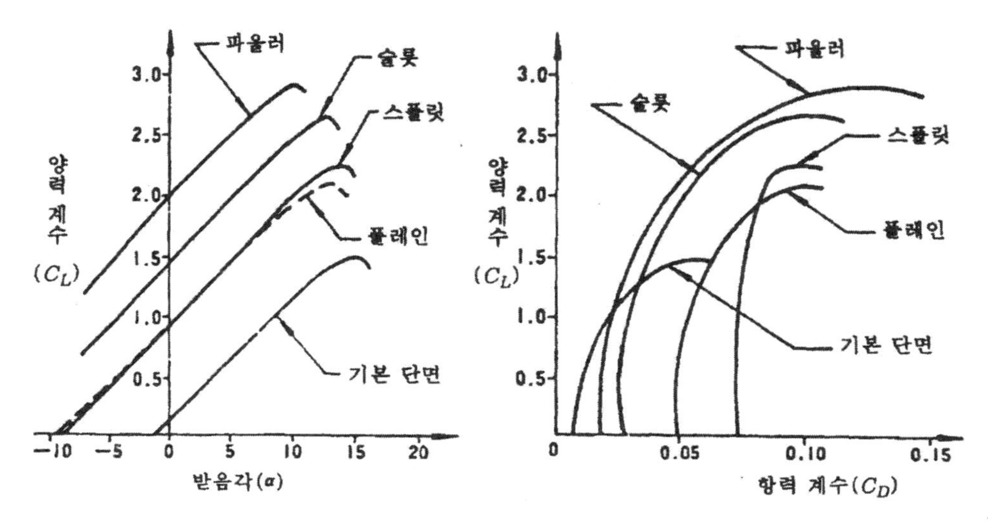

그림 2-81 25% 코드 플랩이 30° 펴졌을 때의 특성

플랩의 올림, 내림 조작을 하는 속도나 내린 상태에서 비행할 수 있는 속도에는 각각의 날개나 플랩부의 강도나 특성에 의해 최대 속도를 제한하고 있으며, 다음과 같이 정의하고 있다.

① V_{FO} : 최대 플랩 조작 속도(Max. Flap Operating Speed)

② V_{FE} : 최대 플랩 내림 속도(Max. Flap Extended Speed)

플랩은 보통 날개의 안쪽에 장착되지만, 이것을 내리면 날개 상하면의 압력 차이도 커지므로 윙팁을 회전하는 업 와쉬(Upwash)이나 그 결과로 생기는 다운 와쉬(Downwash)는 그 강도와 각도를 함께 증가시킨다. 이 다운 와쉬는 유도 항력을 증가시킬 뿐만 아니라 플랩 후방에 위치한 수평 꼬리 날개(Horizontal Tail)에 대한 받음각을 크게 변화시킨다. 따라서, 플랩을 조작하면 C_D의 위치 변화와 다운 와쉬각 변화가 균형을 이루고 기수를 올리거나 내리는 경향을 쉽게 발생시킨다.

트레일링에이지 플랩은 윙텁(Wing Tip)의 보조 날개(Aileron)의 스팬과의 균형되게 결정되며 날개의 중앙부에서 안쪽 윙 루트 부근까지 장착되어 있는 예가 많다. 소형 항공기에 있어서는 윙 전체 스팬에 플랩을 장착하고 있는 것도 있으며, 이때는 보조 날개 대신에 스포일러(Spoiler)를 사용하기도 하며 플랩을 2분할한 아웃보드 플랩(Outboard Flap)이 보조 날개로서도 작동하는 것도 있다.

플랩의 코드 길이는 날개 코드 길이의 20~30% 정도가 많지만, 이것은 플랩 코드 길이가 짧으면 크게 내려도 그다지 큰 C_{Lmax}를 얻을 수 없고, 또 반대로 길면 내림 각도에 대한 양력 증가는 크지만, 큰 내림각을 취하면 공기 흐름의 박리가 일어나고 역시 C_{Lmax}의 값이 그것만큼 크게 얻어지지 않는다. 또, 트레일링에이지 플랩을 내리면 압력 차이가 증가하므로 윙팁에서의 다운 와쉬가 증가하고 윙팁 실속(Wing Tip Stall)을 일으키기 쉬운 경향이 있다.

B. 리딩에이지 플랩(Leading Edge Flap)

제트 항공기 등에 이용하는 고속용 에어포일은 두께도 얇고 리딩에이지 반경도 작기 때문에 큰 받음각을 취할 수 없고, 따라서 C_{Lmax}도 꽤 낮은 값이 된다. 이같은 에어포일에 트레일링에이지 플랩 만으로는 실속 속도를 충분히 감소시킬 수 없기 때문에 더욱 강력한 고양력 장치가 필요하게 되었다. 이 해결법으로 날개의 리딩에이지 반경을 크게 하여 같은 공력 효과를 가지게 하고 큰 받음각까지 박리를 늦추는 수단이 고안되었는데, 이것을 리딩에이지 플랩(Leading Edge Flap)이라 한다. 이 종류의 플랩에는 슬롯(Slot), 슬랫(Slat), 크루거 플랩(Krueger Flap), 날개 리딩에이지가 아래로 꺾여진 타입의 드룹 리딩에이지(Drooped Leading Edge) 등이 있다.

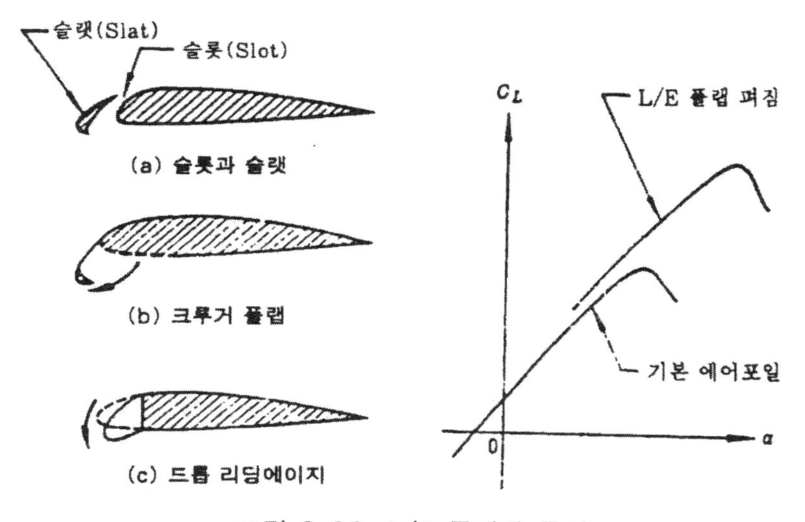

그림 2-82 L/E 플랩과 특성

a. 슬롯(Slot)과 슬랫(Slat)

날개 리딩에이지의 약간 안쪽 아랫면에서 윗면으로 빠지는 구멍 또는 슬롯을 설치, 큰 받음각을 취했을 때 아랫면의 공기 흐름을 윗면으로 유도시킴으로서 박리를 늦추는 것으로 비교적 초기에 고안되어진 타입이라 할 수 있다. 슬롯으로는 날개에 고정되어 있는 고정 슬롯(Fixed Slot), 낮은 받음각시(고속시)에는 슬롯이 불가능하고 큰 받음각일 때만 날개 상하면 슬롯부의 뚜껑이 열리도록 한 것, 혹은 큰 받음각시에 리딩에이지 상하의 압력 차이에 의해 리딩에이지의 일부가 전방으로 이동해 슬롯을 만드는 자동 슬롯(Automatic Slot) 등이 있다.

그리고, 자동 슬롯인 경우 리딩에이지에 돌출한 부분을 슬랫(Slat)이라 한다. 이들은 비교적 구조도 간단하고 항공기 주변의 모멘트에도 그다지 영향을 주지 않으므로 날개 두께가 얇게 되어 있는 윙팁에 장치될 수 있고 동시에 날개의 강도상에도 양호하다. 최근의 제트 항공기는 슬랫을 동력을 이용해 움직이게 하는 것, 또 어떤 이유로 큰 받음각이 됐을 때, 특히 조작을 하지 않아도 자동적으로 슬랫이 나와 실속을 막는 것도 있다.

b. 크루거 플랩(Krueger Flap)

리딩에이지 플랩이라고 하면 일반적으로 이 타입을 가리킨다. 이것은 날개 아랫면에 접어 넣어지게 날개의 일부를 구성하고 있지만, 조작에 의해 전방으로 꺾여지게 해 리딩에이지 반경을 크게 함으로써 효과를 갖게 하는 것이다. 이것을 더 개량해 리딩에이지 플랩부를 크게 하는 한편, 곡률을 갖게 해 날개 면적을 증가시킴과 더불어 공기 흐름이 순조롭게 흐를 수 있도록 한 가변 캠버 리딩에이지 플랩(Variable Camber L/E Flap) 등도 있다. 이 타입은 공기역학적으로는 슬랫 등과 같은 효과를 갖지만, 구조적으로 복잡하고 작동 장치가 크게 됨으로써 소형 항공기에는 그다지 이용되지 않고 대형 제트 항공기에 이용되며, 또 날개 두께가 큰 윙 루트(Wing Root) 부근에 이용되고 있는 예가 많다.

c. 드룹 리딩에이지(Drooped Leading Edge)

날개 리딩에이지부가 아래쪽으로 꺾인(Droop) 것에서 이름 붙여진 것으로 리딩에이지 반경과 그 부근의 캠버 증가 효과를 얻을 수 있다.

이상에 나타난 리딩에이지 플랩은 델타형 날개 항공기 등의 꼬리 날개가 없는 항공기에 단독으로 이용되는 것 이외는 일반적으로 트레일링에이지 플랩과 같이 작동하도록 하고 있다. 이것은 리딩에이지 플랩이 큰 받음각까지 실속을 지연시키는 효과를 갖고, 이것을 단독으로 이용하면 이착륙시에 기수가 너무 올라가 아랫쪽 시계가 충분히 확보되지 않는 것이나 착륙 장치의 설계가 복잡해지는 문제를 일으키게 하는 등의 결점을 없애기 위해 리딩에이지 플랩은 트레일링에이지 플랩과 병용함으로 받음각을 낮게 잡고, 또 각각을 단독으로 이용할 때보다도 큰 C_{Lmax}를 얻도록 되어 있다. 그림 2-83은 이들의 양력 곡선에 미치는 영향을 나타낸 것이다.

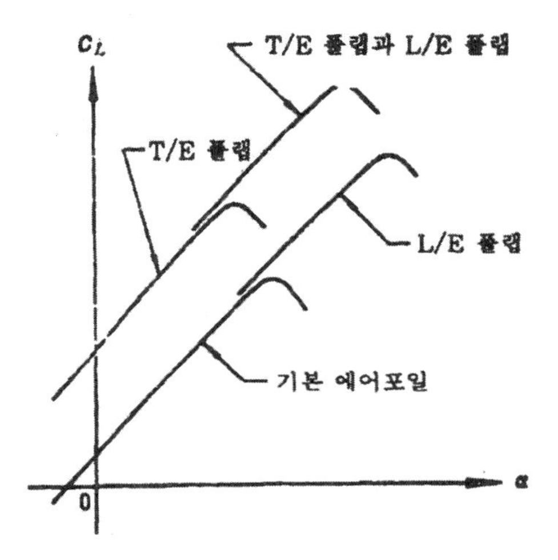

그림 2-83 플랩 펴짐에 따른 양력 곡선의 변화

C. 경계층 제어 장치(BLC)

C_{Lmax}를 증가시키는 수단으로 기본 에어포일을 변형시키는 것 이외에 보다 직접적으로 큰 받음각일 때의 박리 방지 방법을 경계층 제어 장치(Boundary Layer Control : BLC)라 한다.

BLC에는 날개 윗면에서 경계층 내의 공기 흐름을 강제적으로 내부로 흡수해 날개 윗쪽에서의 공기 흐름의 가속을 빠르게 함과 더불어 박리를 방지하는 흡수 방식(Suction)과 반대로 고압 공기를 날개면 후방으로 인도해 경계층을 없애는 내뿜는 방식(Blower)이 있다. 일반적으로는 내뿜는 방식이 제트 엔진 압축기에서 뽑아낸 공기(Bleed Air)를 이용할 수 있으므로 실용적이라고 할 수 있다. 특히 플랩을 내렸을 때, 플랩 윗면에 이 고속 공기를 내뿜으면 효과는 매우 크다.

예를 들어 리딩에이지 및 트레일링에이지 플랩을 내렸을 때의 최대 양력 계수가 겨우 2~3 정도인 데에 비해, 내뿜는 방식의 BLC를 갖는 플랩에서는 5~6 정도까지 크게 할 수 있다.

BLC는 양력의 증가는 물론 항력을 감소시키는 효과를 갖는 점에서 뛰어나지만 장치가 복잡해지고 고출력의 엔진을 장비할 필요가 있고, 또 강도의 확보나 중량 증가 등을 수반하는 등의 이유로 일반 민간 항공기에 이것을 이용하는 예는 적다.

또 프로펠러 항공기에서는 프로펠러 후방의 공기 흐름 속도가 비행 속도보다 꽤 커져서 그것 자체가 BLC와 같은 기능을 갖게 된다. 그러나 이것은 엔진의 출력 상태에 따라 다르고 고출력일 때만 큰 효과를 갖는다. 이로 인해 저속, 고출력에서 비행중 급히 출력을 줄이면 양력이 감소해 급격히 고도를 저하시킬 위험성이 있다.

제트 항공기에 있어서는 배기 개스가 지나치게 고온이므로, 날개의 내열강도상 고속 배기를 이용하는 예는 적지만, 최근에는 팬 제트의 개발이 추진되고 배기 온도가 낮아지며 내열재의 진보에 의해 직접 제트 후류를 이용하는 비행기도 출현하게 되었다.

일반적인 플랩은 플랩을 내리면 양력의 대부분을 받는 윙 루트 후방에 크게 다운 와쉬를 생기게 하므로 유도 항력은 증가한다. 이때의 항력 증가는 플랩각이 커지면 커질수록 현저하므로 비행 조건에 있어서는 플랩각을 적

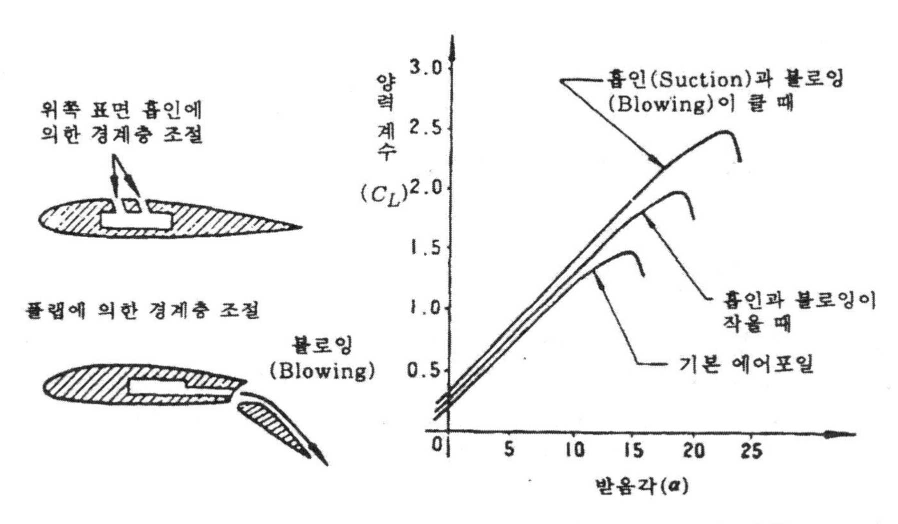

그림 2-84 BLC(Boundary Layer Control)의 영향

절히 선택할 필요가 생겨난다. 예를 들어 이륙시에는 이륙 속도를 작게 하기 위해 실속 속도를 저하시키는 것과 가속성을 크게 잃지 않도록 항력증가를 막을 필요가 있으므로 일반적으로 플랩각의 1/4 정도의 각도가 선택된다. 또 고고도에서 서서히 고도를 낮추고 비행장으로 접근할 때는 속도의 감소와 함께 플랩각을 크게 하고 착륙 전에 최대각으로서 비교적 큰 진입각을 취해도 항공기 속도를 증가시키지 않고 활주로까지 인도할 수 있도록 하고 있다. 각각의 상태에 있어 플랩각 설정을 그 각도에 따라 이륙 플랩(Take off Flap), 접근 플랩(Approach Flap), 착륙 플랩(Landing Flap) 등으로 표현하기로 한다. 단, 착륙 위치에서의 C_{Lmax}의 증가는 접근 위치에 비해 약간밖에 증가하지 않고 오히려 항력을 급히 증가시키는 역할을 한다.

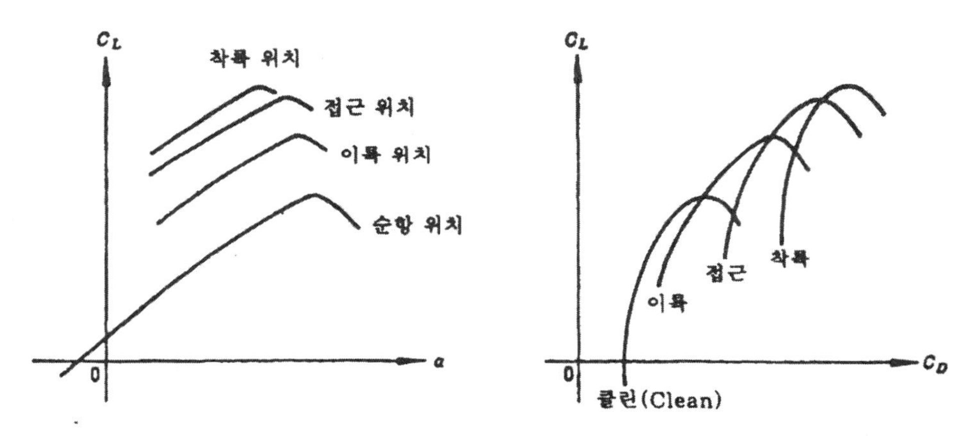

그림 2-85 플랩 위치에 따른 공기역학적인 특성의 변화

2) 고항력 장치

플랩은 항력을 증가시키지만, 고속 비행시에 이것을 내려 감속시키는 것은 강도상 무리가 있다. 특히 제트 항공기에서는 항력을 아주 적게 설계하고 있으므로 단시간에 감속시키거나 강하 혹은 급강하시에 가속시킬 필요가 없다. 착륙시의 활주 거리를 짧게 하기 위해서 항력을 크게 필요로 하는 경우에는 단점이 생기게 된다. 이들의 성능을 개선하기 위한 장치가 고항력 장치(High Drag Device)이다.

고항력 장치에는 에어 브레이크(Air Brake), 역추력 장치(Thrust Reverser), 드래그 슈트(Drag Chute) 등이 있다.

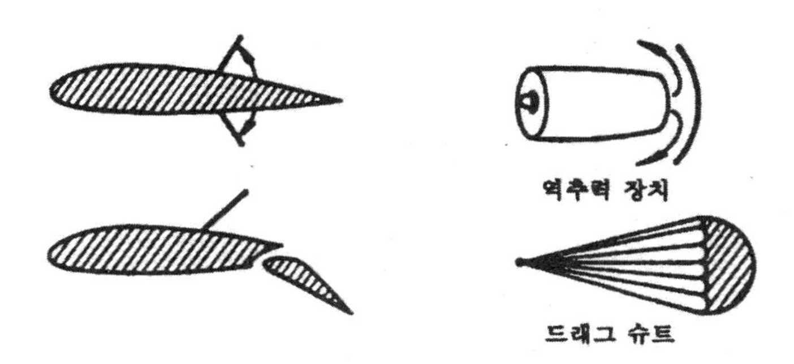

그림 2-86 에어 브레이크(스포일러) 고항력 장치

A. 에어 브레이크(Air Brake)

에어 브레이크는 날개 중앙부에 장착된 일종의 판(Plate)으로 이것을 날개 윗면, 혹은 아랫면으로 열게 하여 공기 흐름을 강제적으로 박리시켜 양력을 감소시키고 항력을 증가시키는 장치이다. 기체에 따라 동체 후방에 장치되어 있는 것도 있지만, 이것도 항력을 증가시키기 위한 것이다.

에어 브레이크는 오직 고속 비행시에 이용하기 위한 장치이므로, 충분한 강도를 가지게 함과 더불어 이것을 작동시켰을 때 기체의 자세를 크게 변화시키지 않도록 하여야 한다. 비교적 소형 제트 항공기에 이용되는 에어 브레이크에는 플레이트면에 많은 구멍을 낸 것도 있다. 이것은 작동시 생기기 쉬운 버펫트(Buffet)를 감소시키고 불쾌감을 줄임과 함께 기체 진동에 의한 날개의 피로 강도 감소를 방지하는 목적을 갖는다.

대형 제트 항공기에서는 날개 윗면에 스포일러(Spoiler)가 장치되어 있는데, 이 경우는 일반적으로 다용도의 기능을 가지는 예가 많다. 즉, 고속 비행중에 좌우 날개에서 대칭적으로 스포일러가 열리도록 하면 에어 브레이크로서의 기능을 가지게 되고 보조 날개와 동조해 좌우 비대칭적으로 움직이게 하면 보조 날개의 효과를 돕는 기능을 갖는다. 비행중 이들 두가지의 기능을 갖는 스포일러를 플라이트 스포일러(Flight Spoiler)라 한다.

또 착륙 접지 후에 펼쳐 양력을 줄이고 휠(Wheel)의 브레이크 효과를 높임과 동시에 항력을 증가시키기 위해 이용되는 스포일러를 그라운드 스포일러(Ground Spoiler)라 한다.

에어 브레이크나 스포일러는 실속각을 줄이므로 실속 속도를 크게 한다. 플랩 사용시에 이들을 열면 공기 흐름의 박리가 두드러지고 양력 감소에 의한 급격한 고도 저하나 감속, 그리고 버펫트 등을 수반하기 때문에 일반적으로는 플랩을 내리고 있을 때 스포일러의 사용은 금지되고 있다.

B. 역추력 장치(Thrust Reverser)

제트 항공기에서는 엔진의 배기를 역류시켜 추력의 방향을 반전시키는 장치를 역추력 장치라 한다. 기체에 따라서는 비행중에 사용되는 것도 있지만, 일반적으로 착륙 후의 활주 거리를 짧게 하기 위해 지상에서만 사용된다.

프로펠러 항공기에는 프로펠러의 피치(Pitch)를 역으로 해 추력의 반전을 일으키게 할 수 있는 것도 있다. 단, 프로펠러 항공기에서는 제트 항공기 만큼 항력 감소가 필요하지 않고 고속 비행시에 엔진을 무리하면 프로펠러 자체에 큰 항력이 작용하므로 에어 브레이크 등의 고항력 장치의 필요성은 적다.

C. 드래그 슈트(Drag Shut)

드래그 슈트는 일종의 패러슈트(Parachute)와 같은 것으로 기체 꼬리부분에서 이것을 펼쳐서 속도를 감소시키는 장치이다. 착륙 거리를 짧게 하거나 비행중 스핀에 들어갈 때 회복을 위해 이용하지만 강한 측풍시에는 비행 방향을 갑자기 변화시킬 위험성이 있고 취급이 번잡한 것 등의 이유로 일부 제트 항공기에만 장비되어 있을 뿐이다.

그밖에 비행 속도를 감속시키는 효과를 가지는 것에 착륙 장치가 있다. 착륙 장치는 본래 착륙시에 이용하는 것인데, 이것을 내리면 항력이 증가하기 때문이다. 단, 플랩과 같이 강도상 다음과 같은 최대 운용 속도가 설정되어 있다.

① V_{LE} : 최대 착륙 장치 내림 속도
(Max. Landing Gear Extended Speed)

② V_{LO} : 최대 착륙 장치 조작 속도
(Max. Landing Gear Operating Speed)

제3장 비행 성능

앞에서는 공기 역학의 기초 이론과 에어포일(Airfoil) 날개 이론에 대하여 설명하였으므로, 여기서는 비행기의 성능에 대하여 알아보기로 한다.

비행기는 속도가 빨라야 할 뿐만 아니라, 이 · 착륙시 최소 속도를 작게 하여 이 · 착륙 거리가 짧도록 해야 하며, 또 장시간 공중에 체공할 수 있어야 하고 상승, 선회 및 활공 특성도 좋아야 한다. 이러한 특성들을 비행기의 성능이라 한다.

3-1. 항력과 동력

1) 비행기에 작용하는 공기력

비행기가 공기중을 수평 등속도로 비행하게 되면 비행기에는 그림 3-1과 같이 추력(T), 항력(D), 중력(W)과 양력(L)이 작용하게 된다. 이중에서 양력과 항력을 공기력이라 하며, 날개(Main Wing)에는 주로 양력과 항력이 작용한다.

비행기에는 날개 외에도 동체(Fuselage), 꼬리 날개 등에도 공기력이 작용하며 동체에는 주로 항력이 작용하고 꼬리날개(Tail Wing)에는 양력과 항력이 작용하게 된다.

비행기 전체에 작용하는 공기력은 주로 날개에 작용하는 공기력과 비슷한 특성을 가지게 된다.

그림 3-1 비행기에 작동하는 힘

그림 3-2에서 보면 날개의 양항 극곡선(C_L에 대한 C_D 곡선)과 비행기 전체의 양항 극곡선이 같은 모양을 이루고 있으며, 다만 옆으로 평행 이동을 한 것과 같다. 따라서, 비행기 전체의 공기력 특성은 날개

가 대표하게 되므로 날개의 공기력 특성을 분석하면 비행기 전체의 공기력 특성을 알 수가 있다.

비행기에 작용하는 공기력 중에서 비행기의 성능을 좌우하는 것은 날개이므로 날개를 잘 설계하면 비행기의 성능을 향상시킬 수가 있다.

비행기가 비행중에 작용하는 항력은 대개 ①압력 항력, ②마찰 항력, ③유도 항력, ④조파 항력이다. 이들 가운데 압력 항력과 마찰 항력을 합쳐서 형상 항력(Profile Drag)이라 부르며 형상 항력은 물체의 모양에 따라 달라진다.

아음속 흐름에서 날개에 작용하는 전체 항력은 유도 항력과 형상 항력이라 말할 수 있고 충격파가 생기는 초음속 흐름에서는 조파 항력이 발생한다.

날개의 항력은 비행중에 비행기에 생기는 항력의 일부이고 다른 부분의 항력은 동체, 꼬리 날개, 엔진 냉각 장치, 랜딩기어 등에 의해서 생기는 항력이다. 이외에도 항력으로 간섭 항력이 있으며 이 항력은 날개, 동체 및 랜딩기어 등의 동체 각 구성품을 지나는 흐름이 서로 간섭을 일으켜서 발생하는 항력이다.

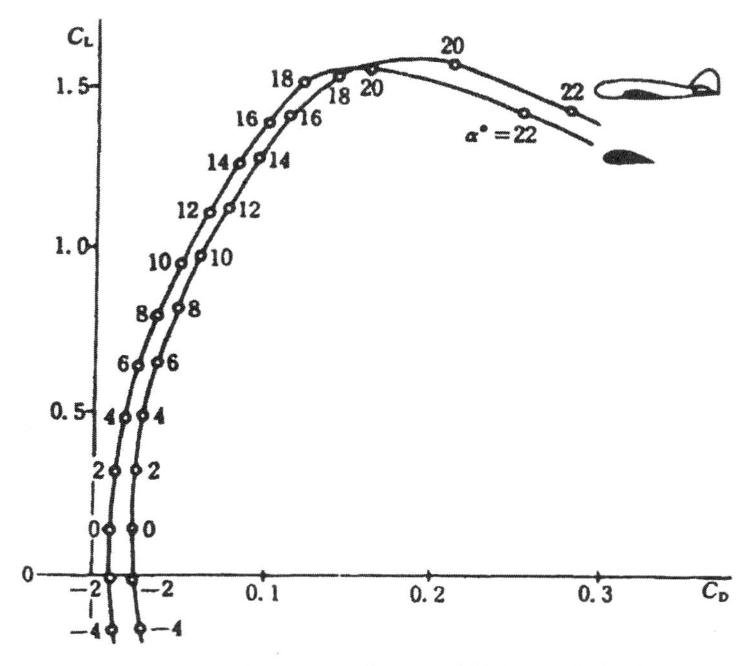

그림 3-2 날개와 비행기의 양항 극곡선의 비교

비행기에서 양력에 관계하지 않고 비행을 방해하는 모든 항력을 통틀어 유해 항력(Parasite Drag)이라고 부른다. 즉, 유도 항력을 제외한 모든 항력이 유해 항력이다. 이 유해 항력이 크면 클수록 비행기의 성능은 나빠지므로 항력을 줄이기 위하여 표면을 아주 매끈하게 공기 저항이 작은 유선형으로 만들고 있다. 세계 각국에서는 이 유해 항력을 줄여서 비행기의 성능을 높이는 연구를 꾸준히 하고 있다.

2) 필요 마력(Power Required)

왕복 엔진 항공기에서는 엔진 출력(BHP)과 연료 소비량(Gallon/Hr)이 거의 비례 관계에 있어서 추력이나 항력에 대해서 직접 설명하는 것보다 마력의 관계로 성능을 나타내는 일이 많다.

어느 비행 속도를 유지하여 상승, 순항, 강하할 때 필요로 하는 마력을 필요 마력이라 하고 P_r이라 표시한다.

특히 직선 수평 비행(Straight and Level Flight)을 할 때의 필요 마력은 그때의 속도(V)와 비행기에 작용하는 항력(D)의 곱이 되므로 다음과 같다.

$$P_r = DV \qquad \text{(3-1)}$$

여기서 항력은 날개의 형상 특성 등 비행기 고유의 항력 계수에 의한 것과 비행 속도나 고도 등의 운용면에 대한 것이 있으며 이들에 의한 필요 마력의 변화를 알아본다.

직선 수평 비행에 있어서는 다음과 같은 식이 성립된다.

$$D = C_D \frac{1}{2} \rho V^2 S = \left(C_{DPmin} + \frac{C_L^2}{4\pi e} \right) \frac{1}{2} \rho V^2 S \qquad \text{(3-2)}$$

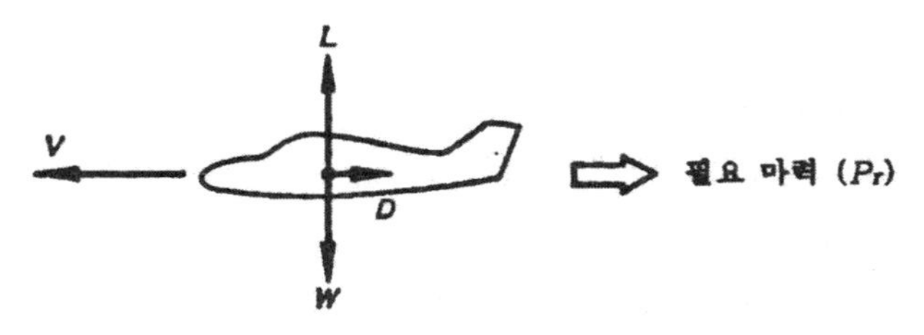

그림 3-3 정상 수평 비행

$$L = W \therefore C_L = \frac{W}{\frac{1}{2}\rho V^2 S} \quad \text{------------------(3-3)}$$

그러므로, 이들을 식 (3-1)에 대입하여 P_r을 구하면 다음과 같다.

$$\begin{aligned} P_r &= DV \\ &= \left(C_{DPmin} + \frac{C_L^2}{4\pi e}\right)\frac{1}{2}\rho V^2 SV \\ &= \frac{1}{2} C_{DPmin}\rho S V^3 + \left(\frac{W^2}{S\pi e S\rho}\right)\frac{1}{V} \quad \text{--------(3-4)} \end{aligned}$$

이 식에서 C_{DPmin}, 날개 면적, 종횡비, 중량, 고도(공기 밀도) 등이 주어지면 P_r은 속도 V의 관계가 되는 것을 알 수 있다.

그림 3-4는 이들 특정의 값에 대해 P_r과 V의 관계를 나타낸 그래프로서 필요 마력 곡선(Power Required Curve)이라 한다.

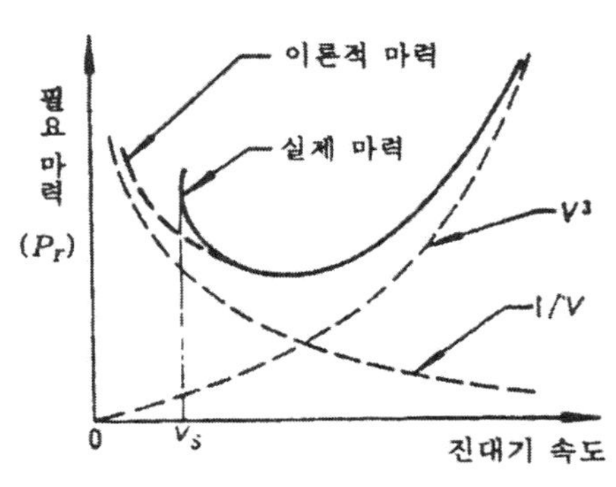

그림 3-4 필요 마력 곡선

비행 성능을 향상시키기 위해서는 이 필요 마력을 가능한 한 작게 할 필요가 있으므로, 설계시에 최소 유해 항력 계수 C_{DPmin}, 날개 면적, 종횡비, 중량 등으로 고려하고 있다. 운용에서는 비행 고도, 형태, 중량 등에 의해 변화한다. 이들 영향을 식 (3-4)에 기초하여 설명한다.

A. 설계상의 문제

a. C_{DPmin}

이것은 고속 비행일수록 큰 영향을 갖는 것이므로 항공기를 가능한 한 유선형으로 하고 C_{DPmin}을 감소시키는 것이 필요하다[그림 3-5(a)].

b. 날개 면적

날개 면적은 실속 속도에 직접 관계되고 면적을 크게 하면 실속 속도를 작게 할 수 있지만 고속시에는 항력을 증가시키게 된다. 따라서 고속 성능을 요구하는 경우에는 실속 속도가 어느 정도 증가해도 고속시의 항력 감소를 꾀하기 위해 날개 면적을 작게 한다. 다만, 저속시에는 유도 항력이 증가하므로 고속시만큼 필요 마력이 증가한다〔그림 3-5(b)〕.

c. 종횡비

종횡비의 변화가 통상 실속 속도에 주는 영향은 거의 무시할 수 있지만, 이것이 작을수록 저속시에 유도 항력이 증가하므로 필요 마력도 증가한다. 따라서, 날개의 강도 등이 허용되는 범위 내에서 종횡비가 큰 쪽이 필요 마력이 감소한다〔그림 3-5(c)〕.

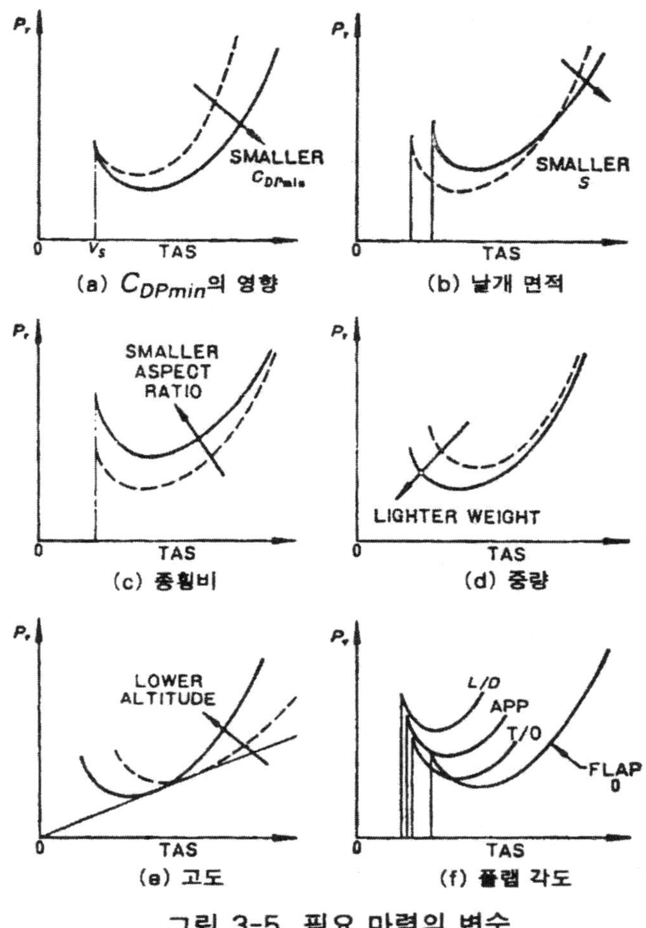

그림 3-5 필요 마력의 변수

d. 중량

비행기의 날개면 하중(W/S)이 큰 만큼 실속 속도가 커지고, 저속시의 항력도 증가한다. 따라서 비행기 중량을 가볍게 할수록 저속 성능 및 고속 성능은 모두 향상된다[그림 3-5(d)].

B. 운용상의 문제

a. 비행 고도

고도 변화는 공기 밀도 변화에 의해서 변화한다. 고고도만큼 실속 속도(V_s)는 커지고, 동시에 필요 마력 곡선은 그림 3-5(e)처럼 전체가 오른쪽 윗쪽으로 지나가므로 필요 마력이 최소가 되는 속도 및 그 최소값은 고도와 함께 큰 값이 된다.

b. 형태 변화

플랩(Flap)이나 착륙 장치(Landing Gear) 등 비행기의 형태 변화는 유해 항력이나 유도 항력을 변화시킨다. 그림 3-5(f)는 플랩 위치(0, 이륙 위치, 진입 위치, 착륙 위치)에 의한 필요 마력 곡선의 변화를 나타낸 것으로서 플랩각을 증가시키는 만큼 실속 속도 및 필요 마력이 최소가 되는 속도는 모두 감소하지만 필요 마력은 증가한다. 착륙 장치는 유해 항력을 증가시켜 저속시에는 필요 마력을 조금 증가시키는 정도이지만, 고속 비행시에는 속도에 비례하여 증가량도 증가한다. 단, 플랩, 착륙 장치는 각각 강도상의 제약에 의해서 최대 운용 속도가 제한되고 있다.

c. 중량

같은 비행기라도 승객, 화물, 연료 등의 탑재량이 변화하고, 중량이 큰 만큼 필요 마력도 증가한다[그림 3-5(d)].

이처럼 필요 마력은 각종 요소에 영향을 받으며, 어느 비행 상태에서는 그 때의 속도나 고도를 유지하는데 필요로 하는 마력을 엔진 출력으로 하여 균형을 유지한다.

3) 이용 마력(Power Available)

엔진 출력인 제동 마력(BHP)이 그대로 추력 발생을 위한 마력으로서 사용되는 것은 아니다. 그래서 엔진과 프로펠러의 조합으로 추력을 얻기 위해 이용할 수 있는 최대의 마력을 이용 마력이라 정의한다. 이용 마력 P_a는 최대

연속 출력(Max. Continuous Power)과 프로펠러 효율 η의 곱으로 나타난다. 즉,

$$P_a = \eta \times (MC\ Power) \quad \text{------------------(3-5)}$$

정속 프로펠러(Constant Speed Propeller)의 경우, BHP(MC Power)는 rpm이 최대이고 풀스로틀(MAP 최대)일 때 얻어지며, η은 비행 속도에 따라 변화하므로 이용 마력은 그림 3-6(a)과 같이 된다. 그림 (b)는 BHP(MC Power)에 대해 수퍼차저가 없는 엔진(Normally Aspirated Engine)과 수퍼차저 엔진(Supercharged Engine)인 경우에 대해 수퍼차저가 없는 엔진에서는 이용 마력이 고도=0에서 가장 크고 고도가 높아짐에 따라 감소하며, 수퍼차저 엔진인 경우는 임계 고도(Critical Altitude)까지는 약간 증가하지만 그 이상의 고도에서는 감소한다.

이상에서 필요 마력과 이용 마력의 관계가 분명해졌다. 그래서, 이들 마력 곡선을 하나의 그래프상에 나타내면 그림 3-7과 같은 관계가 얻어진다. 특히 이용 마력과 필요 마력의 차이($P_a - P_r$)를 잉여 마력(Excess Power)이라 한다. 이 잉여 마력은 비행기가 최대 연속 출력을 냈을 때의 필요 마력에 대한 여유를 나타낸 것이므로, 잉여 마력이 큰 만큼 비행 성능이 좋아진다. 다만, 일반적으로 고도가 낮아짐에 따라 이용 마력이 크고 필요 마력은 작아지므로 고도가 낮아짐에 따라 잉여 마력은 크고 반대로 고도가 높아짐에 따라 작아진다. 또, 어느 고도에서 잉여 마력을 최대로 하기 위해서는 어느 특정한 비행 고도의 선택이 필요하다. 이 속도는 필요 마력이 최소가 되는 속도에 일치한다고는 할 수 없다.

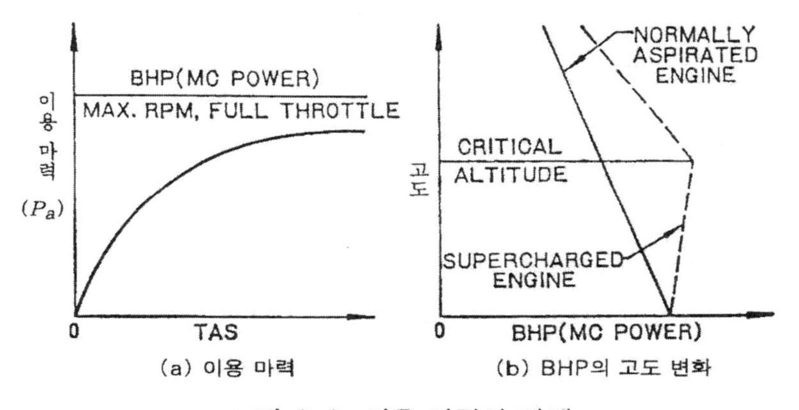

그림 3-6 이용 마력의 관계

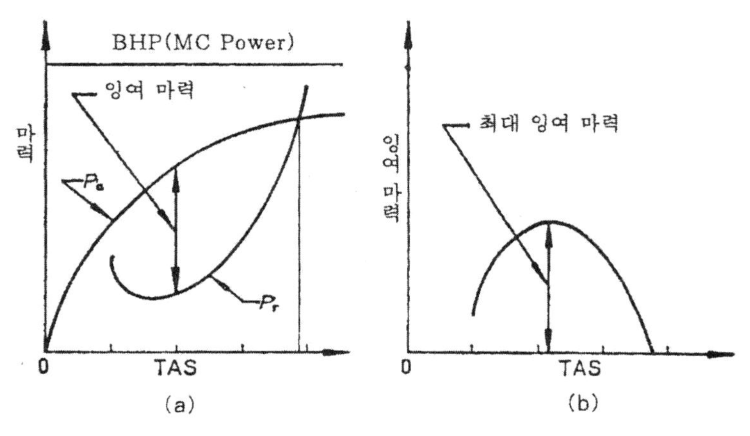

그림 3-7 어떤 고도에서 P_a, P_r, $P_a - P_r$의 곡선

3-2. 수평 비행

여기서는 프로펠러 항공기를 위주로 하여 설명한다. 그러나, 제트 항공기에도 거의 그대로 응용될 수 있다. 우선 비행기가 수평으로 정상 비행하고 있을 때 그림 3-8처럼 4개의 힘이 작용한다. 날개의 양력 L과 항공기 전체 중량 W가 균형을 이루어 전체 항공기 항력 D와 프로펠러 추력 T가 거의 균형을 이루고 있다.

$$L = W \quad \text{------------------------------------}(3\text{-}6)$$

$$T = D \quad \text{------------------------------------}(3\text{-}7)$$

수직 방향의 균형 식 (3-5)을 다시 쓰면,

$$\frac{1}{2}\rho V^2 C_L S = W \quad \text{------------------------------}(3\text{-}8)$$

$$\therefore V = \sqrt{\frac{2}{\rho}\frac{W}{S}\frac{1}{C_L}} \quad \text{--------------------------}(3\text{-}9)$$

어느 비행기가 특정한 고도를 비행하고 있는 경우, 윗식의 W, S, ρ는 확정되어 있으므로 최소 비행 속도 V_{min}는 C_L를 최대로 했을 때 실현될 수 있다.

$$V_{\min} = \sqrt{\frac{2}{\rho}\frac{W}{S}\frac{1}{C_{Lmax}}} \quad ---(3-10)$$

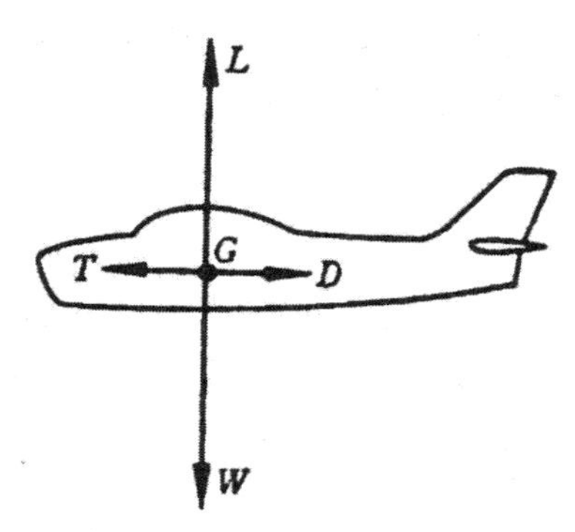

그림 3-8 수평 비행시의 균형

이 V_{min}을 실속 속도(Stalling Speed)라 한다. 실속 속도 이하에서는 수평 정상 비행을 실현할 수 없다. W/S는 익면 하중(Wing Loading)으로서 새로운 비행기의 실속 속도를 작게 하기 위해서는 W/S를 작게 한다.

다음에 수평 방향의 균형식 (3-6)의 양변에 V를 곱하면 다음과 같다.

$$TV = DV \quad ---------------------------------(3-11)$$

제트 항공기의 경우, 추력이 어느 정도인지 알고 있으므로 식 (3-7)이 그대로 적용된다. 그러나 프로펠러 항공기의 경우, 추력이 어느 정도인지 그 계산이 어려우므로 아래에 설명하는 이유에 의해 식 (3-11)을 변형하는 것이 편리하다.

우변의 DV는 필요 마력(Required Horsepower)이라 하고 공기 저항 D보다 크며 비행기를 속도 V로 전진시키기 위해 필요한 값을 나타낸다. 이는 기체에 관련되는 값이며 다음 식처럼 나타낸다.

$$DV = \text{필요 마력}(75HP_{req}) = \frac{1}{2}\rho V^3 C_D S \quad -----(3-12)$$

다만 계수 75는 마력 단위를 kg · m/s 단위로 환산하는 값이다.

좌변의 TV는 이용 마력 또는 유효 마력(Available Horsepower)이라 하고 프로펠러가 비행기에 대해 할 수 있는 유효일을 나타내는 값이다. 엔진 프로펠러에 관련되는 값이며 다음 식과 같이 나타낸다.

$$TV = \text{유효 마력}(75HP_{avl}) = 75\eta HP \quad --------(3-13)$$

HP는 발동기의 출력 마력, η는 프로펠러 효율(Propeller Efficiency)을 나타내며 η는 HP를 어느 만큼의 유효한 일로 바꿀 수 있는지 그 비율을 나타낸다. 많은 비행기를 조사하면, η는 대체로 80% 정도의 최대값을 가지며, 식 (3-13)의 값은 발동기의 HP에서 추정할 수 있다. 그래서 식 (3-11)이 편리한 것이다.

여기서 식 (3-11)에 식 (3-12), (3-13)을 대입하고 V의 식으로 다시 바꾸면 다음과 같다.

$$75\eta HP=\frac{1}{2}\rho V^3 C_D S \quad \therefore V=\sqrt[3]{\frac{2}{\rho}\frac{HP}{S}75\frac{\eta}{C_D}} \quad \text{-(3-14)}$$

위의 식은 수평 방향의 균형식으로 비행기의 최대 수평 속도는 식 (3-9)가 아니라 식 (3-14)로 구하는 것이다.

그런데 수평 최대 속도에서는 C_L의 값이 작으므로, 유도 항력 계수 C_{Di}는 작고 C_D는 최소 항력 계수 C_{Dmin}에 근사값이다. 그러므로 수평 최대 속도 V_{max}는 다음 식으로부터 근사 계산할 수 있다. 정확한 값을 얻기 위해서는 식 (3-16)을 적용하여 계산한다.

$$V_{\max}=\sqrt[3]{\frac{2}{\rho}\frac{HP}{S}75\frac{\eta}{C_{Dmin}}} \quad \text{------------------(3-15)}$$

식 (3-14), (3-15)에 의해 최대 속도를 크게 하기 위해서는 다음 방법이 고려된다.

① 발동기의 HP를 크게, 날개 면적 S를 작게 하여 HP/S를 크게 하는 것이 유효하다. HP/S는 날개면 마력(Surface Power)이라고 하는 중요한 값이다.

② 프로펠러 효율 η을 크게 C_{Dmin}를 작게 하는 것이 유효하다. 식 (3-15)의 η/C_D는 고속 비행값이라 한다.

③ 비행 고도를 높여 공기 밀도 ρ를 작게 하는 것이 유효한 것처럼 생각되지만, 실제로는 발동기의 HP가 감소하여 최대 속도는 일반적으로 감소한다.

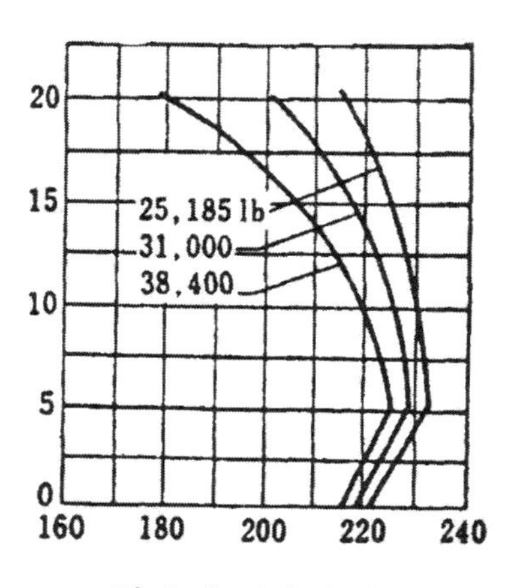

그림 3-9 DC-3의 Vmax

다만, 수퍼차저 엔진의 경우, 최대 속도는 규정 고도에서 최대가 된다.

V_{max}를 아주 정확하게 계산하기 위해서는 다음 공식을 사용한다.

$$C_D = C_{Dmin} + C_{Di}$$
$$= C_{Dmin} + \frac{1}{\pi Ae} C_L^2 \quad \text{------------------}(3\text{-}16)$$

앞의 식 (3-12)에 의한 해를 제1근사해 V_1로 하고 식 (3-8)에 대입하여 C_L을 구한다. 그것을 식 (3-16)에 대입하고 유도 항력 계수 C_{Di}와의 합으로 C_D를 구하고 그것을 식 (3-14)에 대입하여 제2근사해의 V_2를 구하고 그 방법을 반복한다. 일반적으로 C_{Di}는 10% 정도에 지나지 않으므로 제2근사해 V_2에서 만족한 값을 얻는다.

3-3. 직선 수평 비행

직선 수평 비행은 가장 기본적인 비행이다. 특히 속도를 일정하게 유지하는 정상 비행에서는 양력과 중량, 항력과 추력은 각각 같아야 한다.

$$L = W, \quad T = D \quad \text{--------------------------}(3\text{-}17)$$

또 마력에 관해서도 $TV = DV$가 성립. TV는 추력 마력(THP)이므로 다음과 같은 식이 성립한다.

$$L = W, \quad THP = P_r \quad \text{----------------------}(3\text{-}18)$$

따라서, 어느 비행 속도를 유지하기 위해서는 그때의 필요 마력에 맞는 만큼의 추력 마력을 부여하여야 하며, 반대로 엔진 출력을 변화시켜서 임의의 속도를 택할 수도 있다.

여기서는 비행 성능의 한계인 최대 속도와 최소 속도가 어떠한 요소에 의해 정해지는가 설명한다.

1) 최대 수평 비행 속도

수평 비행시에 최대 속도를 얻기 위해서는 엔진 출력을 최대 연속 출력으로 하여야 하며, 이때의 속도는 그림 3-7(a)의 마력 곡선에서 P_a와 P_r이 일치한 점으로서 구해진다. 이 속도를 연속 최대 출력에서 얻어지는 수평 최대 속도(Maximum Speed in Level Flight with Maximum Continuous Power 또는 Top Speed)라 하고 V_H로 표시한다.

속도 V_H에 관한 요소를 알기 위해서는

$$P_a = P_r = \left(\frac{1}{2} C_{Dmin}\rho S\right)V^3 + \left(\frac{W^2}{2\pi e S\rho}\right)\frac{1}{V} \quad \text{---(3-19)}$$

에서 속도를 구할 수 있지만, 간단히 하기 위해 고속시는 우변 제1항의 영향이 큰 것으로부터

$$P_a = \left(\frac{1}{2} C_{DPmin}\rho S\right)V_H^3 \quad \text{---(3-20)}$$

로 근사값으로 하고, BHP(MC Power)를 P_{MC}로 나타내고 V_H에 대해 구하면 다음 식과 같아진다.

$$V_H = \sqrt[3]{\frac{2\eta P_{MC}}{\rho S C_{DPmin}}} \quad \text{---(3-21)}$$

이 식에서 C_{DPmin}나 S가 작고, 동시에 프로펠러 효율 η 및 고출력의 엔진을 장비한 비행기가 더욱 더 고속으로 비행할 수 있다는 것을 알 수 있다. 또 식 (3-20)에서는 나타나지 않지만 종횡비가 큰 만큼 기체 중량이 가벼운 만큼 P_r은 작아지므로 V_H는 커진다.

플랩은 고속시에는 사용하지 않으므로, 운용상의 최대 속도는 고도와 중량 변화에 주목하면 된다.

같은 고도를 비행하는 경우는 엔진 출력 P_{MC}는 일정하므로, 탑재 중량이 작고 중량이 가벼운 만큼 고속으로 비행 가능하고, 또 연료가 소비됨에 따라 속도도 증가한다.

고도에 따른 최대 속도의 변화는 P_a 및 P_r의 변화를 모두 고려할 필요가 있다. 수퍼차저가 없는 엔진에서는 고도 증가에 수반하는 이용 마력이 공기 밀도의 감소보다 크게 저하하므로 V_H는 고도와 함께 감소한다.

그러나, 수퍼차저 엔진에서는 임계 고도까지는 출력이 약간 증가하므로 그 고도까지는 V_H도 커지고 그 이상의 고도에서는 고도와 함께 감소한다. 다만, 수퍼차저가 없는 엔진인 경우보다 고고도에 있어서의 최대 속도는 크다.

이같은 최대 속도는 성능을 대표하는 요소이기는 하지만, 최대 출력을 유지하는 것은 연료 소비가 증가하고 엔진 부하가 증가하는 것 등으로 경제성, 안전성의 문제를 일으키게 되어 실용적은 아니다. 또, 이 속도 가까이에서 비행할 때는 잉여 마력도 작고 가속성이 매우 떨어진다.

2) 최소 정상 속도

수평 비행을 유지할 수 있는 최저 속도를 최소 정상 속도(Minimum Steady Speed)라 하여 실속 속도(Stalling Speed) V_S로 표시된다. V_S는 다음과 같다.

$$V_S=\sqrt{\frac{2W}{\rho C_{Lmax}S}} \text{ -------------------------- (3-22)}$$

위의 식에서 V_S는 C_{Lmax} 및 S가 크고 중량이 가벼운 비행기일수록 작아지므로 그만큼 저속 성능은 향상된다고 할 수 있다. 그러나, 실제로 C_{Lmax}가 크고 C_{DPmin}가 작은 에어포일의 선택은 곤란하고 날개 면적도 실속 속도와 고속 성능 2가지의 합으로 결정되므로, 일반적으로 고속 항공기는 실속 속도가 커지는 만큼 플랩에 의해 C_{Lmax}를 증가시키고 실속 속도를 저하시킬 필요성이 증가한다.

실속 속도를 부여하는 식 (3-22)에서 V_S(TAS)는 고도와 함께 증가한다. 다만, V_S(TAS)는 1만 피트 이하에서는 레이놀즈 수의 영향도 적으므로 거의 일정하게 유지된다.

그림 3-10은 수퍼차저가 없는 엔진의 최대 속도 V_H와 최소 정상 속도 V_S의 고도 변화를 표시한 것이다. 고도가 높아짐에 따라 비행 가능 속도 범위가 좁아지는 것을 알 수 있다.

왕복 엔진 항공기의 실속 속도에 관하여 운용상, 특히 주의가 필요한 것은 파워 온(Power On : 고출력)과 파워 오프(Power Off : 아이들 또는 엔진 정지)에서 실속 속도가 다른 것이다. 이것은 프로펠러 후류의 영향으로 파워 온의 실속 속도는 작지만 오프의 경우는 매우 커진다. 예를 들면 파워 온의 실속 속도가 52kt일 때도 파워 오프인 경우는 60kt 가까이 된다. 그래서 실속 속도에 가까운 저속 비행시에 엔진 출력을 갑자기 줄이거나, 또는 엔진 고장이 일어나면 갑자기 실속을 일으킬 위험성이 있다.

특히, 착륙 자세에서 플랩을 내리고 진입해 오는 경우〔이것을 파워 어프로치(Power Approach)라 한다)에는 주의가 필요하고 이것을 피하기 위해서는 속도를 실속 속도에 대해 어느 정도 여유를 가지게 하는 것이 요구된다.

또 단발 항공기에서는 저속, 고출력의 구성으로 여러가지 프로펠러의 효과가 현저해지고 안정성, 조종성이 나빠지며 저속, 고출력으로 장시간 비행하면 엔진이 과열(Over Heat)될 가능성도 있다.

3) 실속 속도의 정의

왕복 엔진 항공기(N, U, A류)의 실속 속도에 대해서는 감항 증명 또는 미연방 항공 규정 FAR Part 23에서 다음과 같이 정의한다.

A. V_{S0}(CAS)
이것은 다음의 조건하에서 실속 속도이거나, 또는 조종 가능한 최소 정상 속도이다.
① 엔진은 아이들(Idle) 또는 스로틀 닫힘(Close)
② 프로펠러는 이륙 위치(저피치 또는 높은 rpm)
③ 착륙 장치 내린 상태(L/G Extended)
④ 플랩 착륙 위치
⑤ 카울 플랩(Cowl Flap) 닫힘
⑥ CG는 착륙시 허용 범위 가운데 가장 불리한 위치

B. V_{S1}(CAS)
이것은 착륙 장치 UP 위치, 플랩은 소정의 위치(착륙 위치 이외)인 경우로 그 외는 V_{S0}와 거의 같다. 이처럼 모두 파워 오프일 때의 값으로 실제로는 예상되는 실속 속도보다 조금 큰 속도에서 1kt/sec의 비율로 감속하고 있었을 때 실속에 들어가거나 조종휠이 스톱퍼(Stopper)에 닿기까지 당겨도 기수를

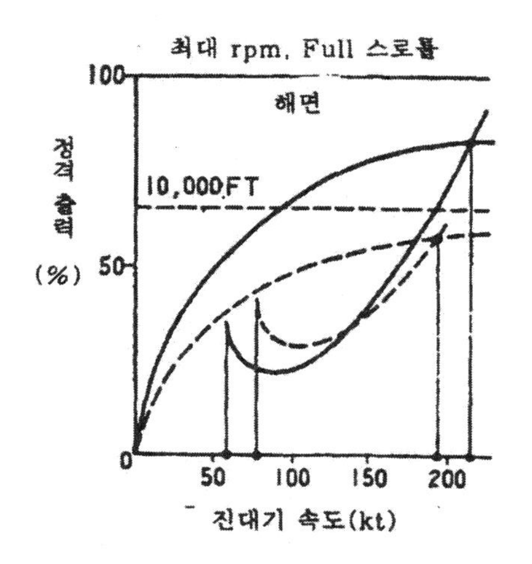

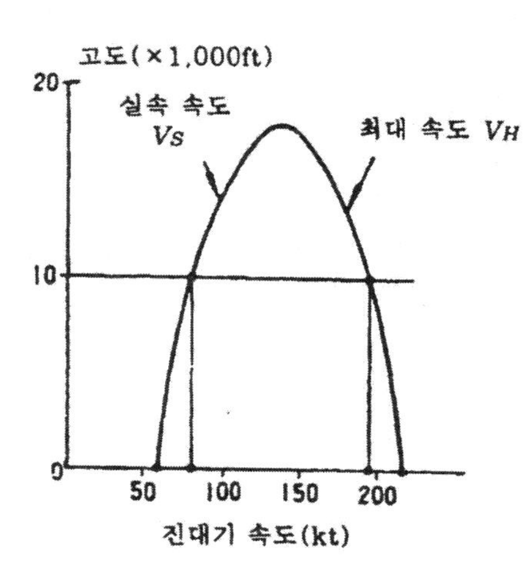

그림 3-10 최대 및 최소 속도

올려놓을 수 없는 속도로서 구하고 있다. CG의 가장 불리한 위치란 통상 허용 CG 범위 가운데 최전방 위치가 되는 일이 많다.

4) 속도와 엔진 출력

최대 속도와 최소 속도 사이의 속도는 엔진 출력을 가감하는 것에 의해 자유로이 택할 수 있다. 그림 3-11은 해면상에서의 속도와 마력의 관계를 나타낸 것으로 순항시에는 안정성, 조종성, 엔진 효율 등의 75~55% 출력을 사용한다. 필요 마력이 최소가 되는 속도 부근에서는 엔진 출력을 가장 작게 하여 정상 비행을 할 수가 있다. 그러나, 그 속도 이하에서는 저속이면 어느 정도 큰 엔진 출력을 필요로 한다.

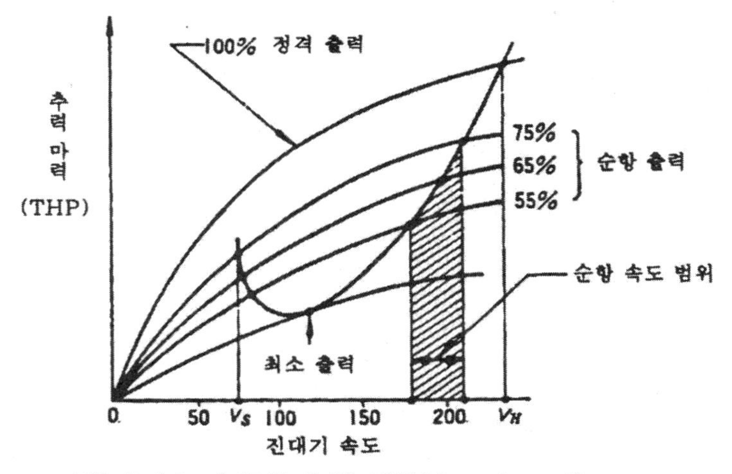

그림 3-11 속도와 출력 선정(Sea Level)

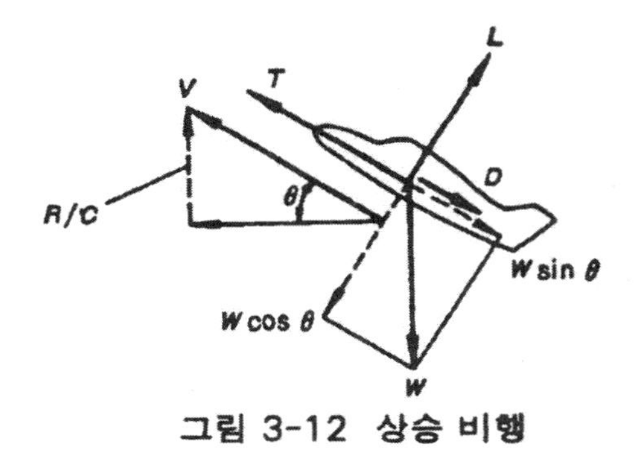

그림 3-12 상승 비행

3-4. 상승 성능

상승시 중요한 것은 비행 속도를 일정하게 유지하는 정상 상승(Steady Climb)이다. 정상 상승시의 역학 관계는 그림 3-12로 표시되고 상승각(Angle of Climb)을 θ로 하면 관계식은 다음과 같다.

$$L = W\cos\theta$$
$$= D + W\sin\theta \quad \text{------------------------(3-23)}$$

상승 성능에서는 최대 상승률 및 최대 상승각을 어느 정도 크게 취할 수 있는지, 또는 그들의 성능을 얻는 조건을 문제로 한다.

1) 상승률(Rate of Climb, R/C)

상승률은 식 (3-23)에 의해 다음과 같이 된다.

$$R/C = V\sin\theta$$
$$= V\frac{T_D}{W}$$
$$= \frac{P_a - P_r}{W} \quad \text{------------------------(3-24)}$$

그리고 최대 상승률은 잉여 마력이 최대, $(P_a - P_r)_{max}$일 때 얻어진다. 상승시에는 최대 연속 출력이 사용될 수 있으므로, 상승률을 최대로 하기 위해서는 잉여 마력을 최대로 하는 속도를 취해야 한다.

특히, 이 속도를 최량 상승률 속도(Speed for Best Rate of Climb)라 하고 V_r로 표시한다. 통상 왕복 엔진 항공기에서의 V_r은 $1.4 \sim 1.5V_{S1}$ 정도이다.

P_a와 P_r은 모두 고도의 영향을 받고, 잉여 마력은 고도의 증가에 따라 감소하므로, 최대 상승률도 고도와 함께 감소한다. 그림 3-13(a)는 예로서 고도와 R/C의 관계를 나타낸 것으로, R/C 및 V_Y(IAS)는 고도와 함께 거의 직선적으로 감소한다.

상승률에 관한 제한 고도를 다음과 같이 정의한다.

① 절대 상승 한계(Absolute Ceiling) : R/C =0fpm

② 실용 상승 한계(Service Ceiling) : R/C =100fpm

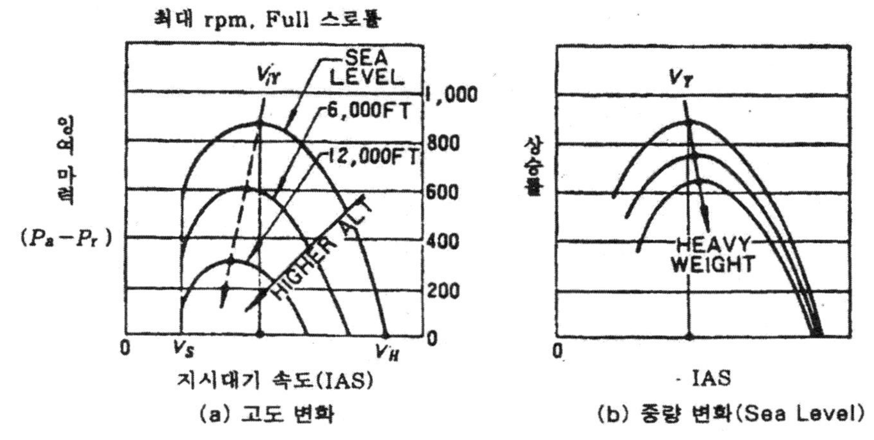

그림 3-13 상승률

실제로는 상승률이 너무 작아지면 조금 상승하는데도 시간이 많이 걸리며 대출력을 장시간 사용하면 연료 소비량도 그만큼 증가하며, 일단 고도를 낮추면 원래의 고도로 돌아가게 하기 어렵고 최고, 최저 속도 범위가 좁아지며, 실용 상승 한도 이상으로는 상승하지 않는 것이 보통이다.

한편, 상승률은 중량의 영향도 받는다. 그림 3-13(b)는 고도= 0에서의 상승률과 중량과의 관계를 나타낸 것으로서 중량이 무거울수록 상승률은 떨어지고 V_r도 중량에 비례하여 커진다. 또, 중량이 클수록 각 상승 한도는 낮아진다. 또, 쌍발 항공기에서 1개의 엔진이 고장일 때, 실제 상승 한도는 상승률 50ft/min이 되는 고도를 가리킨다.

2) 상승각(Angle of Climb)

식 (3-23)에서 상승각은 다음과 같다.

$$\sin\theta = \frac{T_D}{W} = \frac{P_a - P_r}{V} \times \frac{1}{W} \quad \text{-----------------(3-25)}$$

그러므로 상승각을 최대로 하기 위해서는 잉여 추력$(T-D)$, 또는 $(P_a-P_r)/V$를 최대로 하는 속도가 되는데, 이 속도는 그림 3-14와 같이 잉여 마력 곡선에 원점에서 접선을 그은 접점으로서 구할 수 있다. 상승각이 최대가 되는 속도를 최량 상승각 속도(Speed for Best Angle of Climb)라 하며 V_X로 나타낸다.

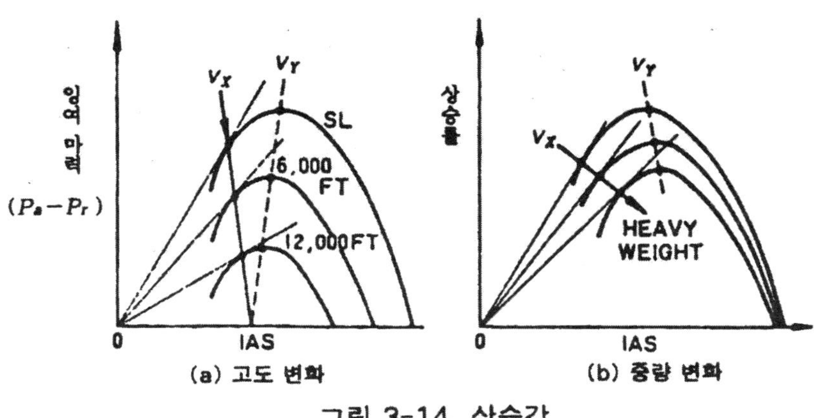

(a) 고도 변화 (b) 중량 변화

그림 3-14 상승각

상승 각도 고도와 중량이 클수록 작아지는 반면에 V_X는 반대로 증가한다. V_X와 V_r는 절대 상승 한도에서 모두 같아지며, 이때는 최고 속도나 최소 정상 속도와도 일치한다.

3) 순항 상승(Cruise Climb)

상승시의 엔진 출력은 최대 연속 출력, 또는 이것보다 조금 작은 상승 출력(Climb Power)을 사용하고 상승 속도도 V_Y보다 10~30kt 큰 속도를 가진다. 그래서, 상승률은 조금 저하되지만, 그림 3-15에서도 알 수 있듯이 비교적 큰 상승률이 얻어지고 동시에 전진 속도와 전진 거리가 커진다.

또, 상승 속도(IAS)를 유지하여 상승할 경우에는 고도의 증가와 함께 TAS는 커지므로 엔진의 냉각이 좋아지고 상승함에 따라 혼합비도 엷어지므로 엔진의 효율도 좋아진다.

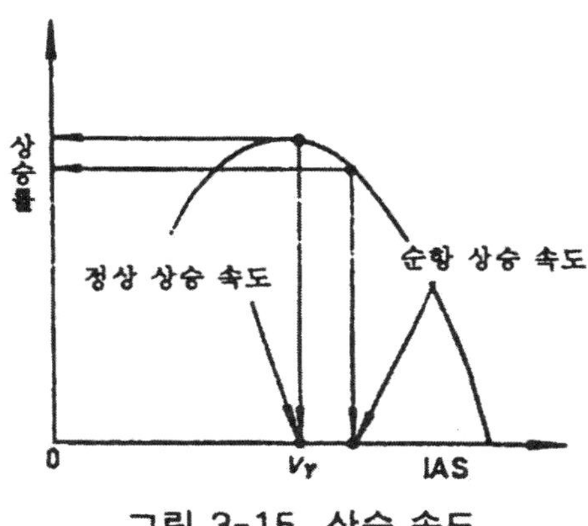

그림 3-15 상승 속도

이와 같이 순항 상승에 사용되는 속도를 순항 상승 속도(Cruise Climb Speed)라 한다. 어느 속도로 수평 비행하고 있는 상태에서 상승하기 위해서는 엔진 출력을 상승 출력까지 증가하고 순항 상승 속도까지 감속 또는 증속시키도록 승강타 (Elevator)를 사용하여 피치를 조절한다. 승강타는 비행기를 상승시키는 것이 아니라 상승 속도를 얻고 동시에 그것을 유지하기 위한 것으로서 이때의 상승률은 어디까지나 잉여 마력/중량으로 주어진다.

단발 항공기에서는 엔진 출력이나 고도 변화에 따라 프로펠러에 미치는 영향이 변화하고 자세가 변하기 쉽다.

또, R/C를 부여하는 식 (3-24)를 다음과 같이 변형할 수도 있다.

$$R/C = \frac{P_a - P_r}{W}\frac{\eta \times BHP}{W} - \frac{1}{2}\rho V^3 \frac{S}{W} C_D$$

$$= \frac{\eta \times BHP}{W} - \sqrt{\frac{2W}{\rho S(C_L^3/C_D^2)}} \quad \text{----------(3-26)}$$

이 식에서 R/C를 크게 하기 위해서는 마력 하중 W/BHP 및 익면 하중 (W/S)을 작게 하고 $(C_L{}^3/C_D{}^2)$를 가능한 한 크게(이것은 양항비 C_L/C_D가 큰 만큼 크다) 하여야 하며 이것은 설계시에 고려해야할 중요한 요소이다.

3-5. 순항 성능

비행기의 순항 성능은 최대 항속 거리와 최대 체공 시간으로 나누어 생각할 수 있다. 항속 성능은 일정한 연료를 사용하여 항속 거리를 최대로 하는 조건, 또는 어느 거리를 비행하는데 연료를 최소로 하는 조건에서 구해지며, 한편 체공 시간 성능은 일정한 연료를 사용하여 체공 시간을 최대로 하는 조건, 또는 일정 시간을 비행할 때 연료 소비량을 최소로 하는 조건으로 정해진다.

여기서는 이들 순항 성능의 기본 요소를 설명한다.

1) 최대 항속 거리(Maximum Range)

단위 연료 소비량당 비행 거리를 비항속 거리(Specific Range : S/R)라 하며 다음과 같은 관계가 된다.

$$S/R = \frac{\text{비행 거리(nm)}}{\text{연료 소비량(lb)}} = \frac{\text{대지 속도(kt)}}{\text{연료 유량(lb/HR)}} \quad \text{---(3-27)}$$

항속 거리를 최대로 하기 위해서는 이 비항속 거리를 최대로 하여야 하므로 이때의 조건을 구해보자.

항속 거리를 R, 대지 속도를 V_G, TAS를 V, 정풍 성분을 V_W, 연료 소비량을 Q로 하면 기체 중량의 감소는 연료 소비에 의한 것이므로, 이들 사이에는 다음과 같은 관계가 성립한다.

$$\frac{dR}{dt} = V_G$$

$$V_G = V - V_W$$

$$\frac{dW}{dt} = -\frac{dQ}{dt} \quad \text{------------------------------(3-28)}$$

또, 순항중의 엔진 출력을 P로 하고, 단위 마력을 1시간 연속 출력시 몇 lb의 연료를 사용하는가를 나타내는 양, 즉 연료 소비율(Specific Fuel Consumption : SFC)을 C(lb/HP · HR)로 하면 단위 시간당 연료 소비량은 PC가 되므로,

$$\frac{dW}{dt} = -\frac{dQ}{dt} = -PC$$

순항은 수평 비행으로 이루어지므로 이것을 고려하면

$$P_a = P_r \quad \therefore P = DV/\eta$$

$$L = W \quad \therefore \frac{1}{2}\rho V^2 S = W/C_L \quad \text{----------------(3-29)}$$

이상에서 바람의 영향을 고려한 비항속 거리의 관계는 다음과 같다.

$$S/R = \frac{dR}{dQ} = \frac{V_G}{PC}$$

$$= \frac{\eta}{C} \times \frac{C_L}{C_D} \times \frac{1}{W}\left(1 - \frac{V_W}{V}\right) \quad \text{------------(3-30)}$$

이 식에서 바람이 없을 때($V_w = 0$) 항속 거리를 최대로 하기 위해서는 다음의 2개 조건을 만족시키는 것이 필요하다.

① SFC(C)를 최소로 한다.

② $(C_L/C_D)_{max}$, 즉 항력이 최소가 되는 속도를 선택한다.

여기서 (C_L/C_D) 또는 (L/D)를 양항비(Lift Drag Ratio)라 하며, 이것이 최대가 되는 속도에서 S/R이 최대로 된다.

양항비를 최대로 얻을 수 있는 속도는 그림 3-16처럼 필요 마력 곡선에 원점으로부터 접선을 그은 접점에 대응한 속도로 주어지고 이것을 $V_{L/D}$(최소 항력 속도 : Minimum Drag Speed)이라 한다.

이것은 다음과 같이 하여 증명 가능하다. 즉

$$D=\frac{P_r}{V}=C_D\frac{1}{2}\rho V^2 S=\frac{W}{C_L/C_D} \quad \text{-----------(3-31)}$$

$$(\because \frac{1}{2}\rho V^2 S=W/C_L)$$

이 식에서 $(C_L/C_D)_{max}$일 때 항력이 최소가 되고, 또 $P_r/V=K$로 하면 $P_r=KV$가 되고, 이것은 필요 마력 곡선에서 원점을 지나는 직선이므로 K의 최소값은 P_r 곡선에 접할 때 얻어진다.

$(C_L/C_D)_{max}$, 즉 $(L/D)_{max}$의 값은 C_{DPmin}을 가능한 한 작게 하고 종횡비 A를 가능한 한 크게 했을 때 얻어지므로, 장거리용 항공기에서는 거의 이같은 설계가 이루어지고 있다.

다음에 일반적인 순항시 운용상의 문제를 생각한다. 어느 비행기에서는 $(C_L/C_D)_{max}$를 얻는 조건에서 특정의 받음각 또는 C_L이 정해진다.

여기서,

① 고도가 높을수록 $V_{L/D}$(TAS)는 증가하고, 한편 $V_{L/D}$(IAS)는 고도에 비례하지 않고 일정하다. 단, 동일 IAS에서 비행할 때는 P_r의 고도 변화는 작으므로 왕복 엔진 항공기의 항속 거리는 고고도에 비례하여 조금 커지는 정도에 그친다[그림 3-17(a)].

② 기체 중량이 큰 만큼 $V_{L/D}$ (IAS, TAS)는 크다. 이 때문에 연료가 소비되어 중량이 가벼워짐에 따라 $V_{L/D}$의 감소와 함께 감속시킬 필요가 있다. 중량이 가벼워지면 필요 마력도 작아지므로 비항속 거리 S/R은 점차 커진다[그림 3-17(b)].

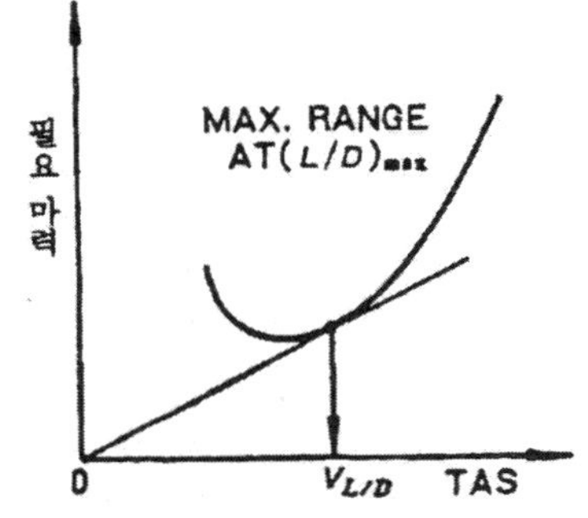

그림 3-16 최대 항속 거리를 위한 속도

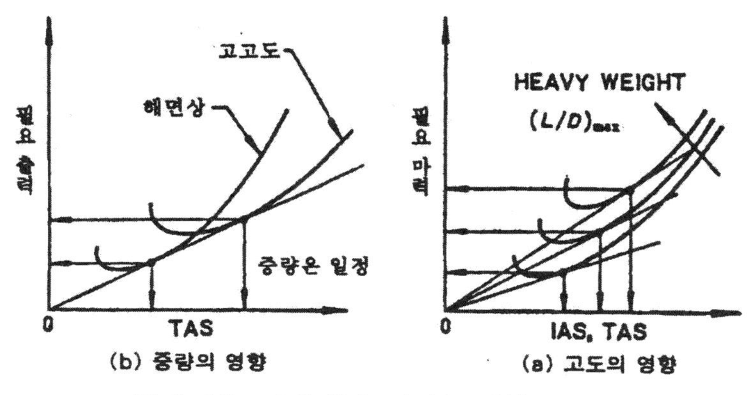

그림 3-17 최대 항속 거리를 위한 속도 변화

항속 거리에서 바람의 영향도 중요한 요소이다. 일반적으로 정풍(Head Wind) 성분이 있으면 항속 거리는 감소하고, 배풍(Tail Wind) 성분이 있으면 증가한다. 따라서 무엇보다 유리한 바람이 불고 있는 고도의 선택이 필요한 것은 말할 것도 없다.

바람에 의한 S/R로의 영향은 식 (3-30)에서 주어진다. 이 식에서 바람의 영향에 의한 항속 거리는 그림 3-18처럼 원점을 V_w만큼 이동시켰다고 생각하면 간단히 구할 수 있다.

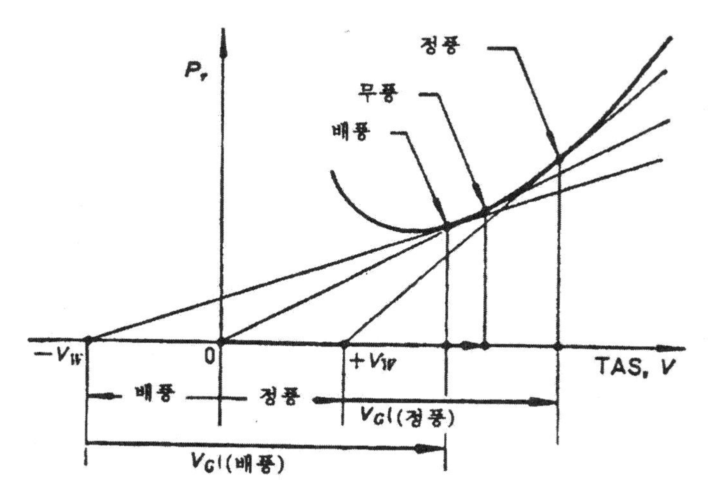

그림 3-18 최대 항속 거리에서 속도에 미치는 바람의 영향

이 그림에서도 알 수 있듯이 정풍(Head Wind)일 경우는 무풍일 경우의 속도보다 큰 TAS를 취하며 대지 속도는 감소한다. 또 반대로 배풍(Tail Wind)일 경우는 TAS를 작게 해도 큰 대지 속도를 얻을 수 있다.

2) 최대 체공 시간(Maximum Endurance)

체공 시간을 최대로 하는 것은 연료 유량을 최소로 하여 비행할 수 있는 속도를 선택하는 것이다. 그런데

$$\frac{1}{\text{연료 유량(lb/Hr)}} = \frac{\text{비항속 거리}}{\text{속도(kt)}} \quad \text{--------(3-32)}$$

이므로, 이것을 최대로 하는 조건은 그림 3-19의 비항속 거리 곡선(Specific Range Curve)의 원점에서 접선을 그은 접점으로서 구해지고 이것은 필요 마력이 최소가 되는 속도에 가까운 속도이다.

중량이 가벼울수록 고도가 낮을수록 필요 마력은 작아지므로 왕복 엔진 항공기의 최대 체공 시간은 해면상(고도=0)에서 가장 길게 얻어진다.

실제의 비행에서 연료 소비를 최소로 하여야 할 경우는 대기(Holding)할 때이다. 그러나, 최대 체공 시간이 얻어지는 속도는 통상 $1.3 \sim 1.4 V_{S1}$ 정도의 저속도이므로 안정성 및 조종성이 모두 약해지고 속도 제어가 곤란할 뿐 아니라, 엔진 출력이 30~40% 정도로 저출력이 되고 정속 프로펠러의 가버너 특성이 나빠지는 것 등이 문제가 된다. 따라서 대기시에는 조금 더 큰 속도로 비행할 필요가 있다. 또 바람이 일정하면(일정 IAS를 유지하는 한), 체공 시간은 바람의 영향을 받지 않는데 돌풍 등이 있는 경우는 엔진 출력을 크게 변화시킬 필요도 생기고 연료 소비량을 늘려야 한다.

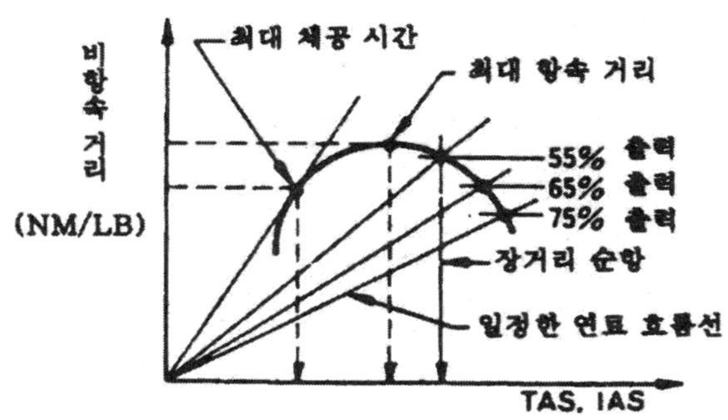

그림 3-19 비항속 거리 곡선(Specific Range Curve)

3) 순항(Cruise)

일반적인 비행에서 순항 속도는 최대 항속 거리를 얻는 속도보다 크다. 이것은 비행기를 사용하는 목적중에 하나인 고속성의 이유도 있지만 고속으로 비행하는 것이 안정성 · 조종성이 증가하고, 엔진 효율이 좋아지기 때문이다.

일반적으로 순항 속도는 최저라도 비항속 거리(*S/R*)가 최대가 되는 속도보다 10~20kt 큰 값을 사용하고 있으며(그림 3-19), 그 속도를 장거리 순항 속도(Long Range Cruise Speed)라 한다.

실제로는 더 고속으로 순항하게 되며 엔진 출력이 55%, 65%, 75%, MC Power, 또는 이것에 준한 출력으로 비행하게 된다. 단, 75% 이상의 마력 설정(Power Setting)은 연료 소비율이 커지고 엔진에 부담을 크게 주므로 별로 사용되지 않는다.

그림 3-20은 고도 변화를 포함한 순항 성능 예로서 어느 엔진 출력을 부여했을 때 속도가 최대가 되는, 즉 항속 거리가 최대가 되는 고도를 최적 비행 고도(Optimum Altitude)라 하며, 그때의 속도를 최적 순항 속도(Optimum Cruise Speed)라 한다. 예를 들면 이 그림에서 2,400rpm, 26"(MAP inHg)에서는 각각 4,000ft, 210kt가 된다. 같은 rpm이라도 MAP가 낮으면 최적 비행 고도는 높아진다.

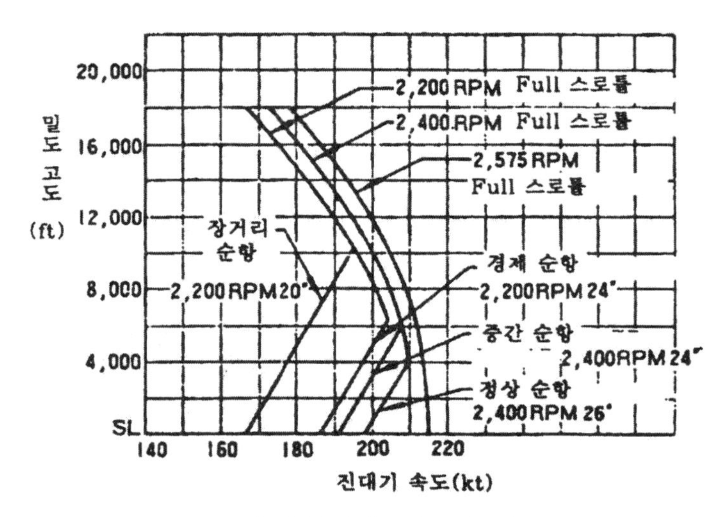

그림 3-20 순항 성능의 예

3-6. 기동 성능

1) 실속 비행

비행기가 비행중에 받음각을 증가시키면 그림 3-21에 표시된 바와같이 양력 곡선이 직선에서부터 곡선으로 변하는 받음각에서 공기의 흐름이 날개 트레일링에이지(Trailing Eage)에서부터 떨어짐이 시작(박리 현상)되어 C_{Lmax}에서 실속하게 된다.

이때, 실속 속도는 다음 식으로 구해진다.

$$V_S=\sqrt{\frac{2W}{\rho SC_{Lmax}}} \text{ ------------------------(3-33)}$$

일반적으로 비행기가 실속에 접근하게 되면 버펫트(Buffet) 현상이 생긴다. 버펫트란 박리에 의한 후류가 날개나 꼬리 날개를 진동시켜 발생하는 현상으로서 실속이 일어나는 징조임을 나타낸다. 흐름이 떨어지는 점에서 부터 C_{Lmax}에 가까와질수록 버펫트가 강하게 된다. 양력 곡선의 직선 부분 뒤의 곡선 모양이 완만하지 않고 급격히 감소하는 비행기는 실속 경보 장치(Stall Warning)를 설치하도록 법규에 규정되어 있다. 실속이 일어나게 되면 버펫트 현상 이외에 엘리베이터의 효율이 감소하고 쉽게 조종할 수 없는 노스 다운(Nose Down) 현상이 나타난다.

일반적으로 비행 방향에 수직인 방향으로 가속도를 가지는 상태인 비행기에서의 실속 속도 V_{sn}은 수평 정상 비행의 실속 속도 V_S에 대해서 다음 식으로 표시된다. 하중 계수를 n이라 하면

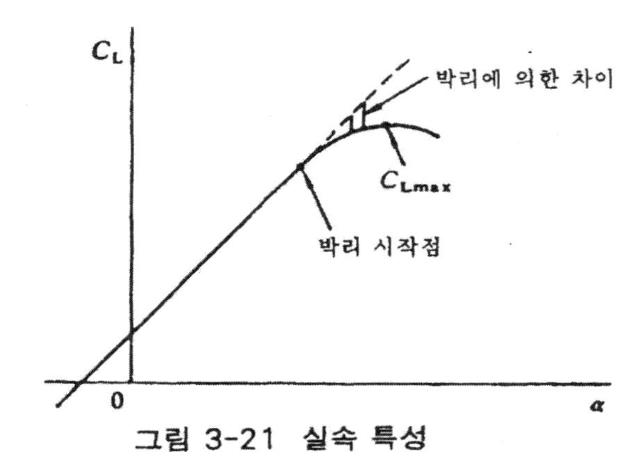

그림 3-21 실속 특성

$$n = \frac{L_{max}}{W} = \frac{C_{Lmax}\frac{1}{2}\rho V_{Sn}^2 S}{C_{Lmax}\frac{1}{2}\rho V_S^2 S} = \frac{V_{Sn}^2}{V_S^2} \quad \text{---------(3-34)}$$

따라서 $n>1$의 경우에는 최소 속도 V_S보다 증가하고, $n<1$일 때에는 감소한다. 실속에는 부분 실속(Partial Stall), 정상 실속(Normal Stall), 완전 실속(Complete Stall)의 3종류가 있다.

그림 3-22에서 보는 바와 같이 실제로 실속이 일어날 때에는 고도를 일정하게 유지한 채 엔진을 서서히 완속(Idling)시키고 조종 휠을 서서히 당겨 속도를 천천히 줄인다.

실속의 징조를 느끼거나 실속 경보 장치가 울리면 바로 회복시키기 위하여 승강타를 풀어주어 기수를 내려서 회복시켜야 한다. 이와 같은 실속을 부분 실속이라 하며, 그림 3-22의 (a)와 같다.

그림 3-22의 (b)와 같이 확실한 실속의 징조가 있은 다음 기수가 심하게 내려간 후에 회복하는 경우를 정상 실속이라고 한다.

완전 실속은 그림 3-22의 (c)와 같이 비행기가 완전히 실속할 때까지 조종 휠을 당기는 경우를 말한다.

실속에서 회복하여 수평 비행으로 돌아올 때까지 고도의 저하가 크다. 따라서 낮은 고도에서 실속이 일어나는 것은 위험하다.

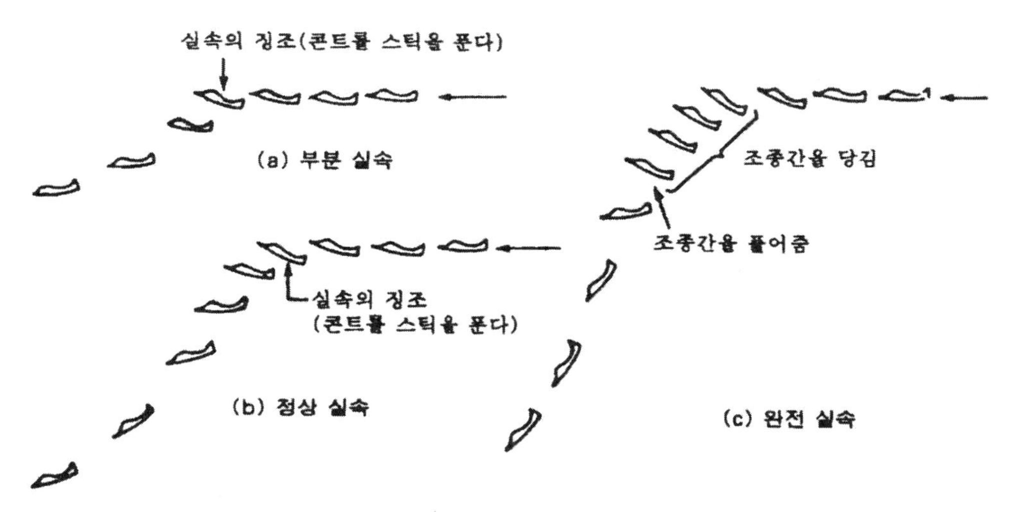

그림 3-22 무동력 비행

2) 스핀(Spin) 비행

A. 자전 현상

스핀이란 자전 현상(Autorotation)과 수직 강하가 조합된 비행을 말한다. 여기서는 우선 자전 현상부터 설명하기로 한다.

그림 3-23과 같이 스핀의 중앙에 축을 대고 축의 방향을 바람 방향에 일치하게 하여 날개가 자유로이 회전할 수 있도록 한다. 지금 날개의 양력 곡선이 그림 3-24와 같다고 했을 경우, 날개가 A′의 받음각 상태로 비행을 한다고 가정하자.

지금 날개의 한쪽 끝에 약간의 교란이 주어져서 회전 운동을 시작했다고 하면 내려오는 쪽의 날개 받음각은 날개 자신의 강하 속도와 비행 속도가 합성되어 받음각은 $\Delta\alpha$ 만큼 증가한다. 또, 날개 중앙에서는 상하 방향의 속도가 없으므로 회전에 의한 받음각의 변화는 없다.따라서, 그림 3-24의 양력 곡선에서 중앙 날개 부분의 받음각은 A′이고 상향 날개의 받음각은 A″이며, 하향 날개의 받음각은 A가 된다.

이 결과 하향 쪽의 날개에는 양력이 커지고 상향쪽의 날개에서는 양력이 작아져서 회전을 방해하는 모멘트가 발생하므로 회전각 속도가 감소되어 결국 정지하게 된다. 다음 받음각이 실속각보다 큰 경우에 있다고 가정하고 날개 중앙부의 받음각을 B′라고 하면 하향 날개의 받음각은 B이고 상향 날개의 받음각은 B″가 된다. 그러나 이 경우에 하향 쪽의 날개에 작용하는 양력은 작고 상향쪽의 날개 양력은 크기 때문에 회전을 돕는 롤링 모멘트(Rolling Monent)가 발생하여 날개는 자전을 계속한다. 이 현상은 비행기가 실속각을 넘는 받음각에서 발생한다.

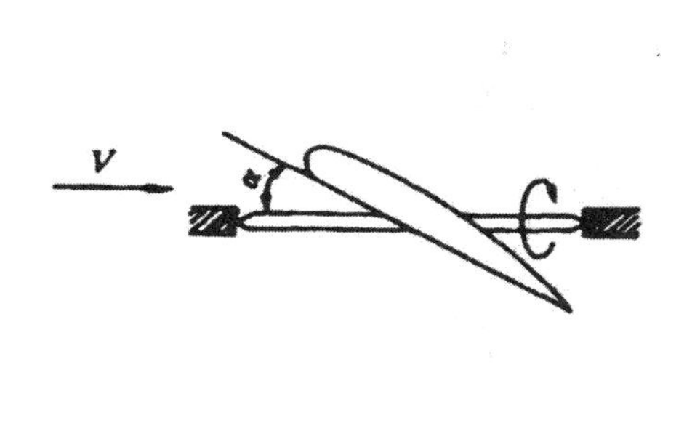

그림 3-23 자동 회전 날개

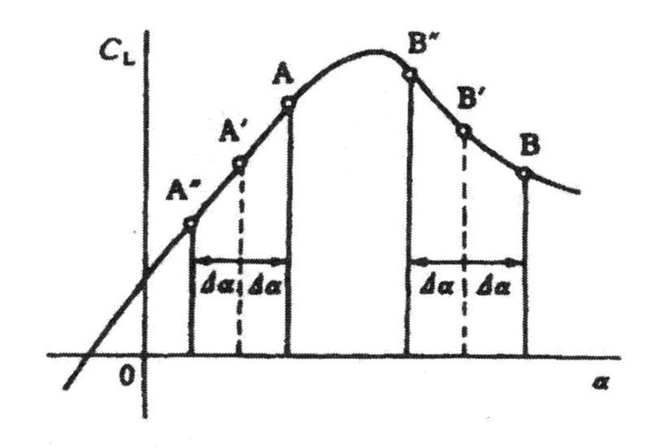

그림 3-24 양력 곡선

B. 정상 스핀

수평 직선 비행중의 비행기가 돌풍에 의해 갑자기 실속한 경우를 생각하자. 이때 가로 방향의 교란이 주어지지 않았다면 비행기는 바로 기수를 내려서 급강하에 들어간다. 그러나 돌풍의 복잡성에 의해서 약간의 교란이 수반되면 비행기는 자전 현상을 일으키고, 동시에 기수를 내려 자전을 하면서 강하한다. 여기에서 강하 속도 및 롤링 각속도는 일정하게 유지되면서 강하를 계속한다. 이 상태를 정상 스핀이라 부르며 그림 3-25에서 보는 바와 같다.

비행기의 중심은 연직 방향의 축을 향해 나선을 그리며 위에서 보면 (b)와 같은 원을 그린다. 이때 비행기의 받음각 α는 20~40° 정도이고 낙하 속도는 비교적 작은 40~80m/s 정도이다. 이와 같은 스핀을 수직 스핀이라 부르며, 용이하게 회복이 가능한 특수 비행법의 한가지로 사용된다.

그림 3-25에서 (a)의 스핀 형태가 수직 스핀이다. 그림 (a)에서 B의 상태를 보면 기본 세로축과 비행기의 진행 방향과는 일치하지 않는다. 즉, 비행기는 스핀중에 일반적으로 옆미끄럼(Side Slip)이 생긴다고 볼 수 있다.

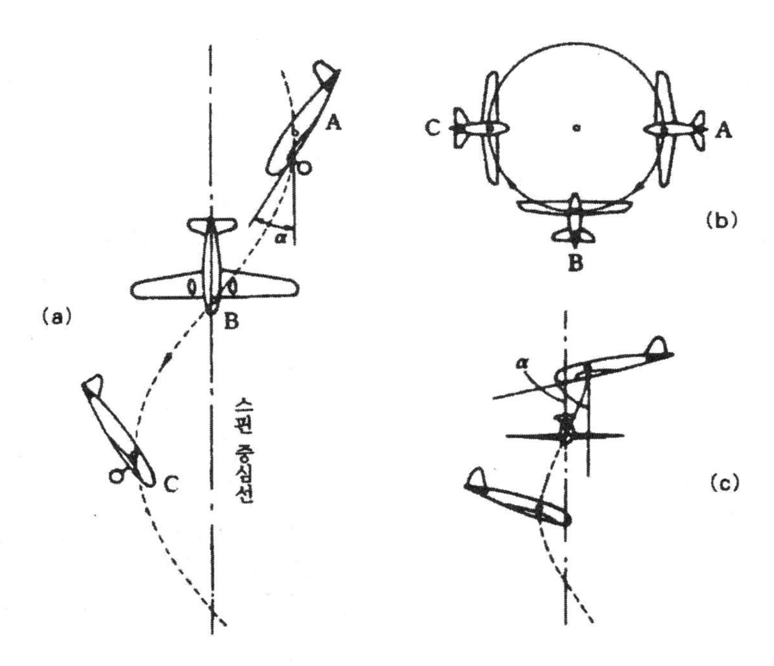

그림 3-25 스핀 운동 형태

또, 이밖에도 그림 3-25(c)와 같은 수평 스핀(Flat Spin)이 있다. 이 스핀을 특히 수평 스핀이라 하며 탈출하기가 극히 곤란하다.

수평 스핀은 낙하 속도가 오히려 수직 스핀보다 작지만 회전 각속도는 상당히 크다.

스핀 운동에 들어가려면 조종 휠을 잡아당겨서 실속시킨 후 방향타 페달(Rudder Pedal)을 한쪽만 밟아준다. 이때 비행기는 방향타에서 생긴 요잉 모멘트 때문에 기수가 틀어지며, 바깥쪽으로 도는 날개는 안쪽 날개보다 속도가 커지기 때문에 양력이 커서 뱅크(Bank)를 시작하고 이 과정을 거쳐서 비행기는 회전을 시작하면서 수직 스핀에 들어간다.

스핀에서 탈출하려면 처음에 생각되는 것은 조종 휠을 잡아 당겨서 기수를 상향으로 하는 것이 좋을 것같으나, 조종 휠을 잡아당기면 받음각이 커져서 스핀은 더욱더 격하게 되어 끝내는 위험한 수평 스핀에 들어가게 된다. 그러므로 반대로 밀어서 받음각을 감소시켜 보통의 급강하로 들어가서 탈출하면 된다.

그러나 비행기는 실속 상태에 있고, 또 회전 운동을 하고 있기 때문에 승강타는 거의 효력이 없다.

그러므로 스핀의 원에서 비행기를 탈출시키기 위해서는 방향타(Rudder)를 스핀과 반대 방향으로 밀고, 동시에 승강타를 앞으로 밀면 비행기는 급강하에 들어간다. 이때 보조 날개(Aileron)는 실속 상태에 있기 때문에 전혀 역할을 하지 못한다. 스핀 탈출 조작중에 고도가 떨어지기 때문에 회복이 용이한 비행기일지라도 300m 이하의 고도에서 스핀 운동에 들어가는 것은 위험하다.

3-7. 선회 성능

선회 비행에 있어서는 고도를 일정하게 유지하여 행하는 선회(Level Turn)가 기본이고 정상 선회(Steady Level Turn)란 옆미끄럼하지 않고 CG에 작용하는 힘이 모두 균형을 이루며 비행 속도도 변화가 없는 선회를 가르키므로 정상 균형 선회(Steady Coordination Turn)라고도 한다. 여기서는 정상 선회에 있어서의 관계, 선회 반경, 선회율, 하중 배수의 영향, 최소 선회 속도 및 최소 선회 속도에서의 비행 성능 등 통상적으로 비행에 필요한 기본 사항에 대해 설명한다.

1) 균형 선회와 공기력과의 관계

일정한 선회 반경 r을 유지하기 위해서는 원심력에 균형을 이루는 구심력을 만들고, 한편 고도를 유지하는데 충분한 양력이 있어야 한다. 원심력을 F, 뱅크각을 θ로 하면 균형 선회에서의 힘 관계의 벡터 표시는 그림 3-26에 나타내고 각각의 힘(공기력)에는 다음 관계식이 성립한다.

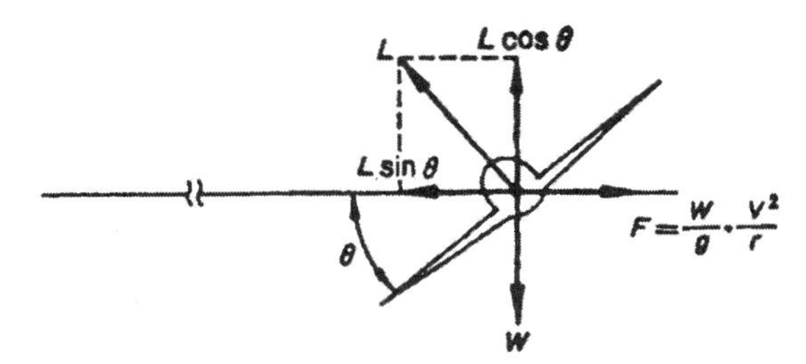

그림 3-26 선회중의 양력과 원심력

$$W = L\cos\theta$$

$$F = L\sin\theta$$

$$F = \frac{W}{g}\frac{V^2}{r} \qquad \text{-------------------------------(3-35)}$$

2) 선회 반경(Turning Radius)

성능상 선회 반경은 가능한 한 작은 것이 좋다. 선회 반경은 식 (3-35)로부터

$$r = \frac{V^2}{g\tan\theta} \qquad \text{-------------------------------(3-36)}$$

이 되므로 선회 반경에 관계하는 요소는 비행 속도와 뱅크각인 것을 알 수 있다. 따라서 비행기의 종류에 관계 없이 같은 속도, 같은 뱅크각을 부여하면 같은 선회 반경이 얻어진다.

선회 반경을 최소로 하는데는 비행 속도를 최소로 하여 뱅크각을 크게 취하면 좋지만, 최소 속도는 실속 속도로 제한을 받으므로 실속 속도가 작은 비행기일수록 회전이 작다.

한편 감항류별, N류 및 T류 비행기에서의 뱅크각은 최대 60°로 제한되고 있다.

균형 선회에서는 $F=L\sin\theta$가 적용되지만, 이 균형이 깨지면 어느 쪽으로 미끄러짐을 일으킨다. 이것을 다음과 같이 구별하고 있다.

$F < L\sin\theta$의 경우를 슬립(Slip)
$F > L\sin\theta$의 경우를 스키드(Skid)

슬립은 뱅크가 아주 크거나 방향타의 타각 부족 등에 따라 일어나기 쉬우며, 스키드는 뱅크각이 부족하거나 방향타 타각이 아주 클 때 일어난다. 옆미끄럼이 발생하고 있을 때는 $W = L\cos\theta$의 관계도 적용 안되는 일이 많으며, 고도 변화를 일으키거나, 옆미끄럼에 의한 항력 증가는 속도를 저하시키기도 하므로 신속히 균형을 이룰 수 있는 선회가 되도록 조종할 필요가 있다. 균형 선회를 하고 있는지는 조종실 계기판의 선회계(Trun and Slip Indicator)나 수직 속도계(Vertical Speed Indicator) 등에 의해 알 수 있다.

균형 선회에서의 선회율(Rate of Turn) ω는

$$W=\frac{V}{r}\times\frac{180}{\pi}\,(\text{deg}/\text{sec}) \quad \text{---------------------(3-37)}$$

이것은 선회율계(Rate of Turn Indicator)에 의해서도 알 수 있다. 이것을 사용하면, 예를 들어 180° 선회하는 경우에 필요한 시간 등을 알 수 있다.

3) 운동 하중 배수(Maneuvering Load Factor)

수직 수평 비행에 있어서는 속도에 의하지 않고 $L = W$가 성립되며 기체에 작용하고 있는 중력 가속도는 1g이지만, 선회 비행중에서는 $W = L\cos\theta$였으므로 양력과 중력은 반드시 같지는 않다. 이미 정의한 것처럼 양력과 중량의 비(L/W)는 운동 하중 배수 또는 단순히 하중 배수(Load Factor)이므로 이것을 n으로 표시하면 균형 선회중에서는 다음과 같다.

$$n=\frac{L}{W}=\frac{1}{\cos\theta} \quad \text{--------------------------(3-38)}$$

4) 최소 선회 속도(Minimum Turning Speed)

선회중의 양력은 $L = nW$이므로, 최소 선회 속도는 1g 비행으로 부여된 실속 속도와는 다르다. 따라서 이것을 실속 속도와 관련시켜 이해해둘 필요가 있다.

$$C_L \frac{1}{2} \rho V^2 S = nW \quad \text{------------------------}(3\text{-}39)$$

에서 C_L을 C_{Lmax}로 했을 때의 속도가 최소 속도가 되므로 이것을 $V_{n(min)}$으로 하면 다음과 같이 된다.

$$V_{n(min)} = \sqrt{\frac{2nW}{\rho C_{Lmax} S}}$$

$$\therefore V_{n(min)} = \sqrt{n}\, V_s = \frac{1}{\sqrt{\cos\theta}} V_S \quad \text{------------}(3\text{-}40)$$

그러므로 선회시의 최소 속도는 하중 배수 또는 뱅크각에 따라 커지는 것을 알 수 있다. 예를 들면 실속 속도 80kt인 비행기가 110kt로 비행하고 있을 때, 이 속도를 유지하여 60° 뱅크로 들어가면 실속을 일으키게 된다. 선회를 안전하게 하기 위해서는 뱅크각과 최소 선회 속도와의 관계를 충분히 이해하여 속도에 여유를 가지게 하는 것이 중요하다.

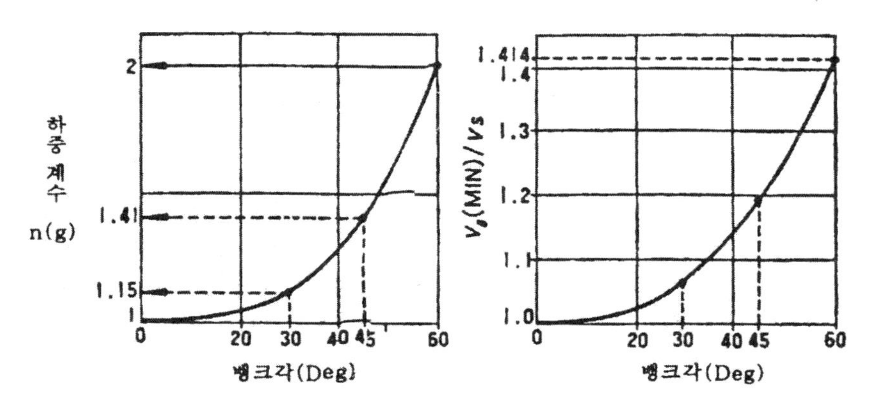

그림 3-27 하중 계수, $V_{\theta(min)}/V_s$, 뱅크각의 관계

5) 급강하로부터의 상승

급강하(Dive)하여 상승(Pull Up)할 때에는 원심력이 아래쪽으로 작용하므로 그림 3-28에 나타낸 것과 같이 최하점에서 가장 큰 양력이 필요하게 된다. 이때의 비행 속도를 V, 상승 반경을 r이라 하면, 양력은

$$L = W + \frac{W}{g} \times \frac{V^2}{r} \quad \text{------------------------} (3\text{-}41)$$

로 주어지고, 따라서 하중 배수는 다음과 같이 된다.

$$n = \frac{L}{W} = \left(1 + \frac{1}{g} \times \frac{V^2}{r}\right) \quad \text{------------------} (3\text{-}42)$$

이 식에서 급강하로부터의 상승처럼 고속으로 반경을 작게 하는 큰 상승 조작에서는 날개에 매우 큰 하중이 작용하게 된다.

비행기에는 그 구조상의 강도로 인해 하중 배수의 제한(N류에서는 3.8g, T류에서는 2.5g—플랩 올림, 착류 장치 올림 ; 2.0g—N류 · T류 모두 플랩 내림, 착륙 장치 내림)이 있으므로 급강하하여 상승할 때에는 제한 하중을 넘지 않도록 주의해야 한다. 또 저속시의 급한 상승에서는 실속을 일으키기 쉽다.

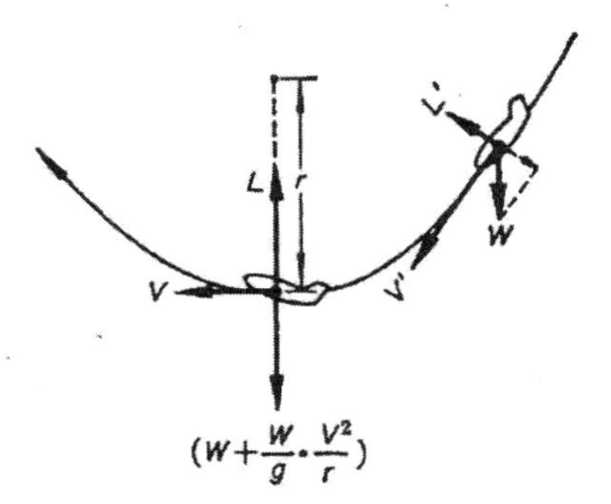

그림 3-28 강하(Dive)에서의 풀 업(Pull Up)

6) 선회에서의 비행 특성

직선 수평 비행으로부터 선회로 옮길(Roll In) 때 또는 균형 선회로부터 다시 직선 수평 비행으로 이행할(Roll Out) 때의 문제도 지금까지의 설명처럼 중요하다. 수평 비행에서 선회 비행으로 옮길 때는 중량보다 큰 양력을 필요로 하므로 받음각을 증가시켜야 한다. 이것은 동시에 항력(특히 유도 항력)도 증가시키므로, 일정한 속도를 유지하여 롤 인(Roll In)하고 선회시키기 위해서는 뱅크각의 크기에 따라 엔진 출력을 증가시켜 줄 필요가 있다. 엔진 출력이 일정한 경우에는 비행 속도가 떨어지므로 특히 최소 선회 속도 증가와의 관계에 주의해야 한다.

그림 3-29는 선회 비행과 함께 필요 마력의 증가를 나타낸 것으로 뱅크각이 30° 이내〔일반적인 선회에서는 이것이 보통이므로 정상 선회(Normal Turn)라 한다〕이면, 항력의 증가도 작지만 30° 이상의 급선회(Steep Turn)시에는 뱅크각이 45°, 60°로 크게 됨에 따라 항력 증가가 급격히 더해지므로 비행 속도의 저하를 억제시키기 위해서는 그만큼 엔진 출력을 크게 증가시킬 필요가 있다.

선회 비행에서 직선 수평 비행으로 옮아가는 롤 아웃(Roll Out)시에는 이와는 반대가 되고 선회 비행에서 일단 감속이 일어나도 다시 가속을 받으므로 원래의 정상 속도로 돌리기 위해서는 출력을 줄이게 된다.

급선회처럼 큰 뱅크각, 고출력, 저속 등의 조합은 가장 주의를 필요로 한다. 이것은 엔진을 최대 출력으로 해도 필요 마력의 증가가 커져 감속하는 경우가 있고, 최소 선회 속도의 증가로 실속을 일으키기 쉬운 상황이 되는 것 외에 프로펠러 효과가 더해지는 것을 고려해야 한다. 예를 들면 우선회시에는 자이로 효과 및 프로펠러의 회전 후류(특히, 우회전 프로펠러) 등의 효과는 모두 기수 하강 모멘트를 만들고, 또 좌우 날개의 상대 속도는 뱅크각을 크게 하는 효과를 가지므로 위험한 스핀에 들어가기 쉬워진다. 따라서 특히 단발 항공기에서의 우급선회는 직접 이와 같은 위험성에 직면하므로 주의가 필요하다.

좌급선회에서 프로펠러 효과는 모두 기수 상승 모멘트를 만들므로 스핀에 들어갈 위험성은 작아지지만, 깊은 뱅크각을 유지시키기 위해서는 뱅크시킬 뿐 아니라 이들의 모멘트를 능가할 만큼의 조종면의 효과가 요구되므로 보조날개는 그만큼 큰 효과가 필요하게 된다.

또, 급선회시에는 보조 날개에 의한 역요잉(Adverse Yawing)도 발생하므로 승강타에 의해 수정을 하지 않으면 슬립(Slip) 혹은 스키드(Skid)를 일으키기 쉬우진다. 실제의 비행에서는 수평 선회 뿐만 아니라 상승하거나 강하하면서 선회하는 경우도 있다.

상승 선회(Climbing Turn)중은 엔진 출력을 저하시키므로 프로펠러 후류의 속도도 늦고 방향타의 효과가 나빠지므로 특히 급강하 선회에 있어서는 나선 선회(Spiral Turn)에 들어가기 쉽다.

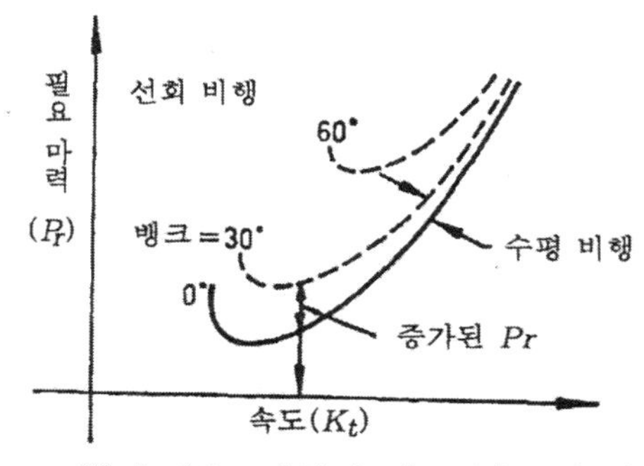

그림 3-29 선회에 따른 필요 출력 (P_r)의 증가

3-8. 강하 및 활공

강하(Descend)란, 어느 비행 고도에서 착륙 등을 위해 고도를 저하시키는 것이며 활공(Glide)이란 모든 엔진이 고장인 경우에 부득이하게 강하하는 것이다. 어느 속도를 유지하여 강하, 혹은 활공하는 경우에 기체에 작용하는 힘은 엔진 추력을 T, 강하각(활공각)을 θ라 하면 그림 3-30과 같은 관계에 있다.

따라서, 정상 강하일 때의 관계식은 다음과 같이 주어진다.

$$\begin{aligned} L &= W\cos\theta \\ D &= T + W\sin\theta \end{aligned} \qquad \text{(3-43)}$$

강하중의 비행 성능상 가장 중요한 요소는 모든 엔진이 고장이라고 했을 때의 강하율(Rate of Descent)과 활공 거리(Glide Distance)이므로, 여기서는 이들의 기본적 요소와 성능을 충분히 발휘하기 위한 조건과 강하중일 때의 문제점에 대해 설명한다.

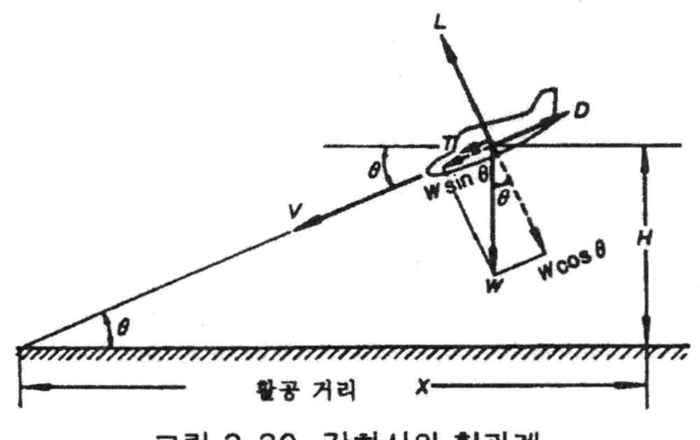

그림 3-30 강하시의 힘관계

1) 최소 강하율(Minimum Rate of Descent)

모든 엔진이 작동하지 않을 경우, 또는 출력을 아이들까지 감소하였을 때에는 거의 추력 $T = 0$이라 생각해도 좋으므로, 이때의 강하율을 최소로 하는 조건을 알 필요가 있다.

강하율을 R/D로 하면($T = 0$으로서),

$$R/D = V\sin\theta = V\frac{D}{W} = \frac{P_r}{W} \quad \text{------------------(3-44)}$$

이 된다. 이 식에서 강하율을 최소로 하기 위해서는 필요 마력이 최소가 되는 속도를 선택하면 좋은 것을 알 수 있다.

그림 3-31은 필요 마력 또는 강하율과 속도와의 관계에 대해 ①플랩각, 착륙 장치 등의 위치에 따른 영향과, ②기체 중량에 의한 영향을 나타낸 것이다. 이 그림에서도 알 수 있듯이 순항 형태(Cruise Configuration)인 플랩이 올려져 있고 착륙 장치도 접인되어 있는 경우, 강하율이 최소가 되는 속도는 빨라지나 강하율은 작아져 착륙 형태에서는 강하율이 증가한다. 중량의 영향은 중량이 커지면 P_r도 커지므로 그림 3-31(b)처럼 중량이 클수록 강하율, 강하 속도가 커진다.

통상, 플랩, 착륙 장치 정상 상태(순항 형태)에서의 최소 강하율을 주는 속도는 다음과 같다.

· 단발 항공기(프로펠러는 High Pitch Windmilling)에서 $1.2 \sim 1.3V_{S1}$
· 쌍발 항공기(프로펠러 피치는Feathered Position)에서 $1.3 \sim 1.4V_{S1}$

이와 같이 강하율이 최소가 되는 속도는 저속이기 때문에, 실속 속도에 대한 여유도 작고 공기 흐름이 난류이거나 돌풍이 있을 때는 주의가 필요하다.

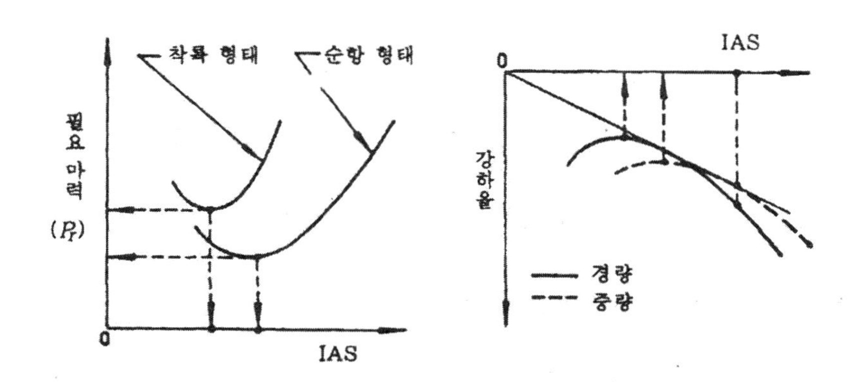

그림 3-31 최소 강하율에 맞는 속도

2) 최대 활공 거리(Maximum Glide Distance)

어떤 고도를 비행중 모든 엔진이 작동하지 않게 되었을 때, 가장 활공 거리를 늘리기 위해서는 활공각을 최소로 하면 된다. 그때의 활공각을 식 (3-43)에서 $T=0$이라고 하면,

$$Tan\,\theta = \frac{D}{L} = \frac{1}{L/D} = \frac{1}{C_L/C_D} \quad \text{------------}(3\text{-}45)$$

이 되므로 활공각이 최소, 즉 최대 활공 거리를 얻는 조건은

$(L/D)_{max}$ 또는 $(C_L/C_D)_{max}$: 최대 양항비

일 때이다. 따라서, 최대 활공 거리를 얻으려면 최대 항속 거리를 얻는 것과 같이 속도 $V_{L/D}$로 비행하면 된다. $V_{L/D}$는 중량이 클수록 커지지만, 그 중량에 따라 $V_{L/D}$를 유지하여 활공하는 한, 같은 활공 거리 또는 같은 활공각을 얻는다.

그림 3-32는 강하율과 활공각에 관계되는 요소, 즉 속도, 중량, 고도, 형태 그리고 풍향에 의한 영향을 나타낸 것이다.

이 그림에서 각각의 효과에 대해

① 주어진 중량, 고도, 형태에서는 $V_{L/D}$나 또는 그것보다 약간 큰 정도의 속도라면 활공각에 그다지 변화가 없으나 $V_{L/D}$보다 저속이거나 고속이 되면 될수록 활공각이 커진다.
 · 단발 항공기(Windmilling, High Pitch) $V_{L/D} \sim 1.4V_{S1}$
 · 쌍발 항공기(Feathered Position) $V_{L/D} \sim 1.5V_{S1}$

② 중량에 의한 영향은 각각의 중량에 따른 $V_{L/D}$의 경우는 같은 활공각을 얻는다. 고속으로 강하하거나 활공할 때는 동일 IAS라도 중량이 큰 쪽이 활공각이 더 작아진다. 다만, 소형 왕복 엔진 항공기의 경우는 중량의 변화가 별로 크지 않으므로 중량의 영향은 작다.

③ 고도의 영향으로 $V_{L/D}$(IAS)는 변화하지 않으므로 고도에 상관없이 활공각이 일정해진다. 다만, 고고도일수록 TAS는 증가하므로 강하율은 고고도 쪽이 크다(그림의 횡축은 TAS임에 주의).

④ 플랩이나 착륙 장치 내림 상태에서는 필요 마력이 크게 증가하므로 활공각이 매우 커진다. 따라서, 엔진이 작동하지 않을 때는 사정이 허락되는 한 플랩이나 착륙 장치를 올린 쪽이 활공 거리를 늘릴 수 있다.
 · 풍차 상태(Windmilling), 저피치(고 rpm) …… 최악

· 풍차 상태, 고피치(저 rpm) …… 약간 좋음
· 페더 위치(rpm=0) ……………… 가장 좋음

⑤ 바람의 영향으로는 활공각은 정풍에서는 크고, 배풍에서는 작아진다.

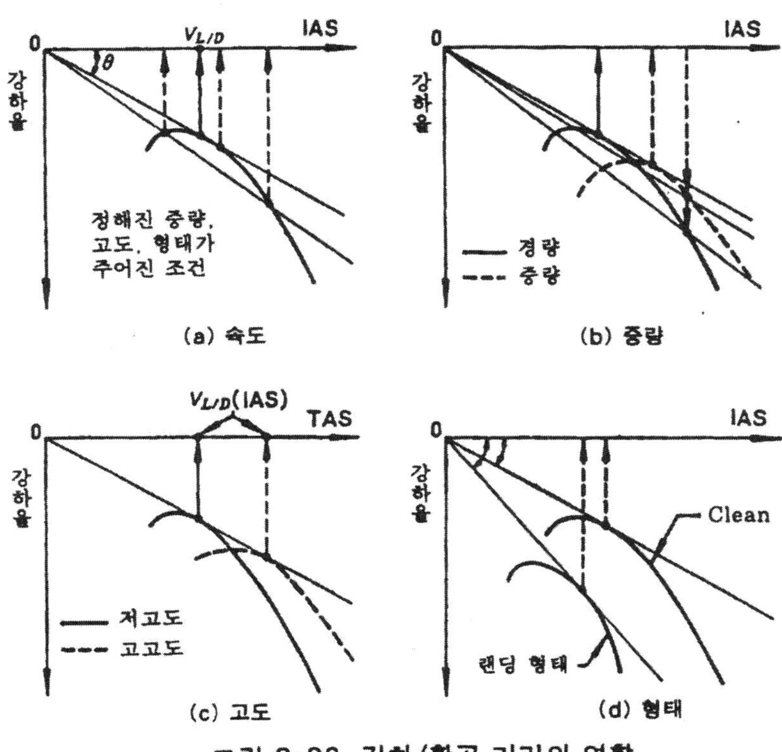

그림 3-32 강하/활공 거리의 영향

3) 활공비(Glide Ratio)

활공비는 그림 3-30에서 다음과 같이 된다.

$$활공비 = \frac{활공\ 거리(X)}{고도(H)} \quad \text{------------(3-46)}$$

$$\tan\theta = \frac{1}{L/D,} \quad \tan\theta\frac{H}{X} \quad \text{------------(3-47)}$$

이므로,

$$활공비 = L/D \qquad \text{--------------------------(3-48)}$$

가 되어 $V_{L/D}$에서 활공하면 $(L/D)_{max}$가 되고, 활공비는 $(L/D)_{max}$의 값 그 자체가 된다. 활공비를 크게 하려면, C를 최소로 하고 종횡비(Aspect Ratio)를 크게 해야 한다.

예를 들어 항공기에서의 최대 활공비는 대략 다음과 같은 값이 된다.

· 단발 항공기(Windmilling, High Pitch) ·············· 7~10
· 쌍발 항공기(Feathered) ·· 12~15
· 제트 항공기 ··· 20~25
· 글라이더(Glider) ··· 30~50

또, 제트 항공기나 글라이더와 같이 활공비가 너무 크면 속도를 증가시키지 않고 강하하는 것이 곤란해지는 경우가 있다. 이 때문에 강하각을 크게 할 수 있는 플랩이나 스포일러(Spoiler)가 사용된다.

4) 정상 강하(Normal Descent)

순항에서 정상 강하로 옮길 경우, 강하 속도는 순항 속도보다 느리지만, $V_{L/D}$보다는 큰 속도를 사용한다. 이때 스로틀을 강하 속도까지 감속한 뒤 강하로 옮기거나 엔진을 아이들 출력까지 저하시키면 프로펠러 후류가 매우 약해지고 기수 하강의 경향이 생김과 동시에 고도 저하와 감속을 일으킨다.

더우기 승강타의 성능도 저하되므로 주의가 필요하다. 강하각이나 강하율이 클 때는 엔진 출력으로 조절하고 강하 속도는 승강타로 조절한다.

5) 측풍중의 비행 경로 유지

비행 경로(Flight Path)를 따라 측풍이 불고 있는 경우에 이 비행 경로를 유지하여 비행하는 일은 이착륙시에 활주로에서, 또는 그 연장선상을 직진할 때나 어떤 정해진 항로를 순항할 때 등에도 극히 일반적으로 요구되는 일이다.

이같은 측풍 조건에서 비행을 하기 위한 기본적인 방법에는 크랩 방식과 윙 다운 방식이 있다.

A. 크랩 방식(Crab Method)

이것은 그림 3-33처럼 기수를 상대풍에 일치시켜서 비행 경로를 유지하는 방법으로서 기수 방향과 진행 방향이 일치하지 않고 외견상 옆으로 비행하는 인상을 주므로 이 이름(Crab)이 붙여졌다. 이 비행 방식은 공력적으로는 미끄러짐(Sideslip)없는 정상 비행과 같고 방향타와 보조 날개의 각도는 취하지 않는다.

비행 경로와 기수 방향이 주는 각을 크랩각(Crab Angle)이라 하고 이것은 측풍이 강한 만큼 또는 같은 측풍에는 비행 속도(TAS)가 느린 만큼 더 크다. 이 비행 방식은 다음에 설명하는 윙 다운 방식에 비해 많은 장점을 가지고 있으므로 측풍중을 비행할 때 가장 일반적으로 사용된다. 또, TAS와 풍향(풍속, 풍향)의 벡터합이 대지 속도(Ground Speed)이다.

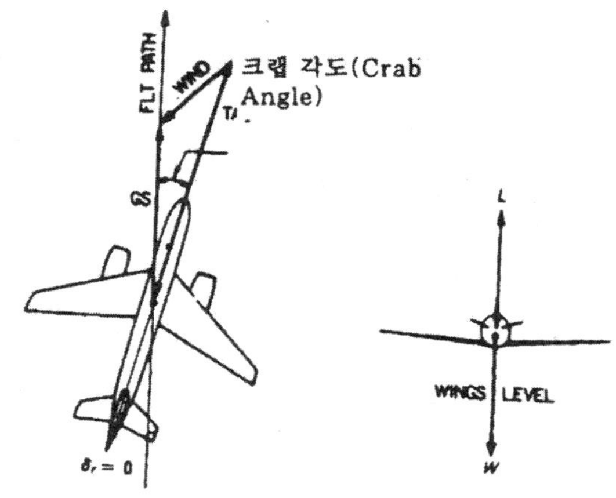

그림 3-33 크랩 방식(Crab

B. 윙 다운 방식(Wing Down Method)

이것은 그림 3-34처럼 비행 경로와 기수 방향을 일치시켜 정상적인 옆미끄럼을 시키는 것에 의해 비행 경로를 유지하는 방법이다.

이같은 정상적인 옆미끄럼을 유지시키기 위해서는 기체가 갖는 바람개비 효과를 상쇄하기 위한 방향타의 사용, 측풍에 의해 기체를 측풍 방향으로 하여 가로 방향의 힘(Sideforce)을 억제하기 위한 뱅크각이나 상반각 효과에 의한 롤링 모멘트를 상쇄하기 위해 보조 날개의 사용이 필요하다. 또, 윙 다운 방식으로 비행하기 위해서는 날개각에 따라 큰 양력이 필요하므로 승강타도 사용해야 하고 필연적으로 항력이 증가되어 엔진 추력도 증가시켜야 한다. 이처럼 정상적인 옆미끄럼에 의해 비행 경로를 확보하기 위해서는 엔진 출력을 포함한 모든 조종을 행해야 하므로 힘의 밸런스나 비행 경로의 유지가 곤란해진다.

측풍이 강할 때 또는 동일 측풍에 대해 비행 속도가 느릴 때는 옆미끄럼각(β)이 커지고 3타(승강타, 방향타, 보조 날개)의 타각, 엔진 출력, 뱅크각이 모두 증가해야 한다. 특히, 보조 날개와 스포일러(Flight Spoiler)가 연동하는 제트 항공기에서는 스포일러에 의한 요잉 모멘트를 상쇄하기 위해 한층 큰 방향타 타각을 취할 필요가 생기고 뱅크의 과대는 실속 속도를 증대시키며 풍향쪽의 날개는 상대풍에 대한 후퇴각이 감소하여 실속각도 작아지므로 윙팁(Wing Tip) 실속을 일으키기 쉬운 악조건이 발생한다. 이와 같은 이유에서 비행 속도를 바꾸지 않고 고도를 단시간에 저하시키는 등의 특수한 비행 목적을 빼고는 이 방식은 별로 사용되지 않는다.

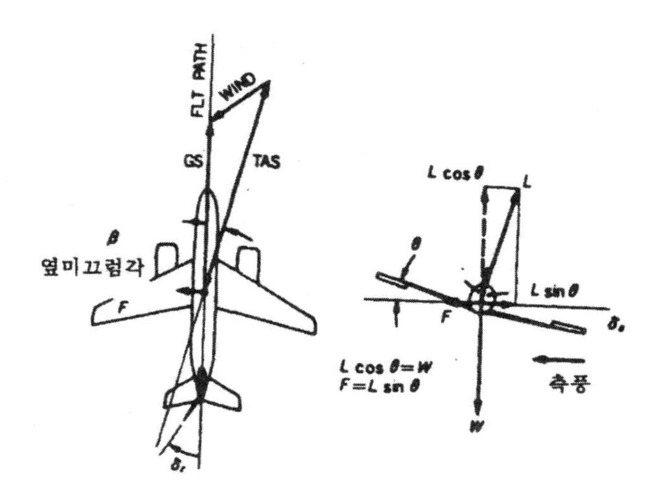

그림 3-34 윙 다운 방식(Wing Down Method)

또, 이·착륙시처럼 고도가 매우 낮은 곳에서는 급격한 고도의 저하나 뱅크를 하고 있는 것에 의해 윙팁 또는 엔진을 정지시킬 위험성이 있으므로, 이 방식의 사용은 오히려 금지되고 있다.

3-9. 엔진 고장시의 비행 조종과 트림

엔진 고장에 수반되는 비대칭 추력 아래에서의 비행 조종은 다발 항공기에서의 가로 조종 가운데서도 특히 중요한 문제중 하나이다.

엔진 고장에 의한 비대칭 추력은 CG 주변에 큰 요잉 모멘트(Yawing Moment)를 만들므로, 이같은 상태에서도 정상 비행을 유지하기 위해서는 방향타 등의 조종면을 사용하여 비행 자세의 유지가 가능해야 한다.

그림 3-35처럼 비교적 고속으로 비행하고 있고, 동시에 작동 엔진의 추력이 낮고 중심 위치가 전방에 있는 경우에는 작은 방향타 타각으로 비대칭 추력에 의한 모멘트를 상쇄할 수 있으며, 날개를 수평으로 유지하는 정상 비행을 할 수 있다.

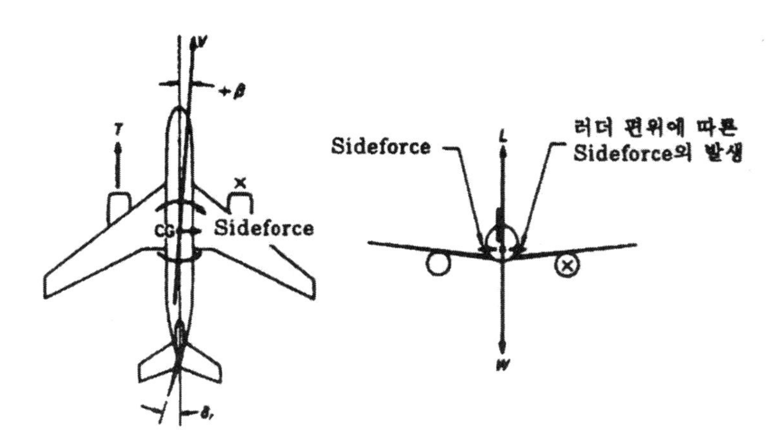

그림 3-35 엔진 결함(고속, 저추력, FWD CG)시의 조종

방향타는 CG 주변의 모멘트를 만들 뿐 아니라 거기에 발생한 힘은 기체 전체를 가로 방향으로 미끄러지게 하는 힘으로서도 작용하므로 기체는 작게 고장난 엔진쪽으로 옆미끄럼을 일으킨다. 그러나, 이때의 옆미끄럼 속도는 측풍 성분에 따라 극히 작은 값으로 억제되어져 버리므로 옆미끄럼각은 설령 있어도 매우 작은 것이 된다.

제트 항공기에서는 프로펠러 항공기에서 나타나는 프로펠러 후류나 토큐의 반작용(Counter Torque) 등, 엔진 고장에 의한 롤링 모멘트(Rolling Moment)의 발생은 거의 무시할 수 있으므로 날개를 수평으로 유지하기 위한 보조 날개의 사용도 매우 드물게 된다.

그러나 비행 속도가 저속인 상태에서 엔진 추력이 매우 크고 중심 위치가 후방 한계에 가까운 비행 조건하에서 엔진 고장이 일어난 경우는 좀 복잡한 조종이 필요하게 된다. 그림 3-36은 이와 같은 상황하에서의 비행 상태를 나타낸 것이다.

작동 엔진의 추력이 큰 경우에는 비대칭 추력에 의한 요잉 모멘트도 매우 커지므로 이 모멘트를 상쇄하기 위한 방향타 타각은 커진다. 특히, 비행 속도가 작고 CG가 후방에 있는 경우는 최대 타각을 취해도 비대칭 추력에 의한 모멘트를 상쇄할 수 없으며, 이 때문에 어느 정도 고장난 엔진쪽으로 요잉을 일으킨다. 이같은 요잉에 수반하는 옆미끄럼은 수직 꼬리날개의 받음각을 일으키고, 또 기류에 의한 방향타 타각의 증대를 초래하며 후퇴날개에 작용하는 바람개비 효과가 더해지므로 비대칭 추력에 의한 모멘트를 상쇄하는 점에서 유리하게 작용한다.

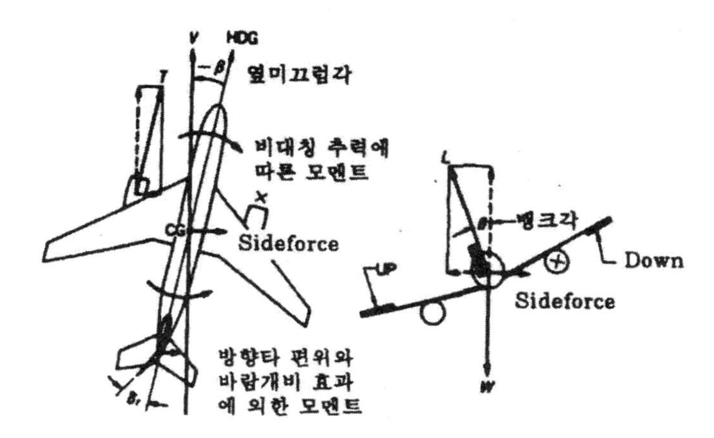

그림 3-36 엔진 결함(저속, 고추력, AFT CG)시의 조종

지금 이같이 어느 정도 옆미끄럼 상태에서 요잉 모멘트의 균형이 이루어졌다면, 이번에는 기체에 비스듬히 닿는 상대풍에 의해 생기는 방향타의 힘, 수직 꼬리 날개 및 방향타에 생기는 가로 방향의 힘, 엔진 추력의 가로 방향 성분 등에 의해 기체 전체에 큰 가로 방향의 힘이 더해지게 되고 이것은 고장난 쪽으로의 큰 옆미끄럼을 일으키는 원인이 된다. 따라서 날개를 수평으로 유지하는 것으로는 기체가 옆미끄럼을 일으키고 이것은 최초의 옆미끄럼각을 감소시키므로 요잉을 멈출 수 없어 점차 선회 운동을 일으킨다.

이 가로 방향의 힘을 상쇄하고 정상 직선 비행을 유지하기 위해서는 기체를 뱅크시켜(고장 엔진측의 날개를 올린다) 양력의 가로 방향 성분과 가로방향의 힘이 균형을 이루면 좋다. 다만, 비대칭 추력에 의한 모멘트가 큰만큼, 또 비행 속도가 느린 만큼 정상적인 옆미끄럼각을 얻기가 어렵다. 따라서 가로 방향의 힘이 커지므로 큰 뱅크각이 필요하게 된다.

정상적인 옆미끄럼을 유지하고 있을 때는 후퇴각 등에 생기는 상반각 효과 때문에 롤링 모멘트(Rolling Moment)도 생긴다. 따라서 보조 날개는 이 상반각 효과를 상쇄하고, 또 필요한 뱅크각을 유지하는 데에도 필요하다. 또 이 뱅크된 상태에서 비행 고도를 유지하기 위해서는 승강타에 의해 뱅크각에 따른 받음각의 증가(양력의 증가)를 꾀할 필요도 있다.

이상에서도 분명하듯이 엔진 고장시의 비행에서는 고추력, 저속, CG 허용 최후방 위치 등의 구성으로 가장 불리한 비행 상태가 되는데, 다음과 같이 몇 가지 문제점이 더 추가된다.

① 엔진의 장착 위치 — 날개에 엔진이 장착되어 있는 경우는 바깥쪽의 엔진 고장이 가장 불리하게 된다. 특히 그 비행기에서 엔진 고장이 발생했을 때, 비행 특성을 가장 나쁘게 하는 엔진을 임계 발동기(Critical Engine)라고 한다.

② 저속(고받음각)에서의 큰 옆미끄럼은 풍향쪽 후퇴 날개를 실속시키기 쉽고 스핀에 들어갈 위험성이 있다.

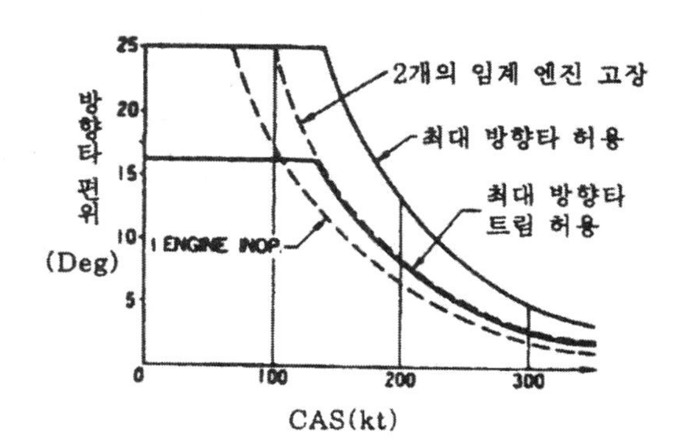

그림 3-37 엔진 결함과 방향타

③ 큰 받음각의 비행에서는 수직 꼬리 날개나 방향타가 날개나 동체의 후류 지역에 들어가므로 효과가 저하한다.

④ 기체의 뱅크각을 크게 하는 만큼 저속까지 자세 유지가 가능하지만 실속 속도(V_S)를 크게 하므로 실속에 들어가기 쉽게 된다.

⑤ 측풍의 영향 — 어느 비행 경로를 유지하여 비행할 경우, 고장난 엔진쪽에서 강한 측풍을 받으면 크랩각(Crab Angle)이 매우 커진다. 반대로 작동 엔진측으로부터 측풍을 받으면 수직 꼬리 날개나 방향타가 실속을 일으킬 위험성이 있다.

3-10. 이륙 성능

이륙(Take off)에서는 엔진이 최대 출력이기 때문에 고장을 일으키기 쉬운 상황에 있고 폭이 좁고 길이에 제한이 있는 활주로(Runway)를 유효하고 안전하게 이륙 활주를 하여야 하며, 속도가 느리고 안정성, 조종성이 저하되어 있는데다 고도의 여유도 적으므로 비행기와 조종사의 최고 성능과 능력 발휘가 요구된다. 따라서 이륙시 안전을 확보하기 위해서는 이륙에 관한 거리나 속도의 정의와 배경의 의미를 충분히 이해하고 정확한 상황 판단을 할 수 있어야 한다.

여기서는 감항류별 N, U, A류에 관한 이륙 거리와 이륙 속도의 정의, 이륙 성능에 미치는 영향 요소와 그 효과, 이륙 활주중이나 이륙 직후에서의 엔진 고장에 대한 대책 등에 대해 설명한다.

1) 이륙 거리와 이륙 속도

프로펠러 항공기에서 이륙 거리(Take off Distance)란 이륙 개시 정지점에서 가속을 시작하고 활주로 상공 50ft에 달하기까지의 수평 거리를 말하며 이 거리의 산정은 다음의 조건으로 결정된다.

① 엔진 출력은 허용 최대 이륙 출력일 것. 다만, 이 출력은 기압 고도나 외기 온도에 의해 제한된다.
② 리프트 오프 속도(Lift-off Speed) V_{LOF}는 단발 항공기일 경우는 통상 $1.2V_{S1}$, 다발 항공기일 경우는 V_{MC} 이상이다(실제로는 안전상 V_{SSE}를 적용한다).
③ 50ft 고도에서의 속도, 즉 이륙 속도는 단발 항공기일 경우에는 $1.3V_{S1}$ 이상, 다발 항공기일 때는 $1.1V_{MC}$ 또는 $1.3V_{S1}$ 중 큰 쪽의 값

이들의 관계를 나타낸 것이 그림 3-38인데, 이륙 거리를 이륙 활주 거리(Take off Roll Distance)와 공중 거리(Air Distance)로 구분해서 다루기도 한다.

특히 V_{LOF}를 크게 선택하고 있는 이유는 단발 항공기에서는 상승 직후의 안정성, 조종성의 확보, 과도한 기수 상승이나 돌풍 등에 의해 실속에 들어갈 위험성의 방지, 이륙 직후의 상승률 확보 등이 전제가 되어 있기 때문이며 다발 항공기에서는 이륙 활주중이나 상승 직후에 엔진 고장이 일어났다 하더라도 V_{MC} 이상이라면 기수의 롤링을 수정하여 비행 방향의 유지가 가능해지기 때문이다. 다만, V_{MC}는 착륙 장치 상승, 5° 뱅크각으로 비행 방향이 유지되는 최소 속도로서 이륙시와 같이 착륙 장치가 내려가 있고, 또 약간의 뱅크라도 프로펠러를 접지하기 쉬운 상황에서는 V_{MC}가 반드시 최소 안전 속도는 아니다. 이 때문에 V_{SSE}를 V_{LOF}의 최소 속도로 하여 이 속도 이하에서 엔진 이상이 확인되면 즉시 이륙을 포기할 필요가 있다.

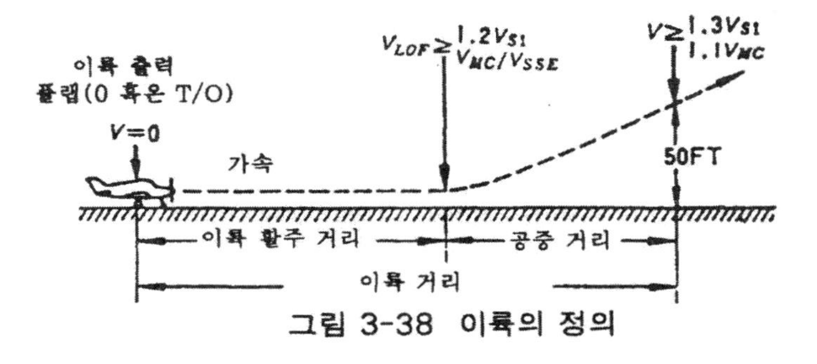

그림 3-38 이륙의 정의

2) 이륙 거리의 산출

이륙 성능은 가속이 크고 이륙 거리가 짧을수록 좋으나 이륙 거리는 거의 이륙 활주 거리의 단계에서 정해져 버리므로, 특히 이때의 역학 관계를 조사하면 주어진 조건 아래에서 이륙 거리에 영향을 주는 요소를 알 수 있다. 그림 3-39는 이륙 활주중에 기체에 작용하는 힘을 나타낸 것으로, μ는 활주로와 타이어 사이의 구름(Rolling) 마찰 계수, F는 마찰력, N은 지면 반력, a는 가속도이다.

이때 각각의 힘에는 다음과 같은 관계가 성립한다.

$$N = W - L$$

$$F = \mu N$$

$$\frac{W}{g} a = T - F - D \qquad \text{(3-49)}$$

여기서 활주중에 작용하는 힘, 즉 L, D, T, F의 변화를 조사하면 그림 3-40과 같이 된다. 양력은 일정한 받음각으로 가속됨으로서 거의 속도 제곱으

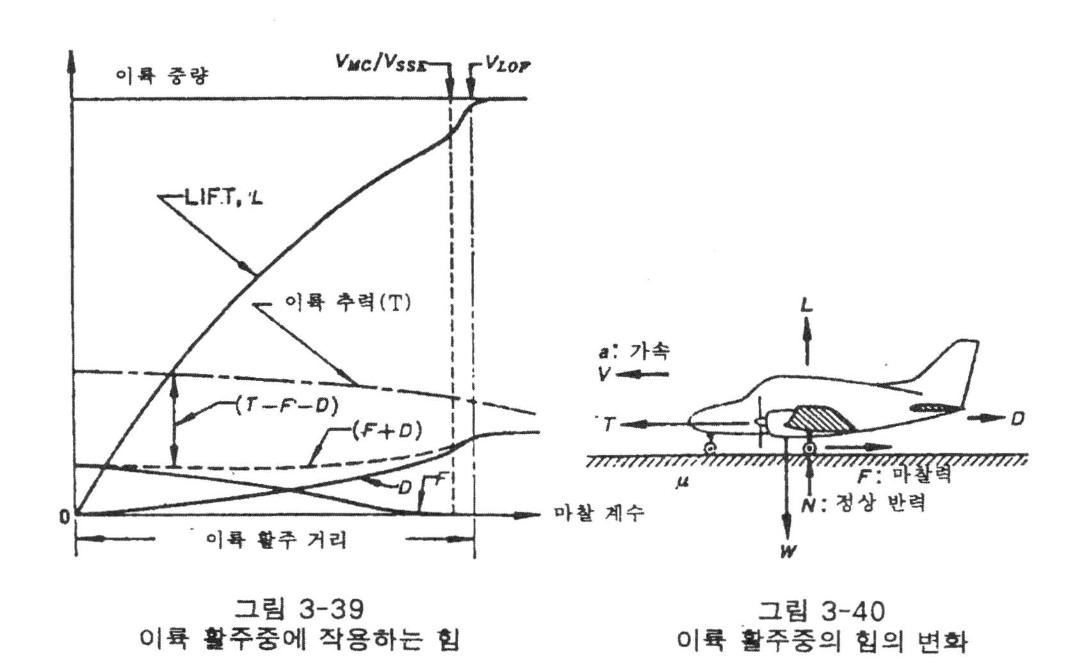

그림 3-39
이륙 활주중에 작용하는 힘

그림 3-40
이륙 활주중의 힘의 변화

로 증가하고 마찰력은 속도 증가에 따라 지면 반력이 작아지므로 감소하며 항력은 증가한다. 추력은 정속 프로펠러의 경우라도 항공기 속도의 증가에 따라 약간 감소한다. 이들의 관계에서 기체의 가속에 영향을 주는 힘(T-F-D)은 이륙 활주중 거의 일정하므로 가속도도 일정하다고 생각할 수 있다. 따라서 이륙 활주 거리 S는 다음과 같이 하여 구할 수 있다.

$$V = at$$

$$S = \int V dt = \frac{1}{2} at^2 = \frac{1}{2} \times \frac{V^2}{a} \quad \text{-------------(3-49)}$$

$$= \frac{W}{2g} \times \frac{V^2}{T - F - D} \quad \text{--------------------(3-50)}$$

이것이 이륙 거리 산정의 기본식이 된다.

그림 3-41은 가속도 a를 중력 가속도 g를 기준으로 하여 주어졌을 때의 속도와 거리와의 관계를 나타낸 것이다(단, 1g=32.2ft/sec^2).

이륙 거리는 이륙 활주 거리에 비례한다고 가정하고 속도 V 대신에 이륙 속도 $V_T = 1.3V_{S1}$를 생각하면 이륙 거리는 추력(또는 BHP)의 크기, 이륙 속도(실속 속도 V_{S1}이 기준), 활주로의 상태(마찰 계수, 기울기), 바람, 이륙 중량 등의 영향을 받음을 알 수 있다. 이어서 이들의 구체적인 효과를 살펴보자.

A. 추력 T

엔진 출력은 그 최대치인 이륙 출력을 사용하며, 이때의 추력도 최대가 되므로 가속도 크다. 그러나 rpm 최대, 풀 스로틀(Full Throttle : 수퍼차저가 없는 엔진의 경우)로 얻어지는 출력은 압력 고도나 외기 온도가 높을수록 감소하며, 또한 이때 프로펠러를 통과하는 공기량도 감소하기 때문에(공기 밀도의 감소에 의해) 추력 감소가 현저해진다.

B. 이륙 속도 V_T

이것은 실속 속도가 기준이 되므로 이륙 중량이 클수록 커지고 이륙 거리는 이 속도의 제곱에 비례하여 커진다. 더우기 실속 속도는 압력 고도나 외기 온도가 높을수록 커져서 이륙 거리가 늘어난다.

C. 플랩각

소형 왕복 엔진 항공기에서는 통상 플랩각 = 0에서 이륙하는 경우가 많다. 이것을 이륙 속도는 플랩각에 상관없이 같기 때문에 가속성을 좋게 하려면 플랩각이 작은 쪽이 좋기 때문이다. 그러나 활주로의 상태가 나쁘거나 길이가 짧을 때는 플랩각을 10~15° 정도의 이륙 위치로 설정하고 상승 후의 상승각을 크게 취하여 이륙 거리를 짧게 할 수 있다.

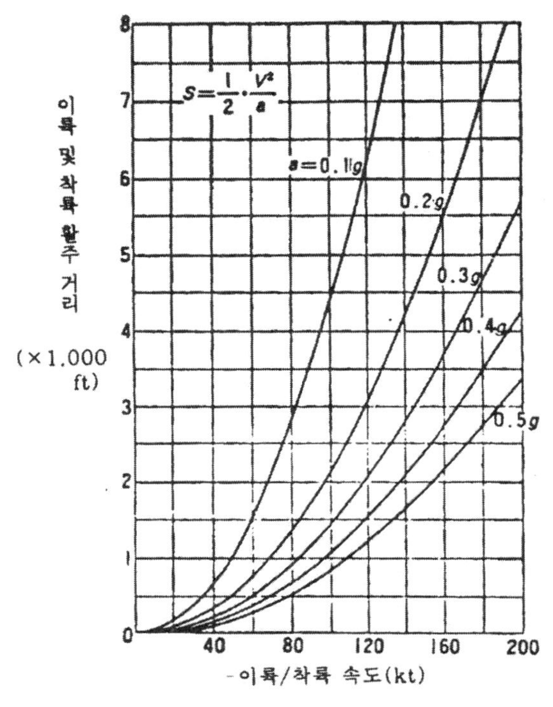

그림 3-41 거리, 속도, 가속과의 관계

D. 활주로 상태

포장되어 있고 건조된 활주로에서의 마찰 계수는 거의 $\mu=0.02$이며 통상은 이 값을 표준으로 하고 있다. 그러나, 활주로상에 물이 고인 곳이나 눈이 있을 때는 $\mu = 0.1 \sim 0.3$에 달하는 경우도 있는데, 이때의 마찰력 증가는 이륙 거리를 현저하게 늘리게 된다. 이러한 경우는 플랩을 사용하여 빨리 양력을 크게 하여 마찰력을 감소시키거나 미리 상승시켜 지면 효과를 이용하여 가속을 크게 취하는 등의 대책도 필요해진다. 활주로의 경사는 마찰력이 있어도 별로 크지 않은게 보통이며(±2% 이내), 그다지 영향은 없으나 이륙 상승 방향의 기울기에서는 이륙 거리를 약간 늘리고 착륙 강하 방향의 기울기일 때는 짧게 한다.

E. 바람의 영향

바람의 영향은 크며 풍속, 풍향에 차이는 있더라도 항상 존재한다고 생각하는 편이 좋다. 정풍(Head Wind)은 작은 대지 속도로 이륙 속도까지 도달시키는 효과를 가지나 배풍의 경우는 반대로 대지 속도를 크게 하여야 하므로 이륙 거리를 늘린다. 이륙 거리는 속도의 제곱에 비례하므로 바람의 정풍 성분을 V라고 하면 바람이 없을 때의 거리와 정풍이 있을 때의 거리 S와의 사이에는 근사적으로 다음 관계가 성립한다.

$$S_W = S\left(1 - \frac{V_W}{V_T}\right)^2 \quad \text{-----------------------(3-51)}$$

예를 들어 이륙 속도 100kt인 정풍을 받아 이륙할 때는 바람이 없을 때의 이륙 거리보다 20% 정도 짧아도 된다.

측풍 성분에 대해서는 안전상 최대 측풍 속도의 제한을 두고 있으나, 제한값 이내라도 이륙 성능에는 고려하지 않는다. 그러나, 측풍이 강하면 활주중 바람에 의해 기체를 흔들리게 하는 측풍의 힘, 상반각 효과에 의해 기체를 기울이는 힘, 기수를 바람이 오는 쪽으로 향하게 하는 바람개비 효과 등이 생겨 활주로 중심에서 기체를 벗어나게 하는 경향이 강해지므로 이들을 수정시키기 위해 조종면은 기체 항력을 증대시키게 되므로 이륙 거리를 늘린다.

특히, 단발 항공기에서는 왼쪽에서 강한 측풍을 받으면 프로펠러의 회전 후류의 영향이 가해지기 때문에 직선 활주를 매우 곤란하게 한다.

F. 중량

중량은 실속 속도에 주는 영향이 크며 중량이 클수록 가속도를 저하시키고, 마찰력도 커져서 더한층 가속을 지체시킨다. 또 단발 왕복엔진 항공기의 경우는 별로 이륙 거리가 필요하지 않는 경우도 있어 최대 중량, ISA, SL(고도=0)의 조건에서의 값 만을 나타내고 있는 경우가 많다.

G. 조종사 기량

이것도 성능상 중요한 요소로 작용하며, 예를 들어 측풍을 받아 활주로 상을 지그재그로 가거나 속도가 실속 속도에 가깝게 됨에 따라 상승하는 것을 V_{LOF}까지 승강타를 사용하여 억제하지만, 이때 과도하게 억제하면 승강타에 생기는 항력과 노스 휠 하중이 증가하여 마찰력을 크게 하므로 가속을 느리게 하거나 너무 빠른 상승(Rotation) 조작은 항력을 증가시키고, 반대로 너무 느린 상승은 지상 활주 거리를 현저히 증가시킨다.

상승시의 피치가 통상 정해져 있으나, 너무 크게 하면 일시적으로 상승은 커지나 가속이 감소하고 이륙 속도에 달하지 않으며 반대로 너무 낮으면 가속은 비교적 좋으나 50ft에 달하기까지의 수평 거리를 늘리는 등의 문제가 생기기 쉽다.

또, 보통 이륙에 앞서서 승강타 트림(Trim)을 이륙 위치로 설정하는데, 이 위치는 상승 속도에서 거의 트림 상태가 되는 위치이다. 상승할 때 지면 효과나 프로펠러의 자이로 효과 때문에 큰 조타력이 필요하므로 그것을 경감시키기 위한 것이다.

실제로 이륙 거리를 구하려면 그림 3-42와 같은 챠트가 이용된다. 이러한 성능도는 비행 매뉴얼(Flight Manual)에서 평균적인 기량을 보유한 조종사에 의해 얻어지는 성능이라고 명시되어 있으나, 실제로는 경험이 축적된 시험 조종사가 실험한 데이터에 근거하여 만들어진 것임에 주목할 필요가 있다. 따라서 조종 기량에 또는 어떤 조건에 의해 약간 늘어나는 수가 있다.

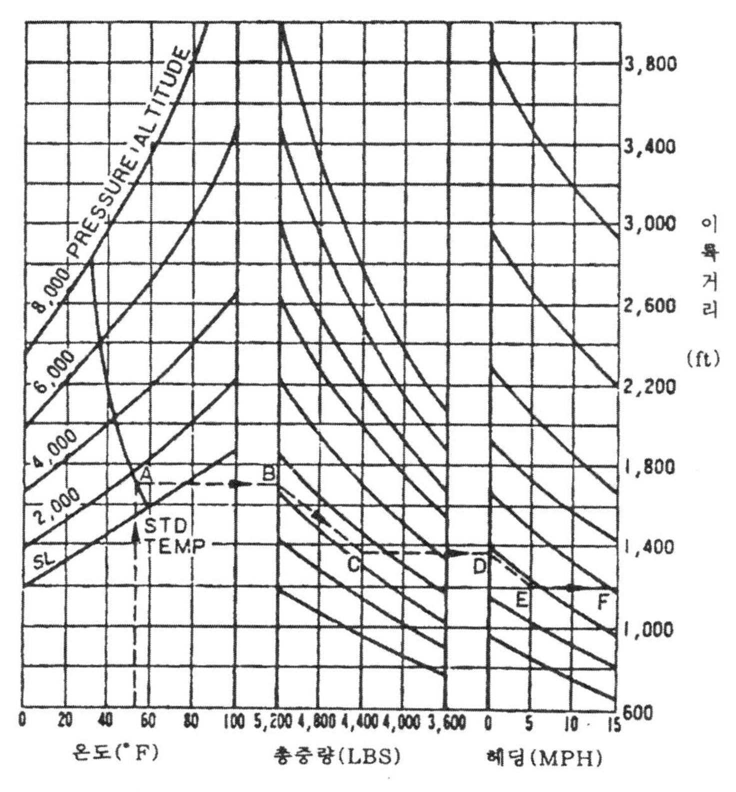

그림 3-42 이륙 활주 거리에 관한 예

3) 가속 정지 거리(Accelerate-Stop Distance)

이륙시에는 엔진 고장을 예상하고 안전을 고려할 필요가 있다. 만약 이륙 활주중 추력이 충분하지 않고 가속이 나쁘거나 연료 유량(압력)이 급히 감소하거나, 또는 엔진 오일의 온도, 압력에 이상이 발생하는 등의 현상이 나타나면 안전한 이륙은 보증할 수 없다.

따라서 엔진의 작동 상태를 충분히 확인함과 동시에 활주로에서 엔진 고장을 알게 되면 빨리 다른 엔진을 이용하여 활주로상에서 안전 정지 조작을 하거나, 또 다발 항공기일 때는 그대로 나머지 엔진을 작동하여 가속을 계속하고 활주로 끝(Runway End) 상공 50ft를 안전하게 통과할 수 있는지의 여부를 판단할 필요가 있다.

단발 항공기에서의 엔진 고장은 지상 활주중, 비행중의 어떤 경우라도 정지 또는 안전 지대로 강하시킬 필요가 있다. 다만, 이륙 직후의 상승 자세에 있을 때 엔진이 정지하면 조종면의 성능 저하가 일어나고, 또 실속에 들어가기 쉽다[속도가 낮기 때문에 파워 오프(Power Off)의 실속이 됨].

다발 항공기의 이륙에서는 V_{LOF}보다 저속이고 1개의 엔진이 고장난 경우는 곧 정지 조작을 해야 한다. 이때 최고 임계 상태가 되는 것은 속도가 V_{LOF}에 달했을 때이므로 「이륙 개시 지점에서 V_{LOF}까지 가속하고 거기서 한 엔진의 고장을 알면 2~3초간의 판단, 조작 시간의 지체를 고려하여 전엔진을 아이들, 풀 브레이크(Full Brake) 조건하에서 완전히 정지하기까지의 거리」를 구하는데 그것을 가속 정지 거리라고 한다. 이 거리가 활주로 길이보다 짧아야 함은 말할 필요도 없다.

한편, 속도가 V_{LOF}나 또는 그 이상의 속도에 달한 시점에서 한 엔진에 고장이 발생한 경우에는 그대로 이륙을 계속한다. 이때 「이륙 시작 지점에서 V_{LOF}까지 모든 엔진이 정상이고, V_{LOF}에서 엔진 정지를 가정하고 그대로 이륙 상승하여 고도 50ft까지 달하는 수평 거리」를 가속 계속 거리(Accelerate-Go Distance)라고 한다. 다만, 이때 상승 후 가능하면 빨리 고장난 엔진의 프로펠러 피치를 페더(Feather)로 하거나 착륙 장치를 올리고 날개를 수평으로 유지하는 등의 노력과 동시에 장해물이 없으면 가능한 엔진 한개가 작동되지 않을 때의 최량 상승율 속도까지 가속시킬 필요가 있다.

그림 3-43은 V_{LOF}에서 엔진이 고장났다고 가정했을 때의 가속 정지 거리와 가속 계속 거리의 관계를 나타낸 것이다. 소형 쌍발 항공기에서의 가속 거리는 매우 커지고 가속 성능도 현저히 저하되는 것에 주의가 필요하다.

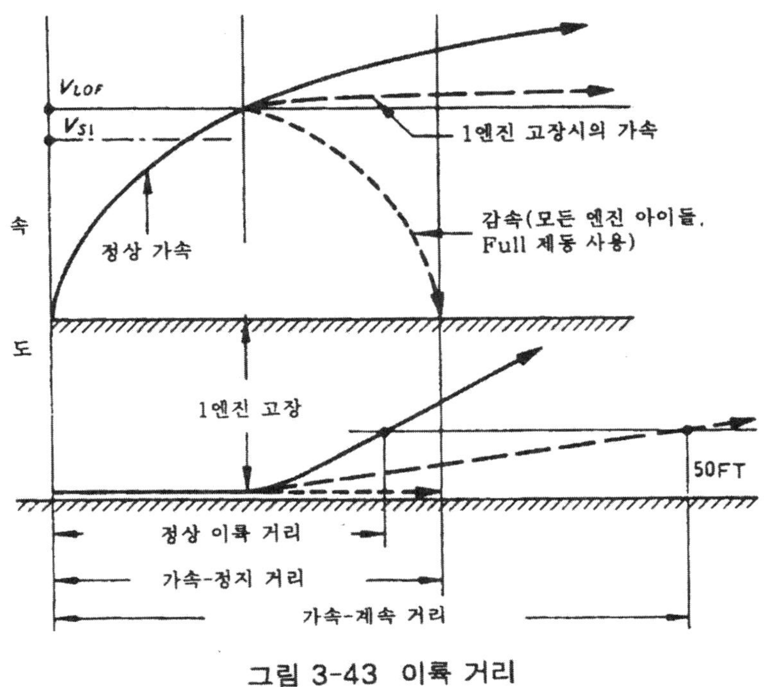

그림 3-43 이륙 거리

3-11. 착륙 성능

접근(Approach)은 소정의 활공각(Glide Angle)을 유지하여 감속시키고 활주로에 접근하면 적절한 플랩각과 엔진 출력의 설정이 필요하다. 플랩각은 이륙 위치, 접근 위치, 착륙 위치의 순으로 실속 속도를 저하시킴으로 엔진 출력의 설정이 필요하다. 플랩각은 이륙 위치, 접근 위치, 착륙 위치의 순으로 실속 속도를 낮춤으로써 접근이나 착륙 속도를 실속 속도에 대해 충분히 여유를 갖게 할 수 있으며, 동시에 항력을 증가시킴으로 속도를 늘리지 않고 보다 큰 접근각을 유지시킬 수가 있다.

착륙 플랩 위치는 저속이며 상반각 효과가 감소하는 등으로 안정성, 조종성을 악화시켜 강하율을 크게 하는 경향이 있으므로 확실히 착륙할 수 있는 자세에 들어가기까지 이것을 사용하지 않는 것이 원칙이다. 강하율의 조절은 엔진 출력으로 한다.

여기서는 이렇게 하여 접근, 착륙 자세에 있는 비행기의 착륙에 관해 착륙에서의 기준과 성능에 영향을 주는 요소, 측풍 착륙이나 엔진 한개의 고장시 접근 등에 관한 공력적 고찰, 그에 따른 접근 복행이나 실패 접근 등의 문제점에 대해 설명한다.

1) 착륙 거리(Landing Distance)

이륙에서는 활주로 끝(Runway End 또는 Threshold)의 상공 50ft 이상을 통과하지만, 착륙 거리는 고도 50ft를 통과하여 완전히 정지할 때까지 필요한 수평 거리로 정의된다. 또 활주로 끝 위의 50ft를 통과할 때의 속도(이것을 Reference Speed, V_{REF} 또는 Threshold Speed, Barrier Speed 등이라고 함)는 왕복 엔진 항공기의 경우 $1.3V_{S1}$이다(그림 3-44).

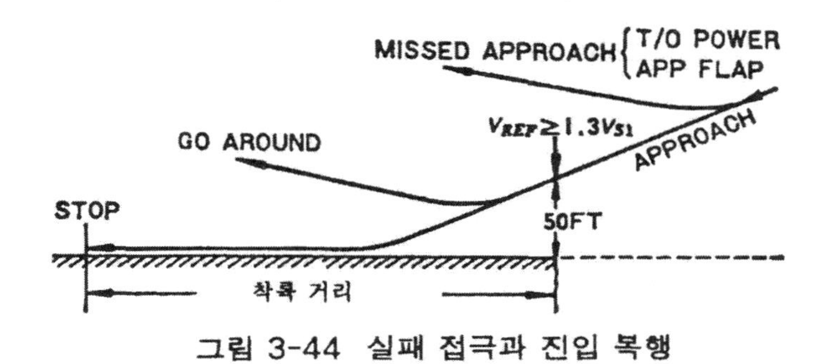

그림 3-44 실패 접극과 진입 복행

착륙 거리의 산정은 엔진 출력이 아이들, 플랩 착륙 위치, 풀 브레이크 조건 아래에서 구하나 이륙과 같이 기압 고도, 외기 온도, 중량, 활주로 상태, 바람 등의 영향을 받는다.

그림 3-45는 착륙 거리를 알기 위해 챠트의 예를 나타낸 것이다.

2) 착륙시의 문제점

안전한 착륙을 하기 위해서는 접근 단계에서 비행 경로, 속도 등의 정확한 조절이 필요하다. 그러나, 플랩 착륙 위치, 엔진 저출력, 저속 등의 상태에서는 예를 들어 대기 상태가 안정되어 있더라도 안정성, 조종성이 저하되어 있어 정확한 조종이 어렵다. 통상적인 착륙에서 일어나기 쉬운 문제로 고려해 두어야 할 것을 몇가지 예를 나타낸다.

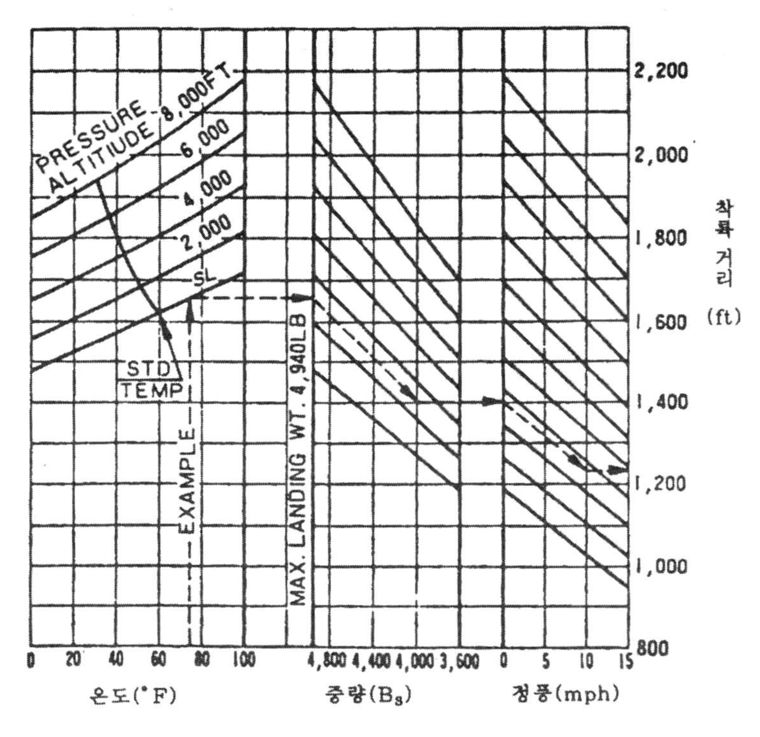

그림 3-45 착륙 거리의 예

① 활주로 끝에서의 속도가 기준이 되는 $1.3V_{si}$보다 크면 플레어(Flare)시 지면 효과를 강하게 받아 벌루닝(Ballooning)을 일으키기 쉬워지고 착륙 거리를 크게 늘이게 된다. 이때 엔진 출력이 아직 남아있으면 더한층 그 경향이 강해진다. 과대한 상승은 기체를 다시 상승시키고, 또 파워 오프(Power Off)의 실속을 일으켜 활주로에 추락하는 경우도 있다. 역으로 플레어가 늦어지거나 플레어 양이 적을 때는 강하율이 크게 되어 접지 후 기체를 바운드(Bounce)시키거나 포포이즈(Porpoise) 시키는 위험성도 있으므로 활주 거리를 늘릴 뿐만 아니라 착륙 장치 등 기체 구조를 손상시킬 가능성도 있다.

② 기준 속도보다도 저속으로 강하하면 활주 거리는 그만큼 짧아지나 지면 효과에 의한 기수 하강 모멘트를 승강타로 충분히 상쇄할 수가 없는 경우도 있고 CG가 전방 한계에 있는 경우는 특히 위험하다. 저속 착륙의 또

하나의 문제는 착륙을 포기하고 다시 상승할(이것을 착륙 복행 ; Go Around이라고 함) 때, 엔진 출력을 늘려도 잉여 마력이 적어 상승을 곤란하게 하는 경우가 있으며 단발 항공기의 경우는 프로펠러의 효과가 급히 나타나므로 더 한층 위험이 늘어난다.

③ 활주로 말단에서의 고도가 너무 높은 경우나, 활공각(이것을 통상 2.5°/3.0°)이 너무 낮으면 착륙 거리가 길어진다. 이것을 무리하게 수정하여 고도를 낮추면 강하율이 너무 커지는 경우도 있다. 최대 착륙 중량에서 접지시의 최대 허용 강하율은 600ft/min이나, 이것은 착륙 장치의 강도 상에서 제한된 값임에 주의해야 한다. 비상 사태가 발생했을 경우의 착륙에서는 착륙 중량을 가능한 한 최대 착륙 중량 이하로 할 필요가 있으나, 부득이하게 최대 이륙 중량 근처의 중량으로 착륙할 경우 접지시의 강하율은 360ft/min 이하로 제한할 필요가 있다.

④ 접지 직후의 제동 능력에 관해서는 기체가 상승되지 않는 범위에서 노스 랜딩기어를 올려서 기체나 플랩에 작용하는 공력적 항력을 이용하는 쪽이 효과적이다(제트 항공기에서는 반드시 적용되는 것은 아니다). 플랩도 착륙 위치일 때 항력이 크게 작용하므로 통상적인 착륙에서는 다운(Down) 위치에서 하는 쪽이 좋다. 다만, 활주로에 물이 고인 곳이나 눈이 녹은 곳(Slush) 등이 남아 있을 때는 플랩의 파손을 막기 위해 가능한 한 빨리 올릴 필요도 생긴다.

⑤ 접지 직후의 브레이크는 제동 마찰력이 $\mu(W-L)$로 주어지므로(제동 마찰 계수 : $\mu=0.4\sim0.5$), 양력이 남아있는 동안은 별로 효과가 없으나 어느 정도 감속한 시점에서는 기수를 내려 양력을 줄이면 브레이크에 의한 제동력이 유효하다.

⑥ 고속 회전하고 있는 휠에 급히 큰 제동을 걸면 휠이 락크(Lock)되고 타이어가 스키드(Skidding)를 일으키는 경우도 있어 제동 능력의 저하나 경우에 따라서는 타이어가 파손되거나 펑크가 날 위험성이 있다. 앤티 스키드 장치(Anti-Skid System)는 이 스키드를 방지하고 브레이크 효과를 높이는데 큰 작용을 한다.

⑦ 활주로상에 수면이 있으면 하이드로플레닝(Hydroplaning)을 일으키기 쉽다. 하이드로 플레닝은 타이어 공기압에 의해 임계 속도가 정해져 통상 노스 랜딩기어의 타이어 쪽이 공기압이 작아서 방향 유지를 곤란하게 하거나 브레이크 효과를 매우 악화시키는 위험성이 있다.

하이드로플레닝 임계 속도(kt)= $9\sqrt{P}$
P=타이어 공기압(psi)

⑧ 돌풍이 있을 때는 정풍의 크기나 돌풍 속도의 크기에 의해 착륙 속도를 증가시킨다. 이것은 돌풍에 의해 항공기 속도(IAS)가 급격히 감소하여 자세를 크게 변화시켜서 실속을 일으키거나 강하율이 커지기 쉬우므로 이들에 대해 여유를 갖게 하는 것이 목적이다. 돌풍이 있을 경우, 플랩은 가능한 한 0이나 이보다 적은 각도로 해야 한다. 만약, 플랩을 착륙 위치로 해두면 돌풍의 영향을 그만큼 강하게 받아 착륙 진입에서 크게 코스가 벗어나거나 자세가 불안정해진다.

3) 측풍 착륙

착륙에서는 진입 경로가 활주로 중심선과 일치하고, 또 날개가 수평이며 공중 모드에서 지상 모드로의 완만한 이행이 바람직하다. 그러나, 측풍을 받아 진입할 때는 기체를 바람 아래로 밀어내려는 측방향의 힘, 바람개비 효과, 그리고 상반각 효과 등이 작용하고, 또 저출력, 플랩 하강시에는 비행 경로의 유지가 곤란하다.

활주로 중심선과 비행 경로(Flight Path)를 일치시키는 기본 방법은 윙 다운 방식(Wing-Down Method)과 크랩 방식(Crab Method)이 있지만, 여기서는 그들의 역학적 고찰과 비행 특성상의 문제점에 대해 간단히 설명하겠다.

A. 윙 다운 방식

이것은 윙 로우 방식(Wing-Low Method)이라고도 하며, 그림 3-46(a)와 같이 보조 날개와 방향타에 의해 희망하는 비행 방향에 기수 방향(Heading)을 맞춰 기체를 뱅크시킴으로서 측풍에 의해 생기는 가로 방향의 힘(Side Force)을 제거하여 비행 방향을 확보하는 것으로, 이때의 뱅크는 정상적인 옆미끄럼(Sideslip)을 주기 위한 것이다. 이때의 뱅크각은 측풍이 강하면 그것에 비례하여 커지고 기체 중량을 지탱하기 위한 양력도 크게 필요하다. 따라서 강한 측풍을 받아 진입할 경우에는 실속 속도가 증가하고 속도에 관한 안전상의 여유(Safety Margin)가 감소하게 된다.

이 방식은 활주로와 진행 방향이 일치되므로 접지 후에 메인 랜딩기어(Main Landing Gear)가 옆미끄럼을 하지 않는 점에서는 좋으나, 기체를 뱅크시킨 상태로 착지하면 프로펠러(특히 다발 항공기)나 윙팁(Wing Tip)을 접지시킬 위험성도 있다.

이 때문에 대형 항공기에서 이 방식을 취하면 위험하다.

B. 크랩 방식(Crab Method)

이것은 그림 3-46(b)와 같이 날개를 수평으로 하면서 기수 방향을 상대 흐름 방향으로 향하게 함으로서 측풍 성분을 제거하여 비행 경로를 유지하는 방법이다. 측풍이 너무 강할 때는 비행 경로와 기수 방향이 이루는 각[이것을 크랩각(Crab Angle)이라 함]이 너무 커져서 접지시에 활주로로 직진하기 위해서는 크게 기수 방향을 바꿀 필요가 생긴다.

일반적으로 대형 항공기에서는 이 방식으로 진입 착륙하지만, 접지시의 기수 방향이 적절하지 않으면 활주로에서 튀어오르거나 활주로에 대해 옆미끄럼 상태로 접지하게 되어 랜딩기어에 측방향의 하중이 걸리고 랜딩기어를 파손할 위험성도 있다.

어떤 방식이라도 강한 측풍을 받는 착륙은 위험하므로 진입 착륙의 속도를 얼마간 크게 취하여 편류각이나 뱅크각을 감소시켜서 안전상의 여유를 갖게 할 필요가 있으며, 또 운용상 비행기마다 허용 최대 측풍 성분에 대한 제한을 두고 있다.

활주로 진입중 윙 다운 방식에서 발생하는 옆미끄럼(Slip)은 기체에 걸리는 항력이 증가하므로 항공기 속도를 증가시키지 않고 강하각을 크게 할 수 있다는 장점은 있으나, 너무 큰 옆미끄럼은 고도 저하를 크게 하므로 주의가 필요하다.

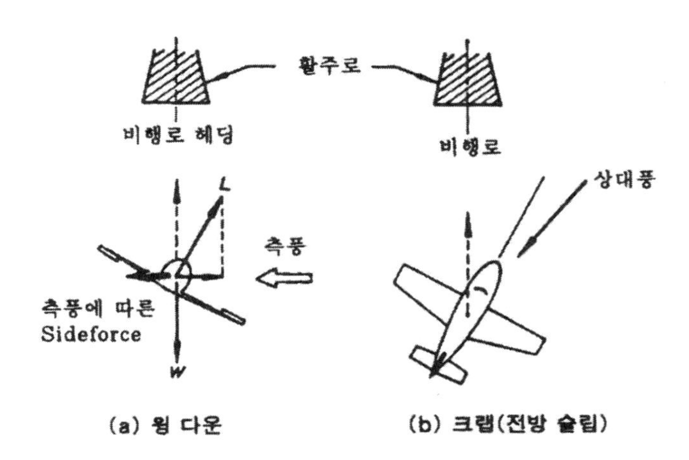

그림 3-46 측풍 랜딩(Cross Wind Landing)

4) 한 엔진 고장시의 착륙

다발 항공기에서 엔진 하나가 고장시 그 상태에서 착륙해야 하는 경우는 속도 및 고도의 저하에 충분한 주의가 필요하다. 이것은 설령 정상 엔진을 최대 출력으로 해도 잉여 마력이 매우 작아지며, 속도가 필요한 경우에도 가속이 작고 상승률도 떨어지기 때문이다. 진입중의 최소 속도는 최소 조종 속도인 V_{MC} 혹은 V_{SSE}를 초과하지 않도록 해야 하고 이것 이상의 속도라도 큰 뱅크각은 취할 수 없다. 단, 활주로 끝에서의 속도 V_{REF}는 $1.3V_{S1}$이며 이것은 $V_{MC}(V_{SSE})$보다는 크다. 그러나, 착륙 장치나 플랩의 사용은 항력을 증가시키므로 확실한 착륙(진입 코스, 진입각, 속도, 뱅크각의 크기 등이 적절한 범위에 들어가 있을 것)을 확신할 수 있을 때까지 이 사용을 늦어지게 할 필요도 있다.

5) 진입 복행과 실패 접근

진입중의 비행 경로나 속도 등이 안전한 착륙을 곤란하게 할 경우에는 실패 접근(Missed Approach) 또는 진입 복행(Landing Climb 또는 Go Around)를 해야 한다. 플랩이 착륙 위치까지 내려가 있지 않은 형태, 즉 진입 형태에서는 비행 속도도 크고 문제는 없지만, 플랩이 착륙 위치(Full Flap)로 착륙 자세에 있을 때에는 실패 접근을 행하는 것은 저속인데다가 고도에도 여유가 적으므로 위험하다.

진입시에는 프로펠러 피치를 낮게 하여(고 rpm 위치) 진입 복행이나 실패 접근에 대비하여야 하며, 진입 복행이 필요한 경우는 우선 엔진 출력을 최대 연속 출력(수퍼차저가 없는 경우는 풀 스로틀)까지 증가시키면 강하율은 약해지고 결국 상승한다. 또, 엔진이 아이들에서 풀 파워까지 변화하면 프로펠러 후류의 영향에 의해 실속 속도가 작아지고 승강타의 효과도 증가하므로 상승은 한층 쉬워진다.

플랩 상승의 실속 속도보다 큰 속도로는 실패 접근을 위해 플랩을 단계적으로 올리는 것은 가능하지만, 저속도로 비행중 플랩을 올리면 고도의 저하나 피치 자세의 변화를 수반하는 일이 있으므로 주의를 요한다. 또, 랜딩기어보다 플랩을 먼저 올리는 것이 일반적으로 잉여 마력을 크게 할 수 있고 상승률을 크게 할 수 있다.

단발 항공기에서 엔진 출력의 급격한 변화는 회전 후류나 토큐의 반작용 등의 영향을 받으므로 우회전 프로펠러의 경우에 좌로 뱅크, 좌로 기수를 흔드는 경향을 발생시킨다.

다발 항공기에 1엔진 고장의 경우는 아직 형태가 진입 형태에 있고 속도가 $V_{MC}(V_{SSE})$에 대하여 충분히 여유가 있을 때는 진입 복행이 가능하지만, 착륙 자세(풀 플랩, 각 내리기)에서는 매우 곤란해진다.

착륙 진입중 승강타의 조타력을 경감하기 위해서 큰 기수 상승 트림을 취하면 실패 접근을 시도하려고 큰 파워를 내는 경우에는 프로펠러 후류가 승강타나 트림 탭에 닿아 크게 기수를 상승시키는 경우가 있고, 특히 단발 항공기에서는 이 경향이 현저하고 위험하다.

제4장 항공기의 안정과 조종

4-1. 일반

1) 정적 안정(Static Stability)

모든 힘과 모멘트가 "0"일 때 항공기는 평형 상태에 있다고 한다. 항공기가 평형 상태일 때 가속은 없으며 안정된 비행 상태에 있다. 평형 상태가 돌풍이나 조종 계통의 움직임에 의해 교란을 받으면 항공기는 모멘트(Moment)나 힘의 불균형에 의해서 가속을 가져온다.

시스템의 정적 안정은 평형 상태로부터 어떤 교란이 있은 후에 평형 상태로 되돌아가는 초기의 경향에 의해서 결정된다. 만약 물체가 평형일 때 교란을 받으면, 평형 상태로 회복되는 경향을 가지는데 이를 (+) 정적 안정이 존재한다고 한다. 또한 물체가 교란받은 방향으로 계속되는 경향이 있으면 (−) 정적 안정이나 정적 불안정이 존재한다고 말한다.

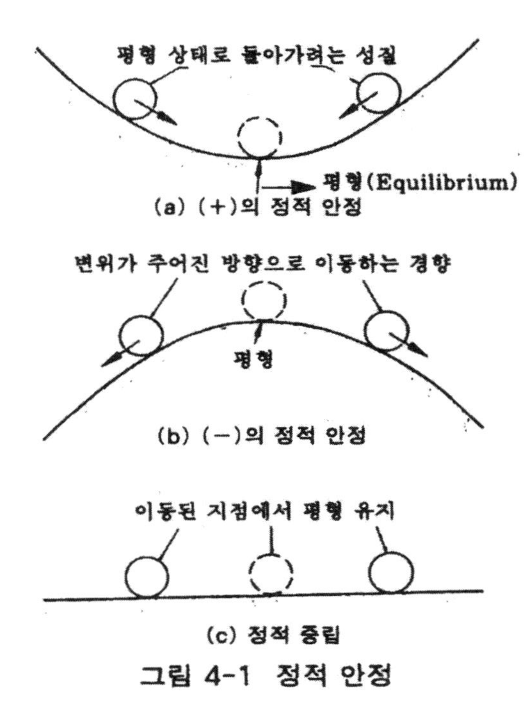

그림 4-1 정적 안정

또한 중립적인 상태가 발생하는데, 이때는 물체가 평형 상태로부터 움직여서 옮겨진 자리에서 평형 상태로 남아있을 때이다. 만약, 물체가 받은 교란이 회복되는 경향이나 바뀌어진 자리를 유지하는 경향이 있는 경우 중립적 정적 안정이 존재한다고 한다. 정적 안정의 이 3가지는 그림 4-1에서 설명한다.

볼이 곡면 안에 있을 때 (+) 정적 안정의 상태를 나타낸다. 만약 볼이 곡면 바닥에서의 평형으로부터 이동되면 볼의 초기 경향은 평형 상태를 회복하려고 평형점을 지나서 앞뒤로 구르지만 어느 쪽으로든지 위치 변화가 회복되는 초기 경향을 만든다. 볼이 언덕에 있을 때는 정적 불안정을 나타낸다. 언덕 꼭대기의 평형으로부터 움직이면 더 큰 변화를 가져오는 경향이 있다. 볼이 평편한 수평면에 있는 것은 중립적인 정적 안정 상태를 나타낸다. 볼은 어떤 지점이든지 새로운 평형점을 찾고 안정되지도 불안정하지도 않다.

정적(Static)이라는 용어는 이 상태의 안정에 사용하며 결과적인 운동은 고려하지 않는다. 오로지 평형 상태로 회복되는 경향이 정적 안정에서 고려된다. 항공기의 정적 세로 안정은 트림된 어떤 받음각으로부터 항공기를 움직여서 이해할 수 있다. 만약, 공기역학적 피칭 모멘트(Pitching Moment)가 이 변화에 의해서 발생하여 항공기를 평형 받음각으로 회복시키려는 경향을 (+) 정적 세로 안정을 갖고 있다고 한다.

2) 동적 안정(Dynamic Stability)

정적 안정은 움직여진 물체가 평형으로 회복되는 경향과 관계되지만, 동적 안정은 운동과 시간으로 결정되는 것에 의해 정해진다. 만약 물체가 평형점으로부터 교란을 받으면 운동과 관계된 시간이 동적 안정 정도를 지시한다. 만약 운동의 진폭이 시간에 따라 감소되면 물체는 일반적으로 (+) 동적 안정을 갖는다. 여러 가지 동적인 운동이 시간과 함께 변화하는 것을 그림 4-2A, B에서 보여준다.

그림 4-2A의 (a)와 같이 만약 초기의 교란이 가해지고 운동이 단순히 진동없이 진정되면 이 상태를 진정(Subsidence 혹은 Dead Beat Return)이라고 말한다. 이러한 운동은 평형 상태로 돌아가려는 초기의 경향 때문에 (+) 정적 안정을 나타내고, 시간에 따라 진폭이 감소하기 때문에 (+) 동적 안정도 가지게 된다. (b)에서는 시간에 따라 비주기적인 진폭이 증가하는 발산(Divergence) 형태를 나타낸다. 초기의 이동 방향으로 계속 움직이는 것

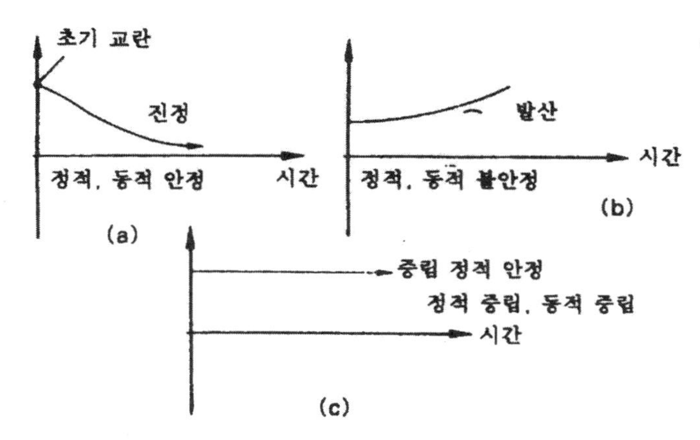

그림 4-2 A 동적 안정(Dynamic Stability)

은 정적 불안정을 나타내는 것이고 증폭의 증가는 동적 불안정을 나타낸다. (c)에서는 중립적 안정이다. 만약, 초기의 교란이 움직임을 만들면 이것은 일정하게 머물러 있고 운동에서 중량의 부족과 일정한 진폭은 중립 정적 안정과 중립 동적 안정을 나타낸다.

그림 4-2B의 진동하는 형태는 주기적인 운동의 시간 관계를 상세히 보여준다. 각 형태에 공통적인 특징은 (+) 정적 안정으로서 평형 상태로 회복되는 성질의 주기적인 운동을 보여주고 있다. 그렇지만 동적 운동에는 안정, 중립, 불안정 등이 있다.

(d)에서는 시간이 지남에 따라 진폭이 감소하는 감쇠 진동(Damped Oscillation)을 나타낸 것이다. 여기서 진폭이 시간에 따라 감소하는 것은 운동이 제한되고 에너지가 분산되는 것을 의미한다. 에너지의 분산이나 감쇠는 (+) 동적 안정을 제공하는 데 필요하다. (e)는 비감쇠 진동의 형태로 비감쇠 진동은 시간과 함께 진폭이 감쇠되지 않고 진동이 계속되며 이러한 경우를 동적 중립이라 하고 (+) 정적 안정을 나타낸다.

(+) 감쇠는 연속적인 진동 제거에 필요하다. 예를 들면 마모된 쇼크 옵서버(Shock Obsorber)를 갖고 있는 자동차는 충분한 동적 안정이 결핍되었으므로 연속되는 진동 운동은 안전한 작동과는 아무런 관련이 없다. 같은 맥락으로 항공기는 충분한 감쇠가 있어서 어떤 진동하는 운동을 빠르게 분산시키는데 이 진동 운동은 항공기의 운용에 영향을 미친다. 자연적인 공기역학적 감쇠를 얻을 수 없을 때는 인공적인 감쇠를 사용해서 필요한 (+) 동적 안정을 제공해야 한다.

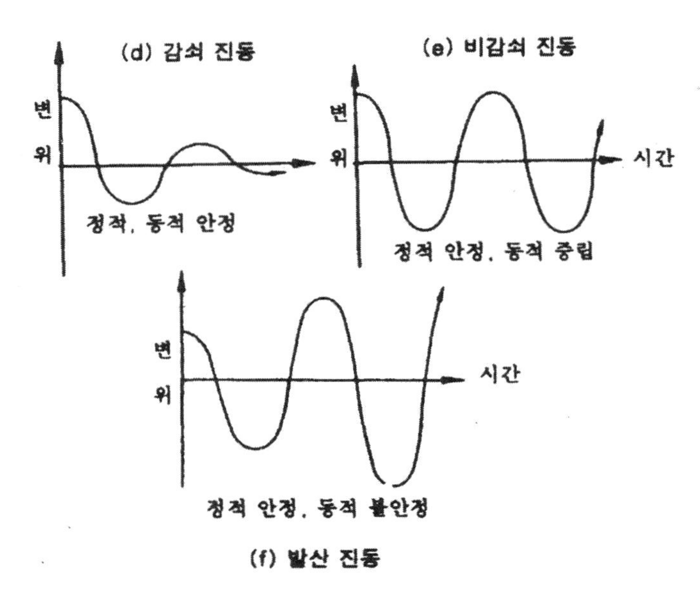

그림 4-2 B 동적 안정(Dynamic Stability)

(f)에서는 발산 진동(Divergent Oscillation)을 나타낸 것이다. 이것은 초기의 평형 위치로 돌아가려는 경향 때문에 정적으로는 안정하지만 시간이 지남에 따라 진폭이 증가하므로 동적으로는 불안정하다.

발산 진동은 에너지가 소모되는 감쇠의 경우와 달리 에너지가 운동에 공급될때 발생한다. 항공기의 짧은 기간 동안에 피칭 진동과 함께 일어나는것이다. 발산 진동의 가장 좋은 예는 조종사가 비행기를 조종할 때 피칭(Pitching)의 고유 진동수 가까이로 조종하게 되면 에너지가 비행기에 추가되는 현상이 일어나고 이때 발산 진동이 나타난다. 일반적으로 정적 안정이 있다고 해도 동적 안정이 있다고는 할 수 없지만 동적 안정이 있는 경우에는 정적 안정이 있다고 할 수 있다. 따라서 모든 비행기는 정적 안정성이 있어야 한다. 만약 항공기의 운동이 아주 빠르게 발산하고 정적 불안정을 허용하면 항공기는 비행하기가 대단히 어렵다. 그렇지만 (+) 동적 안정은 어떤 "0" 영역에서는 필수적이어서 항공기의 불필요한 연속적인 진동을 없애준다.

3) 트림과 조종성

항공기에 작용하는 모든 힘의 합이 0이며 피치(Pitch), 롤(Roll), 요(Yaw)의 모든 모멘트가 "0"과 같으면 트림된 상태라고 말한다. 여러가지 비행 조건에서 평형은 조종과 관계가 있으며, 이것은 조종사의 노력, 트림 탭(Trim Tab), 조종면 액츄에이터의 사용으로 이루어진다.

조종이란 조종면을 움직여서 비행기를 원하는 방향으로 운동시키는 것으로 적절한 조종에 의해 이륙과 착륙, 그리고 여러가지 비행 작동이 이루어질 수 있어야 한다. 그러나 안정과 조종은 서로 상반하는 성질을 나타내기 때문에 조종성과 안정성을 동시에 만족시킬 수는 없다. 실제로 비행기의 안정성이 너무 강조되면 조종성이 나빠진다.

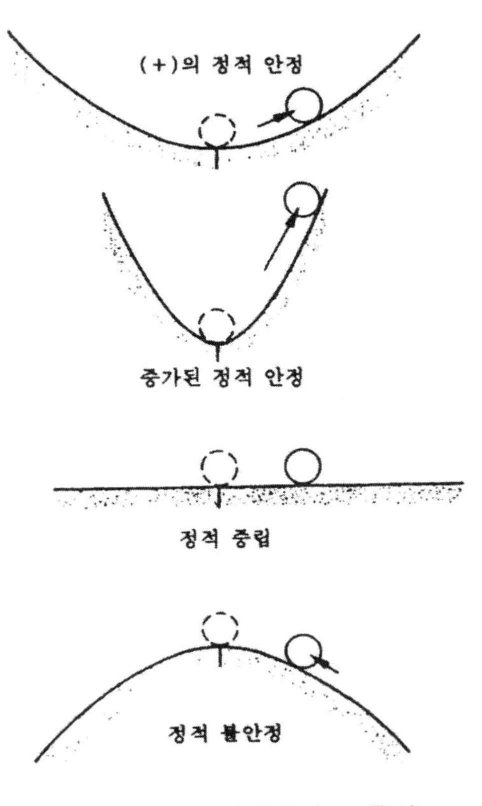

그림 4-3 안정성과 조종성

그림 4-3은 정적 안정과 조종성 사이의 일반적인 관계를 나타내는 것으로 여러가지 표면에 놓여진 공에 의한 정적 안정의 몇가지 경우를 나타낸것이다. (a)의 그릇에 놓여진 공은 정적으로 안정한 경우이므로, 공이 평형 상태로부터 옆으로 이동되면 공은 원래 상태로 되돌아가려는 초기 경향을 나타낸다. 이때 공을 조종하여 원하는 위치로 보내기 위해서는 초기 경향을 상쇄시킬 수 있는 힘이 주어져야 한다. 정적으로 안정한 비행기는 조종사의 외부 영향에 의해 평형 상태로부터 벗어나지 않으려 한다. 조종성에 비해 안정성을 더욱 증가시키는 경우가 (b)이다.

이 그림은 (a)의 그릇보다 훨씬 폭이 좁은 경우로 공을 (a)의 그릇에서와 같은 크기만큼 옆으로 이동시키기 위해서는 정적 안정이 작은 경우보다 훨씬 큰 힘이 필요하게 된다. 즉, 비행기에서 안정성이 크면 조종성이 나빠짐을 의미한다. 항공기의 설계시에는 안정성과 조종성 사이에 적절한 균형을 유지하는 것이 필요하다. 그 이유는 안정성의 최대 한계는 조종성의 최소 한계에 의해 설정되기 때문이다.

조종성에 비해 안정성이 감소된 경우는 평판 위에 놓여진 공으로 설명할 수 있다. 정적 중립인 경우는 (c)처럼 공에 외부로부터 힘이 가해지면 평형 상태에서 이동되고 원래 위치로 되돌아가지 않는다. 즉, 새로운 평형점이 이루어지고 평형을 유지하기 위해 어떠한 힘도 필요 없게 된다.

정적 안정성이 작아지면 조종성은 증가되나 평형을 유지시키려면 더 큰 힘이 필요하게 된다. 따라서, 안정성이 아주 작은 비행기를 조종하기 위해서는 조종사에게 무리한 조종을 요구하게 된다.

조종성에 대한 정적 불안정의 영향은 그림 4-3에 나타낸 것처럼 언덕에 있는 공으로 설명된다. 만약, 공이 언덕 위의 평형 상태로부터 움직이면 공의 초기 경향은 힘이 주어진 이동 방향으로 움직이게 된다.

임의의 수평 거리 만큼만 이동하도록 공을 조절하기 위해서는 이동 방향과 반대 방향으로 힘이 작용되어야 한다. 만일, 조종간을 당김으로써 항공기의 받음각이 증가된다면 불안정한 비행기는 받음각이 증가하는 방향으로 계속 움직이게 되고, 이를 막기 위해서는 조종간에 미는 힘을 작용시켜야 하며, 이에 따라 비행기는 평형 상태에서보다도 큰 받음각에서 평형되게 된다.

위에서와 같이 반대 방향으로 작용하는 조종력은 비행기가 불안정한 증거가 되고 조종사는 평형을 유지하기 위해 조종간을 조작함으로써 안정성을 제공하게 된다. 불안정한 비행기도 물론 비행할 수 있다.

조종사가 효과적으로 조종하고 비행기가 신속하게 반응을 한다면 조종사는 정적 불안정에 잘 대처할 수 있다. 불안정한 비행기를 조종하는 것은 조종사에게 계속적인 주의를 요하기 때문에, 비행선이나 헬리콥터 등 속도가 느린 비행체에서만 어느정도 고유의 불안정성이 허용된다. 그러나 고속비행을 하는 비행기는 모든 외부의 영향과 불안정에 대해 민감하게 반응하므로 정한 비행 상태를 유발하기 쉽다. 따라서, 비행기는 조종성도 좋아야되기 때문에 적당한 정적 안정성을 가지는 것이 필요하다.

4) 항공기 기준축

항공기의 힘과 모멘트를 가시화하기 위해서 중력 중심의 기준이 되는 기준축의 설정이 필요하다.

그림 4-4는 일반적인 항공기 기준축을 설명한다. 세로축(Longitudinal Axis) 혹은 X축은 대칭면을 갖고 바람을 향해서 (+) 방향으로 주어진다. 이 축에 대한 모멘트가 롤링 모멘트(Rolling Moment : L)이고, (+) 롤링 모멘트는 오른손 법칙을 이용해서 (+) 방향을 갖는다. 또한 수직축 혹은 Z축은 대칭축으로 아래쪽으로 향하는 것을 (+)로 간주한다.

수직축에 대한 모멘트가 요잉 모멘트(Yawing Moment : N)이고, (+) 요

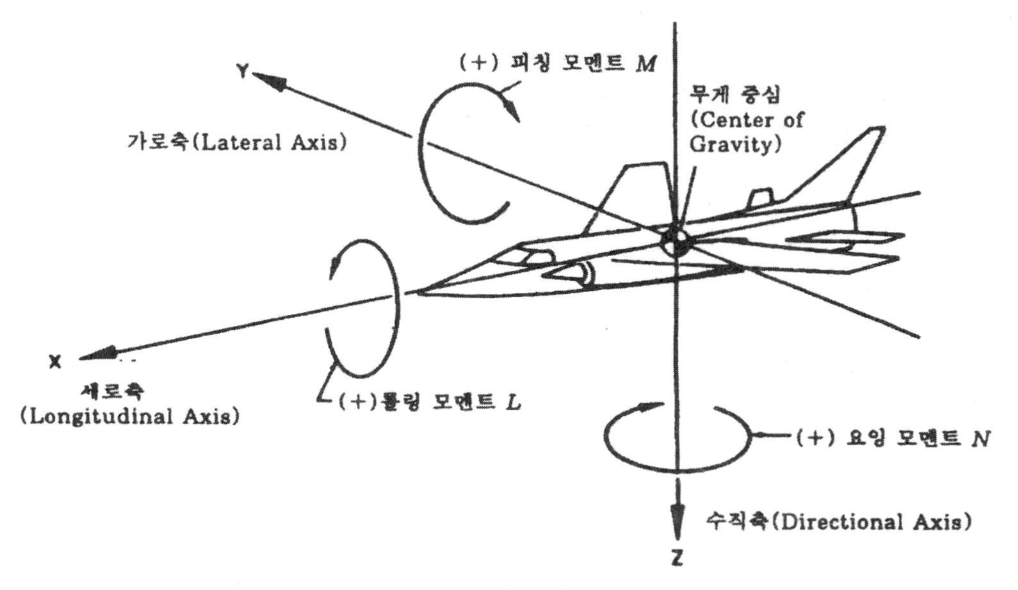

그림 4-4 항공기 기준축

잉 모멘트는 항공기의 우측으로 요(Yaw)한다. 가로축 혹은 Y축은 대칭면에 수직이며 항공기의 우측으로 향하는 방향이다.

이 가로축에 대한 모멘트는 피칭 모멘트(Pitching Moment : M)이고, (+) 피칭 모멘트는 기수 상향 방향이다.

4-2. 조종과 트림

안정은 기체 자세가 기체 자체의 성질로 복원되는 효과인데 대하여 조종(Control)이란 비행 자세나 상태를 필요에 따라 변화시키는 것을 말한다 따라서 조종에는 다음과 같은 사항 등이 포함된다.

① 기체의 자세를 변화시켜 선회나 상승 등의 운동을 시키는 것

② 비행 속도나 고도 등을 변화시키고 그것에 따라 기체의 균형점을 변화시키는 것

③ 어떤 외력에 의해 자세가 변화했을 때, 복원력이나 감쇠력을 크게 함으로서 안정을 강화하고 원래의 균형 상태로 단시간에 되돌리는것

그런데 이것을 위한 장치가 조종면(Control Surface)과 엔진이다. 또, 조종면의 움직임에 따라 비행 상태를 변화시키는 능력을 조종성(Controllability)이라고 하며, 선회 등의 가속도를 동반하는 운동 능력이 운동성(Maneuverability)이다. 이들은 조종면의 효과에 의해 엔진의 출력이나 기체 강도 한계로 정해진다.

조종에는 안정을 강화시키는 효과가 있어서 기체 자체의 안정이 너무 강하면 자세 변화가 일어나기 힘들어지고, 또 조종에 대한 반응(Response)도 나빠지는 경향이 있다. 한편, 안정이 약할 경우에는 조종성은 좋아지지만 곧 균형이 깨져 조종에 의해 자세를 유지할 필요가 있게 된다. 이렇게 안정과 조종성에는 상반되는 요소도 포함되어 있다.

트림(Trim)이란 CG 주위의 모멘트가 모두 0이고, 또 그때의 조타력도 또한 0인 상태를 말한다. 이미 앞에서 설명했듯이 날개나 꼬리 날개 만으로는 주어진 중량이나 고도에 의한 균형점은 단 한개의 받음각(또는 C_L) 뿐이므로 그밖의 조건으로 트림을 얻기 위해서는 조종면이나 엔진 출력을 변화시킬 필요가 있다.

여기서는 먼저 일반적인 조종면이나 탭(Tab)의 특징과 효과에 대해 설명한 뒤, 기체의 조종에 관한 여러 문제점, 특히 조종휠(조종간)의 효과와 조타력과의 관련에 대해 설명한다.

1) 조종면(Control Surface)

보조 날개(Aileron), 방향타(Rudder), 승강타(Elevator) 등, 날개나 꼬리 날개의 캠버를 변화시켜 작용하는 공기력을 가감시킴으로서 기체 자세를 조종하려는 장치를 조종면(Control Surface)이라 한다. 조종면에는 적절한 각도와 조타력에 의해 그에 따른 기체 자세 변화량을 얻을 수 있어야 하며 반응이 빨라야 하는 것 등이 요구된다.

A. 조종 효율(Control Effectiveness)

조종면의 각도에 대한 양력 계수의 변화율을 조종면의 성능이라고 한다. 그림 4-5는 조종면이 장착되어 있는 날개의 받음각을 일정하게 유지하며 조종면 각도를 변화시켰을 때의 양력 계수 변화량을 나타낸 것인데, 날개와 조종면의 코드 길이비를 $X=h/c$로 하여 이때의 곡선 기울기가 조종면의 성능을 나타낸다. 그림 4-5에서 코드 길이비를 어느 정도까지 크게 하면 조종면의 성능이 커짐을 알 수 있다. 그러나, 코드 길이비가 너무 커져버리게 되면 조종면 각도가 공기 흐름의 박리 때문에 제한을 받고 양력 계수의 최대 변화량의 값($\Delta C_{L\max}$)이 감소하며 조종면이 각도를 취하기 위한 힘이 증가하는 등의 문제가 생긴다.

조종면의 움직임은 사실상, 날개 받음각을 변화시키므로 비행 상태에 따라서는 상하 또는 좌우의 유효 조종면 각도에 차이가 생긴다. 이 때문에 조종면의 사용 목적이나 비행중에 생각할 수 있는 모든 운동에 대처할 필요성에 의해 코드 길이비 및 조종면 면적을 적절히 택하고, 또 유효 조종면 각도 내에

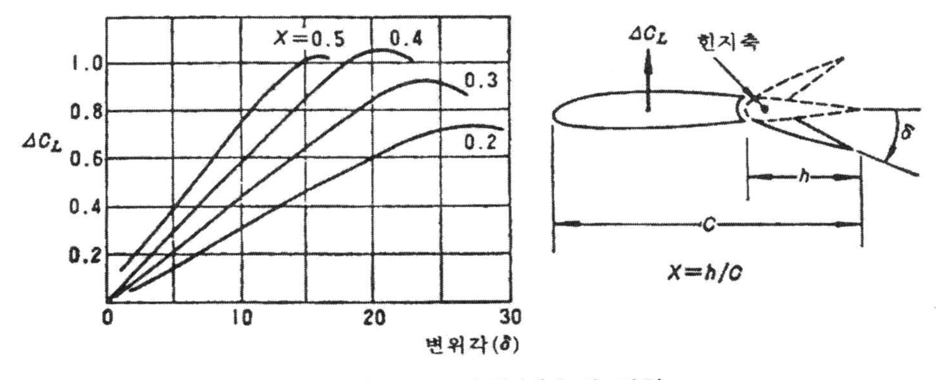

그림 4-5 양력 계수의 변화

서의 조종이 가능해야 한다. 이때의 조타력 증대에 대해서는 특정 수단을 사용해서 경감시킨다.

B. 힌지 모멘트와 조타력

조종면의 힌지(Hinge) 주위에 생기는 공력적 회전력을 힌지 모멘트(Hinge Moment)라고 한다.

예를 들어 그림 4-6과 같이 대칭 날개와 조종면과의 조합을 생각하면 조종면 주위의 압력 분포는 받음각과 조종면 각도의 양자에 의해 영향을 받아 힌지 주위에 회전력이 작용하는 것을 알 수 있다.

힌지 모멘트는 조종면 주위의 압력차를 없애는 일종의 복원력으로 작용하므로 조종면을 움직이거나, 또는 조종면 각도를 유지하는데는 이 힌지 모멘트를 극복할만한 조타력(Control Force)을 주어야 한다. 따라서, 조타력에 직접 관계되는 힌지 모멘트의 크기가 어떠한 요소로 변화하는지를 알고, 또 조타력을 경감시키는 수단에 대해서도 조사할 필요가 있다.

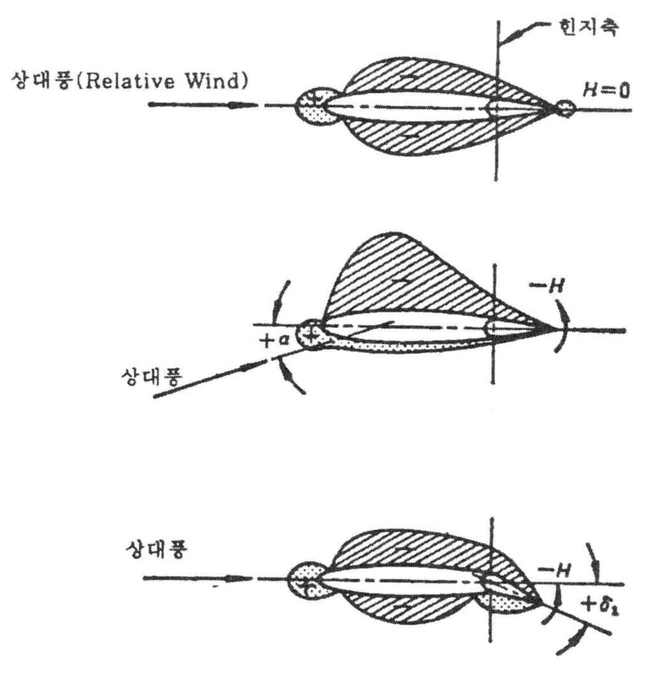

그림 4-6 공력적 힌지 모멘트

힌지 모멘트는 힌지를 중심으로 시계 방향을 (+)로 하고 이것을 H로 다음과 같이 나타낸다.

$$H = C_h \frac{1}{2} \rho V^2 S_h h = C_h \frac{1}{2} \rho V^2 k h^2 \quad \text{---------(4-1)}$$

여기서, C_h : 힌지 모멘트 계수
S_h : 조종면 면적
k : 조종면 스팬

이 식에서 힌지 모멘트에 대해서는 다음과 같은 특징을 들어볼 수 있다.

① C_h는 날개의 받음각이나 조종면 각도에 의해 변화한다.

② 조종면의 크기, 특히 $S_h \cdot h$가 힌지 모멘트에 관계되므로, 같은 면적이라면 조종면 코드 길이(h)를 가능한 한 작게 하는 쪽이 H가 작아지고 그만큼 스팬(k)이 길어져 날개나 꼬리 날개의 크기와 길이가 겹쳐지므로 제한이 있다. 날개의 경우, 보조 날개의 스팬을 길게 하면 코드 길이비(X)가 작아지고 조종면의 성능이 떨어지며 같은 날개의 트레일링에이지에 장착되어 있는 플랩의 스팬을 짧게 하여 실속 속도가 커지는 것 때문에 플랩과의 겹침이 생긴다.

③ 조타를 할 때는 힌지 모멘트가 속도의 제곱에 비례하여 커지므로 고속으로 비행할수록, 또 큰 조종면 각도를 취할수록 큰 조타력이 필요해진다.

일반적인 비행기에서는 최대 속도에서도 충분한 조종성을 확보할 필요가 있으므로 어떤 수단을 사용하여 조타력을 경감하게 된다. 그 대책에는 다음과 같은 방법을 생각해 볼 수 있다.

① 힌지 모멘트를 경감시킬 것. 이것에는 공력적 밸런스나 탭이 사용된다.

② 조종 계통에 지렛대의 원리를 응용한다. 또는 유압 기구를 연결하여 힌지 모멘트의 일부나 전체를 담당하게 한다.

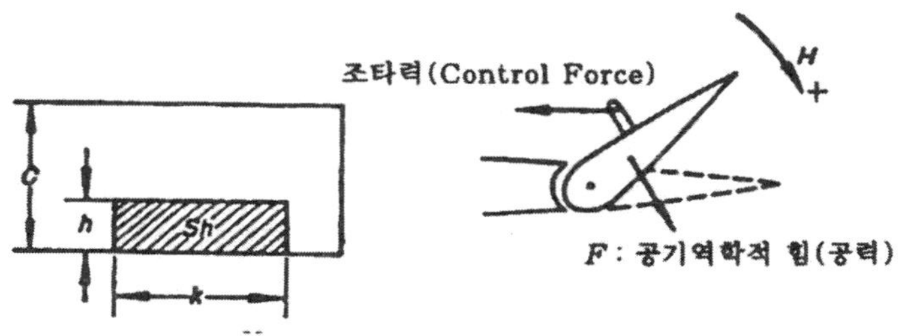

그림 4-7 표면적과 힌지 모멘트

C. 공력 평형(Aerodynamic Balance)

힌지 모멘트를 감소시키는 방법은 조종면에 걸리는 공기력을 가능한 한 힌지 전후에서 같게 하는 것이며, 그 대표적인 수단에는 그림 4-8과 같이 힌지를 조종면의 가운데로 택한 리딩에이지 밸런스(Overhang Balance 또는 Set Back Hinge라고도 함), 힌지 앞에 균형면(Balance Area)을 만든 혼 밸런스(Horn Balance), 날개와 조종면 리딩에이지를 시일(Seal) 또는 밸런스판(Balance Panel)으로 이어 그것을 밸런스실(Balance Room) 속에 넣음으로서 조종면의 움직임에 따라 그곳에 생기는 압력이 힌지 모멘트를 감소시키도록 한 내부 밸런스(Internal Balance), 조종면의 트레일링에이지부를 쐐기형으로 하고 조종면 각도를 취했을 때 트레일링에이지부에 압력차가 생겨 모멘트를 줄이는 트레일링에이지 베벨(Trailing Edge Bevel) 등이 있다. 그러나, 공력 평형이 너무 크면 저속시에는 조타력이 매우 작아져서 필요 이상으로 조종면을 움직일 수 있는 위험성이 있고, 또 경우에 따라서는 밸런스가 너무 취해져 어느 정도 이상의 조종면 각도를 취하면 갑자기 조타력을 잃는 현상(이것을 Snatch라고 함)을 일으킬 수가 있다. 따라서, 힌지 모멘트의 경감은 적절한 조타력과의 조정으로 결정하고, 또 필요 이상의 조종면 각도를 취할 수 없게 스톱퍼(Stopper) 등으로 최대 조종면 각도를 제한하고 있다.

한편, 조종면 밸런스의 매스 밸런스(Mass Balance) 역활은 조종면의 리딩에이지부에 추를 달아 조종면의 중심이 힌지 부근에 있도록 중량을 배분해 조종면 조작시에 발생하기 쉬운 관성의 영향을 적게 함과 동시에 조종면에 생기기 쉬운 공력적인 공명 진동인 플러터(Flutter)를 방지하기 위한 것이다. 매스 밸런스는 공력적 밸런스와는 다르게 조타력의 경감에는 거의 기여하지 않는다.

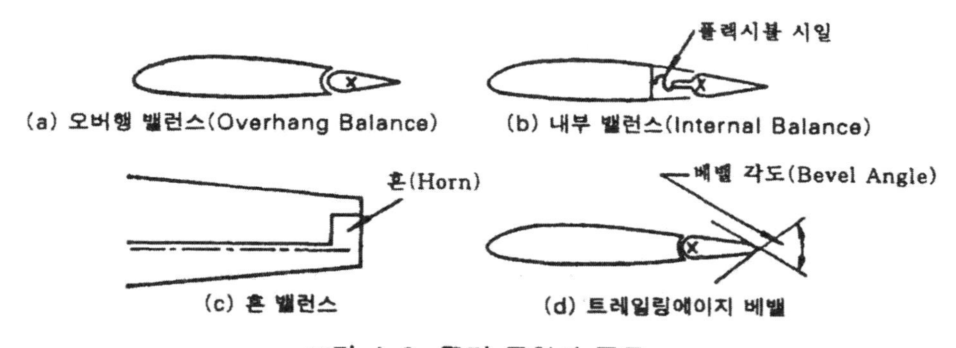

그림 4-8 공력 균형의 종류

D. 공력 평형 장치

플랩이나 조종면의 힌지 모멘트는 힌지축 주위의 압력 분포에 의해 발생하므로, 압력 분포가 변화하면 힌지 모멘트 값도 변화하게 된다. 조종력을 경감시키는 데에는 다음과 같은 공력 평형 장치가 있다.

a. 리딩에이지 밸런스

플레인 플랩(Plain Flap)의 대부분은 힌지축 뒤쪽에 위치하므로 힌지축 앞쪽의 면적을 증가시키면 압력 분포에 따른 모멘트의 변화를 가져올 수 있다. 그림 4-9는 조종면의 힌지 중심에서 앞쪽을 길게 한 것으로, 그 부분에 작용하는 공기력이 힌지 모멘트를 감소시키는 방향으로 작용하여 조종력을 경감시킨다.

이와 같이 조종면의 리딩에이지를 길게 하여 조종력을 경감시키는 장치를 리딩에이지 밸런스(Leading Edge Balance)라 한다. 받음각이 증가하면 플랩의 위와 아래의 압력 차이에 의해 플랩을 내렸을 때 생기는 모멘트와 반대되는 모멘트가 발생한다. 따라서, 리딩에이지 밸런스를 장치한 경우 조종력이 경감됨을 알 수 있다.

그림 4-9 리딩에이지 밸런스

b. 혼 밸런스

혼 밸런스(Horn Balance)는 밸런스 역활을 하는 조종면을 그림 4-10과 같이 플랩의 일부분에 집중시킨 것을 말한다.

그림 4-10에서 밸런스 부분이 리딩에이지까지 뻗쳐나온 것을 비보호 혼(Unshielded Horn)이라 하며, 앞에 고정면을 가지는 것을 보호 혼(Shielded Horn)이라 한다. 혼 밸런스의 작용은 리딩에이지 밸런스의 작용과 같다.

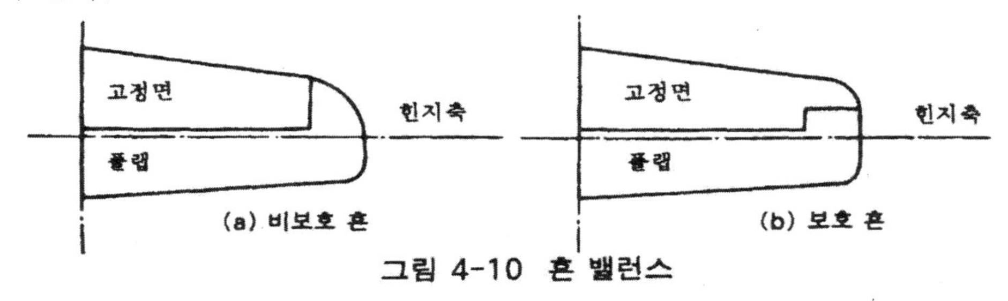

그림 4-10 혼 밸런스

c. 내부 밸런스

내부 밸런스(Internal Balance)는 새로운 형태의 밸런스로서 그림 4-11과 같이 플랩의 리딩에이지에 밀폐되어 있어서 플랩의 아래면과 윗면의 압력차에 의해서 리딩에이지 밸런스와 같은 역할을 하도록 설계되어 있다.

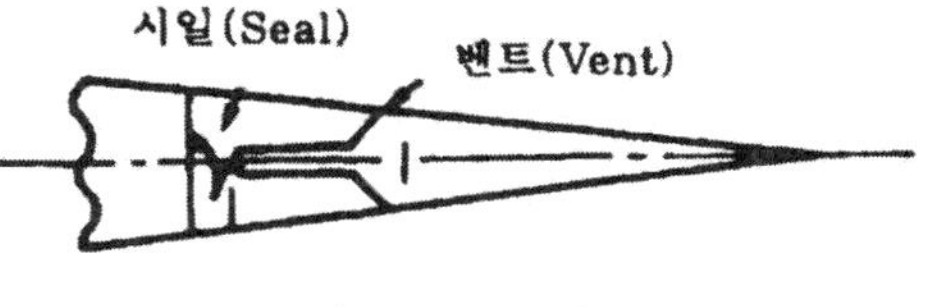

그림 4-11 내부 밸런스

d. 프리즈 밸런스

보조 날개에 자주 사용되는 밸런스로서 그림 4-12와 같은 프리즈 밸런스(Frise Balance)가 있다. 이것은 연동되는 보조 날개에서 발생되는 힌지 모멘트가 서로 상쇄되도록 하여 조종력을 경감시키는 장치이다.

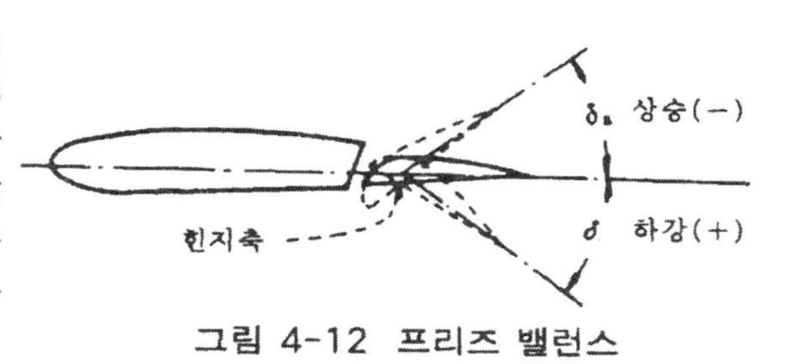

그림 4-12 프리즈 밸런스

2) 탭(Tab)

탭은 조종면의 트레일링에이지부에 달려 있는 소형 날개로서 그 결합 방식을 바꾸면 조타력의 경감, 트림면의 성능 향상 등의 기능을 가질 수 있다.

A. 조타력의 경감

조타력을 경감하는 목적의 탭에는 밸런스 탭, 서보 탭, 스프링 탭 등이 있다.

a. 밸런스 탭(Balance Tab)

밸런스 탭은 조종면의 움직임에 따라, 또는 그것과 반대 방향으로 구부러져 힌지 모멘트를 감소시키는 효과가 있다. 이 탭을 래깅 탭(Lagging Tab) 또는 기어 탭(Geared Tab)이라고도 한다.

b. 서보 탭(Servo Tab)

서보 탭은 조타력이 직접 탭을 움직이고 그때의 탭에 발생하는 공기력이 조종면 힌지부에 모멘트를 만들어 조종면을 직접적으로 움직이는 것이다. 탭을 직접 움직인다는 점에서 콘트롤 탭(Control Tab)이라고도 한다. 조타력으로는 탭을 움직일 만큼의 힘이 있으면 되므로, 수동 조종 장치(Manual Control System)를 사용하고 있는 대형 항공기나 고속 항공기에 사용되고 동력 조종 장치(Power Control System)를 사용한 비행기에는 동력을 사용할 수 없게 되었을 때의 보조로서 사용된다.

c. 스프링 탭(Spring Tab)

스프링 탭은 조종면의 바깥쪽이나 안쪽에 스프링을 넣은 것이다. 만약 이 스프링이 약하면 탭은 서보 탭으로 움직이고 너무 세면 탭은 조종면에 대해 고정되어 버려 탭으로서 기능을 잃으므로, 조종면에 생기는 힌지 모멘트와 스프링의 세기를 적당한 관계로 유지시킴으로서 힌지 모멘트가 커지는 고속시에는 서보 탭으로서의 기능을 갖고, 한편 저속시에 조종면 각도가 작을 때는 직접 조종면이 움직이도록 하고 있다.

B. 트림 탭(Trim Tab)

주어진 비행 상태를 유지하면서 조타력을 0으로 하기 위한 탭을 트림 탭이라 한다. 이것은 조종석에 있는 트림 휠(Trim Wheel) 또는 트림 스위치

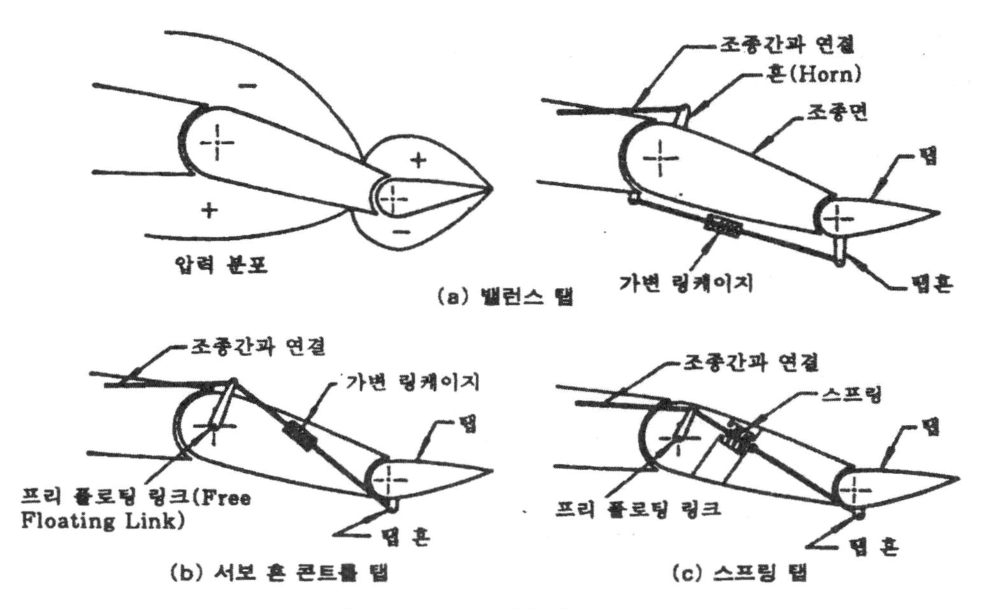

그림 4-13 조타력 경감을 위한 탭

(Trim Switch) 등으로 밸런스 탭이나 서보 탭 등의 링케이지(Linkage)의 길이를 조절함으로서 조종면 각도를 취했을 때의 힌지 모멘트를 0으로 한다. 그림 4-13 중의 가변 링케이지(Variable Linkage)는 그것을 위한 것이다.

트림 탭은 고속에서 실속 속도에 가까운 저속 영역까지 충분한 성능이 요구되며 정상 상승, 정상 강하 등 비교적 자세의 시간 변화가 적을 때 사용된다. 따라서, 일시적인 자세 변화인 선회나 급상승 등에서는 트림 탭을 사용해서는 안되며, 더욱 부적절한 트림(Mistrim)은 큰 조타력이 필요하거나 반대로 너무 가벼워져 엔진 출력 변화 등에서 예상하지 못한 자세 변화를 일으키는 등의 오버 콘트롤(Over Control)의 원인이 되기도 한다.

이밖에 조종석에서는 조절할 수 없으나 기체의 습관적 동작을 고치기 위해 지상에서 조절하는 탭도 있는데, 이것에는 고정 탭(Fixed Tab), 굴곡 탭(Bend Tab) 또는 트림 스트립(Trim Strip) 등이 있다.

C. 키의 성능 향상

조타력의 경감을 목적으로 한 탭(Tab)은 조종면의 움직임과 반대 방향으로 구부러지기 때문에 키의 성능면에서는 그만큼 감소한다. 따라서, 탭을 붙이지 않아도 조타력이 충분히 확보되면 탭이 필요 없게 되고, 또 너무 가벼울 경우는 적당한 조타력을 갖게 할 필요도 있다.

동력 조종 장치 등에서는 힌지 모멘트가 커지더라도 조종면의 성능을 높이는 것이 중요한 경우도 있고, 탭을 조종면과 같은 방향으로 구부리는 형식도 있다. 이와 같은 기능을 가진 탭을 앤티 밸런스 탭(Anti Balance Tab) 또는 앤티 서보 탭(Anti Servo Tab)이라고 한다.

조종면이나 탭은 그 장착에 흔들림이 있거나 힌지 주위에 느슨함이 있으면 비행중 진동을 일으키거나 고속시의 플러터(Flutter)의 원인이 되어 조종면을 파손할 위험성이 있다.

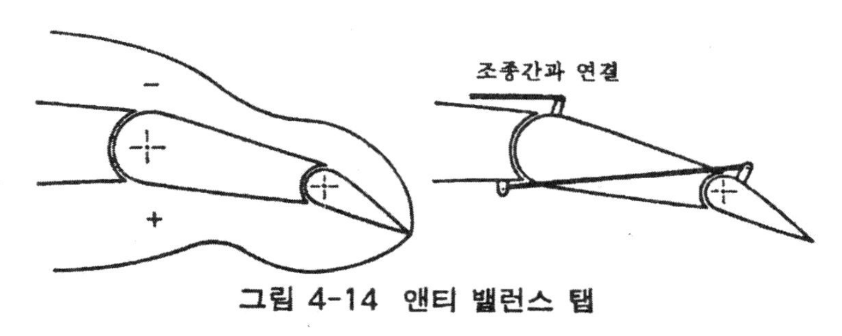

그림 4-14 앤티 밸런스 탭

3) 조종 계통의 조타력

공력적 밸런스나 탭을 사용하면 어느 정도까지 조타력을 경감할 수 있으나 기체가 대형화하거나 고속으로 비행할 경우에는 조종 계통의 조타력 경감과 적절한 조타력의 확보 대책이 필요하다.

일반적으로 조타력은 조종사가 조종간(Control Stick)이나 조종휠(Control Wheel) 및 방향타 페달(Rudder Pedal)에 가하는 힘으로서, 예를 들어 조종휠(Control Wheel)의 경우, 휠을 당기기 위한 최대 조타력은 75 lb로 정해져 있다. 조타력은 운용상 비행 속도(IAS), 중량, 중심 위치, 조종면 각도의 변위량 등으로 변화되지만, 이것이 너무 크면 운동성이 떨어져서 조종사를 피로하게 하고 너무 작으면 운동 성능은 좋아지지만 기체에 과대한 하중이 걸려 강도상의 문제가 생기거나 실속된다. 따라서, 모든 운용 범위에 있어 적절한 조타력을 갖게 하기 위해서는 조종 계통에서도 조타력의 경감을 적절하게 유지할 필요가 있다.

여기서는 승강타 조종 계통에서의 조타력상의 문제와 그것을 해결하기 위한 원리적인 장치를 설명한다.

A. 조타력(Control Force)

강하중인 비행기가 동체 상승(Pull Up)을 하여 상승 운동을 하거나 선회 비행중에 비행 경로가 곡선을 그리게 될 때 기체에 큰 하중이 걸린다. 지금, 트림 탭을 "0"으로 했을 때에 정상 비행을 하는데 필요한 조타력과 하중이 걸리는 비정상시에 가해야 하는 조타력을 비교한다면 후자쪽이 훨씬 크다. 운동중의 하중 배수(Load Factor)는 다음과 같이 정의한다.

$$\text{하중 배수} = \frac{\text{운동 하중}}{\text{기체 중량}} \ (g)$$

이때 조타력과 하중 배수와의 관계는 그림 4-15와 같이 거의 직선이 되는데 그 기울기를 조타력 기울기(Control Force Gradient) 또는 1g당 조타력(Control Force/g)이라고 한다.

비행기의 감항류별에 따라 운동중에 취할 수 있는 하중 배수의 최대치, 즉 제한 운동 하중 배수(Limit Maneuvering Load Factor)는 다른데, N류에서는 3.8, 대형 운송기 T류에서는 2.5이다.

따라서, 1g당 최대 조타력은 N류에서는 약 27 lb/g, T류에서는 약 50 lb/g가 된다. 그러나, 조타력/g의 크기는 기체의 중심 위치, 중량, 비행 고도에 따라 변화하고 그림 4-16 과 같이 중심 위치가 전방에 있을수록, 중량이 클수록, 고도가 낮을 때일수록 기울기가 급해지는데, 이것은 CG의 전방 한계를 중량이나 고도에 따라 제한하는 것이 되기도 한다.

한편, 조타력/g의 최소한을 통상 3 lb/g로 함으로써 너무 가벼워 생기는 갑작스런 운동이나 오버 콘트롤을 방지하는데, 이것은 CG의 후방 한계를 제한하는 요소도 된다.

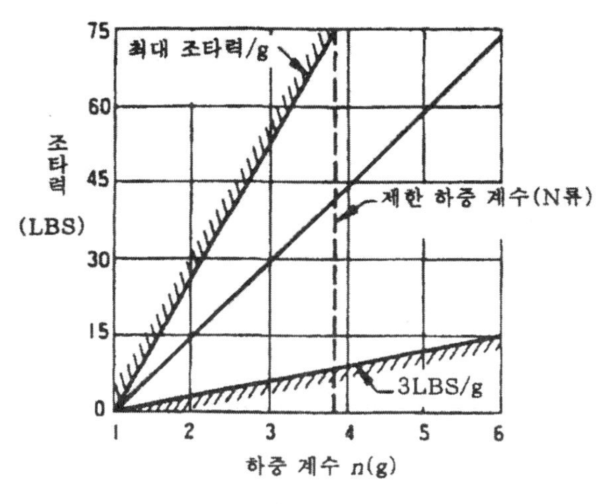

그림 4-15 조타력/g

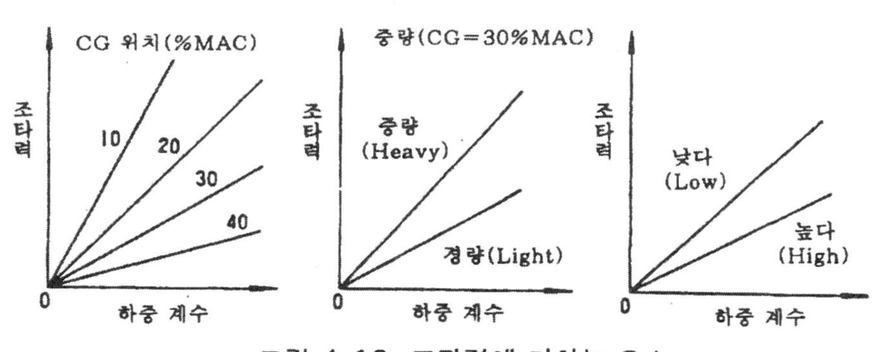

그림 4-16 조타력에 미치는 요소

B. 조종 계통에서의 대책

조종 계통에는 비교적 소형의 저속 항공기에 사용되는 기계적 조종 계통, 조타력을 증폭시키는 장치를 갖는 동력 승압 조종 계통, 그리고 동력 조종 계통이 있다.

a. 기계적 조종 계통(Mechanical Control System)

기계적 조종 계통은 조종휠이나 조종간과 조종면을 직접 기계적으로 연결한 것으로 조타력을 경감시키기 위해 지렛대의 원리를 응용하고 있다. 공력적 밸런스를 탭과 조합하여 적절한 조타력을 얻을 수 있으므로 대형 항공기에도 사용하는 예가 많다.

또, 조종 계통에 마찰이 있으면 조종면이 중립 위치로 돌아가지 않는 경우가 있으므로, 스프링을 장착하여 중립점으로 되돌리는 기능을 갖게 할 필요가 있는데, 이것을 위한 스프링을 번지(Bungee 또는 Centering Spring)라고 한다. 트림은 조종면과 탭의 링케이지 길이를 조절하는 방법과 번지의 위치를 변경시키는 방법이 있다. 또, 조종면의 힌지 주위에는 중량 배분이 불균형하기 때문에 큰 가속 속도 운동에 의해 조타가 불안정해지는 경우도 있어서 다운 스프링(Down Spring) 또는 밥 웨이트(Bob Weight)를 사용하여 저속시에서의 조타력/g를 확보함과 동시에 안정화를 도모하고 있다.

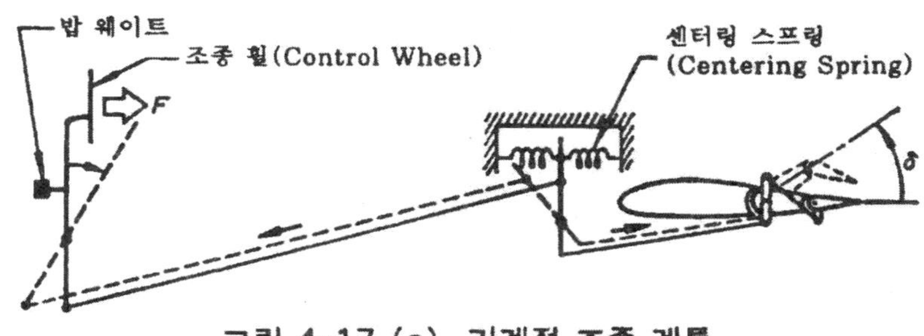

그림 4-17 (a) 기계적 조종 계통

b. 동력 승압 조종 계통(Power Boosted Control System)

동력 승압 조종 계통은 기계적 기구와 함께 유압 등을 사용해서 조타력을 증폭시켜 조종면을 움직이는 것이다. 이 계통에서는 조종면에 생기는 힌지 모멘트의 일부가 조타력에 피드백(Feedback)되므로 기계 계통과 마찬가지로 가역적 조종 계통(Reversible Control System)이라고도 부른다.

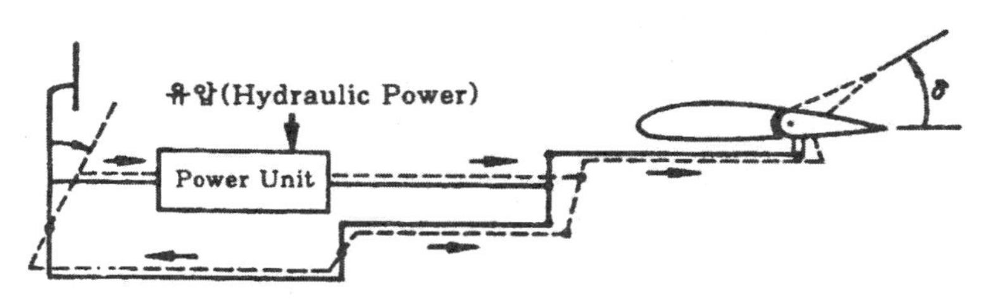

그림 4-17 (b) 동력 승압 조종 계통

c. 동력 조종 계통(Power Control System)

이 계통은 조종 휠(Control Wheel)의 움직임이 유압 계통에 대한 입력을 주는 것 뿐이므로 조종면을 움직이는 힘은 모든 유압 동력이 담당하게 된다. 따라서, 조타력은 비행 상태나 조종면 각도의 크기와 관계 없이 매우 가벼워지고 이번에는 반대로 오버 콘트롤의 위험성이 생기게 된다. 그 때문에 이 계통에서는 적당한 조종면을 얻기 위해 일부러 비행 상태나 조종면 각도의 크기에 의해 조타력을 줄 필요가 생기는데, 이것을 인공 감각 계통(Artificial Feel System)이라고 한다. 타감(Feel)을 주기 위해서는 번지 스프링도 유용하지만, 이것은 조종면 각도의 크기에만 관계되고 비행 속도의 영향은 없으므로 고속 비행시에는 오버 콘트롤을 일으키게 되어 적절하지 않다.

일반적으로 조종면 감각 계통은 조종면 각도에 비례하여 커지는 번지의 효과와 비행 속도에 따라 변화하는 동압 측정용인 벨로우즈(Q-Bellows)를 조합한 예가 많다. 또, 비행기에 따라서는 콘트롤 탭과 같은 연결 방식을 취하여 탭에 생기는 힌지 모멘트에서 반대로 조타 감각을 얻게 한 감각 탭(Feel Tab) 등도 있다. 이 예에서는 만약 유압 기구가 작동하지 않는 경우가 발생했을 때는 감각 탭은 콘트롤 탭의 작용을 하게 되고 조종 계통의 백업 기능도 갖게 된다.

다만, 이 기계적 조종 계통을 조종간의 움직임에 따라 조종면을 움직일 수는 있지만 반대로 조종면을 움직이려고 해도 조종간으로의 피드백이 없으므로 이것을 비가역적 조종 계통(Irreversible Control System)이라 한다. 따라서, 돌풍 등으로 조종면에 큰 힘이 작용하는 경우가 있어도 조타를 하지 않는 한 조종면은 움직이지 않는다.

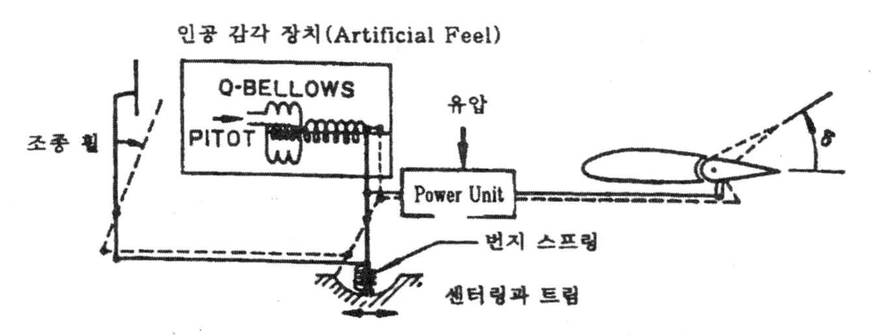

그림 4-17 (c) 동력 조종 계통(Power Control System)

4-3. 정적 세로 안정

1) 일반적인 고려 사항

항공기가 돌풍이나 조종 운동에 의해 움직여서 트림 받음각으로 돌아가려는 경향이 있으면 항공기는 (+) 정적 세로 안정을 갖는다고 한다.

항공기가 불안정하면 방해받는 방향으로 계속 피칭(Pitching)하게 되어 움직임이 반대쪽 조종력에 의해 저지될 때까지 계속된다. 만약, 항공기가 중립적으로 안정되면 이것은 교란을 받아서 어떤 움직인 자세에 머물러 있으려 한다.

항공기는 (+) 정적 안정을 갖는 것이 필요하다. 안정된 항공기는 안전하고 쉽게 비행할 수 있는데, 이것은 비행의 트림된 상태를 찾아 이것을 유지하려고 하기 때문이다.

조종 장치의 움직임과 조종 장치의 느낌(Feel)은 방향과 크기에서 상당히 논리적이다. 중립적인 정적 세로 안정은 흔히 항공기 안정의 아래쪽 한계를 결정하는데, 이것은 안정과 불안정의 경계이기 때문이다.

중립적인 정적 안정이 있는 항공기는 조종에 과도하게 반응해서 항공기가 방해를 받았을 때 트림으로 돌아가지 않는 경향을 갖는다.

(−) 정적 세로 안정을 갖는 항공기는 어떤 의도하는 트림 상태에서 고유의 발산 특성을 갖는다. 만약 이것이 항공기에 전혀 가능하지 않다면 항공기는 트림시킬 수 없어서 비논리적인 조종력이나 움직임을 받을 때 고도나 속도 변화를 받았을 때 자체로서 평형을 만드는 것이 필요하다.

정적 세로 안정은 받음각과 피칭 모멘트의 관계에 좌우되기 때문에 항공기의 각 성분의 피칭 모멘트 관계를 살펴보는 것이 필요하다.

모든 다른 공기역학적 힘과 비슷한 방법으로 가로 축(Lateral Axis)에 대한 피칭 모멘트를 계수 형태로 살펴본다.

$$C_M = \frac{M}{qS(MAC)}$$

$$M = C_M qS(MAC)$$

여기서, M : C.G.에 대한 피칭 모멘트(ft-lbs), 기수를 드는 방향(+)
q : 동압(psf)
S : 날개 면적(ft^2)

MAC : 평균 공력 시위(ft)
C_M : 피칭 모멘트 계수

피칭 모멘트 계수는 항공기의 모든 여러 가지 성분에 의해 제공되는 것을 모두 합친 양력 계수로 구성한 것이다. C_M 대 C_L 구성의 이해는 항공기의 정적 세로 안정에 관계된다.

그림 4-18은 그래프 (a)에서 피칭 모멘트 계수(C_M)는 양력 계수(C_L)와 함께 변하고 (+) 정적 세로 안정을 갖는 항공기를 나타낸다. 정적 안정의 증거는 평형으로 돌아가거나 움직인 것에 트림되는 경향에 의해서 알 수 있다. 그래프 (a)에서 설명하는 항공기는 $C_M = 0$이면, 트림 상태이거나 평형이 맞는 상태로 만약 항공기가 어떤 다른 C_L로 교란을 받으면 피칭 모멘트 변화는 항공기를 트림 지점으로 돌아가게 하려고 한다. 만약 항공기가 어떤 높은 C_L(Y지점)로 방해받으면 (−) 기수 하향 피칭 모멘트가 발생하고 이것은 트림 지점으로 되돌아가도록 받음각을 감소시키는 경향이 있다. 또한 항공기가 어떤 C_L(X지점)로 교란을 받으면 (+) 기수 상향 피칭 모멘트를 만들고 이것은 트림 지점으로 가도록 받음각을 증가시키는 경향이 있다. 그러므로 (+) 정적 세로 안정은 C_M 대 C_L의 (−) 기울기에 의해 지시된다. 즉, (+) 안정은 C_L의 증가와 함께 C_M의 감소로 인해서 알 수 있다. 정적 세로 안정의 정도는 피칭 모멘트 계수와 양력 계수 곡선의 기울기로 나타낸다. 그림 4-18의 그래프 (b)는 안정과 불안정 상태의 비교이다. (+) 안정은 (−) 기울기 곡선으로 나타난다.

중립적인 정적 안정은 곡선이 "0" 기울기일 때 존재한다. 만약 중립적인 안정이 존재하면 항공기는 피칭 모멘트 계수의 변화 없이 방해받아서 크거나 작은 양력 계수를 갖는다. 이런 상태는 항공기가 어떤 본래 평형으로 되돌아가는 경향이 없거나 트림 상태에 머물지 않는 항공기를 나타낸다.

C_M 대 C_L의 (+) 기울기를 나타내는 항공기는 불안정하다. 만약 불안정한 항공기가 트림 지점의 평형으로부터 어떤 교란을 받게 되면 피칭 모멘트의 변화는 단지 교란을 확대시킨다. 불안정한 항공기가 어떤 높은 C_L로 방해 받으면 C_M에서의 (+) 변화는 계속되는 더 큰 움직임의 경향으로 설명된다. 불안정한 항공기가 어떤 낮은 C_L에서 방해받으면 C_M에서 (−) 변화가 발생하고 이것은 계속적인 움직임을 만드는 경향으로 발생한다.

흔히 일반적인 항공기 형태의 정적 세로 안정은 양력 계수와 함께 변하지 않는다. 이는 C_M 대 C_L의 기울기는 C_L의 변화로 바뀌지 않는다는 말이다. 그렇지만 만약 항공기의 날개가 후퇴 날개이면 출력이 안정에 영향을 줄 수 있으며, 높은 양력 계수에서 수평 꼬리 날개(Horizontal Tail)에서 하강 흐름에 큰 변화를 주면 정적 안정이 눈에 띄게 변할 수 있다.

이 상태는 그림 4-18의 그래프 (c)에서 설명된다. 이 설명에서 C_M과 C_L의 곡선은 낮은 수치의 C_L에서 양호한 안정된 기울기를 보인다. C_L의 증가는 (−) 기울기에 약간 감소를 주고 그런 까닭에 안정의 감소가 나타난다. C_L의 계속적인 증가와 함께 경사는 "0"이 되고, 여기서 중립 안정이 존재한다. 마침내 기울기는 (+)가 되고 항공기는 불안정이 되거나 피치 업(Pitch Up)의 결과를 갖는다. 그러므로, 어떤 양력 계수에서든지 항공기의 정적 안정은 C_M 대 C_L의 곡선 기울기로 상세히 설명된다.

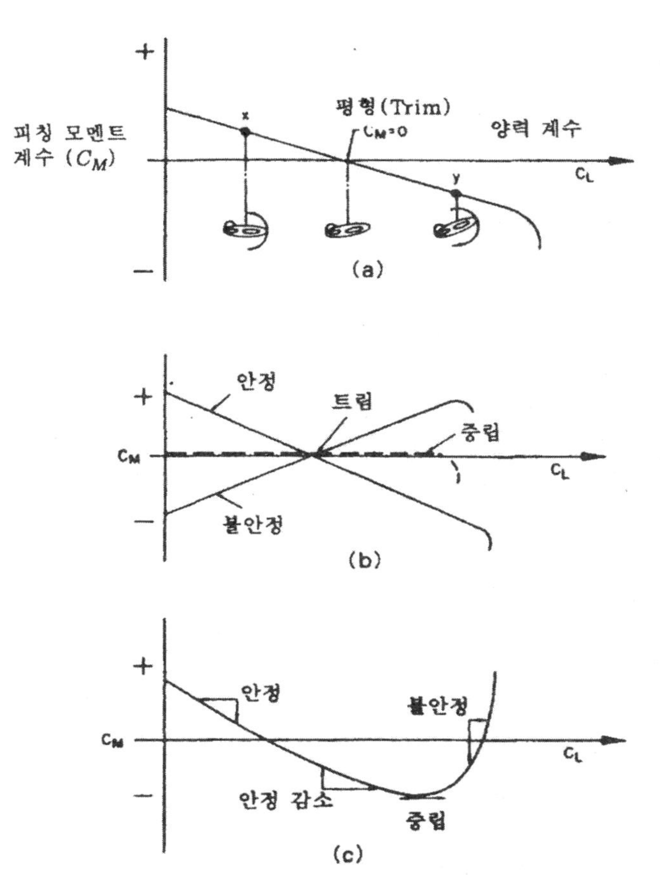

그림 4-18 항공기의 정적 세로 안정

2) 세로 조종(Longitudinal Control)

항공기는 적절한 조종 뿐만 아니라 적절한 안정이 만족스러워야 한다. 큰 정적 세로 안정을 갖고 있는 항공기는 평형으로부터 움직이려는 운동에 큰 저항을 보인다. 그런 까닭에 조종의 가장 심각한 상태는 항공기가 높은 안정을 갖고 있을 때 발생한다. 즉, 조종의 낮은 쪽 한계는 안정(움직이지 않으려는 상태)의 위쪽 한계를 설정한다.

비행의 3가지 기본적인 상태가 세로 조종력의 중요한 요구 조건을 제공한다. 이 상태의 어느 하나의 조합은 세로 조종력을 결정하고 전방 C.G. 위치를 정한다.

A. 기동 조종의 필요 사항

항공기는 충분한 세로 조종력을 갖고 있어서 최대 사용 양력 계수를 얻거나 방향 조종중에 제한 하중 계수를 갖는다.

그림 4-19는 C.G. 전방으로의 이동은 항공기의 세로 안정을 증가시키고 트림양력 계수 변화를 만들기 위해 큰 움직임이 있어야 한다. 예를 들면 승강타(Elevator)의 최대 유효 움직임이 18% MAC의 전방에 위치한 C.G.의 경우에 C_{Lmax}에서는 항공기 트림 능력이 없다. 이 특별한 조종 요구는 초음속 비행 항공기에 대해서는 심각한 것이다.

초음속 비행은 흔히 정적 세로 안정의 큰 증가를 나타내고 조종면의 효율을 감소시킨다. 이 증량과 일치하기 위해서 강력한 조종면이 제한 하중 계수나 최대 C_L을 얻게 한다. 이 요구 사항이 상당히 중요한데 일단 만족하면 초음속 형태는 모든 다른 비행 상태를 위한 충분한 세로 조종력을 갖기 때문이다.

B. 이륙 조종 요구 사항

이륙에서 항공기는 충분한 조종력이 있어서 이륙 속도에 도달하기 전에 이륙 고도에 도달해야 한다.

일반적으로 트리사이클 랜딩기어(Tricycle Landing Gear) 항공기(프로펠러 항공기)의 경우 실속 속도의 80%에서 제트 항공기는 실속 속도의 90%에서 이륙 고도를 얻을 수 있는 최소의 충분한 조종력이 바람직하다. 이것은 모든 정상 이륙 하중 상태가 정상 활주로상에서 이루어져야 한다. 그림 4-19에서 이륙 활주중에 항공기에 작용하는 기본적인 힘을 나타낸다.

항공기가 실속 속도보다 느린 어떤 속도에서 3점 자세에 있을 때 날개 양력은 항공기의 중량보다 적다. 승강타가 이륙 자세로 전환할 수 있기 때문에 한계 상태는 노스 휠(Nose Wheel)에 "0" 하중과 순수한 양력과 중량은 메인 랜딩기어(Main Landing Gear)에 의해 지지될 때이다. 메인 랜딩기어에 작용하는 힘으로부터 활주 마찰이 얻어지고 이것이 나쁜 노스 다운 모멘트(기수가 약간 내려간 모양)를 만든다. 또한 메인 랜딩 기어 앞의 중력 중심은 노스 다운 모멘트(Nose Down Moment)에 도움을 주고 이런 상태는 설계 중에 메인 랜딩기어의 가장 뒤쪽 위치를 결정하게 된다.

날개는 플랩이 펼쳐지면 큰 노스다운 모멘트를 주게 되지만, 이 영향은 꼬리 날개에서 약간의 하강 흐름 증가로 상쇄된다. 이 노스 다운 모멘트를 균형있게 하기 위해서 수평 꼬리 날개는 충분한 노스 업 모멘트(Nose Up Moment)를 만들 수 있어서 정해진 속도에서 이륙 자세를 얻는다. 이륙 출력에서 프로펠러 항공기는 수평 꼬리 날개에서 상당한 프로펠러 후류 속도를 증가시켜서 조종면의 효율을 증가시킨다.

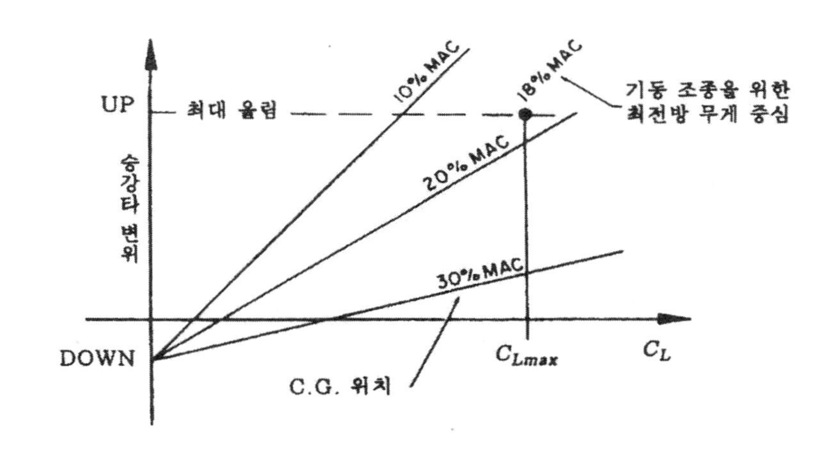

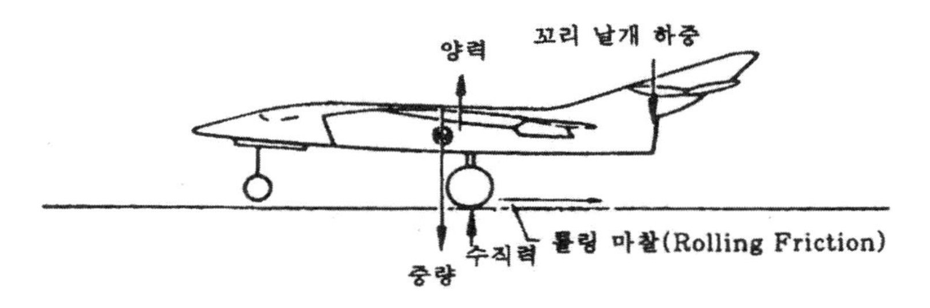

그림 4-19 이륙 조종

제트 항공기는 이런 비슷한 영향을 경험하지 않는데 제트로부터 유도된 속도는 프로펠러의 후류 속도와 비교해서 상당히 작기 때문이다.

C. 착륙 조종 요구 사항

착륙에서 항공기는 충분한 조종력을 갖고 있어서 정해진 착륙 속도에서 적절한 조종을 확실히 해야 한다. 적절한 착륙 조종은 승강타가 실속 속도의 105%로 활주로에서 항공기를 분리 유지시킬 수 있는 능력이 있으면 된다. 이 형태는 가장 안정된 상태를 제공하는데 이것은 조종성에 크게 요구되는 사항이다.

플랩의 완전 전개는 가장 큰 날개의 다이빙 모멘트(Diving Moment)를 제공하고 아이들 출력(Idle Thrust)은 수평 꼬리에서 가장 중요한 동압을 만든다. 착륙 조종 요구 사항은 자유 비행의 방향 조종 요구와는 한가지 큰 차이점이 있다. 항공기가 지표면에 접근하면서 지면 효과에 따른 3차원 흐름의 변화가 생긴다. 날개가 지면에 접근하면서 팁 볼텍스(Tip Vortex)와 하강 흐름을 감소시킨다. 꼬리 날개에서의 하강 흐름의 감소는 정적 안정을 증가시키고 꼬리 날개에서 하향 하중을 감소시키면서 노스 다운 모멘트를 만든다. 그러므로 활주로 표면을 막 떠난 항공기는 주어진 양력 계수에서 트림을 위해서 추가의 조종 움직임이 필요하고 착륙 조종 요구는 세로 조종력에서 가장 중요하다. 지면 효과에서 일반적인 프로펠러 항공기는 지면으로 자유롭게 떠나는 곳보다 지면 효과의 C_{Lmax}에서 트림을 위해서 승강타를 15° 더 위로 움직이는 것이 필요하다. 이런 영향 때문에 많은 항공기는 충분한 조종력을 갖고 있어서 지면 효과로부터 완전한 실속 속도를 얻지만, 지면에 아주 근접해 있을 때는 완전한 실속을 얻는 능력이 없다. 어떤 경우에 조종면의 효과는 트림 탭의 사용으로 역효과를 얻는다. 만약, 트림 탭이 트림 상태에서 과도하게 사용되면 승강타의 효율은 감소되어 착륙이나 이륙 조종을 방해한다.

그림 4-19 착륙 조종

3가지 기본적인 상태는 모두 적절한 세로 조종을 필요로 할 때 높은 정안정을 위해 중요시된다. 만약, 전방 C.G. 한계가 초과되면 항공기는 이 상태에서 조종성의 결함을 갖게 되므로 전방 C.G. 한계는 최소 허용 가능한 조종성에 의해 설정되며 후방 C.G. 한계는 최소 허용 가능한 안정에 의해 설정된다.

3) 동적 세로 안정(Longitudinal Dynamic Stability)

동적 세로 안정의 모든 고려 사항은 교란을 받았을 때 항공기가 평형으로 되돌아가려는 초기 경향과 관계가 있다. 동적 세로 안정의 고려는 이 방해에 대한 항공기의 시간적인 반응, 즉 방해에 따른 시간과 운동 크기의 변화에 관계된다. 앞의 정의로부터 동적 안정은 운동의 크기가 시간과 함께 감소할 때 존재하고, 동적 불안정은 시간과 함께 증가할 때 존재한다. 물론 항공기는 주요한 세로 운동에 대해서 양호한 동적 안정을 보여야 한다. 게다가 항공기는 일정한 비율에서 운동의 크기가 감소할 때 필요한 정도의 세로 안정을 보여야 한다.

동적 안정의 필요한 정도는 어떤 크기의 본래 수치가 1/2로 감소시키는데 필요한 시간으로 나타낸다. 자유 비행에서 항공기는 6가지의 움직임을 갖는데, 롤(Roll), 피치(Pitch), 요(Yaw)의 회전 운동이 있고 수평, 수직, 가로 방향의 병진 운동이 있다. 동적 세로 안정의 경우에 자유로운 움직임의 정도는 피치 회전, 수직과 수평 병진 운동으로 제한한다. 항공기는 흔히 전후로 대칭이어서 세로 방향 운동과 가로 방향 운동 사이의 연결을 고려하지 않아도 된다.

그러므로, 항공기의 세로 방향 운동의 기본적인 변화는 다음과 같다.

① 항공기의 피치 자세
② 받음각
③ 비행 속도
④ 스틱 프리(Stick Free) 상태를 고려한 승강타의 움직임

항공기의 동적 세로 안정의 진동은 3가지의 기본 모드가 있다. 항공기의 세로 운동에서 이 모드의 특성은 각각의 진동 경향을 분리해서 구별할 수 있다. 동적 세로 안정의 첫번째 모드는 아주 긴 기간의 진동으로 파고이드(Phugoid)라고 한다. 파고이드 혹은 긴 기간의 진동은 피치 자세, 고도, 공기 속도의 눈에 띄는 변화를 포함하지만 거의 일정한 받음각을 갖는다. 항공

기의 이런 진동은 같은 평형 속도와 고도에 대한 위치 에너지와 운동 에너지의 점차적인 상호 작용으로 고려한다. 그림 4-20은 파고이드의 특징적인 운동을 설명한다.

파고이드에서 진동의 기간은 상당히 크며 일반적으로 20~100초이다. 피치 비율이 상당히 낮고 받음각에서 거의 무시할 정도의 변화가 생기므로 파고이드의 완화는 약해서 거의 (−)이다. 그러므로 이런 약한 (−) 감쇠는 다음에 어떤 큰 결과를 가져오지 않는다. 진동의 기간이 상당히 길기 때문에 약하고 크게 눈에 띄지 않아서 조종 스틱의 움직임으로 진동 경향을 쉽게 잡을 수 있다.

대부분의 진동 현상이 경우에 필요한 수정은 아주 작아서 조종사는 거의 진동 경향을 깨닫지 못한다. 파고이드의 성질로 인한 진동을 대비해서 어떤 특별한 공기역학적 준비가 되어 있지 않다. 진동의 고유의 장주기는 더 중요한 진동 경향을 이해하게 한다.

동적 세로 안정의 두번째 모드는 상당히 단주기 운동으로 무시할 수 있는 속도 변화와 함께 발생한다고 가정할 수 있다. 이 모드는 항공기가 정적 안정에 의해서 평형으로 되돌아오는 과정의 피칭 진동으로 구성되고 진동의 크기는 피칭 감쇠에 의해서 감소된다. 일반적인 운동은 상당히 큰 주파수로 0.5~5초 간격으로 진동이 함께 발생한다. 일반적인 아음속 항공기의 두번째 모드로 고정된 스틱 상태(Fixed Stick)는 심한 감쇠로 1/2 크기로 완화되는데 대략 0.5초가 걸린다.

항공기 스틱이 고정된 상태에서 정적 안정이 있으면 수평 꼬리 날개에 의한 피치 감쇠는 짧은 기간 진동을 위한 충분한 동적 안정을 갖는다. 그렇지만 두

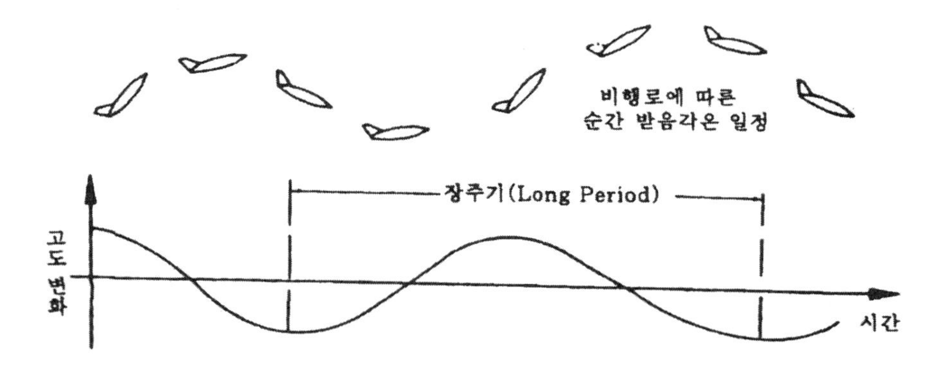

그림 4-20 파고이드의 첫번째 모드(장주기 운동)

번째 모드의 스틱프리는 약한 감쇠나 불안정한 진동의 가능성을 갖는다. 이것은 정적 안정이 있으면 자동적으로 적절한 동적 안정이 있다는 것을 뜻하지 않는다.

스틱 프리의 두번째 모드는 항공기의 짧은 기간 피칭 운동과 승강타의 힌지 라인(Hinge Line)에 대한 움직임 사이의 관계된 운동이다. 조종면의 설계에서는 특별한 주의를 해야 하는데, 이 모드에서 확실한 동적 안정이 있어야 한다. 승강타는 힌지 라인에 대해서 정적으로 균형을 가져야 하며 공기역학적 균형은 특정 한계 내에 있어야 한다.

조종 계통 마찰(Control System Friction)은 진동 경향에 도움이 되게 최소여야 한다. 만약, 두번째 모드에 불안정이 존재하면 항공기의 포포이징(Porpoising)은 구조적 손상의 가능성을 주게 된다. 받음각의 변화와 함께 높은 동압에서 진동은 심한 비행 하중을 일으킨다. 두번째 모드는 상당히 짧은 기간을 갖고 있어서 조종사는 1~2초에 정확하게 반응해야 한다. 진동을 너무 심하게 완화시키려고 하면 실제로는 진동을 더 크게 하고 불안정을 만든다. 이것은 특히 작은 압력 에너지가 조종 계통으로 가는 조종 계통에서 더

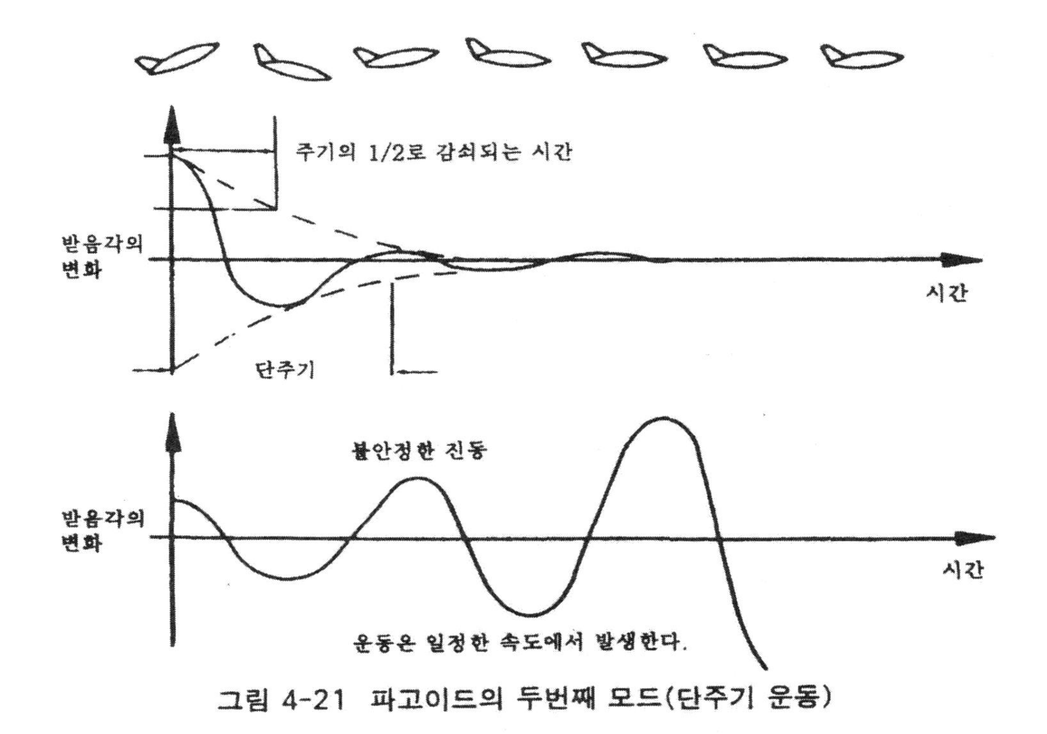

그림 4-21 파고이드의 두번째 모드(단주기 운동)

욱 심하다. 게다가 조종의 반응이 늦으면 진동을 완화시키는 것보다는 더 큰 문제를 일으킨다. 가장 좋은 방법은 조종 계통을 풀어서 항공기가 스틱 프리 상태로 가게 한다. 항공기가 진동을 받을 때 조종 계통을 고정시키려고 시도하면 이것은 작은 불안정한 압력이 조종 계통으로 가는 것과 같아서 진동을 더하는 것처럼 되어 심한 비행 하중을 만든다. 진동의 아주 짧은 기간 때문에 불안정한 진동의 크기는 극히 짧은 시간에 위험한 수준에 달하게 된다. 3번째 모드가 승강타 프리(Elevator Free)에서 발생하고 아주 짧은 진동을 갖는다.

운동은 힌지 라인에 대한 승강타 플래핑(Elevator Flapping)의 하나이고 대부분의 경우에 진동은 아주 심한 감쇠를 갖는다. 일반적인 플래핑 모드는 0.3~1.5초이고, 크기가 1/2로 완화되는데 대략 0.1초 걸린다. 동적 세로 안정의 모든 모드에서 두번째 혹은 포포이징 진동이 가장 중요하다. 포포이징 진동은 비행 하중을 손상시키는 가능성을 갖고 조종사의 지연 반응에 의해 역효과를 나타낸다.

스틱 프리 항공기는 필요한 완화를 갖는다는 것을 꼭 기억해야 한다. 동적 안정의 문제점은 특정 비행 상태에서 특히 심하다. 낮은 정적 안정은 일반적으로 짧은 기간에 진동 기간을 증가시키고 1/2 크기로 완화시키는 시간을 증가시킨다. 높은 고도와 낮은 밀도에서는 공기역학적 감쇠를 감소시킨다. 또한 초음속 비행의 높은 마하수는 공기역학적 감쇠를 줄인다.

4) 현대식 조종 계통

안정과 조종을 원만히 수행하기 위해서는 조종 계통의 다양한 형태가 필요하다. 일반적으로 비행 조종 계통의 형식은 항공기의 비행 속도 범위와 항공기 크기에 의해서 결정된다.

일반적인 조종 계통은 조종간에서 조종면까지의 직접 전달 방식의 기계적인 링케이지(Linkage)로 구성된다.

아음속 비행기의 경우 적절한 조종력을 만드는 중요한 수단은 공기역학적 균형과 여러 가지 탭(Tap), 스프링(Spring), 밥 웨이트(Bob Weight) 장치 등을 이용한다. 밸런스와 탭 장치는 조종력을 감소시킬 수 있고 큰 항공기의 일반적인 조종 계통에서 상당히 큰 아음속 속도를 가능하게 한다. 일반적인 조종 계통의 항공기가 천음속에서 작동할 때 흐름의 성격에 큰 변화가 생겨서 조종면 힌지 모멘트를 크게 벗어나게 하고 탭 장치에 영향을 준다.

천음속에서 충격파의 형성과 흐름 분리는 아음속에서 일반적인 조종 계통의 사용을 제한하게 한다. 승압(Boost) 조종 계통은 일반적인 조종 계통의 기계적인 링케이지와 병행해서 기계적인 액츄에이터를 사용한다.

작동의 원리는 고속에서 조종력을 감소시키기에 필요한 정해진 조종력을 제공한다. 이 동력 승압 조종 장치는 유압 액츄에이터의 파일롯 밸브가 필요하고 이것은 조종력에 정해진 승압(Boost Force)을 공급한다. 그러므로 조종사는 승압비에 의해서 조종면의 작동에 도움을 주는 장점을 갖고 있다. 즉, 14의 승압비는 매 1파운드의 스틱 힘을 가할 때 액츄에이터가 14파운드의 힘을 제공하게 된다.

승압 조종 계통은 고속에서 조종력을 감소시키는데 분명한 장점을 갖고 있다. 그렇지만 천음속에서 조종력의 변화는 충격파에 기인한 것이고 분리가 발생하지만 작은 각도에서이다. 힌지 모멘트의 피드백(Feedback)은 감소되지만 스틱 힘의 이탈은 계속 존재한다.

동력 비가역 조종 계통(Power-Operated, Irreversible Control System)은 조종사에 의해 조절되는 기계적인 액츄에이터로 구성된다. 조종면은 액츄에이터에 의해 움직이고 힌지 모멘트는 조종 계통을 통해서 피드백(Feedback)되지 않는다. 이런 조종 계통에서 조종 위치는 공기 하중과 힌지 모멘트에 관계 없이 조종면의 움직임을 결정한다. 동력 조종 계통은 "0" 피드백을 갖고 있고 조종감(Control Feel)을 종합해야 하는데 그렇지 않으면 무한대의 도움이 존재한다.

동력 조종 계통의 장점은 천음속과 초음속 비행에서 가장 뚜렷하다. 천음속 비행에서 비정상적인 힌지 모멘트는 조금도 조종사에게 전해지지 않는다. 그러므로, 천음속 비행에서 예외적이거나 비정상적인 조종력을 받지 않는다.

초음속 비행은 수평 꼬리 날개 전체가 움직이는 것을 사용해서 필요한 조종 효율을 얻는다. 이런 조종면은 동력 비가역 조종 계통에 의해서 작동되거나 양호한 위치를 갖는다.

인공 감지 계통(Artificial Feel System)의 가장 중요한 항목이 스틱 센터링 스프링(Stick-Centering Spring)이나 번지(Bungee)이다. 번지는 스틱 움직임에 비례하는 스틱 힘을 만들어서 이것이 공기 속도와 방향 조종을 위한 느낌을 제공한다. 밥 웨이트(Bob Weight)는 감각 계통(Feel System)에 포함되고 안정된 비행 조작을 위한 스틱 힘 구배를 만들지만 공기 속도와는 독립적이다.

스틱 위치와 조종면 움직임 사이의 연결 관계는 반드시 선형(Linear) 관계는 아니다. 동력 조종 계통(Powered Control System)의 대다수는 비선형 연결 장치를 채택해서 중립의 스틱 위치에서 조종면의 움직임에 대해서 상당히 크게 스틱이 움직인다.

이런 종류의 연결 장치는 높은 동압을 갖는 비행 상태에서 운용되는 항공기에 큰 장점을 준다. 높은 동압에 항공기가 있기 때문에 조종면의 작은 움직임에 아주 민감해서 비선형 연결은 선형 연결의 시스템보다 덜 민감한 조종 계통 움직임의 안정된 조종력을 제공한다.

스틱이 중립 위치 근처의 중심으로 가는 것이 바람직스럽지만, 초기 움직임을 만드는 힘의 크기는 적절해야 한다. 만약 조종 계통의 초기 움직이는 힘이 너무 크면 고속에서 항공기의 정확한 조종이 힘들다. 조종 계통의 견고한 마찰이 처음 움직이는 힘에 도움을 주기 때문에 조종 계통의 적절한 정비가 필수적이다.

조종 계통의 마찰의 증가는 예상 외의 원하지 않는 조종력을 만든다. 승압 조종 계통의 트림은 정해진 조종면 움직임을 위한 "0" 조종력을 만드는 어떤 장치가 필요하다. 높은 초음속 마하수에서 비행은 세로 방향 조종 계통의 여러 가지 다양한 장비가 필요하다. 마하수에서 피칭 감쇠의 변형은 조종 계통의 피치 감쇠에 의해 얻어지는 동적 안정이 필요하다.

세로 방향 조종에 대한 항공기의 반응은 높은 동압의 비행에 의해서 역효과를 갖는다. 비행중 스틱 힘은 유도된 진동을 적절히 막아야 한다. 스틱 힘은 일시적이거나 안정된 비행 상태와 관련된다. 조종 계통의 이런 도움은 피칭 가속 밥 웨이트와 조종 계통 비스코스 댐퍼(Control System Viscous Damper)에 의해 제공된다.

4-4. 방향 안정과 조종

1) 방향 안정(Directional Stability)

항공기의 방향 안정은 근본적으로 바람개비(Weather Cock : 바람 방향을 향하는 성질) 안정이고 수직축에 대한 모멘트와 요(Yaw), 혹은 옆 미끄럼각과의 관계 등이 포함된다.

정적 방향 안정을 갖는 항공기는 평형 상태에서 어떤 교란을 받을 때 평형으로 돌아가려는 성질이 있다. 정적 방향 안정의 증거는 항공기를 평형으로 가게 하는 요잉 모멘트이다.

A. 정의

항공기의 축은 (+) 요잉 모멘트를 N으로 정의하고 수직축에 대한 모멘트로써 이것은 기수를 우측으로 가게 한다. 다른 공기역학적인 면을 고려하는 것으로 요잉 모멘트를 계수 형태(Coefficient Form)로 고려할 때 정적 안정은 중량, 고도, 속도와는 독립적으로 계산할 수 있다.

요잉 모멘트 N은 다음과 같이 계수 형태로 정의된다.

$$N = C_n qSb$$

$$C_n = \frac{N}{qSb}$$

여기서, N : 요잉 모멘트(ft-lbs)
q : 동압(psf)
S : 날개 면적(ft^2)
b : 날개 스팬(ft)
C_n : 요잉 모멘트 계수

요잉 모멘트 계수 C_n은 날개 면적(S)과 스팬(b)에 기초하는 것이고 항공기의 표면 특성을 나타낸다. 항공기의 요 각도(Yaw Angle)는 어떤 기준 방위각으로부터 항공기 중심선까지 관계된 것으로 ψ로 나타낸다. (+) 요각도는 항공기의 기수가 방위각 방향의 우측으로 갈 때이다. 옆미끄럼 각도(Sideslip Angle)의 정의는 큰 차이가 있는데, 이 각도는 어떤 기준 방위각을 기준으로 한 것이 아니고 상대풍으로부터 항공기 중심선까지의 변화에 관계된다. 옆미끄럼 각도는 β(Beta)로 정의하고 상대풍이 항공기 중심선의 우측에 작용할 때 (+)가 된다. 그림 4-22는 옆미끄럼 각도와 요각도의 정의를 나타낸다. 옆미끄럼각(β)은 근본적으로 항공기의 정방향 받음각(Directional Angle of Attack)이고 가로 안정의 1차적인 기준 뿐만 아니라 방향 안정의 고려 사항이다.

요 각도(ψ)는 윈드터널 시험과 항공기의 운동 시간 기록을 위한 1차적인 기준이다. 정의에서 보면 자유 비행 상태에서 항공기의 (β)와 (ψ) 사이에는 직접 관련이 없다. 즉 항공기가 360° 선회 비행한 것은 360° 요(Yaw)한 것이지만, 옆미끄럼은 전체 선회에서 "0"이다. 항공기의 정적 방향 안정은 옆미끄럼에 대한 반응으로 평가한다. 항공기의 정적 방향 안정은 그림 4-22에서와 같이 요잉 모멘트 계수 C_n, 옆미끄럼각 (β)의 그래프로 설명할 수 있다.

항공기가 (+)의 옆미끄럼각을 받으면 (+)의 요잉 모멘트 계수가 있을 때 정적 방향 안정을 볼 수 있다. 그러므로 상대풍이 우측으로부터 오면(+β), 우측으로의 요잉 모멘트(+C_n)가 생겨서 이것이 항공기를 바람개비 성질을 갖게 해서 기수가 상대풍 쪽으로 가게 한다. 정적 방향 안정은 C_n과 β의 곡

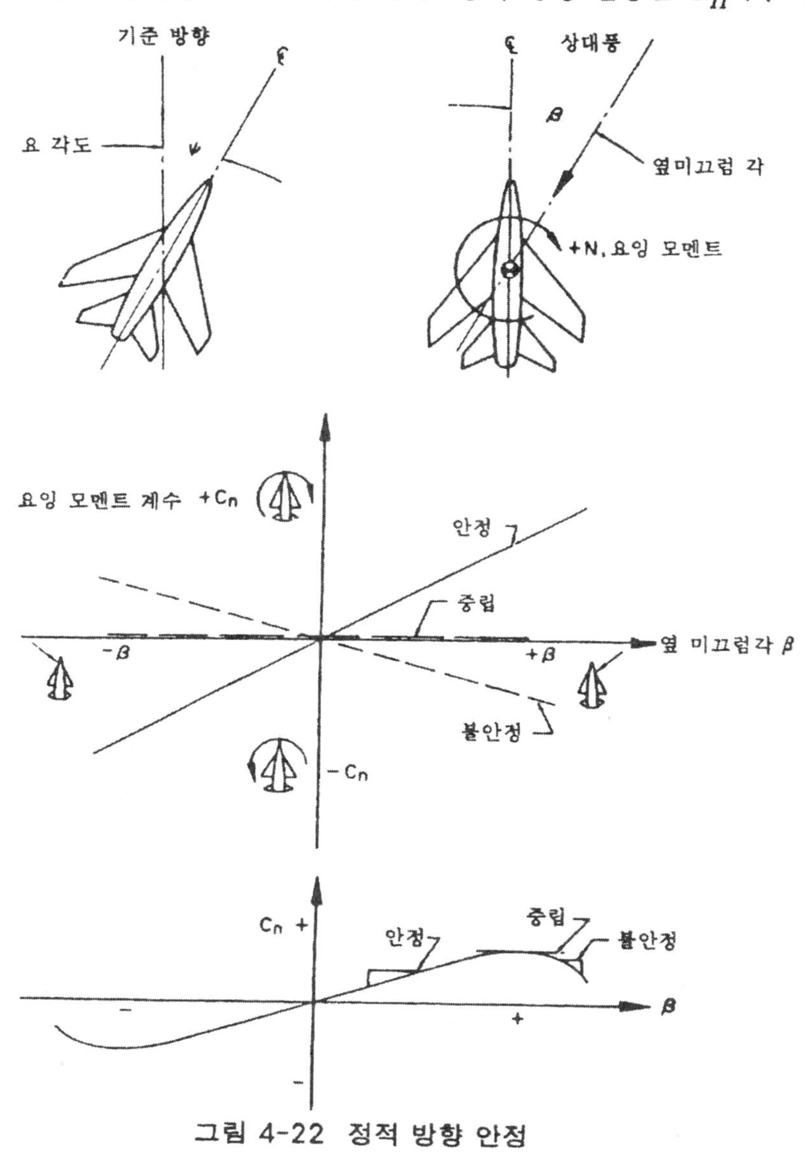

그림 4-22 정적 방향 안정

선 기울기가 함수 관계일 때이다. 만약 곡선의 기울기가 "0"이면 평형으로 돌아가는 성질이 없고 중립의 정적 방향 안정이 존재한다.

C_n과 β의 곡선이 (−) 기울기이면 옆미끄럼에 의해서 생긴 요잉 모멘트는 퍼져서 없어지는 성질이 있고 정적 방향 불안정이 존재한다.

그림 4-22에서 C_n과 β 곡선의 완만한 기울기는 항공기의 정적 방향 안정을 설명한다.

작은 각도의 옆미끄럼에서 강한 (+) 기울기는 강한 방향 안정을 나타낸다. 큰 옆미끄럼 각도는 "0" 기울기와 중립 안정을 만든다. 아주 큰 옆미끄럼에서 곡선의 (−) 기울기는 정방향 불안정을 나타낸다.

커진 옆미끄럼과 함께 방향 안정의 손실은 흔한 상태이다. 그렇지만 방향 불안정은 일상적인 비행 상태의 옆미끄럼 각도에서 발생해서는 안된다. 정적 방향 안정은 모든 비행의 위험한 상태에서 반드시 있어야 한다. 일반적으로 양호한 방향 안정은 가장 근본적인 문제로 조종사가 항공기 상태를 느끼는데 직접 관계된다.

B. 항공기 구성품의 기능

항공기의 정적 방향 안정은 여러 가지 항공기 구성품 각각의 역할에 의한 결과이다. 각 구성품의 안정에 대한 기여는 어느 정도는 독립적이고 혹은 서로 관계되어 각 구성품을 따로따로 생각해 볼 필요가 있다. 수직 꼬리 날개는 항공기를 위한 1차적인 방향 안정의 요소이다.

그림 4-23(a)에서와 같이 항공기가 옆미끄럼 상태일 때 수직 꼬리 날개는 받음각의 변화를 겪는다. 수직 꼬리에서의 양력이나 측면 힘(Side Force)의 변화는 C.G.에 대해 요잉 모멘트를 만들고 이것이 항공기를 상대풍 쪽으로 요(Yaw)하게 만든다. 수직 꼬리 날개가 정적 방향 안정에 기여하는 크기는 꼬리 날개 양력(Tail Lift)의 변화와 꼬리 날개 모멘트 암(Tail Moment Arm)의 변화에 좌우된다. 분명히 꼬리 날개 모멘트 암은 가장 큰 요소이지만, 근본적으로 항공기의 중요한 형태에 의해 지배된다. 수직 꼬리 날개의 위치가 결정되면 방향 안정에 조종면의 기여는 옆미끄럼의 변화와 함께 양력 변화를 만드는 능력이나 측면 힘을 만드는 능력에 좌우된다.

수직 꼬리의 표면 면적은 수직 꼬리의 기여에 영향을 미치는 중요한 요소로 면적과 함수 관계이다. 모든 다른 가능한 것이 없어지면 필요한 방향 안정은 꼬리 날개 면적을 증가시켜서 얻을 수 있다. 그렇지만 증가된 표면 면적은 항력의 증가로 단점이 된다.

수직 꼬리 날개의 양력 곡선은 표면이 얼마나 민감하게 받음각의 변화에 관계되는지를 보여준다. 수직 표면은 큰 양력 곡선 기울기를 갖는 것이 바람직하고 큰 종횡비 표면은 실제로 필요하지 않고 바람직스럽지 않다.

표면의 실속 각도는 충분히 커서 실속을 막고 일상적인 옆미끄럼 각도에서 효율의 손실을 막는다. 초음속 비행의 큰 마하수는 양력 곡선 기울기의 감소를 일으키고, 동시에 꼬리 날개가 안정에 기여하는 것을 감소시킨다. 큰 마하수에서 충분한 방향 안정을 갖게 하기 위해서는 일반적인 초음속 형태는 상당히 넓은 수직 꼬리 날개를 갖는다. 수직 꼬리가 작용하는 흐름 영역은 항공기의 다른 구성품 뿐만 아니라 출력 효과에 의해서 영향받는다. 수직 꼬리 날개에서 동압은 프로펠러의 후류(Slip Stream)와 동체의 경계층에 좌우된다. 또한 수직 꼬리 날개에서 지역(부분적인) 흐름 방향은 날개의 흐름, 동체를 가로지르는 흐름, 수평 꼬리 날개의 유도된 흐름 혹은 프로펠러 후류의 방향에 의해서 영향을 받는다. 위의 여러 가지 요소는 수직 꼬리 날개가 방향 안정에 미치는 기여에 영향을 미친다고 고려해야 한다.

날개가 방향 안정에 기여하는 것은 상당히 작다. 후퇴 날개는 안정된 도움을 주는데 후퇴 정도에 좌우되지만 다른 구성품에 비교해서 상당히 미약하

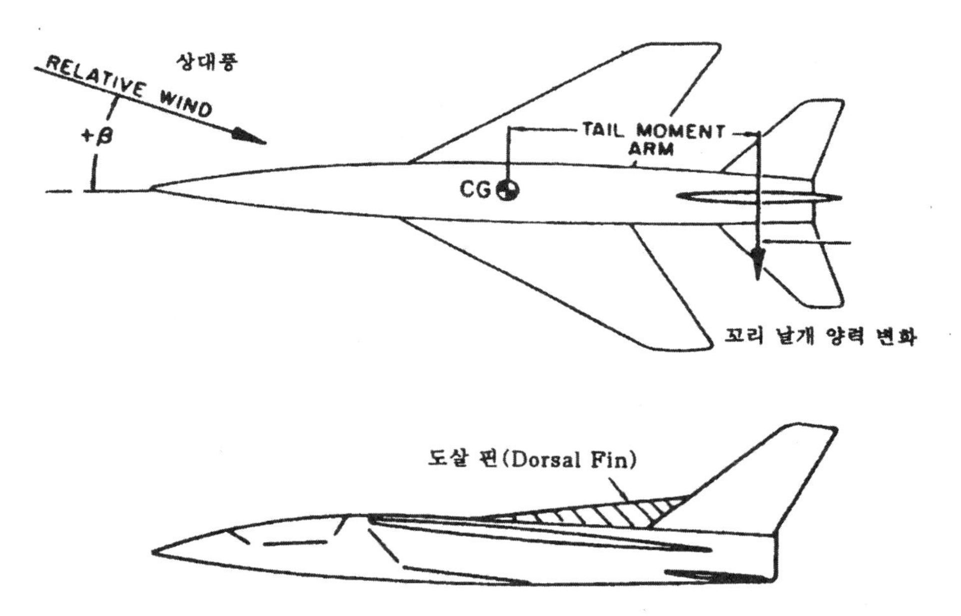

그림 4-23 (a) 수직 꼬리 날개의 기여

다. 동체와 나셀의 기여는 1차적으로 중요한데, 이유는 이 구성품은 가장 크게 불안정에 영향을 주기 때문이다.

동체와 나셀의 기여는 날개의 유도 흐름 영역의 큰 영향을 받지 않는 것을 제외하면 세로 방향의 경우와 비슷하다. 동체의 아음속 압력 중심은 전방의 1/4 지점이나 그 앞에 위치하는데, 이유는 항공기 C.G.가 흔히 이 지점보다 뒤쪽에 있기 때문에 동체의 기여는 불안정해진다. 그렇지만 큰 옆미끄럼 각도에서 동체의 큰 불안정에 대한 기여는 감소되어 이것이 방향 안정을 유지시키는데 문제점이 되는 것을 덜어준다.

동체에 초음속 압력 분포는 상당히 큰 공기역학적 힘을 제공하고 일반적으로 계속해서 불안정하게 영향을 미친다. 그림 4-23(b)에서 동체와 꼬리 날개의 기여를 분리시켜서 얻어진 항공기의 방향 안정의 증가를 보여준다. Cn과 β의 그래프에서 보는 것처럼 동체의 기여는 불안정해지지만 불안정은 큰 옆미끄럼 각도에서 감소된다.

수직 꼬리 날개 하나만의 기여는 표면이 실속을 시작하는 지점까지 크게 안정된다. 수직 꼬리 날개의 기여는 충분히 커서 완전한 항공기(날개-동체-꼬리의 조합)는 필요한 정도의 안정을 보여준다. 도살 핀(Dorsal Fin)은 큰 옆미끄럼각에서 방향 안정을 유지하는 데 큰 영향을 미치고 수직 꼬리 날개

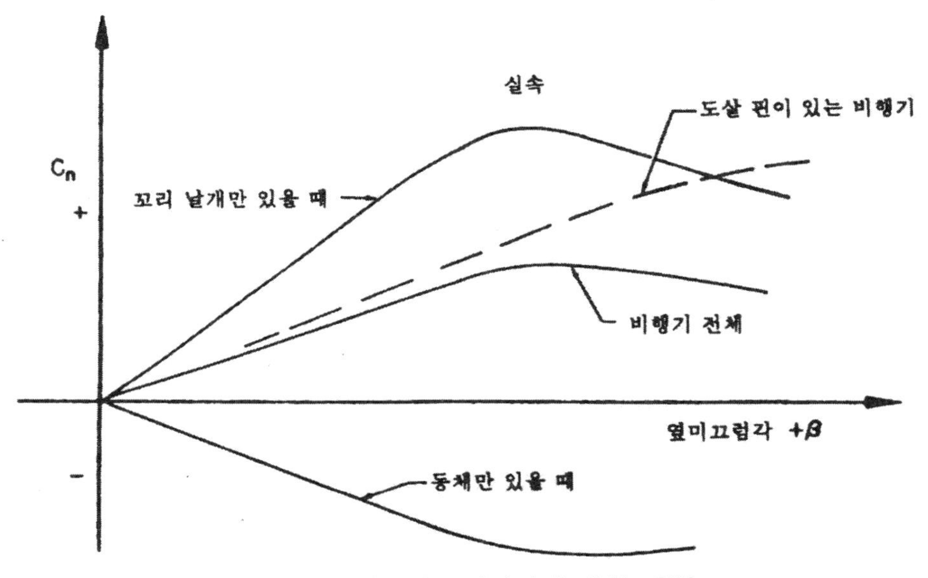

그림 4-23 (b) 일반적인 방향 안정

의 실속을 방지한다.

항공기에 도살 핀의 추가는 두가지 방법으로 큰 옆미끄럼에서 방향 안정의 손실을 감소시킨다. 다소 덜 분명하지만 가장 중요한 효과는 큰 옆미끄럼각에서 동체의 안정의 큰 증가이다. 게다가 수직 꼬리 날개의 효과적인 종횡비는 감소되어 이것이 표면의 실속각을 증가시킨다. 이런 이중 효과에 의해서 도살 핀의 추가는 아주 유용한 장치이다. 정적 방향 안정에 출력 영향은 정적 세로 안정에 미치는 출력 효과와 비슷하다. 직접적인 영향은 프로펠러 회전면과 제트 흡입구에 의해서 제한되고, 물론 프로펠러나 흡입구(Inlet)가 무게중심(C.G. : Center of Gravity)의 앞에 위치하면 불안정해진다.

수직 꼬리 날개에서 유도된 속도와 흐름 방향 변화의 간접적인 효과는 프로펠러 항공기에서는 꽤 중요하고 큰 방향 트림 변화를 만들 수 있다. 세로방향의 경우에서처럼 간접적인 영향은 제트 항공기에서는 거의 무시한다. 정적 방향 안정에 의한 직접, 간접적인 출력 효과의 기여는 프로펠러 항공기에서 가장 크고 제트 항공기는 아주 약하다. 어떤 경우든지 출력의 일반적인 효과는 불안정해지고 가장 큰 기여는 이륙중과 같은 큰 출력과 낮은 동압에서 발생한다.

세로 방향 정적 안정의 경우에서처럼 조종이 통제되지 않으면 꼬리 날개의 효율이 감소되어 안정을 변화시킨다. 반면 방향타(Rudder)는 균형을 가져서 조종 페달의 힘을 감소시키고 방향타는 뜨게 되거나(Float) 유선형을 이루어 수직 꼬리가 정적 방향 안정에 기여하는 것을 감소시킨다. 방향타의 뜨는 경향은 큰 옆미끄럼각에서 가장 크고 여기서 수직 꼬리의 큰 받음각은 공기역학적인 균형을 감소시키려 한다. 그림 4-24는 고정된 방향타(Rudder-Fixed)와 자유로운 방향타(Rudder-Free)의 정적 방향 안정(Static Directional Stability)의 차이를 설명한다.

C. 위험한 상태

정적 방향 안정의 가장 위험한 상태는 흔히 몇가지 각각의 영향의 결합에서 오는 것이다. 이 복합적인 것은 가장 위험한 상태를 만드는데, 이것은 항공기의 형태와 사용 목적에 크게 좌우된다. 게다가 가로 방향과 정방향 영향의 결합으로 정적 방향 안정의 필요한 정도를 이런 결합된 상태에 의해 결정한다. C.G. 위치는 정적 방향 안정에 상당히 작게 영향을 미친다.

어떤 항공기든 C.G. 위치의 범위는 세로 안정과 조종(Longitudinal Stability & Control) 한계에 의해서 정해진다. C.G.의 제한된 범위 내에서는 테일, 동체, 나셀의 기여에 큰 변화가 생기지 않는다. 그러므로 정적 방향 안정은 근본적으로 종적 한계 내에서 C.G. 위치의 변화에 의해서 영향받지 않는다. 항공기가 큰 받음각일 때 정적 방향 안정의 감소를 기대할 수 있다. 그림 4-24(b)에서 정적 방향 안정의 감소를 보여준다. 정적 방향 안정의 감소는 수직 꼬리의 기여가 크게 감소한 것에 크게 기인한다. 큰 받음각에서

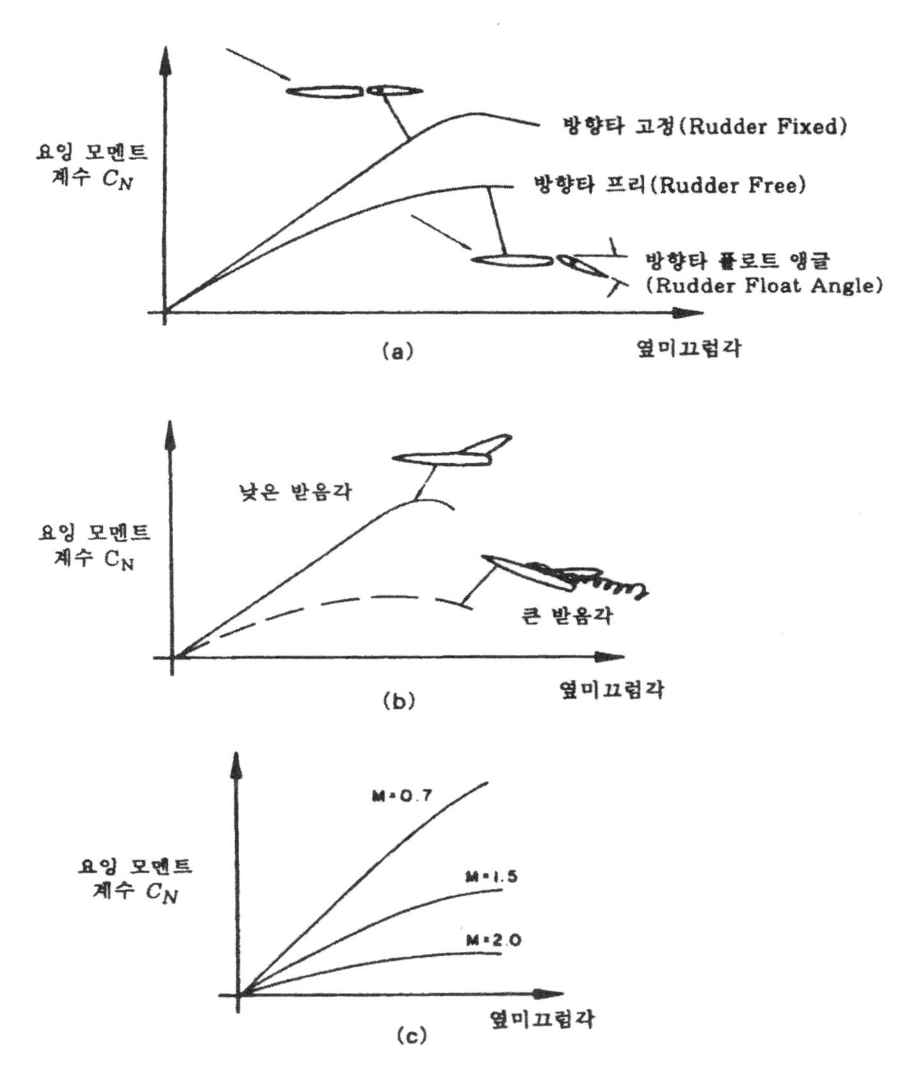

그림 4-24 방향 안정성에 영향을 미치는 요소

수직 꼬리의 효율은 감소되는데, 이유는 수직 꼬리 위치에서 동체의 경계층이 증가하기 때문이다.

받음각과 함께 방향 안정의 손실은 후퇴를 갖고 있는 작은 종횡비 항공기에는 크게 중요한데, 이 형태는 큰 받음각을 필요로 해서 큰 양력 계수를 얻기 때문이다. 방향 안정의 이런 손실은 항공기가 역요(Adverse Yaw)와 스핀 특성의 반응에 중대한 영향을 준다. 초음속 비행의 큰 마하수는 수직 꼬리 날개가 방향 안정에의 기여를 감소시키는데 마하수와 함께 양력 곡선 기울기가 감소하기 때문이다.

그림 4-24(c)는 마하수와 함께 방향 안정의 일반적인 손실을 설명한다. 높은 마하수에서 필요한 방향 안정을 만들기 위해서는 아주 넓은 면적의 수직 꼬리 날개가 필요하다.

벤튜랄 핀(Ventral Fin)을 사용해서 방향 안정에 추가적인 기여를 하지만 착륙 요구 조건에 맞게 크기를 제한하거나 혹은 핀을 접을 수 있게(Retractable) 한다. 그러므로 정적 방향 안정의 가장 큰 요구는 아래 영향의 일부 조합에서 발생한다.

① 큰 옆미끄럼 각
② 저속도에서 큰출력
③ 큰 받음각
④ 큰 마하수

프로펠러 항공기는 상당한 출력 효과를 갖고 있어서 위험한 상태는 저속에서 발생하고 반면 높은 마하수의 영향은 일반적인 초음속 항공기에서 임계상태를 만든다. 게다가 가로 방향과 정방향 효과의 결합은 안정한 상태의 방향 안정을 필요로 한다.

2) 방향 조종(Directional Control)

방향 안정 뿐만 아니라 항공기는 적절한 방향 조종을 갖고 있어서 안정된 선회, 출력 효과의 균형, 옆 미끄럼, 비대칭 출력의 균형을 만든다. 방향 조종의 1차적인 역할을 하는 것은 방향타이고 방향타(Rudder)는 비행의 임계상태를 위해서 충분한 요잉 모멘트를 만들어야 한다.

방향타 움직임의 영향은 조종의 움직임에 따른 요잉 모멘트 계수를 만들기 위한 것이고 어떤 미끄럼 각도에서 평형을 만든다. 방향타의 작은 움직임은 안정에 큰 변화는 없지만 평형에는 변화가 있다.

그림 4-25는 요잉 모멘트 곡선에서 방향타 움직임과 평형 옆 미끄럼 각도의 변화에 따른 영향을 보여준다. 만약 항공기가 고정된 방향타 상태로 정적 방향 안정을 보이면, 각 옆미끄럼각은 방향타의 특정한 움직임이 평형을 얻는데 필요하게 된다.

방향타 프리(Rudder-Free)의 방향 안정은 방향타의 부유각(Float Angle)이 평형을 위해 필요한 방향타 움직임보다 작을 때 존재한다. 그렇지만 큰 옆미끄럼각에서 방향타의 부양 경향은 그림 4-25(b)에서 설명되는데, 방향타 부양각 라인은 옆미끄럼의 큰 수치에서 크게 증가한다. 만약 방향타의 부양각이 필요한 방향타각과 일치되면 방향타 페달 힘은 "0"으로 감소되고 방향타 락크(Rudder Lock)가 발생한다. 이 지점 이상의 옆미끄럼각은 필요한 방향타 움직임보다 더 큰 부양각을 만들고 방향타는 움직임 한계까지

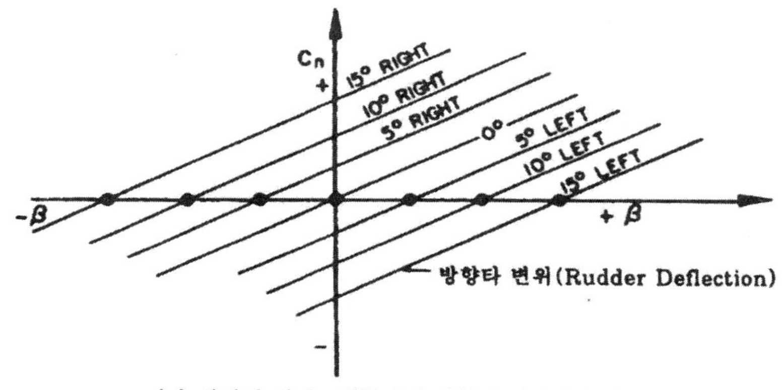

(a) 안정된 옆미끄럼각에서 방향타 변위의 영향

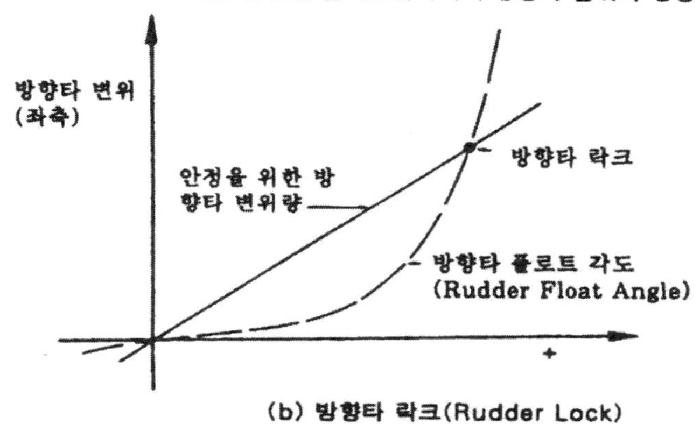

(b) 방향타 락크(Rudder Lock)

그림 4-25 방향 조종(Directional Control)

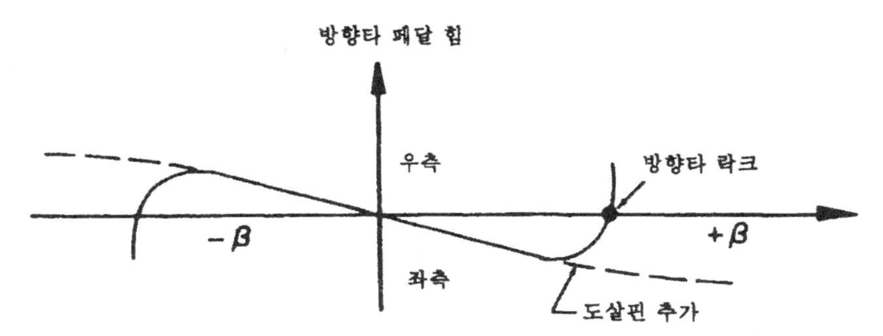

그림 4-25(c) 페달 힘(Pedal Force)에 미치는 방향타 락크의 영향

부양하게 된다. 방향타 락크는 페달(Pedal) 힘의 역전에 의해서 이루어지고 방향타 프리(Rudder Free : 방향타를 조종하지 않는 자유로운 상태) 불안정이 존재한다.

도살 핀은 이 경우에 상당히 유용하며 이유는 도살 핀이 큰 옆미끄럼 각도에서 방향 안정을 개선시키기 때문이다.

안정이 증가된 결과는 방향타의 큰 움직임을 필요로 해서 큰 옆미끄럼에서 평형을 얻고 방향타 락크가 감소되는 경향이 있다. 방향타 프리 방향 안정은 방향타 페달 힘을 주어진 옆미끄럼에 맞게 유지시키는 것으로 조종사에 의해서 이루어진다. 만약, 방향타 페달 힘 구배가 너무 낮으면 거의 "0" 옆미끄럼이 되고 이것은 여러 가지 방향 조종 중에 "0" 옆미끄럼을 유지하는 것이 힘들게 된다. 항공기는 가능한 옆미끄럼 범위에서 안정된 방향타 페달의 느낌(feel)을 갖고 있어야 한다.

4-5. 가로 안정과 조종

1) 가로 안정

항공기의 정적 가로 안정은 옆미끄럼에 기인한 롤링 모멘트의 고려를 포함한다. 만약, 항공기가 옆미끄럼에 기인한 양호한 롤링 모멘트를 가지면 날개의 수평 비행으로부터의 가로 방향 움직임은 옆미끄럼을 만들고 옆미끄럼은 롤링 모멘트를 만들어 항공기가 수평 비행으로 되게 하는 경향을 갖는다. 이 작용으로 인해서 정적 가로 방향 안정이 분명해진다. 물론 옆미끄럼은 요잉 모멘트를 만드는데 정적 방향 안정의 고려는 롤링 모멘트와 옆미끄럼의 관계만을 포함한다.

A. 정의

항공기 축의 정의에서 (+) 롤링을 L로 정의하고 이것은 세로축에 대한 모멘트로 우측 날개를 아래로 내려가게 한다. 다른 공기역학적 고려와 마찬가지로 계수 형태로 롤링 모멘트를 고려하는 것이 편리해서 가로 방향 안정은 중량, 고도, 속도 등과는 독립적으로 계산된다.

롤링 모멘트 L은 아래 방정식에 의해서 계수 형태로 정의된다.

$$L = C_l qSb \quad \text{--------------------------------} (4\text{-}1)$$

여기서, L : 롤링 모멘트(ft-lbs)
q : 동압(psf)
S : 날개 면적(ft^2)
b : 날개 스팬(ft)
C_l : 롤링 모멘트 계수

옆미끄럼각 β 는 항공기 중심선과 상대풍 사이의 각도로 정의되고 상대풍이 중심선의 우측이면 (+)이다. 항공기의 정적 가로 방향 안정은 롤링 모멘트 계수 C_l, 옆미끄럼각 β의 그래프로 그림 4-26과 같이 설명된다.

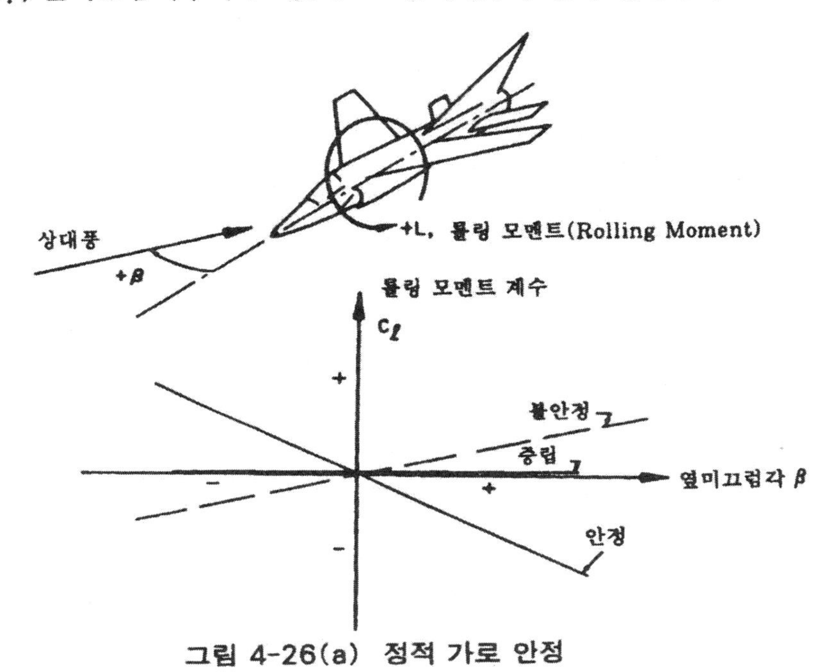

그림 4-26(a) 정적 가로 안정

항공기가 (+)의 옆미끄럼각을 받을 때 가로 방향 안정은 (−)의 롤링 모멘트 계수가 있을 때 나타난다. 그러므로 상대풍이 우측으로부터 오면(+β), 롤링 모멘트는 좌측($-C_l$)으로 발생하여 이것이 항공기를 좌측으로 롤하게 만든다.

가로 방향 안정은 C_l과 β 의 곡선이 (−) 기울기를 가질 때 존재하고 안정의 정도는 이 곡선 경사와 함수 관계이다. 만약 곡선의 기울기가 "0"이면 중립적인 가로 방향 안정이 존재하고 기울기가 (+)이면 가로 방향 불안정이 존재한다. 가장 바람직스러운 것은 가로 방향 안정을 갖거나 옆미끄럼에 기인한 양호한 롤을 갖는 것이다. 그렇지만 가로 방향 안정의 필요한 크기는 여러 가지 요소에 의해서 결정된다.

옆미끄럼에 의한 과도한 롤은 측풍 이륙과 착륙을 어렵게 하고 항공기의 방향 운동(Directional Motion)이 원하지 않는 진동을 일으킨다. 게다가 큰 가로 방향 안정은 역요와 결합되어 롤링 성능을 감소시킨다. 일반적으로 양호한 취급 성능은 상당히 낮거나 약한 (+) 상태의 가로 방향 안정에서 얻어진다.

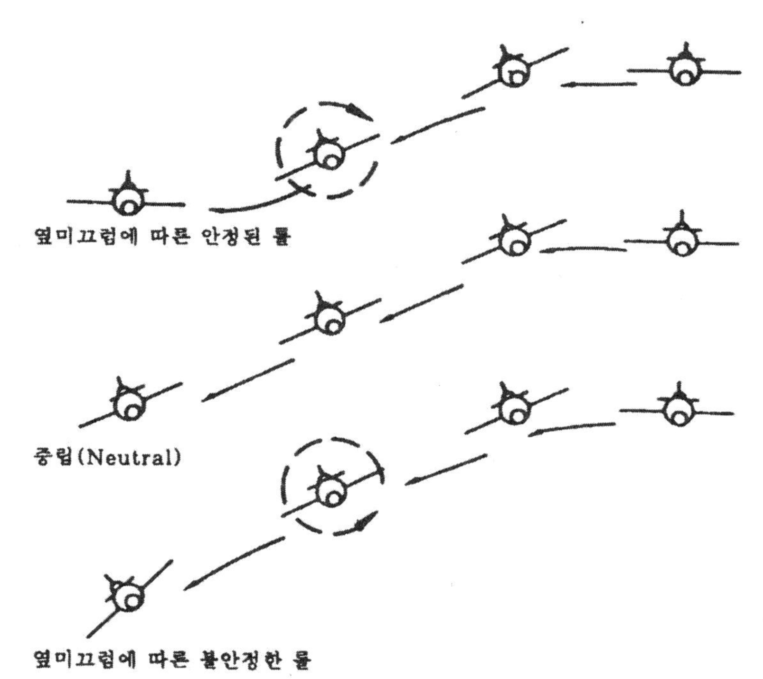

그림 4-26(b) 정적 가로 안정

B. 항공기 구성품의 기여

항공기에서 가로 방향 안정의 발달을 이해하기 위해서는 각 구성품의 기여 정도를 알아야 한다. 물론 구성품 사이에는 교란이 있어서 각 구성품이 항공기에 기여하는 안정의 정도는 다르다. 항공기의 가로 방향 안정에 기여하는 주요 조종면이 날개이다. 날개의 기하학적인 상반각(Geometric Dihedral)의 효과는 가로 방향 안정에 상당히 큰 영향을 준다. 그림 4-27에서 상반각을 갖는 날개는 옆미끄럼과 함께 안정된 롤링 모멘트를 만든다. 만약 상대풍이 측면으로부터 오면 측풍을 받는 날개는 받음각이 증가하여 양력이 증가하며 날개가 측풍의 영향에서 벗어나면 받음각의 감소로 양력 감소를 얻는다. 양력의 변화는 롤링 모멘트에 영향을 미치고 측풍 영향을 받는 날개를 들어올리려 해서 상반각(Dihedral)은 옆미끄럼에 기인한 롤(Roll)을 안정시키는데 기여한다. 날개 상반각이 가로 방향 안정 기여의 공통 분모로 간주된다. 일반적으로 날개 위치는 플랩, 출력 등에 기여하고 유효 상반각(Effective Dihedral) 혹은 상반각 효과(Dihedral Effect)의 상당한 크기를 나타낸다.

동체 하나 만의 기여는 동체의 합성 공기역학적인 측면 힘의 위치에 상당히 적게 좌우된다. 그렇지만 날개, 동체, 꼬리의 복합적인 효과는 상당히 큰 동체 날개의 수직 위치에서 복합적인 안정에 크게 영향을 미친다.

중간 날개 위치의 일반적인 상반각 효과(Dihedral Effect)는 날개 하나만의 효과와 크게 다르지 않다. 동체에 낮게 장착된 날개는 3° 혹은 4°의 (−) 상반각 (Negative Dihedral)과 동등한 효과를 갖는 반면 높은 위치의 날개는 2°나 3°의 (+) 상반각의 효과를 준다. 상반각 효과 기여 정도는 날개의 수직 위치에 의한 것으로 낮은 날개를 위해서는 상당한 상반각을 필요로 한다.

날개의 후퇴각이 상반각 효과에 미치는 영향은 중요한데, 이유는 기여의 성질 때문이다. 그림 4-27에서 보는 것처럼 옆미끄럼에서 후퇴 날개는 날개가 바람을 받아서 후퇴가 효과적으로 감소하는 방향으로 작용하는 반면, 바람을 받지 않는 날개는 후퇴가 효과적으로 증가하는 방향으로 작용한다. 만약 날개가 (+) 양력 계수 상태이면 날개는 바람을 받아서 후퇴가 적어져서 양력이 증가되고, 날개가 바람을 받지 않으면 더 큰 후퇴를 가져서 양력은 감소한다.

이와 같은 방법으로 후퇴 날개는 (+)의 상반각 효과에 기여하고, 전방으로 전진형 날개(Swept Forward Wing)는 (−)의 상반각 효과에 기여한다. 후퇴가 상반각 효과에 기여하는 독특한 성질은 날개의 양력 계수 뿐만 아니라 후퇴각에 비례한다. "0" 양력에서 후퇴 날개는 옆미끄럼에 기인한 롤을 만들어서는 안되는데 이유는 날개의 양력 변화가 없기 때문이다. 그러므로 "0" 양력에서 후퇴에 기인한 상반각 효과는 "0"이고 날개 양력 계수와 직접 비례해서 증가한다. 고속 비행의 요구가 있을 때는 큰 크기의 후퇴를 필요로 하고 합성 형태(Resulting Configuration)는 저속도(큰 C_L)에서 과도하게 큰 상반각 효과를 갖는 반면 상반각 효과는 정상 비행(낮거나 중간 정도의 C_L)에서 만족스럽다.

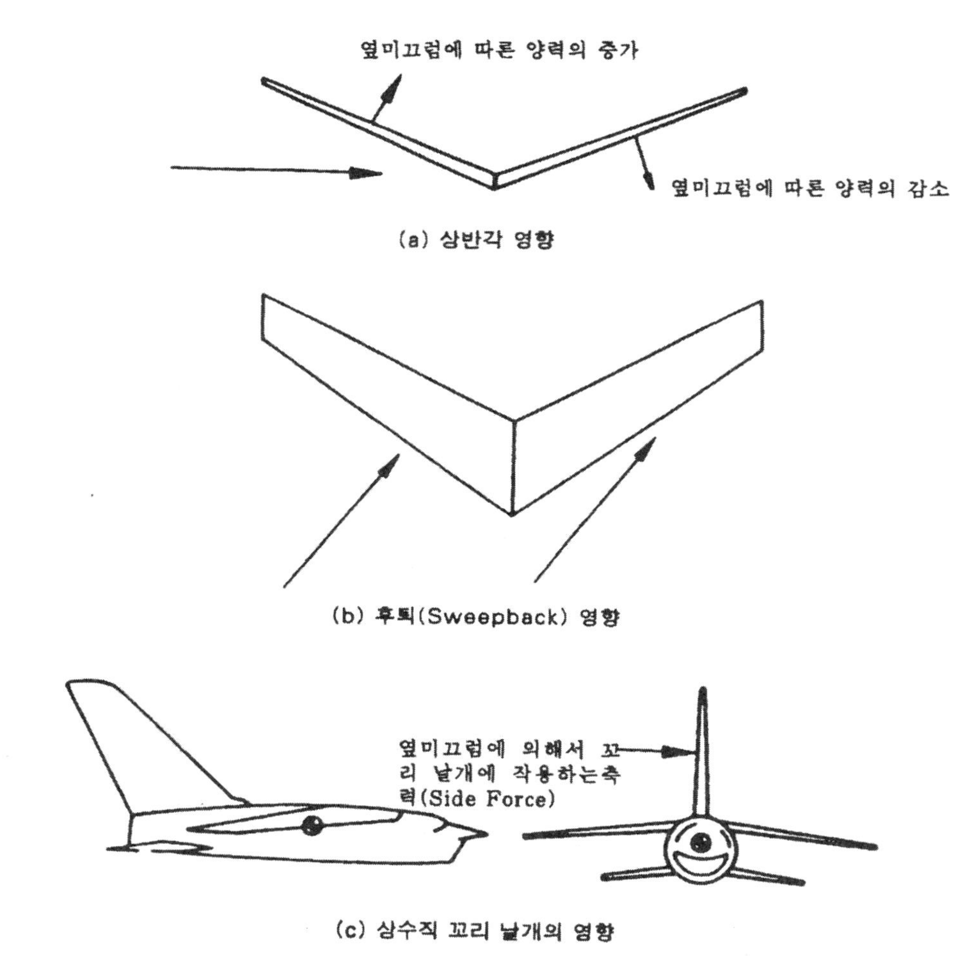

(a) 상반각 영향

(b) 후퇴(Sweepback) 영향

(c) 상수직 꼬리 날개의 영향

그림 4-27 가로 안정에 구성품의 영향

최신 형태의 수직 꼬리 날개는 유효 상반각에 큰 기여를 하기도 하지만 어느 때는 바람직스럽지 못하다. 만약, 수직 꼬리가 크면 옆미끄럼에 의한 측면 힘이 만들어져서 현저한 롤링 모멘트 뿐만 아니라 중요한 요잉 모멘트에 기여한다. 이런 효과는 일반적인 항공기 형태에서는 흔히 작지만, 최신의 고속 항공기 형태에서는 상당한 크기의 이 효과를 유도한다.

큰 수직 꼬리가 추가의 상반각 효과에 기여를 유발하지 않고 방향 안정에 기여를 얻기는 상당히 힘들다. 유효 상반각의 크기는 만족스런 비행 상태를 만드는데 필요로 하고 항공기의 형식과 목적에 따라 크게 달라진다. 일반적으로 유효 상반각은 너무 커서는 안되는데, 이유는 옆미끄럼에 기인한 너무 큰 롤은 또 다른 문제점을 만들기 때문이다.

과도한 상반각 효과는 더치 롤(Dutch Roll)을 일으키게 하며 롤링 비행 조작에서 방향타(Rudder)의 협조가 어렵거나 측풍 이륙이나 착륙중에 상당한 크기의 가로 방향 조종력을 요구하게 된다. 물론 효과적인 상반각은 순항(Cruise), 고속(High Speed)과 같은 비행중에는 (−)가 되어서는 안된다.

만약, 항공기가 이런 비행 상태에서 만족스런 상반각 효과를 보이면 몇가지 특정 예외를 고려할 수 있는데, 항공기가 이륙이나 착륙 형태일 때이다. 플랩과 출력의 효과가 불안정해지고 상반각 효과가 감소하기 때문에 어떤 특정 크기의 (−) 상반각 효과는 이런 소스에 의해서 가능하다.

플랩의 움직임은 날개의 안쪽 부분이 상당하게 더욱 효과적으로 되어 이 단면은 작은 스팬 방향의 모멘트를 갖는다. 그러므로 옆미끄럼에 기인한 날개 양력의 변화는 안쪽(Inboard)에 가깝게 발생하고 상반각 효과는 감소된다. 상반각 효과에서 출력의 효과는 제트 항공기에서 무시할 수 있지만, 프로펠러 항공기는 상당히 중요하다.

큰 출력과 저속에서 프로펠러 후류는 안쪽 날개를 더욱 효과적으로 만들고 상반각 효과를 감소시킨다. 상반각 효과의 감소는 플랩과 출력 효과와 결합될 때, 즉 프로펠러 항공기가 착륙 접근중이거나 이륙중에 가장 중요하다. 착륙과 이륙중에 몇가지 예외가 있는데 상반각 효과나 가로 방향 안정은 (+)여야 되지만 너무 커서는 안된다. 과도한 상반각 효과에 의해서 발생하는 문제점은 매우 크며 취급하기가 상당히 어렵다. 가로 방향 안정은 조종사가 스틱 힘(Stick Force)을 느껴서 확인하고 옆미끄럼을 유지하는데 필요한 크기를 조종사가 느껴서 알 수 있어야 한다. 양호한 스틱 힘 안정은 옆미끄럼의 방향 조절에 필요한 스틱 힘으로 알 수 있다.

4-6. 비행 불안정

1) 더치 롤(Dutch Roll)

제트기는 날개의 상반각, 큰 후퇴각, 수직 꼬리 날개 등 때문에 강한 상반각 효과를 갖는다. 그래서 최초로 옆미끄럼 또는 롤링이 일어나면 그 후의 운동은 옆미끄럼, 롤링, 요잉 등이 구성된 진동 운동이 되는데 이것을 더치 롤이라 한다.

그림 4-28은 직선 수평 비행을 행하고 있던 비행기에 순간적인 돌풍이 작용했을 때의 운동 형태를 나타낸 것이다.

이 운동은 나선 발산과는 반대로 방향 안정에 비해 상반각 각 효과가 강할 때 일어나는데, 동일 옆미끄럼에 의한 유효 후퇴각(상대풍에서 본 후퇴각)은 저속시만큼 크게 변화하므로 저속시만큼 큰 상반각 각 효과가 나타나고 더치 롤의 주기가 짧아진다.

더치 롤의 감쇠는 기본적으로는 옆미끄럼에 수반하는 기체 측방에 가해지는 가로 방향의 힘이므로 고고도를 고마하수로 비행하고 있는 때만큼 장주기로 동시에 감쇠가 나쁜 운동이 되고, 반대로 저고도를 저속으로 비행할 때는 작은 외력에 의해 더치 롤에 들어가기 쉽고 감쇠는 빠른데 단주기의 운동이 된다.

특히 후퇴 날개의 플랩도 후퇴각을 가지고 있고 중심 위치가 후방에 있는 경우 만큼 플랩에 의한 상반각 효과의

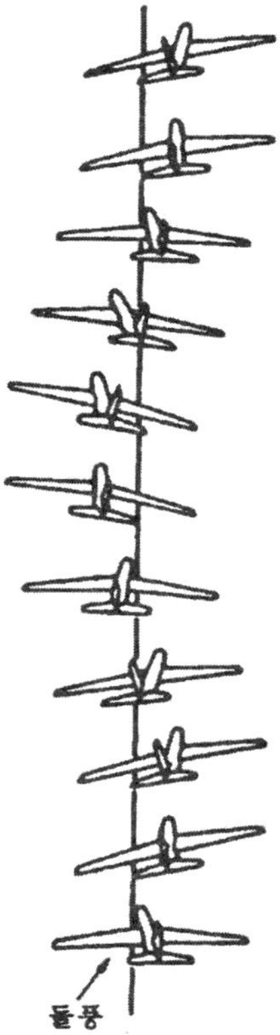

경사 양력이 좌측으로 이동한다.

핀의 반작용으로 우측으로 요한다.

우측 날개가 전방으로 움직여서 좌측으로 롤하고 우측으로 요한다.

경사 양력이 우측으로 이동한다.

핀의 바람개비 작용이 항력을 크게 해서 좌측으로 요시킨다.

좌측 날개가 전방으로 움직이고 우측으로 롤하고 좌측으로 롤한다.

경사진 양력이 우측으로 이동한다.

우측 날개가 전방으로 움직이면서 잉여 양력을 발생시키고 유도 항력은 좌측으로 롤(Roll)시키고 우측으로 요(Yaw)시킨다.

돌풍이 좌측에서 우측으로 전달되어 좌측으로 요(Yaw)한다.

돌풍

그림 4-28 더치 롤(Dutch Roll)

증대와 방향 안정의 저하로 인해 더치 롤의 경향을 강하게 한다.

고고도에서 감쇠의 나쁨은 순항중의 쾌적성을 잃을 뿐 아니라, 조타에 의한 적절한 수정이 곤란하고 반대로 옆미끄럼을 강하게 하거나 뱅크(Bank)를 크게 할 위험성이 있다. 그래서 운동의 감쇠는 일반적으로 일종의 안정 증강 장치인 요 댐퍼(Yaw Damper)를 장치, 1~2회의 진동 정도 중에 감쇠시키도록 하고 있다.

요 댐퍼는 기체의 가로 방향 가속도를 검출하고 이것을 보정하도록 방향타를 움직여 진동을 감쇠키는 장치인데, 만약 이 장치가 고장난 경우에 방향타의 조작으로 수정하려 하면 요잉이나 롤링에 대한 고유 주기의 차이에 의한 오조작, 조타에 의한 기체 응답의 느림, 그것에 과대한 조타에 의한 수직 꼬리날개로의 강도 부담 증가 등이 일어난다. 그래서, 요 댐퍼가 고장난 경우는 방향타의 사용을 금지하고 보조 날개만으로 날개를 수평으로 유지하는 조작과 감쇠가 큰 저고도까지 강하하는 일도 필요하다.

또, 비행기에 따라서는 옆미끄럼 진동보다 요잉 진동 쪽이 강하게 나타나는 일이 있고 이것을 사행(Snaking)이라 한다.

2) 지면 효과(Ground Effect)

실제의 비행에서 고도가 매우 낮고 지면 등과 매우 가까운 곳을 비행할 때는 고도가 높을 때와 비교하면 매우 다른 특성을 보인다.

예를 들면 이륙시에 부양(Lift-off)은 했으나, 제대로 고도를 취할 수 없는 현상 또는 착륙하려고 해서 고도를 내렸을 때 지면에 가까이감에 따라 갑자기 무거워져 조종간을 당겨서 자세를 유지하려고 하면, 이번에는 속도가 저하되지 않고 지면에 닿을 것같이 비행하여 쉽게 접지(Touch Down)되지 않는 현상, 즉 벌루닝(Ballooning)을 일으킨다. 이와 같이 지면에 가까운 곳에서 발생하는 특이 현상을 지면 효과라고 한다.

이러한 현상이 일어나는 이유는 지표가 가까운 곳에서는 지면의 존재에 의해 다운와쉬각(Down Wash Angle)이 급격히 감소하고 마치 날개의 종횡비가 커진 것같은 효과를 지니기 때문에 그 결과 유도 항력의 감소, 동일 받음각에 대한 양력 증가, 다운와쉬각 감소에 따른 꼬리 날개 양력 증가에 의한 기수 하강 모멘트의 증대 등이 발생하기 때문이다.

지면 효과의 세기는 기체의 형상이나 비행 상태에 따라 변화한다. 즉, 날개의 종횡비가 작을수록 다운와시각이 크고 지면에 의한 변화도 받기 쉬워진다. 또 저익기(Low Wing)일수록 착륙시에 날개와 지면과의 거리가 짧아지

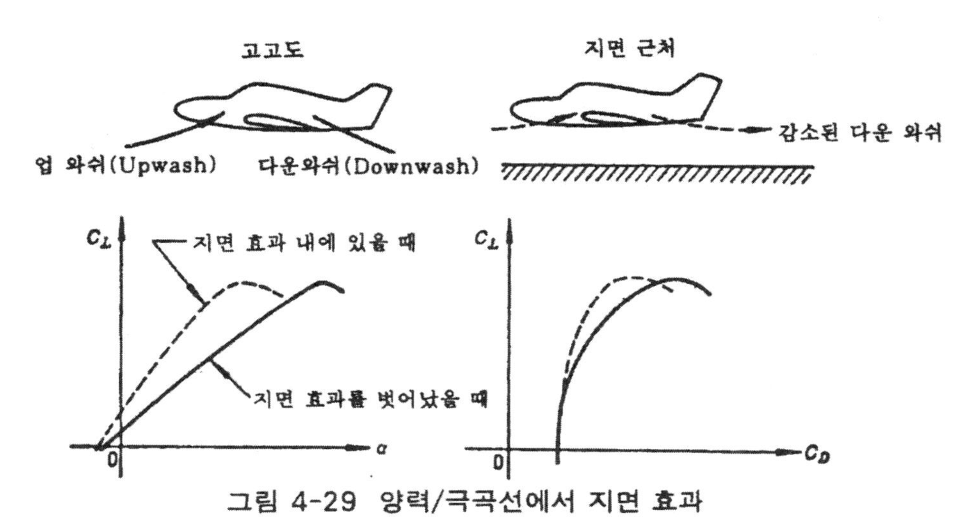

그림 4-29 양력/극곡선에서 지면 효과

므로 그만큼 강한 영향을 받는다. 여기서 날개와 지면과의 거리에 대해서는 다운와쉬가 거의 날개의 스팬과 관계되어 있으므로 그 거리가 스팬과 같은 정도라면 항력의 감소는 2~3%인데 대해 스팬의 1/4 정도에서는 20~30%, 1/10에서는 약 50% 정도까지 감소하여 다운와쉬각을 받게 된다. 그림 4-30은 지면 효과의 고도 변화를 피치 모멘트에 주는 영향을 나타낸 것이다.

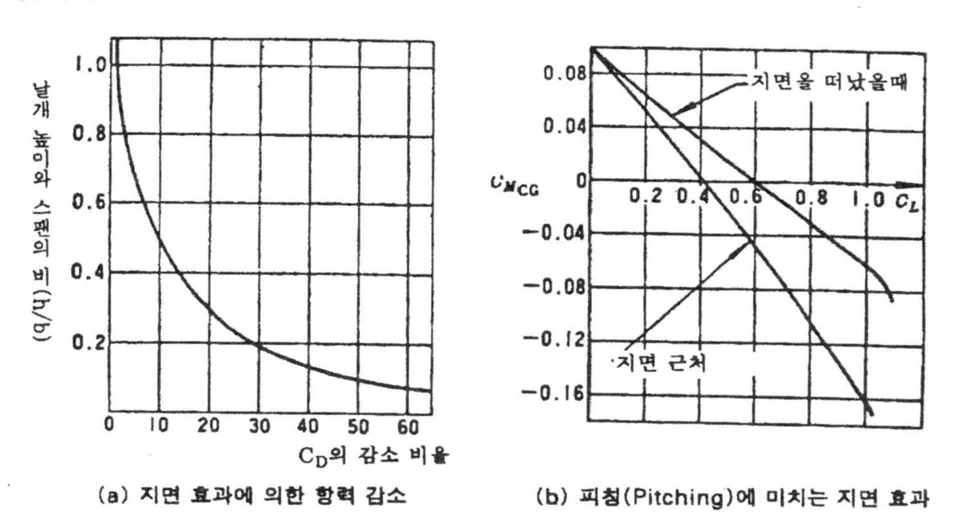

(a) 지면 효과에 의한 항력 감소 (b) 피칭(Pitching)에 미치는 지면 효과

그림 4-30 지면 효과(Ground Effect)

피치 조종시 지면 효과가 미치는 영향중 하나로 승강타의 성능 저하가 있다. 이것은 다운와쉬각이 감소하기 때문에 기수 상승 최대 타각을 취해도 약간의 모멘트 밖에 발생할 수 없어지기 때문인데, 특히 CG가 전방에 있을 때일수록 기수 상승 조작은 곤란해진다.

3) 안정에 미치는 영향

트림이 취해지고 승강타의 힌지 모멘트가 0이 되어 있을 때 돌풍 등의 외력을 받으면 승강타에는 새로운 모멘트가 발생해서 키를 돌리려 한다. 만약 조종 계통이 가역적이라면, 특히 조타력을 가하지 않아도 승강타가 자유롭게 움직여 돌풍에 의한 꼬리 날개가 받는 공기력을 감소시키므로, 돌풍에 의한 피치 변화를 어느 정도 작게 함과 동시에 복원력을 약하게 한다. 한편, 조종간을 고정하고 외력에 의해 타각이 변화하지 않는 경우에는 복원력은 강해지나 기체는 그만큼 큰 자세 변화를 한다.

이와 같이 조종면이 외력에 의해 자유롭게 움직이는(Floating) 경우와 움직이지 않는(Fixed) 경우에는 안정에 미치는 정도가 다르므로 전자를 조종간 자유 안정성(Stick Free Stability), 후자는 조종간 고정 안정성(Stick Position Stability)으로 구별한다. 양력 조종 계통과 같은 비가역 장치인 경우는 조종면이 자유롭게 움직이지 않으므로 조타력은 0이라도 조종간 자유와 조종간 고정 사이에 차이가 없다.

그림 4-31은 모멘트 곡선의 기울기 차이를 나타낸 것으로서 외력에 의한 기체 고도 변화나 모멘트를 조타에 의해 수정할 경우의 문제점도 지적된다. 적절한 조종이라면 외력에 의한 자세 변화가 조금일 때 이것을 빨리 복원시킬 수 있으며, 이것이 크고 수정시에 기체에 과대한 하중이 걸릴 때는 복원력

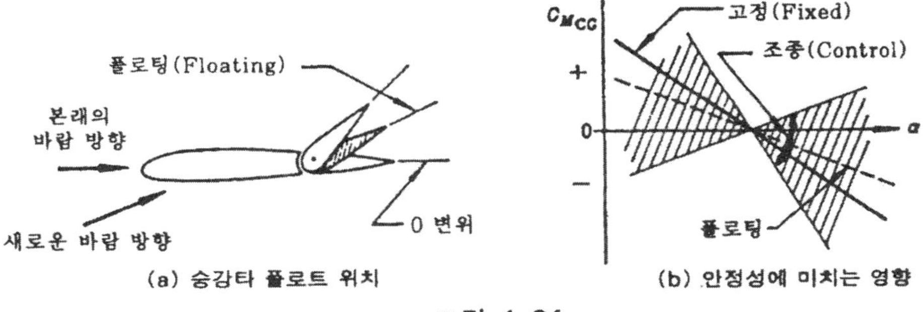

(a) 승강타 플로트 위치
(b) 안정성에 미치는 영향

그림 4-31

을 줄일 수도 있다. 그런 포포이즈와 같은 단주기 진동의 경우는 이것을 멈추려고 해서 조타했을 때 기체 자체의 고유 운동과 조타 응답이 일치하지 않고 한층 더 진폭이 크고 심한 진동을 일으켜 버리는 수도 있다. 이와 같이 조종은 기체의 안정을 가감할 수도 있고, 반대로 정적인 불안정 상태로 유도하는 위험성도 있는 것을 이해해야 한다.

4-7. 가로 방향 동적 영향

앞의 설명에서 항공기가 옆미끄럼에 반응하는 것을 가로 방향(Lateral)과 정방향(Directional)으로 나누었다. 이것은 항공기의 정적 가로 안정과 항공기의 정적 방향 안정을 각각 상세히 연구하는 데 편리하다. 그렇지만 자유 비행 상태인 항공기가 옆미끄럼에 놓이면 가로 방향과 정방향 반응이 복합되어 동시에 옆미끄럼에 기인한 롤링 모멘트와 요잉 모멘트를 갖는다. 그러므로 자유 비행 상태 항공기의 가로 방향 동적 운동은 가로 방향과 정방향 효과의 결합이나 상호 작용으로 고려해야 한다.

근본적인 효과는 항공기의 가로방향 동적 특성을 결정하는데 다음과 같은 것이 있다.

① 옆미끄럼이나 상반각 효과에 의한 롤링 모멘트
② 옆미끄럼이나 정적 방향 안정에 기인한 요잉 모멘트
③ 롤링 속도나 역요(Adverse Yaw)에 기인한 요잉 모멘트
④ 요잉 속도에 기인한 롤링 모멘트, 만약 항공기가 우측으로 요잉 운동을 가지면 좌측 날개는 전방으로 더 빠르게 움직이고 순간적으로 우측보다 더 큰 양력을 만들어서 우측으로 롤링 모멘트를 일으킨다.
⑤ 옆미끄럼에 기인한 공기역학적 측면 힘(Aerodynamic Side Force)
⑥ 롤에서 롤링 속도나 감쇠에 기인한 롤링 모멘트
⑦ 요(Yaw)에서 요잉 속도나 감쇠에 기인한 요잉 모멘트
⑧ 롤(Roll)과 요축에 대한 항공기 관성 모멘트

위의 복잡한 상호 작용은 3가지의 가능한 항공기의 운동을 일으키는데 다음과 같다.

① 방향 발산(Directional Divergence)
② 나선 발산(Spiral Divergence)
③ 더치 롤(Dutch Roll)의 진동 모드(Oscillatory Mode)

방향 발산은 허용할 수 없는 것이다. 만약 초기의 작은 옆미끄럼에 반응하면 이것이 모멘트를 만들어내어 옆미끄럼을 증가시켜서 방향 발산이 존재하게 된다. 옆미끄럼은 계속 증가되어 항공기와 구조적 결합을 갖게 된다. 물론 정적 방향 안정의 증가는 방향 발산을 줄이는 경향이 있다.

나선 발산은 상반각 효과와 비교해서 정적 방향 안정이 아주 클 때 존재한다. 나선 발산의 특성은 격렬하게 발생하지 않는다는 것이다. 항공기는 수평비행 상태의 평형으로부터 방해받으면 느린 나선 운동을 시작하고 이것은 점차 증가되어 나선 강하(Spiral Dive)가 된다. 작은 옆미끄럼이 있으면 강한 방향 안정은 기수(Nose)를 바람을 향하게 하고, 따라서 상대적으로 약한 상반각 효과가 항공기 가로 방향으로 쌓이게 된다.

흔한 경우에 스파이럴 운동에서 발산 비율은 점차적으로 감소하여 조종사는 어려움 없이 조종할 수 있다.

더치 롤은 가로 방향 진동과 연결되어 흔히 동적으로 안정되지만 받아들일 수 없는 진동 성질을 갖는다. 이 진동 상태(Oscillatory Mode)의 감쇠는 항공기의 특성에 따라 약하게 또는 강하게 나타나다. 평형으로부터의 방해에 대한 항공기의 반응은 롤링과 요잉 진동이 결합되면 여기서 롤링 운동이 요잉 운동보다 앞선다. 일반적으로 더치 롤은 상반 효과가 정적 방향 안정과 비교해서 더욱 클 때 발생한다. 불행하게도 더치롤은 상반각 효과에서 상당한 크기로 존재하고 방향 발산과 나선 발산의 제한된 상태의 정적 방향 안정중에서 존재한다.

상반각 효과가 정적 방향 안정과 비교해서 크면 더치롤 운동은 약한 감쇠를 갖지만 있어서는 안된다. 정적 방향 안정은 상반각 효과와 비교해서 더강하면 더치롤 운동은 강한 감쇠를 갖는데 있어도 되지만 이 상태가 스파이럴 발산을 일으킨다. 그러므로 선택은 이 3가지의 최소 상태여야 한다.

방향 발산은 허용할 수 없고 더치 롤과 스파이럴 발산은 못마땅한 것이지만, 만약 발산 비율이 낮으면 허용할 수 있다. 이런 이유로 상반각 효과는 만족스런 가로 방향 안정을 위해 필요한 것보다는 커서는 안된다. 만약 정적 방향 안정이 적절하면 부적절한 더치 롤(Dutch Roll)을 막고 이것이 자동적으로 방향 발산을 막기에 충분해진다.

더욱 중요한 성질은 큰 정적 방향 안정과 최소로 필요한 상반각 효과의 결과로 대부분의 항공기는 중간 정도의 스파이럴 경향을 보인다. 앞서 설명한 바와 같이 약한 스파이럴 경향은 조종사에게 크게 중요하지 않으며 더치 롤에는 확실히 어느 정도 필요하다.

후퇴 날개는 항공기의 횡적 운동에 상당히 중요한 기여를 한다. 후퇴 날개에서의 상반각 효과는 양력 계수와 함수이기 때문에 운동 특성은 비행 속도 범위 내에서 모두 다르다. 후퇴 날개 항공기가 낮은 C_L에 있을 때 상반각 효과는 작고 스파이럴 경향이 분명해진다. 반대로 높은 C_L에 있을 때 상반각 효과는 증가되고 더치롤 진동 경향도 증가된다.

추가의 진동 상태가 방향타 프리(Rudder Free)와 함께 가로 방향 운동 효과가 있을 때 발생하면 "Snaking" 진동이라고 한다. 이 요잉은 방향타의 공기역학적 균형에 의해서 크게 영향을 받고 설계시에 주의깊게 고려해서 진동의 가벼운 감쇠나 불안정을 막는다.

A. 방향 발산

방향 발산(Directional Divergence)은 일반적으로 허용될 수 없으며, 초기의 작은 옆미끄럼에 대한 반응이 옆미끄럼을 증가시키는 경향을 가진다면 방향 발산이 생기게 된다. 옆미끄럼은 비행기가 바람 방향으로 기수를 돌리거나 구조적으로 파괴가 일어날 때까지 증가된다. 물론 정적 방향 안정을 증가시키면 방향 발산이 감소된다.

B. 나선 발산

나선 발산(Spiral Divergence)은 정적 방향 안정이 쳐든각 효과보다 훨씬 클 때 나타난다. 나선 발산은 결코 격심하지는 않다. 비행기가 수평 비행의 형평 상태로부터 외부의 영향을 받으면 느린 나선형 운동이 시작되어 점차적으로 나선 하강이 된다. 작은 옆미끄럼이 시작되면 상대적으로 약한 쳐든각 효과는 비행기를 가로 방향으로 복귀시키는 것을 지연시키는데 비해 방향 안정은 기수를 바람 방향으로 복귀시킨다. 대개의 경우 나선 운동에서의 발산율은 아주 작기 때문에 조종사가 어려움 없이 조종할 수 있다.

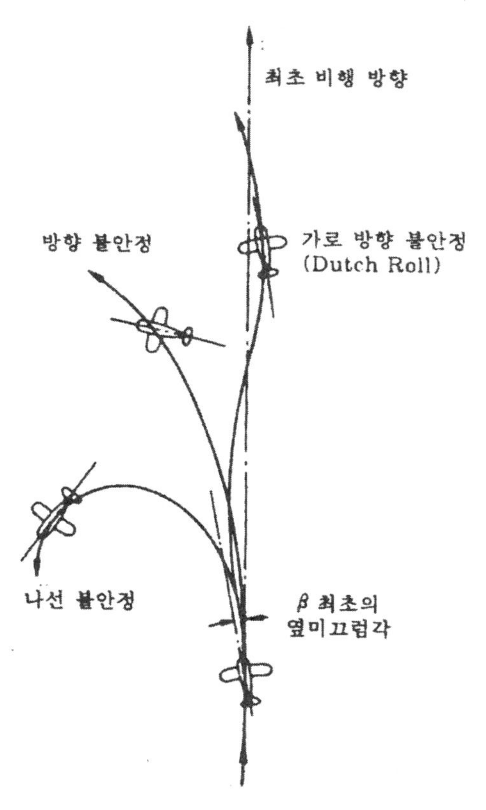

그림 4-32 가로 및 방향 불안정

1) 가로 방향 불안정

가로 방향 불안정은 더치 롤(Dutch Roll)이라고도 하며, 가로 진동과 방향 진동이 결합된 것으로서 대개 동적으로는 안정하지만 진동하는 성질 때문에 문제가 된다. 평형 상태로부터 영향을 받은 비행기의 반응은 롤링과 요잉 운동이 결합된 것으로 롤링 운동이 요잉 운동보다 앞서 발생된다. 이러한 운동은 바람직하지 않으며, 이것은 정적 방향 안정보다 쳐든각 효과가 클 때 일어난다.

2) 세로 불안정과 안정 향상 대책

세로의 균형이나 안정에 대해 지금까지의 설명으로는 공기의 압축성에 의한 영향이나 기체의 강성상의 문제에 대해서는 거의 다루지 않았다. 그러나 비행 속도의 고속화와 함께 이러한 압축성이나 강성 저하에 기인한 세로 균형상의 문제와 고속화를 노린 반동으로서 생기는 저속시의 비행 특성 악화에도 주목해야 한다.

여기서는 세로의 안정이나 조종상 문제가 되는 턱 언더, 피치업, 또 딥 스톨 등의 현상에 대해 이들 발생 상황, 원인, 대책 등을 살펴 본다.

A. 턱 언더(Tuck Under)

a. 형상과 발생 상황

이것은 상승, 순항, 강화 등의 통상 비행에 있어서 비행 속도가 어느 마하(Mach)수 이상이 되면 점차 기수내리기 모멘트가 커지는 현상이다. 그래서 통상 비행 속도를 증가함에 따라 승강타 또는 수평 꼬리 날개 장치각을 변화시키는 것에 의해 기수내리기 모멘트를 만들어 줄 필요가 있었는데, 어느 마하수 이상이 되면 거꾸로 기수 올리기 조작 혹은 트림을 취해주지 않으면 그 비행 상태를 유지할 수 없게 된다. 이 큰 마하수에서 일어나는 트림의 역전을 트림 리버설(Trim Reversal)이라고도 한다.

이 현상은 긴급 강하 등에서 급격히 마하수가 증가하는 등의 경우라면 발산하고 승강 각도를 더 깊게 하는 위험성은 있는데, 서서히 마하수가 증대할 경우 혹은 마하수가 어느 한계 내에 들어있는 경우에는 승강타나 수평 꼬리 날개 등의 설계가 적절하면 통상적인 조종 조작에서도 쉽게 제어가 가능하다.

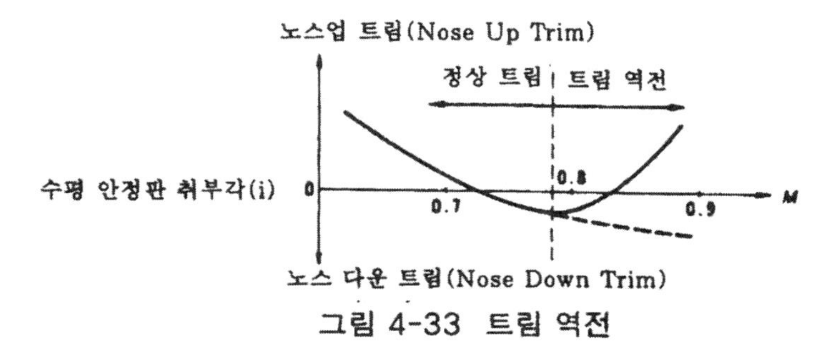

그림 4-33 트림 역전

b. 원인

비행 마하수의 증대에 수반하여 트림 리버설이 일어나는 원인으로서는 다음각 ① 또는 ② 혹은 이들의 복합적인 것으로 생각된다.

① 수평 꼬리 날개에 의한 영향

고속시에는 날개로부터의 다운와쉬각이 감소하고 수평 꼬리 날개의 받음각이 증대함과 함께 날개나 동체의 영향이 적어지므로 효율도 높아진다. 그래서 비행 속도가 증가함에 따라 수평 꼬리 날개에 의한 기수 내리기 모멘트가 커진다.

② 후퇴 날개에 있어서의 CP의 후방 이동

후퇴 날개는 기체 전후에도 꽤 긴 거리를 가지므로 날개 양력 분포의 변화는 직선 날개보다도 종요 모멘트에 크게 영향을 미친다. 여기서 받음각이 작은 고속 비행을 하고 있을 때는 작은 마하수의 증가에 따라서 날개의 압력 분포는 크게 변하고 고 마하수에서 윙팁부의 양력이 증가하는 것에 의해 CP는 후퇴하고 기수내리기 모멘트가 커진다.

③ 대책

턱 언더의 경향이 약하면 이것을 쉽게 수정하고 정상 비행을 행할 수 있지만, 트림의 역전은 조종상 별로 안좋으므로 다음에 드는 대책이 취해지고 있다.

ⓐ 턱 언더 경향은 어느 특정의 마하수 이상에서 일어나는 것에 주목하고 비행 마하수가 어느 값 이상이 되면 승강타의 타각, 또는 수평 꼬리 날개의 장치각을 자동적으로 움직이고 세로 균형을 확보하면서 조종사의 부담을 경감시키기 위한 안정 증강 장치(SAS : Stability Augumentation System)을 장착한다. 이 장치를 PTC(Pitch Trim Compensator) 또는 마하 트림 장치(Mach Trimmer)라고도 한다. B-707이나 DC-9, 8 등 초기의 제트 운송기에서는 직접 조종간(Control Column)을 움직이는 것에 의해 승강타의 타각을 변하게 하

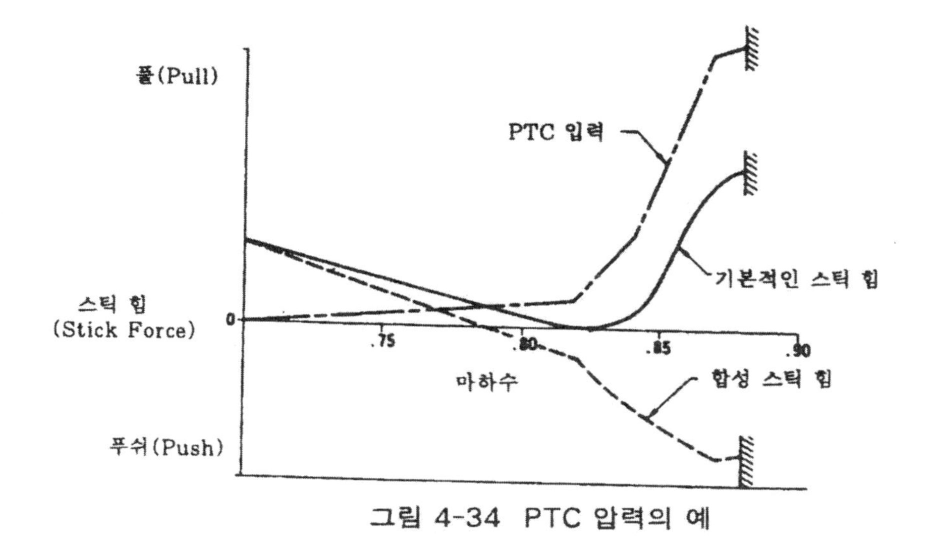

그림 4-34 PTC 압력의 예

였는데, 최근의 운송기에서는 수평 꼬리 날개의 장치각을 자동적으로 변화시키고 조종간에는 그 작동이 전해지지 않도록 하고 있는 것이 많다.

ⓑ 공력적 설계에 의한 대책

- 수평 꼬리 날개의 장치 위치를 높게 하여(T형 꼬리 날개의 채용 등) 날개로부터의 다운와쉬각 변화를 받기 어렵게 한다.
- 트위스트 날개(Twist Wing)를 채용하여 고속시에는 꼬리 날개의 받음각이 작게 하도록 비틀리게 하는 윙팁(Wing Tip)에서의 양력 증가를 억제, 상대적으로 CP를 전진시킨다.

B. 피치 업(Pitch Up)

a. 현상과 발생 상황

급강하로부터의 일으킴이나 돌풍을 받아 받음각이 커지면 통상 작용하는 복원 모멘트가 작용하지 않고, 또 기수올리기 자세를 취하는 일이 있으며 이 현상을 피치 업이라 한다.

피치 업 현상은 고속 급강하로부터의 일으킴시에 일어나는 것과 실속 속도에 가까운 저속 영역에서 발생하는 것이 있고 모두 격심한 버펫트(Buffet)의 발생이나 완전 실속을 일으킬 위험성이 있으므로 설계상 뿐 아니라 운용상에서도 주의를 필요로 한다.

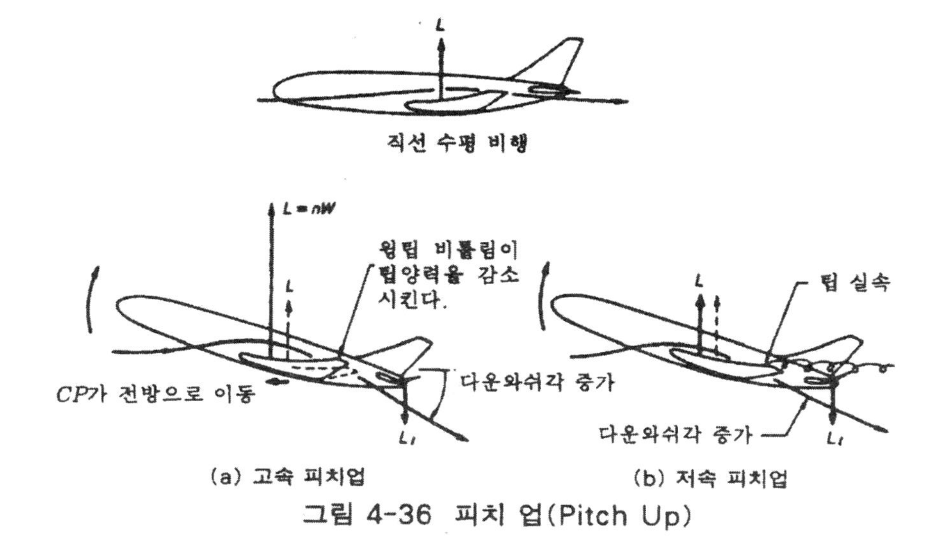

그림 4-36 피치 업(Pitch Up)

b. 원인

① 공력 탄성 저하에 의한 날개의 비틀림

고속 비행시에서 급격한 일으킴이나 선회, 또 큰 돌풍을 받으면 기체에 큰 하중이 가해진다. 제트 운송기처럼 박익과 후퇴각과의 구성에 의해 구성된 날개를 갖는 비행기에서 이같은 큰 하중을 받으면 날개는 구부림과 동시에 비틀림을 일으킨다. 특히, 후퇴 날개에서는 윙팁의 받음각을 감소하도록 비틀고, 또 윙팁 만큼 크게 비틀리므로 거기에서의 양력은 급격히 감소하고 날개 전체의 *CP*를 전방으로 이동시킨다.

② 다운와쉬각의 급증

급격한 동시에 큰 받음각 변화는 날개로부터의 다운와쉬각도 커진다. 그래서 수평 꼬리 날개에는 큰 하향 힘이 작용하고 이것이 기수올리기 모멘트를 만든다.

③ 압축성에 의한 *CP*의 전방 이동

고속시에 큰 받음각을 취하면 날개 리딩에이지에서 큰 가속이 일어난다. 특히 양력의 대부분을 지탱하는 날개의 내측부에서 그 영향이 크고 압축성에 의한 효과도 크다. 그래서 *CP*의 급격한 전방 이동에 의해 기수올리기 모멘트가 증가한다.

④ 윙팁 실속에 의한 *CP*의 전방 이동

후퇴 날개는 큰 받음각에서 윙팁 실속(Wing Tip Stall)을 일으키기 쉬운 경향이 있고, 만약 저속 비행중 윙팁 실속이 일어나면 *CP*를 전진시킨다.

c. 대책

이상의 원인에서 피치 업 대책은

① 고속 비행 동시에 제한 하중 내에서의 운동에서 날개에 과대한 비틀림이 발생하지 않도록 충분히 강성을 높인다.

② 수평 꼬리 날개를 날개의 다운와쉬의 영향이 작은 곳으로 장치한다.

③ 고속시에는 급격한 조타를 피한다.

④ 윙팁 실속의 방지 대책을 충분히 취함과 동시에 운용상의 최대 받음각을 제한한다.

⑤ 받음각이 어느 값 이상이 되면 자동적으로 조종간을 억제, 기수를 강제적으로 내리는 장치를 장비한다. 이 장치를 스틱 푸셔(Stick Pusher)라 한다. 다만, 저속시의 피치 업 발생을 방지하기 위해 최대 받음각을 제한하는 것은 비행 가능 범위를 좁게 하는 것도 된다.

C. 딥 스톨(Deep Stall)

이것은 엔진을 동체 후부에 배치하고 동시에 T형 꼬리 날개를 가지는 항공기에 일어나기 쉽고, 실속 속도 가까이의 저속 비행중 몇가지 원인(조종이나 돌풍)에 의해 더 받음각이 증가하면 수평 꼬리 날개가 주날개나 엔진의 후류에 들어가 버리고, 복원력이 작용하지 않고 실속을 가하게 하면서 급격히 고도를 저하시키는 현상이다.

이때는 승강타의 효과도 잃고 조종에 의한 기수 내리기 모멘트도 약하고, 또 엔진 자체도 실속을 일으킬 가능성이 있어서 회복은 매우 곤란하게 된다. 따라서 날개, 동체, 엔진, 수평 꼬리 날개 등의 장치 위치를 적절하게 하고, 이같은 상황에서도 수평 꼬리 날개의 효과, 승강타의 효과가 남게 한다.

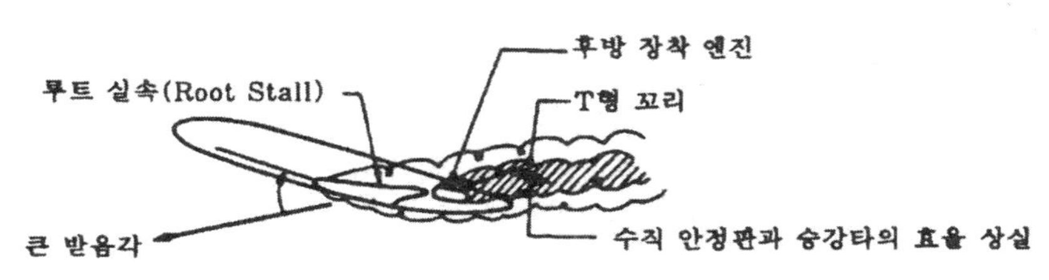

그림 4-37 딥 실속(Deep Stall)

3) 가로 불안정

비행기가 천음속 영역에서 비행을 할 때 발생되는 가로 불안정의 특별한 현상인 날개 드롭(Wing Drop)과 비행기의 한 축의 주위에 교란을 주었을 때 다른 축에도 교란이 생기는 커플링(Coupling)에 대해 살펴보도록 하자.

A. 날개 드롭

날개 드롭은 비행기가 수평 비행이나 급강하로 속도를 증가하여 천음속 영역에 도달하게 되면 한쪽 날개가 충격 실속을 일으켜서 갑자기 양력을 상실하여 급격한 롤링을 일으키는 현상을 말한다.

이 현상은 비행각이 좌우 완전 대칭이 아니고, 또 날개의 표면이나 흐름의 조건이 좌우가 조금 다르기 때문에 비행기가 수평 비행이나 급강하와 같이 받음각이 작을 때에 강하에 나타나서 한쪽 날개에만 충격 실속이 생기기 때문이다. 이러한 현상이 생기면 도움 날개의 효율이 떨어지므로 이를 회복하기가 어렵다. 물론 비행기의 운용 한계 안에서는 이와 같은 현상이 생기지 않도록 설계를 하여야 한다.

날개 드롭은 비교적 두꺼운 날개를 사용한 비행기가 천음속으로 비행할 때 나타나며, 얇은 날개를 가지는 초음속 비행기가 천음속으로 비행할 때에는 발생하지 않는다.

4) 롤 커플링(Roll Coupling)

최신 항공기의 관성 커플링(inertia coupling) 문제점이 나타나는 것은 공기역학적 특성과 관성 특성의 계속적인 변화의 자연적인 결과로 고속 비행의 요구에 맞아야 한다. 관성 커플링 문제점은 예기치 않는 것으로 동적 안정 분석은 빠른 공기역학적 특성의 변화와 항공기 형태의 관성 특성으로는 적절히 설명하기 힘들다.

관성 커플링(Inertia Coupling)이란 용어는 잘못 사용되기 쉬운데 완전한 문제점은 공기 역학 뿐만 아니라 관성 커플링이기 때문이다. 커플링(Coupling)은 항공기의 어떤 한 축(Axis)에 대한 교란이 있을 때 다른 축에도 교란을 일으키는 것을 말한다. 분리된(Uncouple) 운동의 예로 승강타 움직임을 받을 때 항공기가 받는 방해이다.

합성 운동은 요(Yaw)나 롤(Roll)의 방해 없이 피칭 운동을 제한한다. 연결된 운동의 예는 방향타 움직임을 받을 때 항공기에 교란을 준다. 계속되는 운동은 일부의 요잉과 롤링 운동의 합성이다. 그러므로 롤링 운동이 요잉 운동과 결합되어 합성 운동이 된다.

공기역학적 특성으로부터의 이런 종류의 상호 작용의 결과는 공기역학적 커플링(Aerodynamic Coupling)이라고 한다. 항공기 형태의 관성 특성으로부터 생긴 커플링은 분리된 형식이다. 완전한 항공기의 관성 특성은 롤, 요, 피치(pitch) 관성으로 구분되고 각 관성은 항공기의 롤링, 요잉, 피칭 가속에 저항하는 것으로 측정한다.

길고, 가늘고 높은 밀도의 동체에, 짧고 얇은 날개를 갖는 항공기는 롤 관성(Roll Inertia)을 만들고, 이것은 피치 관성이나 요 관성보다 훨씬 적다. 이 특성은 현대 항공기의 형태에서는 일반적인 것이다. 재래식인 저속도 항공기는 동체 길이보다 더 긴 윙 스팬(Wing Span)을 갖고 있다. 이런 종류의 형태는 상당히 큰 롤 관성을 만든다. 그림 4-37은 이 형태의 비교이다. 만약, 그림 4-37에서 보는 것과 같은 항공기가 어떤 비행 상태에서 관성 축이 공기역학적 축과 일치하는 곳은 롤링 운동으로부터 관성 커플링이 생기지 않는다. 그렇지만 만약 관성 축이 공기역학적 축으로 기울면, 공기역학적 축에 대한 회전은 원심력의 작용을 통해서 피칭 운동을 유도한다. 이것이 관성 커플링이고 그림 4-37의 (b)에 설명된다. 항공기가 관성 축에 대해서 회전하면 관성 커플링은 존재하지 않지만 공기역학적 커플링이 존재한다.

그림 4-37의 (c)는 관성 축에 대한 90° 롤링 후의 항공기를 설명한다. 경사는 초기의 받음각(α)이고, 나중은 옆미끄럼각($-\beta$)이다. 또한 본래의 "0" 옆미끄럼은 나중에 "0" 받음각이 된다. 이 90° 움직임에 의해서 유도된 옆미끄럼은 롤 비율에 영향을 미치고 항공기의 상반각 효과의 특성에 좌우된다.

공기역학적 축 이상에서 관성축의 초기의 경사는 관성 커플을 일으켜서 롤링 운동과 함께 역 요를 제공한다. 만약, 관성축이 공기역학적 축 이하로 초기에 경사지면(높은 동압이나 (−) 하중 계수에서 발생하면), 롤에 의해 유도된 관성 커플은 프로버스 요(Proverse Yaw)를 만든다. 그러므로 롤 커플링은 관성 축의 (+)나 (−) 경사의 양쪽에서 문제점을 나타내고 형태의 정확한 공기역학적 커플링과 관성 특성에 좌우된다.

공기역학적 커플링과 관성 커플링의 결과처럼, 롤링 운동은 세로 방향(Longitudinal), 정방향(Directional), 가로 방향(Lateral) 힘과 모멘트의 큰 다양성을 유도한다. 항공기의 실제적인 운동은 공기역학적 커플링과 관성 커플링의 복잡한 조합의 결과이다. 실제로 모든 항공기는 공기역학적

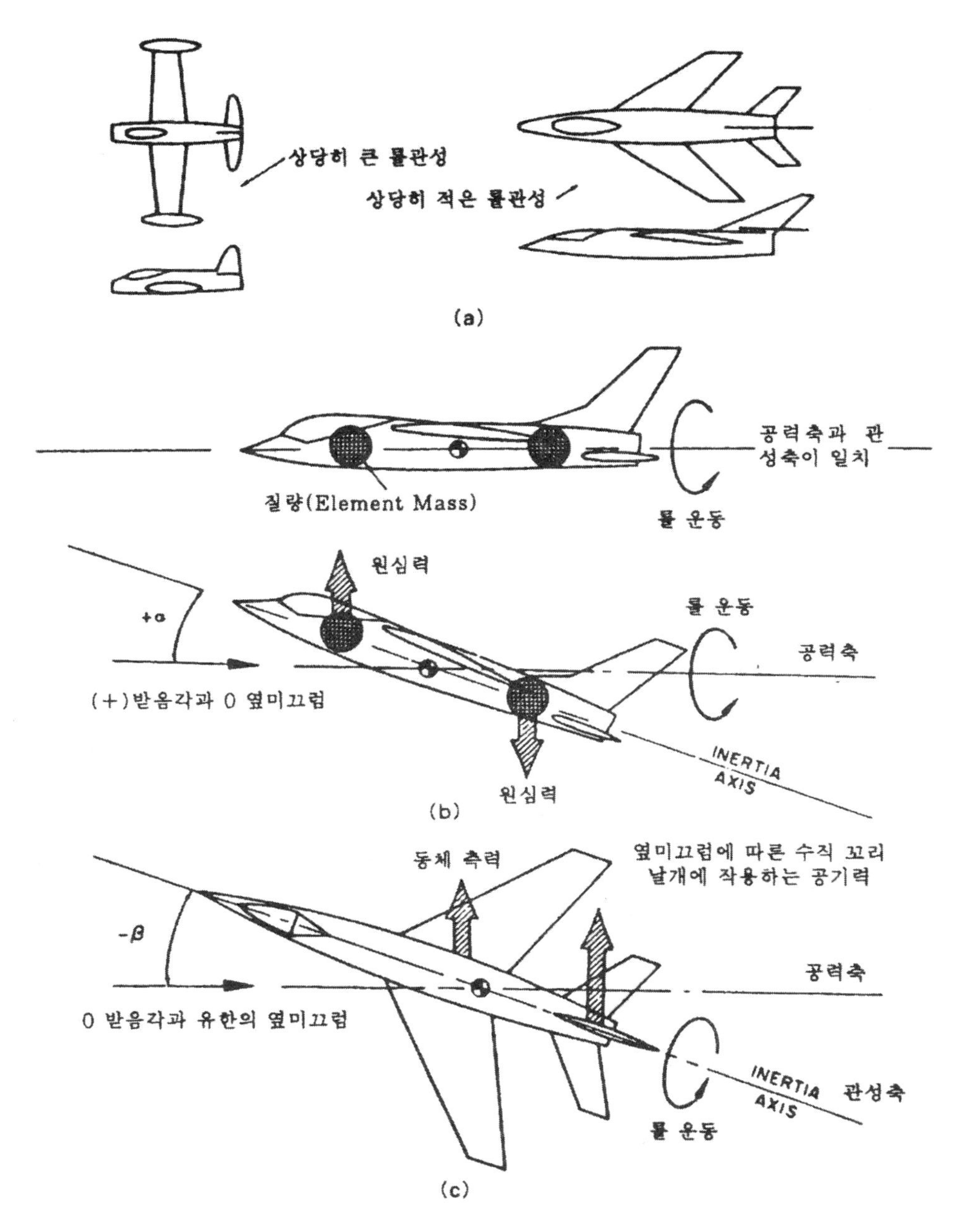

그림 4-37 롤 커플링(Roll Coupling)

커플링과 관성 커플링을 보이지만 정도의 차이가 있다.

롤 커플링은 관성 커플로부터 결과된 모멘트일 때 문제점이 없고 공기역학적으로 제고된 모멘트에 의해서 쉽게 상쇄된다. 아주 짧은 스팬의 고속 최신 항공기는 높은 롤 비율의 능력을 갖고 이것은 관성 커플의 큰 크기를 갖게 한다.

작은 종횡비에 큰 마하수의 비행은 큰 공기역학적 축에 비해서 관성 축의 경사를 허용하고 관성 커플의 크기를 더한다. 게다가 공기역학적으로 제고된 모멘트는 높은 마하수와 큰 받음각의 결과로 나빠지고 가장 심각한 롤 커플링 상태를 만든다.

롤 커플링은 피칭 운동과 요잉 운동을 유도하기 때문에 세로 방향과 방향 안정은 결합된 운동(coupled motion)의 전체적인 특성을 결정하는 데 중요하다. 안정된 항공기는 피치와 요를 방해받으면 심한 진동 후에 평형으로 되돌아간다.

각 비행 상태에서 항공기는 분리된(Uncoupled) 것 사이에 연결된 피치-요 주파수(Coupled Pitch-Yaw Frequency)와 분리된 피치 주파수, 요 주파수를 갖는다. 일반적으로 정적 세로 방향과 방향 안정이 더 커지면 더 크게 연결된 피치-요 주파수를 가진다.

항공기가 롤링 운동을 받으면 관성 커플은 항공기 피치와 요(Yaw)가 매 롤(Roll) 회전마다 방해하는 강력한 기능을 제공한다. 만약 결합된 피치-요 주파수와 똑같은 비율에서 롤하면 진동 운동은 어떤 최대 크기에서 발산 또는 안정되는데 이는 항공기 특성에 좌우된다.

일반적인 고속 형태의 세로 방향 안정은 정방향 안정보다 더 크고 피치 주파수는 요 주파수보다 더 크다. 수직 꼬리 면적을 증가시켜서 방향 안정을 증가시키고, 추가의 벤트랄 핀(Ventral Fin) 혹은 안정 시스템의 사용은 결합된 피치-요 주파수를 증가시키고 가능한 발산 상태가 존재할 수 있는 곳에서 롤 비율을 크게 한다.

수직 꼬리의 추가에 의한 것보다 벤트랄 핀의 추가에 의한 방향 안정의 증가는 낮거나 (-) 받음각에서 (+)의 상반각 효과를 가져오지 않는 장점이 있다.

큰 상반각 효과는 더 큰 롤 비율을 롤 운동에서 더 쉽게 얻을 수 있고 여기서 프로버스 요가 발생한다. 연결되지 않은 요잉 주파수(Uncoupled Yawing Frequency)가 피칭 주파수에서보다 낮기 때문에 발산 상태는 먼저 도달하는데 요에 비례하고 피치 바로 다음에 따른다.

커플링의 추가되는 문제가 자동 롤링이다. 롤링하는 항공기는 큰 (+)의 상반각 효과를 갖고 있어서 관성 커플링의 결과처럼 큰 프로버스 옆미끄럼에 이르게 되고 옆미끄럼에 인한 롤링 모멘트는 초과되어 가로 방향 조종으로부터 이용할 수 있다. 이런 경우에 가로 방향 조종을 통해서 롤링으로부터 항공기를 정지시킬 수는 없고 롤 방향에 맞서게 고정시킨다.

설계 특징인 큰 (+)의 상반각 효과는 큰 후퇴, 높은 날개 위치, 크고 높은 수직 꼬리 등을 갖는다. 관성 축이 낮거나 (−) 받음각에서 공기역학적 축보다 낮게 기울면 롤이 유도한 관성 커플은 프로버스 요를 맞는다. 롤링 커플링 문제가 존재하는 곳에서 비행 상태에 좌우되는데 4가지 기본적인 형태의 항공기 습관이 가능하다.

① 결합된 운동이 안정되지만 받아들일 수 없다. 이런 경우에 운동은 안정되지만 받아들일 수 없는데 운동의 감쇠가 불량하기 때문이다. 불량한 감쇠는 목표된 트랙(Track)에 있게 하는 것이 힘들거나 운동 초기의 크기는 조종의 손실을 가져와 구조적 결합을 일으키기에 충분하다.

② 결합된 운동이 안정되고 받아들일 수 있다. 항공기의 습관은 안정되고 적절히 완화되어 받아들일 수 있을 만큼 목표된 트랙을 따른다. 운동의 크기는 너무 약해서 구조적 결함을 일으키거나 조종의 손실을 일으키지 못한다.

③ 결합된 운동이 발산되고 받아들일 수 없다. 발산의 비율은 조종사에게 너무 빨라서 상태를 인식하지 못해서 구조적 결합이나 조종이 완전히 손실되기 전에 회복하지 못한다.

④ 결합된 운동이 발산되지만 받아들일 수 없다. 이런 상태에서 발산 비율은 상당히 늦고 상당한 롤 움직임이 임계 크기(Critical Amplitude)를 만든다. 이런 상태는 수정 작동(Corrective Action)이 필요한 시기에 쉽게 인식된다. 롤 커플링의 문제점을 따라 잡는 여러 가지 수단을 이용할 수 있다.

다음의 항목은 롤 커플링의 문제점을 조종에 적용시킬 수 있다.

① 방향 안정을 증가시킨다.

② 상반각 효과를 감소시킨다.

③ 정상 비행 상태에서 관성축의 경사를 최소화한다.

④ 원하지 않는 공기역학적 커플링을 감소시킨다.

⑤ 롤 비율(Roll Rate), 롤 유지 기간(Roll Duration), 받음각이나 하중계수를 제한해서 롤 방향 조종을 실시한다.

처음의 4개 항목은 설계중이나 설계 변경중에만 유효하다. 일부 롤 성능의 제한은 필요 불가결한데, 왜냐하면 모든 원하는 특성은 항공기 설계에서 어느 것의 상쇄 없이는 얻기가 힘들기 때문이다.

일반적인 고속 항공기는 어떤 종류의 롤 성능 제한을 갖는데, 이것은 비행 제한이나 자동 조종 장치에 의해서 제공되고 회복이 불가능한 임계 상태에 이르는 것을 막는다. 어떤 롤 제한이 된 항공기는 근본적으로 비행 운용 제한처럼 간주해야 하는데, 이유는 더 심한 운동은 조종 장치의 완전한 손실과 구조적 결함을 일으키기 때문이다.

제5장 헬리콥터의 비행원리

여기서는 오래전부터 「하늘을 자유로이 날고 싶다」라는 인류의 꿈을 가장 충실하게 실현한 「헬리콥터」란 어떤 교통 수단인가에 대해 이야기해 보기로 한다.

대나무로 된 잠자리의 연상에서 간단하게 보이는 헬리콥터는 실제로 여러가지 실패를 거듭하여 겨우 실용화된 대표적인 하이테크 제품이다. 헬리콥터 진보의 역사를 돌이켜 보는 것은 헬리콥터를 이해하는데 매우 유용하다. 여러가지 형태의 헬리콥터는 어떻게 실용화되었는가, 그 기본적인 메카니즘은 어떻게 되어 있는가, 인류 능력의 한계를 넓히기 위해 어떻게 연구되었고 사용되고 있는가 등에 대하여 지금부터 엔지니어(Engineer)의 세계를 들여다 보아주길 바란다.

날고 있는 모습은 아주 편할 것 같은 헬리콥터지만, 그렇게 되기까지는 계획, 설계, 개발, 엄밀한 안전성 심사 또는 고도의 품질 관리에 의한 헬리콥터 제조 등의 과정을 거친 후 기술자 정비사, 조종사 등의 노력으로 이루어진 것이다.

5-1. 헬리콥터의 역사

헬리콥터는 그 육중한 모습에도 불구하고(그림 5-1) 새보다도 더 공중을 자유롭게 날 수 있는 매우 정교한 기계로서 많은 분야에서 없어서는 안될 교통수단이 되어 왔다.

그림 5-1 육중하지만 유용한 헬리콥터

인간이 탑승한 헬리콥터가 최초로 비행한 것은 1907년(그림 5-2)이었으나, 1903년에 최초 비행한 항공기의 눈부신 발전과는 대조적으로, 그 후 30년 정도에 이르는 동안 수많은 엔지니어 등에 의한 오랜 시행 착오를 거쳐 1940년대에 겨우 실용화되었다. 실용화된 후에는 급속히 진보하여 현재에는 시속 400km, 항속 거리 1,000km 이상, 100t이 넘는 헬리콥터(그림 5-3)가 출현하였으며 공중을 안전하게 비행할 수가 있게 되었다. 여기서는 여기에 이르기까지 헬리콥터의 역사를 간단히 설명한다.

손오공의 「근두운」, 아라비안 나이트의 「하늘을 나는 마법의 융단」 등과 같이 하늘을 자유로이 나는 것은 긴 세월 동안 인류의 꿈이었다. 하늘을 나는 도구에는 중국의 대나무 잠자리, 레오나르도 다빈치의 스케치(그림 5-4)에서와 같은 헬리콥터 형식이 항공기보다 먼저 고안되었다.

그림 5-2
세계 최초의 헬리콥터(폴 니르슈)

공기보다 무거운 기계로서 최초로 동력 비행을 한 것도 헬리콥터의 모형(그림 5-5)이었다. 그러나, 그 실용화는 항공기에 비해 매우 늦었다. 그 이유는 항공기가 비교적 작은 엔진과 프로펠러로 긴 활주로를 질주함으로서 날개에 바람을 닿게 하여 실용적으로 양력을 얻는 반면 헬ㄴ콥터에서는 큰 로우터를 스스로 회전시킴으로써 날개에 바람을 닿게 하여 활주로 없이 양력을 얻어야 하기 때문이다. 이것 때문에 헬리콥터는 기구가 복잡하고 무거우며 날개 효과도 나쁘고 강력한 엔진, 가벼운 기체를 만드는 기술 발달이 필요하게 되었다. 결국 천천히 달리는 자전거가 넘어지는 것과 같이 천천히 비행하는 헬리콥터는 복잡한 조종 장치가 없이는 안전하게 하늘을 나는 것이 어려웠다. 이러한 것이 실용화가 늦어진 커다란 원인이다.

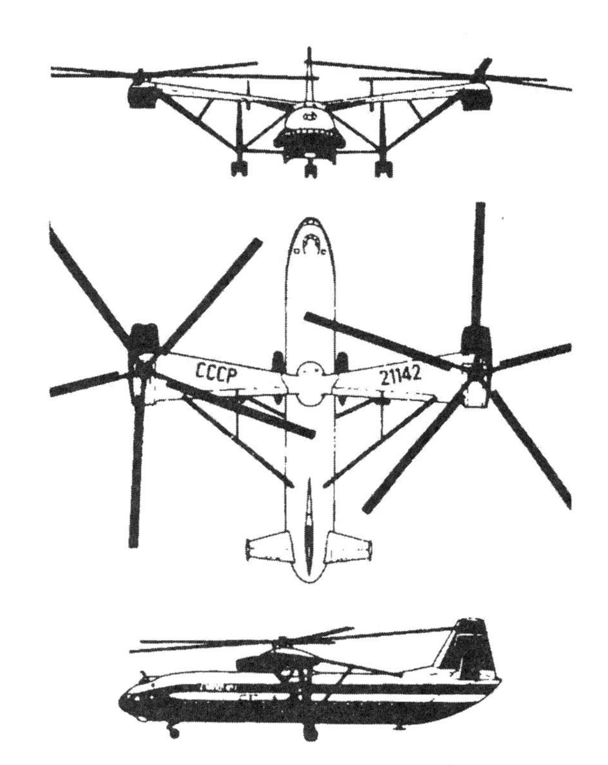

그림 5-3 세계 최대의 헬리콥터

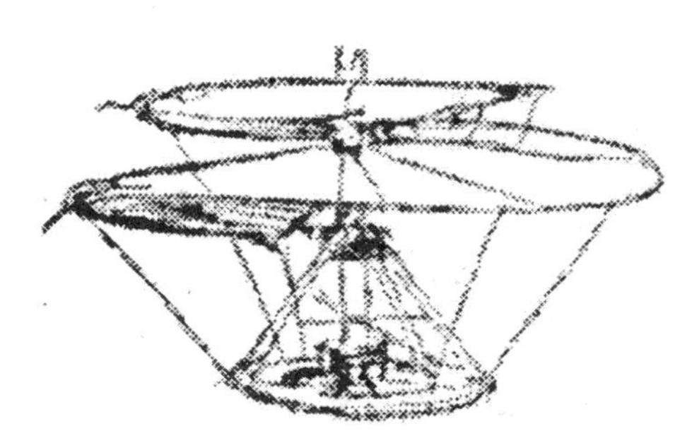
그림 5-4
레오나르도 다빈치의 스케치(1493년)

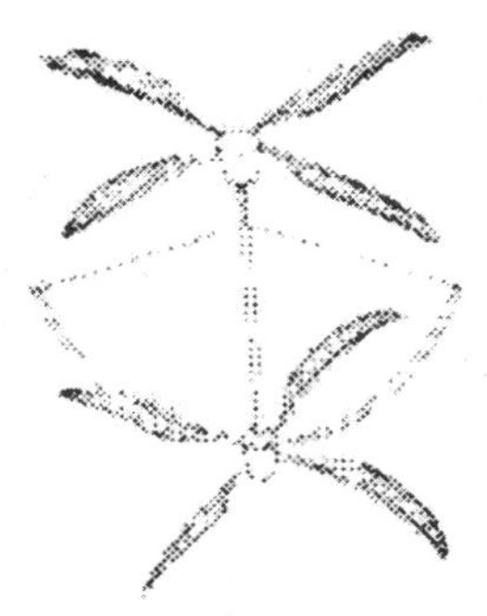
그림 5-5
세계 최초 동력 비행 항공기

헬리콥터가 최초로 비행한 1907년부터 1935년까지는 간신히 하늘에 뜰 수 있는 상태였으나, 그 시기는 최적의 상태를 연구하여 여러가지 형식의 헬리콥터 개발이 시도된 시행 착오의 시대이기도 했다(그림 5-6~5-11).

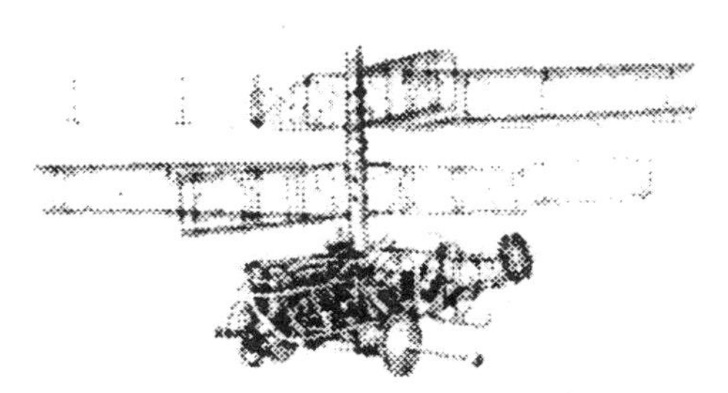
그림 5-6
페스컬러의 이중 반전 헬리콥터

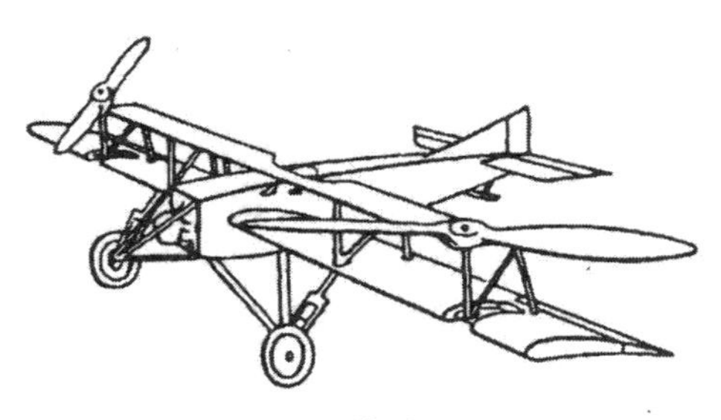
그림 5-7
베르리너의 Side By Side 형식

그림 5-8
폰. 바움 하우엘의 싱글 로터 형식

그림 5-9
플로우 라인의 텐덤 로우터

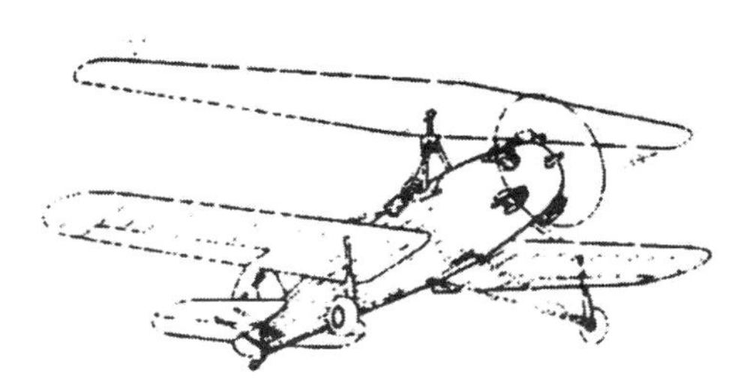

그림 5-10
스톱프드 로우터의 오토 자이로

그림 5-11 도브루호프 세계 최초의
텝 제트 헬리콥터

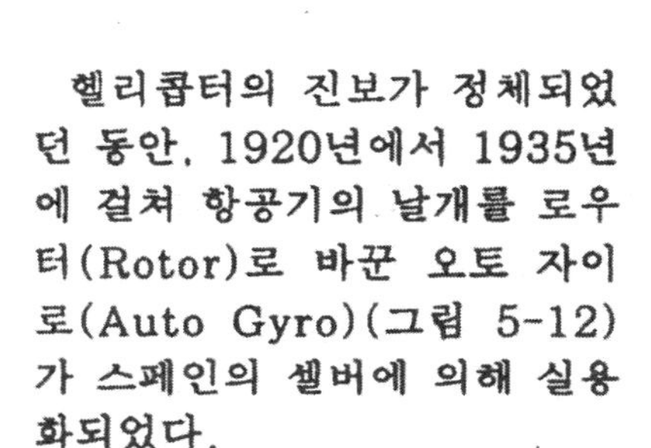

헬리콥터의 진보가 정체되었던 동안, 1920년에서 1935년에 걸쳐 항공기의 날개를 로우터(Rotor)로 바꾼 오토 자이로(Auto Gyro)(그림 5-12)가 스페인의 셀버에 의해 실용화되었다.

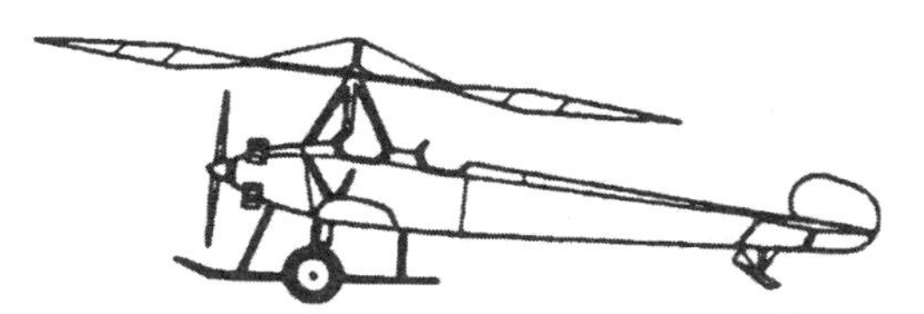

그림 5-12 셀버의 오토 자이로

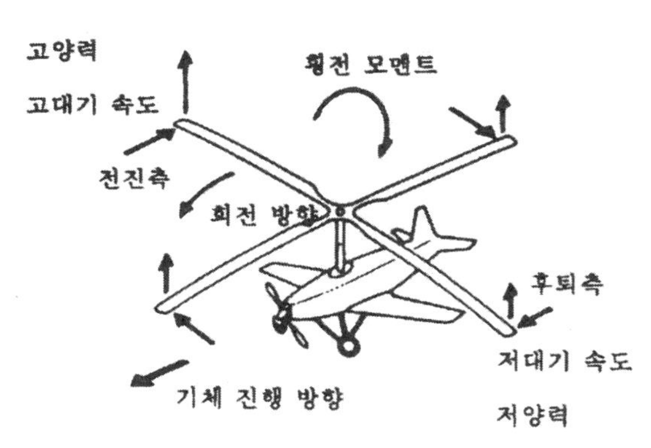

그림 5-13 오토 자이로의 횡전

오토 자이로의 로우터는 엔진으로 회전되는 것이 아니라, 프로펠러에 의하여 기체가 전진할 때의 바람을 받아 회전한다. 이런 이유에서 공중에 정지하는 것은 불가능하였으나 기구도 간단하고 소형 엔진으로 비행할 수가 있었으므로 헬리콥터보다 간단하게 실용화가 가능했다. 오토 자이로는 시속 20~30km로 날아오를 수 있었기 때문에 로우터가 달린 항공기의 여러가지 문제, 예를 들면 전진중 양력이 우측과 좌측에서 균형이 깨지게 되어 기체가 옆으로 회전하거나(그림 5-13), 지상에서 진동을 일으켜 한순간에 파괴되는(지상 공진) 현상을 빨리 경험했다.

이들의 실패 경험이 도리어 기술 진보에 기여했고 헬리콥터에 없어서는 안되는 로우터 기구나 조종 장치의 기술이 확립되었으며 헬리콥터의 실용화를 촉진시켰다. 헬리콥터의 역사는 마치 「실패는 성공의 어머니」라고 하는 격언을 그대로 실현한 것같은 느낌이 든다.

1936년이 되어 간신히 독일의 폭케 Fa61이라고 하는 로우터를 가로로 2개 배열한 헬리콥터(그림 5-14)가 실용화되었고 베를린의 큰 홀에서 여류 조종사 한나 라이첼에 의해 시험 비행이 행해지고 영불 해협 횡단에 성공하였다.

1940년대에 들어와 미국에서 시콜스키, 벨(그림 5-15, 5-16)이 현대적인 헬리콥터를 개발하여 전쟁에서 정찰용, 구조용으로 사용됨으로써 일약 헬리콥터의 유용성이 인정되어 그 지위가 확립하였다.

1945년부터 1960년에 걸쳐 헬리콥터는 급속하게 진보하여 대형 헬리콥터도 만들 수 있게 되었다. 이 시기는 또 왕복 엔진 헬리콥터의 중량 문제를 해결하기 위해 여러가지 노력이 행해진 시기였기도 하며, 로우터 브레이드의 팁(Rotor Blade Tip)에서 가스를 분출하여 로우터를 회전시킴으로서 무거운 기어 변속장치를 없애려고 한 팁 제트식(Tip Jet Type) 헬리콥터의 각종 테스트(그림 5-17)가 행해지기도 하였다.

1960년대에 들어서 제트 엔진

그림 5-14 폭케 Fa61

그림 5-15
시콜스키 YS-300 mid 1940 90Hp

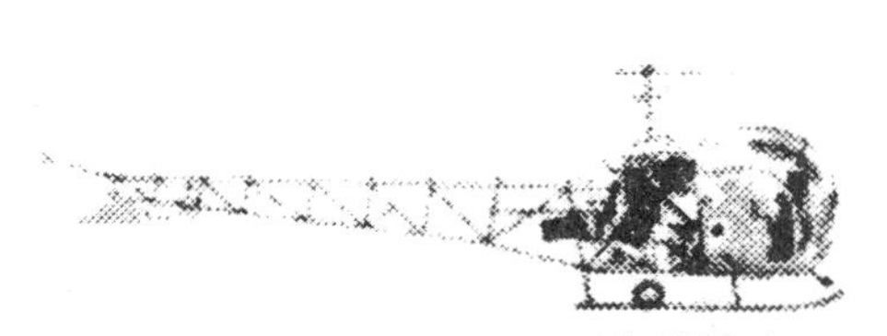

그림 5-16 벨47형 헬리콥터

그림 5-17 팁 제트 헬리콥터

의 일종으로서 획기적으로 소형 경량화된 가스터빈 엔진(그림 5-18)과 소형 경량 고감속비의 기어박스를 조합한 헬리콥터가 실용화되어 큰 폭의 성능 향상이 실현되었으며 현재의 헬리콥터 형태가 확립되었다.

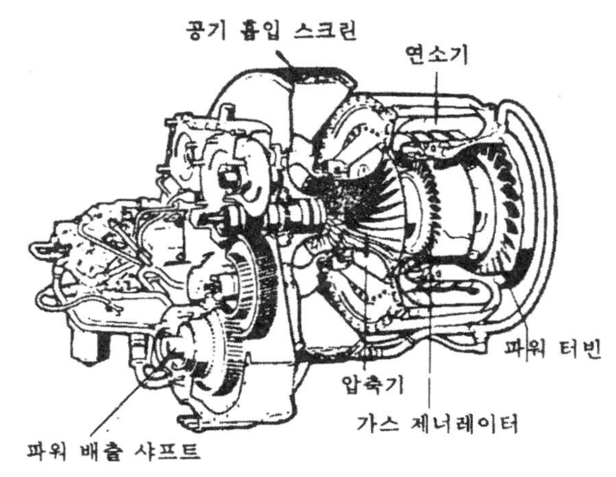

그림 5-18 소형 터보샤프트 엔진

1960년대 이후의 헬리콥터는 2~3인승의 소형이었으며 값이 싼 기체를 제외하고는 모두 가스터빈 엔진을 장비하게 되었다. 그 뒤 헬리콥터는 먼저 군용으로 개발된 후 민간용으로 유용되어 비용 절감의 연구가 계속되어 소형의 다용도 항공기에서 중형, 대형의 다용도 헬리콥터, 수송기로 개발되었다(그림 5-19, 5-20).

베트남전쟁에서는 수송용 헬리콥터가 대활약을 함과 동시에 이들 헬리콥터를 엄호하기 위해 헬리콥터에 기관총을 적재하게 되었으며, 마침내 공격용 헬리콥터(그림 5-21)가 출현했다.

헬리콥터가 군용으로 중요해지게 됨에 따라 방탄성, 내충격성, 전투성이 엄격히 요구되어 민간용에서 분리되어 군용으로 특수화되게 되었다(그림 5-22).

그림 5-19 UH 1B 1959년

그림 5-21 AH-1G 1967년

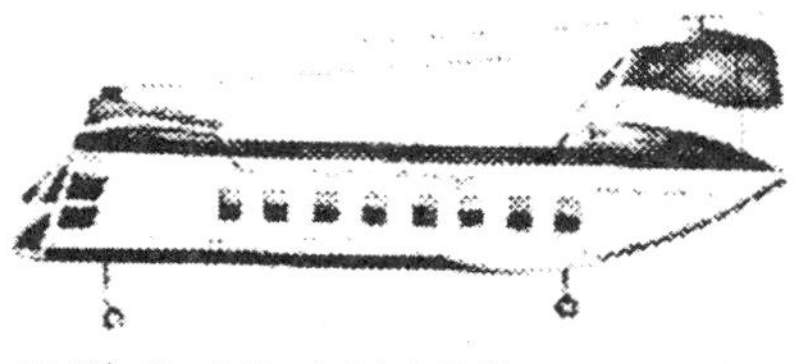

그림 5-20 V107Ⅱ 1962년

그림 5-22 AH-64 공격 헬리콥터

1970년대 후반에 들어오면서 처음부터 민간용으로 개발된 헬리콥터가 출현하였다. 쌍발 8~15인승으로 이른바 라이트 트윈이라고 부르는 헬리콥터 종류들이며(그림 5-23), A109, BK117, Bell222, AS 365, S-76 등이 있다.

이들 헬리콥터는 개발 당시 해안에서 100~200km 떨어진 해저 유전 탐사 인원을 수송하는데 많이 사용되었으나, 석유 사정이 호전되면서 급속히 시장을 잃어 생산량은 급감되었다.

현재 세계적으로 구급 의료 헬리콥터 등, 그 수요처의 개척이 계속되고 있으며 도시간의 여객 수송 계획도 이미 본격적으로 추진되고 있다.

헬리콥터의 개량은 현재에도 끊임 없이 계속되고 있으며 성능, 조종성, 안전성, 정비성 등 여러가지 면에서 향상되고 있다.

안전성에 대해서는 엔진의 다발화가 진행되어 하나의 엔진이 정지해도 안전하게 비행을 계속할 수 있도록 되어 있다. 또 로우터를 비롯한 각 부에 섬유 강화 플라스틱(FRP)이 사용되어 금속 피로의 문제점도 해결되었다(그림 5-24).

조종성에 대해서는 헬리콥터

(a) BK117

(b) 벨 222

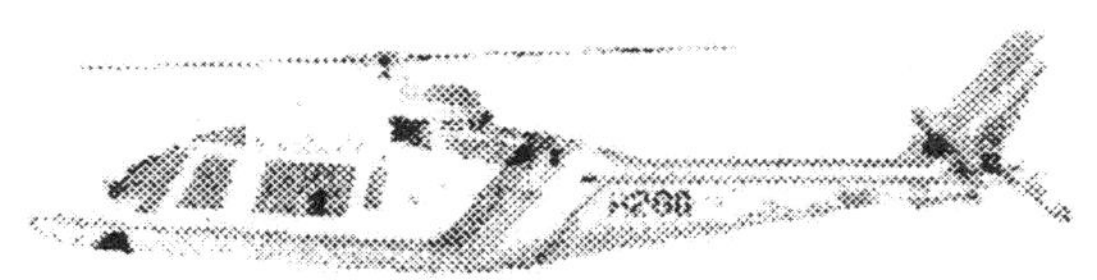

(c) A109

그림 5-23 라이트 트윈 헬리콥터

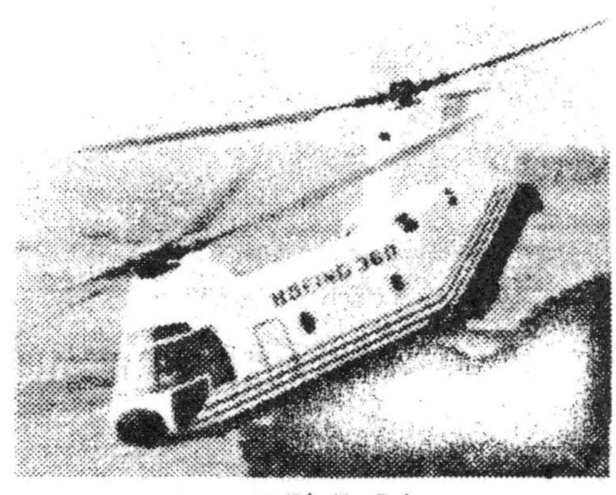

그림 5-24
보잉 헬리콥터사 360형 FRP 헬기

그림 5-25 BK117 힌지리스 로터 허브

로우터 시스템이 힌지리스화(Hingeless : 그림 5-25)됨으로서 항공기와 비슷한 예민한 조종성이 얻어지게 되어 전자 장비를 이용한 안정 장치, 자동 조종 장치 등에 의해 조종도 쉽게 되어져 왔다. 또한 헬리콥터의 안정성, 정비성의 향상에도 공헌하고 있다. 이들 기체의 발전에 추가하여 항법적으로 진보된 항공 전자 기술의 도입에 의하여 모든 조건하에서 안전하고 쉬운 운항이 가능하게 되었다.

최근의 특기할 만한 기술의 진보에는 지금까지 헬리콥터의 특징이었던 테일 로우터를 없앤 노터 형식(NOTOR Type)의 헬리콥터(그림 5-26)의 출현, 또 이륙시에는 헬리콥터처럼 로우터를 위로 향하게 하고 순항시에는 로우터를 프로펠러처럼 앞을 향하게 하여 비행하는 틸트 로우터 항공기(Tilt Rotor Aircraft : 그림 5-27), 또는 틸트 윙 항공기(Tilt Wing Aircraft) 등이 있다.

그림 5-26 노터 헬리콥터

그림 5-27
XV-15 틸트 로우터 실험기

틸트 로우터 항공기는 헬리콥터의 비싼 가격, 고속성 부족의 해소를 위하여 현재 미국에서 개발되고 있으며, 500km 정도의 거리라면 헬리콥터의 2배 속도, 반 정도의 비용으로 운항이 가능하게 되어 어떤 교통 수단보다 편리한 교통 수단이 될 가능성을 잠재하고 있다. 틸트 로우터 항공기가 실용화되면 헬리콥터를 포함한 회전익 형식의 수직 이·착륙기는 도시간 여객 운송의 비약적 발전에 기여할 것으로 기대되고 있다.

5-2. 헬리콥터 형식

헬리콥터의 외형상 최대 특징은 동체 위에 장착되어 있는 커다란 직경의 로우터이다. 커다란 직경 로우터를 사용하는 것은 헬리콥터를 수직으로 상승시키는데 필요한 「양력을 효율적으로 발생시키기 위해서는 가능한 한 대량의 공기를 천천히 아래쪽으로 내리누르는 것이 좋다」고 하는 원리에 기초한 것이다.

로우터가 회전하는 방향은 어느 쪽이든지 상관없다. 커다란 로우터가 1개 붙어 있는 프랑스의 헬리콥터는 위에서 보아 시계 방향으로 회전하며, 그밖의 헬리콥터는 반시계 방향으로 회전한다. 또 하나의 큰 특징은 커다란 로우터를 회전시키면 그 반작용으로 동체가 반대 방향으로 돌아가려고 하므로 이것을 막는 앤티토큐(Anti Torque) 기구가 반드시 장착되어 있다는 것이다. 헬리콥터의 구상을 최초로 보여준 천재 레오나르도 다빈치도 실제로 제작해서 비행해보지 않았기 때문인지, 이 점을 간과하고 있다고 생각된다.

이 앤티토큐 기구를 어떻게 하느냐에 따라 헬리콥터의 외형이 대략 정해진다.

앤티토큐 기구에는 다음과 같은 방식이 있다.

① 테일 로우터 방식(Tail Rotor Type)
② 2개 이상의 로우터를 반대 방향으로 회전시키는 방식
③ 체프 제트 등 로우터 스스로 회전하는 방식
④ 노터(NOTOR : NO TAIL ROTOR) 방식

노터 형식을 제외한 각 형식은 모두 실용 헬리콥터가 등장한 1940년경까지 시험되고 있었다(그림 5-6~5-11 참조). 이 중에는 현재 장래성이 기대되는 개발중인 틸트 로우터 형식, 또 장래의 실현을 꿈꾸고 있는 스톱 로우터 형식(Stopped Rotor Type : 이·착륙시에는 보통의 헬리콥터처럼 로우터를 회전시키고, 고속 순항시에는 로우터를 멈추고 고정 날개로 비행하는 형식)까지 포함되어 있다.

다음에서 각 앤티토큐 기구에 의해 헬리콥터를 분류하여 각각의 특징 및 실예를 보이겠다.

1) 테일 로우터 방식

그림 5-28 페네스트론(SA365)

그림 5-29 링 팬(벨400 계열)

이 방식은 싱글 메인 로우터(Single Main Rotor)를 갖는 형식으로서 간단하고 가장 일반적인 헬리콥터이다. 동체에서 후방으로 뻗은 테일 붐(Tail Boom)의 후단에 횡방향의 추력을 발생하는 테일 로우터(Tail Rotor)를 장비하여 기수 방향을 조종한다(그림 5-36).

소형에서 대형까지 여러가지 크기의 헬리콥터에 사용되고 있다. 그러나, 테일 로우터는 메인 로우터로부터의 다운와쉬 윈드(Downwash Wind) 등의 영향을 받아 복잡한 기류 속에서 운용되어지기 때문에 고장이 많으며 지상에서는 위험하므로 프랑스 에어로스페셜(Aerospatiale)사의 페네스트론(그림 5-28) 등, 테일 로우터를 드러내지 않고 효율의 향상을 도모하는 등 각종 연구가 진행되어지고 있다.

다음에 설명할 노터 형식은 테일 로우터 개량 노력의 한가지 성과이다.

2) 2가지 이상의 로우터를 반대로 돌리는 방식

이 형식에는 4종류가 있다.

① 로우터를 전후로 배열한 탠덤 로우터 형식(그림 5-30)
② 로우터를 좌우로 배열한 사이드 바이 사이드 형식(그림 5-3)
③ 로우터를 상하로 배열한 동축 반전 로우터 형식(그림 5-6)
④ 로우터를 좌우로 배열하고 교차하여 회전하는 교차 로우터 형식(그림 5-31)

탠덤 로우터(Tandem Rotor) 형식은 주로 대형 헬리콥터에 사용되며 기종은 많지 않으나 대형 헬리콥터 분야에서는 큰 비중을 차지하고 있다.

사이드 바이 사이드(Side By Side) 형식은 일반적이진 않지만, 현재 세계 제일의 크기를 자랑하는 소련의 Mi-12(그림 5-3)는 이 형식을 채용하고 있으며 주목할 만한 틸트 로우터기나 틸트 윙 항공기도 이 형식에 속한다. 동축 반전 로우터 형식은 소련의 카모프 헬리콥터에 사용하고 있다.

로우터가 교차하면서 회전하는 교차 로우터 형식은 헬리콥터의 실용화 초기에 독일에서 고안되었고 미국의 카만사에서 생산되었으나 현재에는 생산되지 않는다. 2개의 로우터를 가진 헬리콥터는 구조적으로 복잡해지므로 소형 항공기에는 별로 사용되고 있지 않으나, 싱글 로우터 헬리콥터에 비해 하나하나의 부품을 약간 소형으로 할 수 있고 하버링(Hovering)시의 효율이 약간 좋은 경향이 있어 대형 헬리콥터에 적합하다.

그림 5-30 보잉 헬리콥터사 CH47J

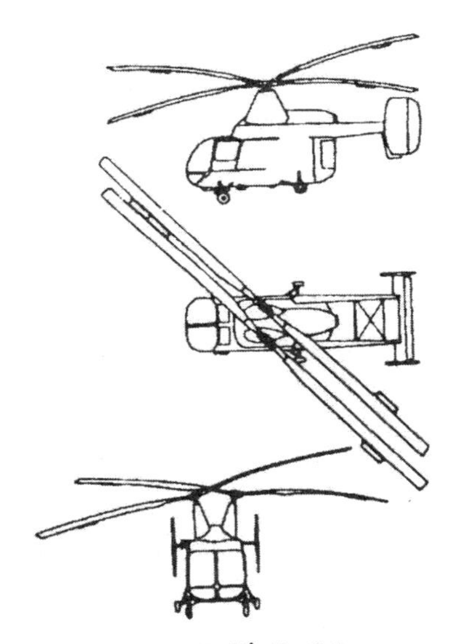

그림 5-31
교차 쌍 로우터식(카만H-43)

3) 팁 제트 방식(Tip Jet Type)

헬리콥터 실용화의 초기에는 무겁고 진동도 많았으며 시동시에는 엔진과 로우터를 분리시키기 위한 원심 클러치(Centrifugal Clutch)가 필요한 왕복 엔진이 사용되었기 때문에 전체적으로 중량이 무거운 결점이 있었다.

이 대책으로 구동 장치를 필요로 하지 않는 팁 제트 방식의 헬리콥터가 활발히 연구되어 프랑스의 DIJIN(그림 5-17)과 같이 실용화된 것도 있었으나, 여러가지 기술상의 문제와 가스터빈 엔진의 일반화에 따라 모습을 감추었다. 이 형식은 앤티토큐 기구가 필요하지 않고 기구도 간단하다.

4) 노터 방식(NOTAR Type)

이 방식은 테일 로우터 방식에서 문제가 많은 테일 로우터를 제거한 획기적인 고안으로서 테일 붐의 측면에서 공기를 분출하여 서큘레이션 콘트롤(Circulation Control)을 행함으로서 테일 붐에 에어포일의 특징을 부여한 것이다. 이 테일 붐(Tail Boom)이 메인 로우터로부터의 다운와쉬 윈드를 받아 가로 방향의 추력을 발생시키는 것을 이용한 앤티토큐 기구이다. 현재 미국의 맥도널 더글라스 헬리콥터사에 의해서 실용화되었다(그림 5-32).

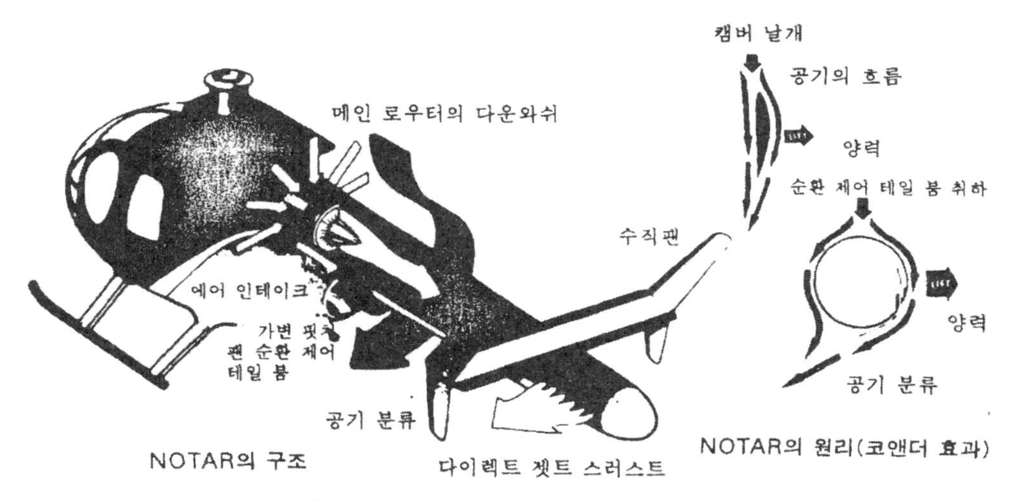

그림 5-32 노터 헬리콥터의 구조 원리

5-3. 비행 원리

1) 양력의 발생

공기보다 무거운 것을 공중으로 띄우기 위한 양력은 양력 발생 장치인 에어포일에 공기력이 작용했을 때 바람에 수직 방향으로 발생하는 양력에 의해 얻어진다.

항공기의 경우에는 전진 속도에 의한 상대풍을 날개에 작용시켜 양력을 발생한다(그림 5-33). 이때 프로펠러가 당기는 힘을 1/10W라고 하면 그 10배의 양력 W를 발생시킨다.

헬리콥터에서는 로우터를 엔진으로 회전시킴으로서 브레이드에 작용하는 공기력에 의하여 양력을 발생시킨다.

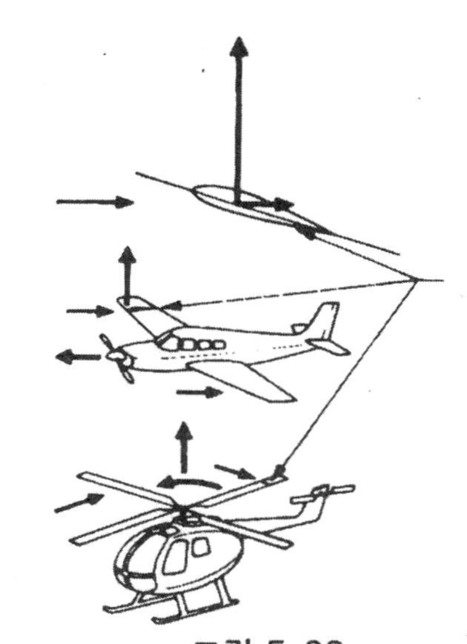

그림 5-33
익형—가장 효율적인 양력 발생 장치

항공기는 전진하지 않으면 양력 발생을 할 수 없으나 헬리콥터는 전진 속도 없이도 공중에 뜰 수 있다. 그러나, 그림 5-34 처럼 같은 무게의 기체를 들어 올리는데에 헬리콥터의 로우터는 프로펠러의 약 10배 힘을 발생할 필요가 있다.

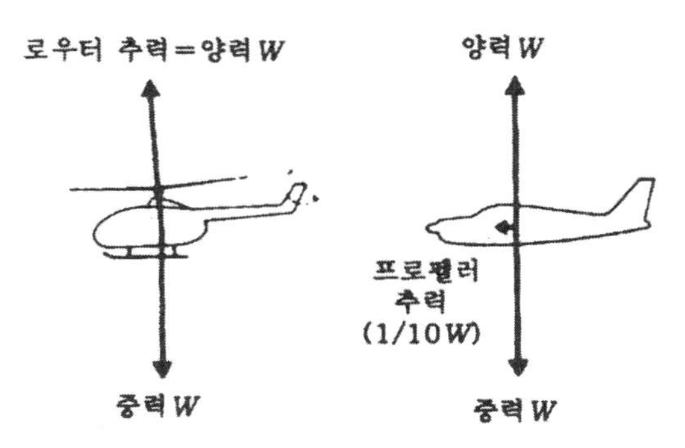

그림 5-34 회전익기와 고정익기

그래서 효율이 좋은 큰 직경의 로우터를 사용하지만 그렇더라도 약 2배의 마력이 필요하다(그림 5-35).

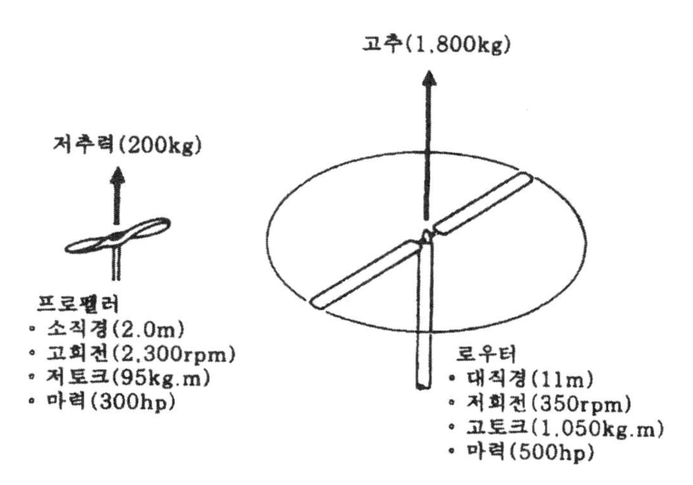

그림 5-35 프로펠러와 로우터

2) 기체의 방향 조종

공중에 떠서 큰 로우터를 돌리면 기체는 로우터와 반대 방향으로 돌기 시작한다. 이것을 막아 기체 방향을 조종하기 위하여 여러가지 방식이 고안되었고 헬리콥터 외형을 변화시키게 되었다.

최근의 가장 일반적인 헬리콥터에서는 기체 후부의 테일 붐 후방에 테일 로우터를 장착하고 추력을 조절함으로서 기체 방향을 조종하고 있다(그림 5-36).

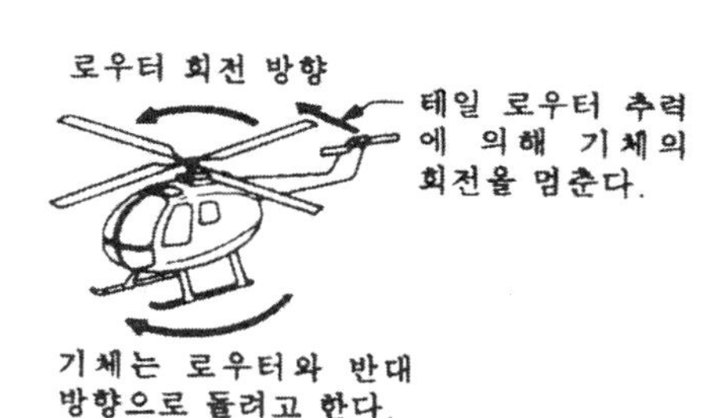

그림 5-36 헬리콥터의 방향 조종

3) 전진 비행

부양한 헬리콥터를 전진시키려면 로우터 회전면(로우터 양력)을 앞으로 기울여 그 수평 방향 분력에 의하여 전진한다(그림 5-37).

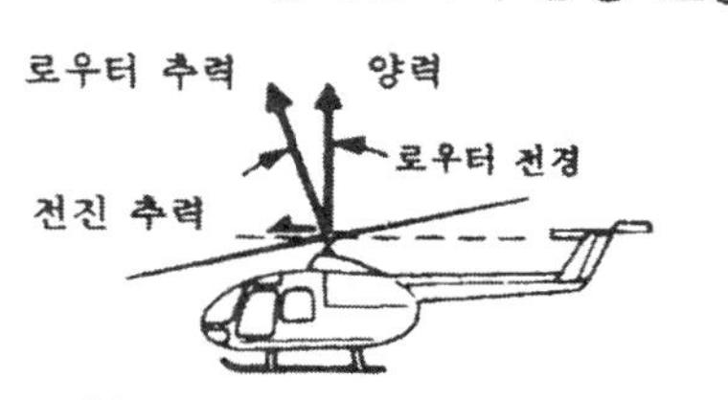

그림 5-37 헬리콥터의 전진

로우터 회전면을 앞으로 기울이려면 다음과 같이 조작한다. 하버링(공중 정지 상태)중의 로우터 브레이드는 모두 같은 받음각으로 회전하고 있다. 이 브레이드의 받음각을 그림 5-38(a)의 A점에서 최소가, C점에서 최대가 되도록 주기적(1회전에 1회)으로 변화시켜 주면 양력은 A점에서 최소가 되고 C점에서 최대가 된다.

그 결과 로우터 회전면은 기울어지기 시작하여 원래의 회전면 ABCD는 새로운 회전면 AB′CD′까지 기울어져〔그림 5-38(b)〕, 새로운 회전면에 대하여 브레이드 받음각이 일정하게 된다〔그림 5-38(c)〕. 간단히 말하면 전진하려고 할 때는 기체의 우측에서 받음각을 줄이고 좌측에서 받음각을 늘려주면 되는 것이다(위에서 보아 로우터가 반시계 방향으로 회전하고 있을 경우).

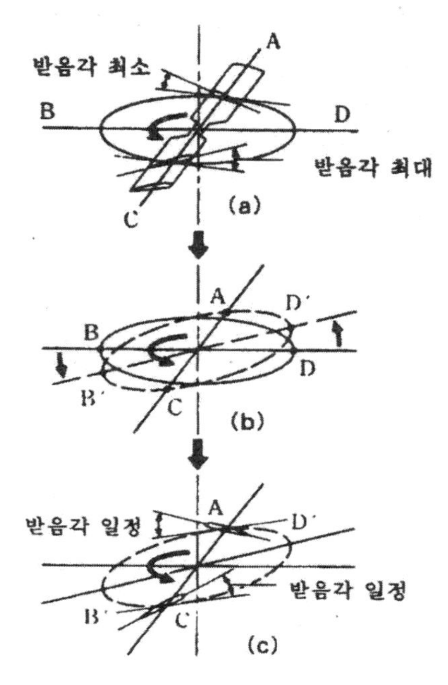

그림 5-38 사이클릭 피치에 의한 로우터면의 전경

전방을 향해 가속이 되면 브레이드에 닿는 바람의 속도가 로우터 오른쪽과 왼쪽에서 달라지게 되므로 받음각에 변화가 생겨 AB′CD′에서 ABCD로 조금 가까이 가는 부분에서 안정되게 된다. 이 부근의 브레이드 움직임은 매우 복잡하므로 홍미가 있는 사람은 전문서적을 참조하기 바란다. 좌우, 후방으로의 비행도 같은 원리로 할 수가 있다.

4) 엔진 정지시의 비행(Auto Rotation)

헬리콥터는 엔진이 정지하면 추락한다고 생각하는 사람이 많지만 실제로는 안전하게 착륙할 수 있다. 이것은 엔진이 멈추어 기체가 하강을 시작하면 로우터 브레이드 아래쪽에 바람이 작용하므로, 그 아래쪽으로부터의 바람 성분을 잘 이용하여 로우터와 엔진 구동축이 분리되어 천천히 하강하면서 희망하는 장소에 착륙할 수 있기 때문이다. 이 상태를 오토 로테이션(Auto Rotation) 비행이라고 하며 오토로테이션 비행을 가능하게 한 것은 헬리콥터 역사상 중요한 발전이다.

오토로테이션의 원리는 다음과 같다.

그림 5-39와 같이 브레이드에 닿는 풍속은 A에서 빠르고 B, C와 브레이드 안쪽으로 감에 따라 느려진다. 한편, 기체 강하에 의한 풍속은 A, B, C에서 모두 같기 때문에, 브레이드에 닿는 바람의 방향, 즉 날개의 받음각은 로우터의 반경 위치에 의해 변화한다.

그 때문에 브레이드에 작용하는 합력은 로우터 구동축에 대해 A에서는 후방으로 기울어 회전을 멈추려는 방향으로 작용하나, B에서는 전방으로 기울어 회전을 더하려는 방향으로 작용한다. 이 힘이 균형을 이루는 곳에서 로우터의 회전수가 유지되어 A, B의 합력 상향 성분에 의해 양력을 유지하며 오토로테이션 비행을 할 수 있는 것이다. 또, C에서는 받음각이 커져서 실속 상태가 된다.

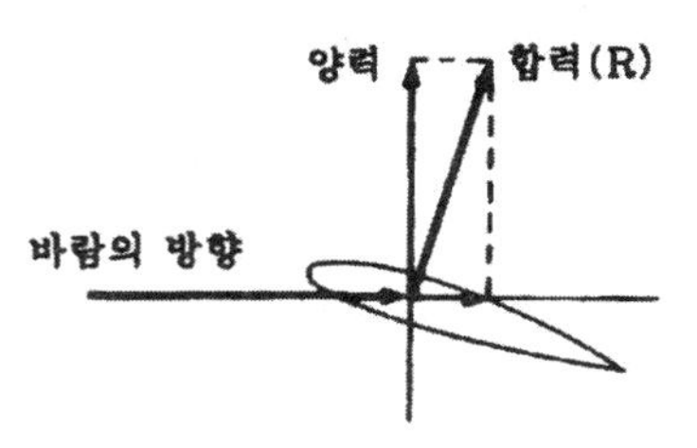

(a) 바람의 방향과 익형에 작용하는 힘의 관계

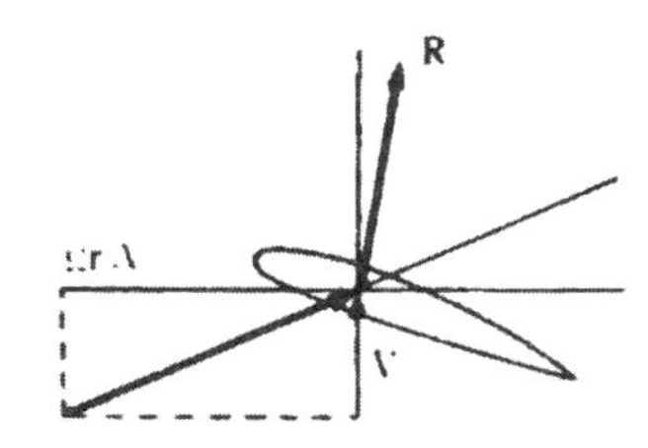

(b) Ⓐ부에서 R은 마스트에 대해 후경

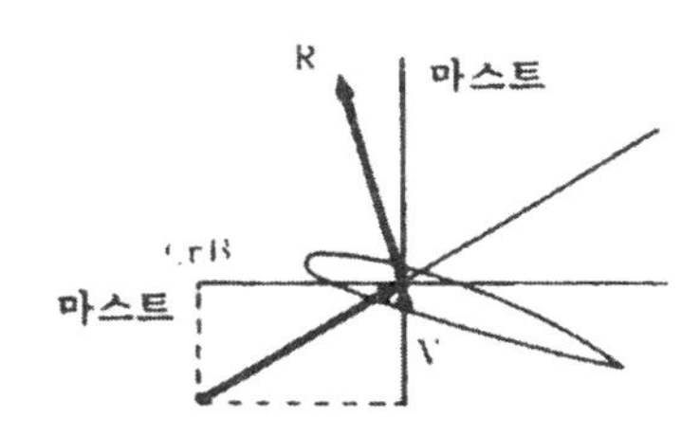

(c) Ⓑ부에서 R은 마스트에 대해 전경

5-4. 헬리콥터의 비행

헬리콥터는 상하, 전후, 좌우의 방향을 의도한 대로 비행할 수가 있으나, 그에 따른 매우 불안정한 비행 특성을 갖는다. 그리고 종래의 로우터 시스템은 헬리콥터를 생각한 대로 움직이는 조종력이 크지 않았기 때문에 헬리콥터 조종이 어려웠었다.

헬리콥터의 안정성을 개선하기

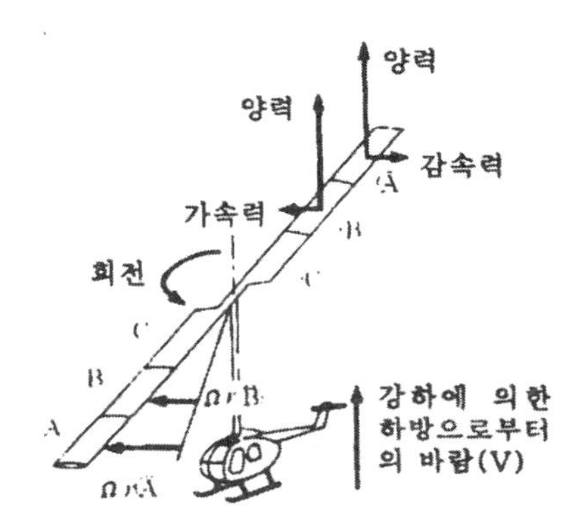

그림 5-39 오토 로테이션의 원리

위해 기계식 스태빌라이저 바(Stabilizer Bar)(그림 5-40), 또는 전기 제어식 안정화 장치(SAS) 등이 구비되어 왔으나 최근에는 특히 SAS 성능이 발달되고, 또 로우터 시스템도 힌지리스(Hingeless)화됨으로써 큰 조종력이 얻어지게 되어 헬리콥터의 조종성, 안정성이 크게 발전하여 왔다. 이러한 결과로 현재의 헬리콥터는 공중 회전은 물론, 당초 동경했던 새보다 더 자유로이 비행할 수 있게 되었다(그림 5-41).

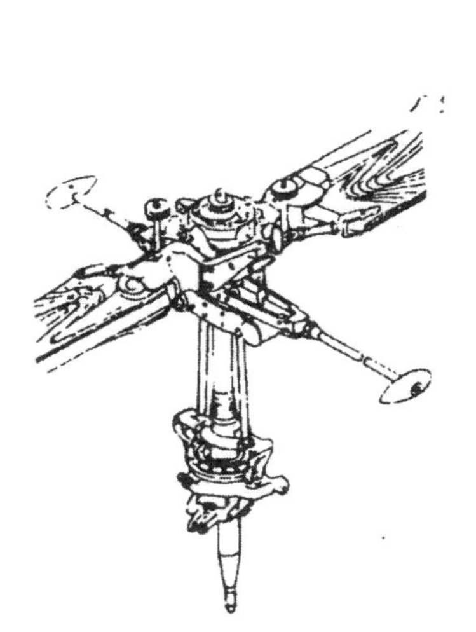

그림 5-40 초기의 헬리콥터 안정 장치(벨 47 헬리콥터의 스태빌라이저 바)

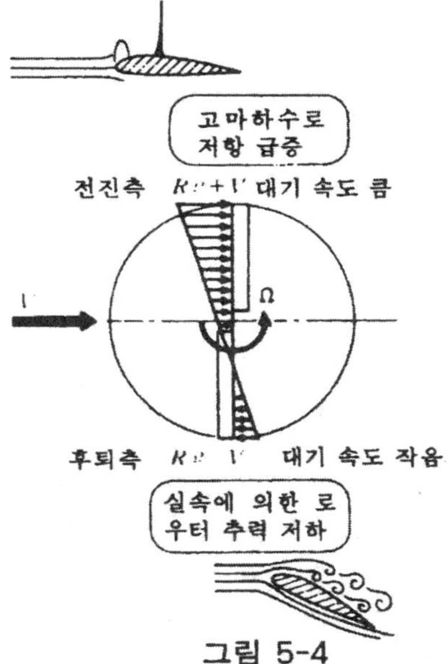

그림 5-4
전진 비행중의 로우터 브레이드

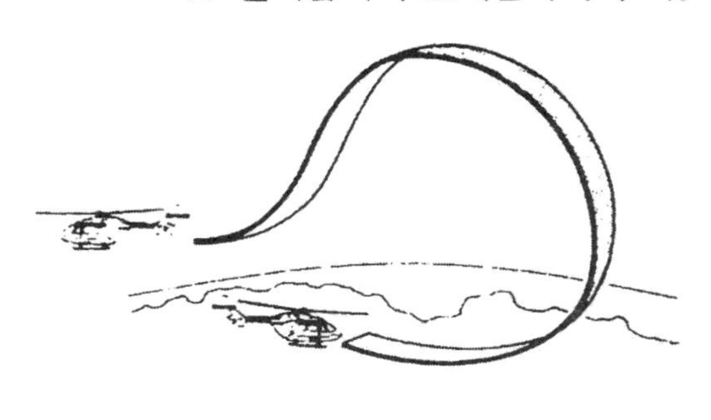

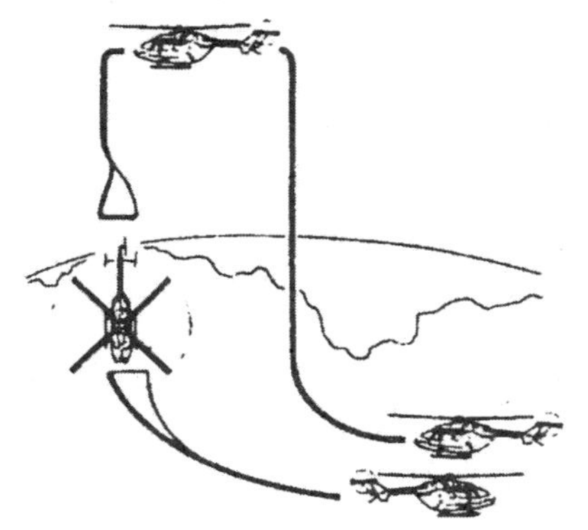

그림 5-42 최신 헬리콥터의 비행 상태

최근의 전투용 헬리콥터는 조종성을 좋게 하기 위하여, 기본적인 기체는 불안정하게 만들고 커네드 날개 등을 전기적으로 제어해서 기수 방향을 바꾸지 않고 기체를 옆으로 이동시키거나 기수를 표적으로 향한 채 사선 방향으로 비행하는 등의 기술을 사용하고 있으며, 이것은 헬리콥터의 궁극적인 목표에 조금 다가간 것이라고도 할 수 있다.

이와 같이 헬리콥터의 공중 특성과 자유도는 문제될 것이 없으나, 유일한 문제점은 고속 비행에 있다. 그 이유는 그림 5-41와 같이 헬리콥터가 전진 비행을 시작하면 브레이드의 대기 속도는 좌우 위치에서 달라지게 된다. 즉 우측 브레이드의 대기 속도는 높고 좌측은 낮게 된다. 그러므로 헬리콥터 속도가 빨라질수록, 특히 좌측(후퇴측) 브레이드는 대기 속도가 느려져 실속되고 우측(전진측) 브레이드는 높은 마하수 영역에서의 압축성 영향으로 저항이 급증한다.

에어포일(Airfoil)을 이용하여 비행하는 항공기에 있어 최대의 문제점인 실속은 고정익 항공기에서는 저속에서, 헬리콥터에서는 고속에서 발생하게 된다. 이 결과 항공기가 너무 저속으로 비행할 수 없는 것과 마찬가지로 헬리콥터의 전진 속도는 어느 이상은 제한된다. 조금이라도 속도를 높이기 위해서는 헬리콥터에 요구되는 브레이드의 에어포일은 음속 부근과 극저속 영역의 양쪽에서 양호한 특성이 요구된다. 이것은 초음속 항공기에 우수한 저속 성능이 요구되는 것과 같이 어려운 문제이다.

현재까지 여러가지 에어포일, 브레이드 평면 형상이 연구되어 영국에서는 브레이드 팁에 특수 형상의 BERP 브레이드(그림 5-43)를 장비한 WG13 헬리콥터로써 시속 400km의 최고 속도를 기록하고 있다. 헬리콥터에서는 이 정도가 한계 속도라고 생각된다.

헬리콥터의 최고 속도를 증가시키기 위해서 로우터에 추가적으로 고정익과 제트 엔진을 장착하여 로우터에 양력을 부담시키지 않으므로서, 실속 문제를 해결한 콤파운드 헬리콥터(Compound Helicopter)(그림 5-44), 또는 이·착륙시에는 로우터를 위로 향하게 하고, 수평 비행시에는 로우터를 앞을 향하게 하여 비행하는 틸트 로우터 항공기(Tilt Rotor Aircraft) 등이 고안되어 시험되어져 왔다.

콤파운드 헬리콥터로는 시콜스키 S-72가 555km/h, 틸트 로우터 항공기로는 XV-15에 의해 500km/h가 기록되어 있다.

틸트 로우터 항공기는 현재 미국, 유럽에서 계획, 개발중이며 장래 중거리 항공의 주역이 될 가능성도 있다.

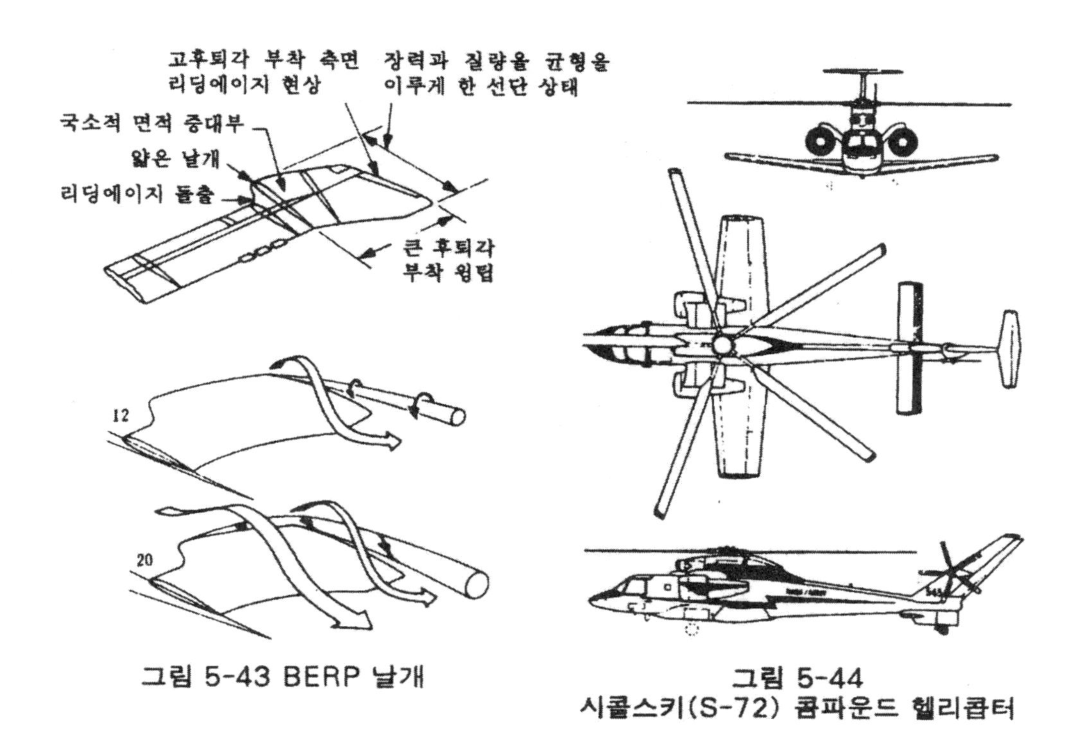

그림 5-43 BERP 날개

그림 5-44
시콜스키(S-72) 콤파운드 헬리콥터

5-5. 헬리콥터 구조

여기에서는 실제의 헬리콥터는 어떠한 구조와 시스템(System)을 갖추고 있는지, 그 능력은 어떻게 발휘되고 있는지에 대해 설명하겠다.

1) 헬리콥터의 구조

헬리콥터를 날게 하기 위한 기구(Mechanism), 기체 구성의 개요를 주로 하여 테일 로우터(Tail Rotor) 방식의 헬리콥터를 예로 설명하겠다(그림 5-45).

먼저 외형상 가장 두드러진 메인 로우터 시스템(Main Rotor System)은 항공기의 프로펠러, 날개, 플랩(Flap), 보조 날개의 역할을 함께 하고 있으며 헬리콥터를 공중으로 부양한 후 전진시켜 생각한 대로 움직이는 장치이다.

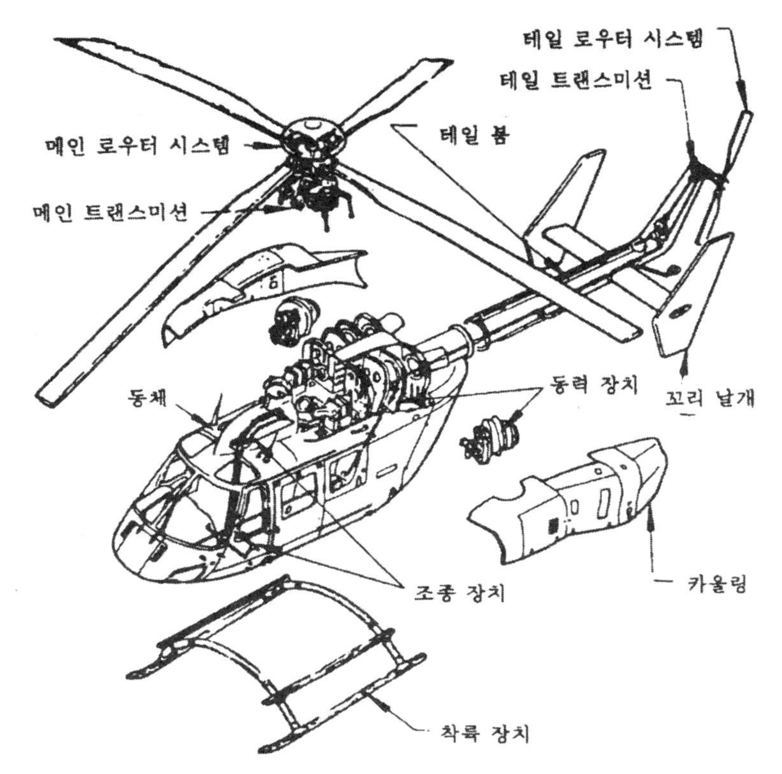

그림 5-45 헬리콥터의 구성(BK117 싱글 로우터 헬리콥터의 예)

메인 로우터는 프로펠러를 단지 크게 한 것 만은 아니다. 메인 로우터이기 때문에 가장 큰 조건은 브레이드 받음각이 로우터의 1회전에 1회, 주기적으로 증감이 가능해야 한다는 것이다(그림 5-38).

임의의 회전 위치에서 받음각을 최대로 하고 그 180° 반대쪽에서 최소로 함으로서 로우터 회전면을 생각한 방향으로 기울여 기체를 자유로이 조절한다. 이 움직임에 중심을 이루는 것이 로우터의 허브(Hub)로서 헬리콥터의 구조중에서 가장 중요한 것이다. 로우터 허브는 브레이드에 회전력(Torque)을 전달하여 회전시킴과 동시에 브레이드의 받음각을 변경시키고, 브레이드 루트 부분에 과대한 굴곡 응력을 발생시키지 않도록 브레이드의 상하 방향(Flapping), 전후 방향(Lead Lag)의 움직임이 가능하게 하여 지상 공진을 피하는 댐핑(Damping) 능력을 갖게 한 복잡한 기능 구조로 된 장치이다.

벨, 시콜스키, 벨코우 헬리콥터의 형식을 회사 이름으로 부르기도 하는데, 이것은 허브의 형식에 의한 분류로서 허브의 발명이 각각의 헬리콥터 회사를 만들어 냈다고 하여도 과언이 아니라는 것을 보여준다.

헬리콥터의 미부에 장착된 테일 로우터는 받음각의 일정한 증감 만이 가능하여 기수 방향을 유지하는 역할을 한다.

다음에 이 로우터 시스템을 생각한 대로 조절하기 위한 조종 장치가 있다. 이 계통에는 다음의 3개의 계통이 있다.

① 모든 브레이드 받음각을 일률적으로 증감시켜 헬리콥터를 상승 또는 강하시키는 콜렉티브 피치 콘트롤(Collective Pitch Control)
② 브레이드 받음각을 1회전에 1회, 주기적으로 증감시켜 로우터 회전면을 생각한 방향으로 기울이는 사이클릭 피치 콘트롤(Cyclic Pitch Control)
③ 테일 로우터의 추력을 가감시켜 기수의 방향을 정하는 테일 로우터 콘트롤(Tail Rotor Control)

조종면을 움직이기 위한 유압 계통도 극소형의 헬리콥터 이외에는 필수적인 장치이다.

로우터 시스템을 구동하는 역할은 엔진과 동력 전달 장치가 담당한다. 엔진은 소형 경량의 가스터빈 엔진이 가장 일반적이며 안전을 위해 쌍발 헬리콥터가 늘어났고 3발 헬리콥터도 나타나고 있다.

엔진은 결빙 상황하에서의 얼음이나 돌조각을 빨아들여 자체의 배기의 재흡입에 의한 엔진 고장을 일으키지 않게 할 것 등을 고려하여 장비된다. 매분 6,000~20,000회전의 엔진 출력으로 매분 200~500회전의 로우터를 구동시키기 위해 출력의 방향을 바꾸어 감속하고 필요한 곳까지 전달하는 것이 동력 전달 장치이다.

동력 전달 장치는 벨트식, 유압식 등 여러가지가 시도되었으나, 중량, 동력 전달 효율의 면에서 기어 형식으로 통일되었다. 동력 전달 계통의 메인 기어박스는 로우터의 양력 등을 동체에 전달하는 역할도 한다.

동체의 앞부분에 전방, 좌우, 상하 방향으로 시계가 좋은 조종실이 있으며 정조종사석은 우측에 있다. 조종실의 후방에 객실 또는 화물실이 있고 그 후방에 테일 붐이 펼쳐져 있다. 테일 붐의 후단에는 수직 및 수평 안정판이 장착되어 있다. BK117에서는 수직 안정판의 면적을 크게 하여, 만약 테일 로우터가 부서져도 100km/h 정도 이상의 속도로 비행을 계속할 수 있는 안전 설계가 되어 있다.

연료 탱크는 거의 메인 로우터 마스트(Main Rotor Mast)의 바로 밑부근에 장착되며, 연료의 다소에 의해 중심 위치가 크게 변하지 않게 설계되어 있다.

헬리콥터의 동체는 항공기와 달리 캐빈 여압이나 비행에 의한 하중을 그다지 받지 않고 경량화가 요구되므로 0.5mm 정도의 알루미늄 합금 스킨을 사용한 세미 모노코크 구조로 되어 있는 것이 가장 일반적이다.

헬리콥터의 착륙 장치는 항공기와 같이 활주할 필요가 없으므로 반드시 차륜식으로 할 필요는 없다. 소·중형의 다용도 헬리콥터에서는 부정지 운용 등을 고려하여 스키드식 착륙 장치가 주로 사용되며, 중·대형의 헬리콥터에서는 차륜식이 자주 사용된다.

헬리콥터의 동체에 걸리는 하중은 착륙시에 착륙 장치를 매개로 전해지는 착륙 하중도 큰 비중을 차지하며 착륙 장치의 설계는 동체 강도에도 영향을 준다.

다음은 헬리콥터를 구성하는 각 시스템에 대해 설명한다.

A. 헬리콥터의 로우터 시스템

앞에서 설명한 것처럼 헬리콥터의 로우터 시스템은 2개 이상의 브레이드를 로우터 허브(Rotor Hub)라고 하는 장치로 결합한 것이다.

헬리콥터의 브레이드(날개)는 양력과 원심력의 합력 방향을 향하며(그림 5-46), 브레이드 루트(Blade Root)에는 굴곡 모멘트가 걸리지 않고 이 합력의 마스트 방향에 수직인 성분이 헬리콥터를 부양시키는 양력이 되어 기체에 전해지는 구조로 되어 있으므로 이것에 의해 중량, 진동의 경감을 도모하고 있다. 이것은 헬리콥터 브레이드에 작용하는 매우 큰 원심력을 잘 이용한 것으로 브레이드는 구동축에 대해 상하 방향, 전후 방향으로 자유롭게 움직일 수 있도록 베어링(Bearing) 또는 유연한 재료를 매개로 장착되어져 있다.

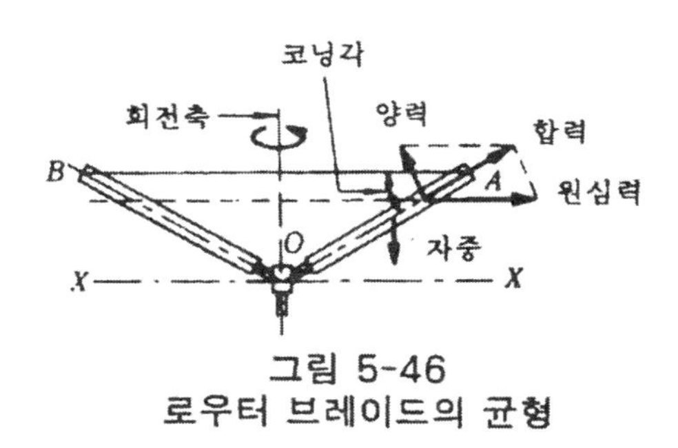

그림 5-46
로우터 브레이드의 균형

이와 같은 유니버설 조인트식 장착 방법(Universal Joint Method)이라도 원심력에 대한 브레이드의 움직임은 상하 방향 ±5°, 전후 방향 ±1.5° 정도로 움직임이 국한된다. 이것은 항공기의 날개가 양력을 전단력에 의하여 전달하기 때문에 루트에 가까이 감에 따라 큰 굴곡 모멘트에 견딜 수 있는 구조로 할 필요가 있는 것과 대조적이다.

대표적인 로우터 시스템은 다음의 3종류가 있다.

a. 시이소형 로우터 시스템(See-Saw Type Rotor System)

이 로우터 시스템[그림 5-47(a)]은 1940년 미국에서 발명되어 벨 헬리콥터의 기초를 마련한 것이다. 구조가 간단하고 보수 정비에도 손이 많이 가지 않으며 2개의 브레이드이기 때문에 기체의 주기(Parking)도 용이한 특징이 있어서 헬리콥터 다운 로우터 시스템(Down Rotor System)으로 애용되어 온 형식이다.

2개의 브레이드는 강(Steel)으로 결합되어 플랩핑 힌지(Flapping Hinge) 주위에서 시이소식으로 움직일 수 있다. 이 시이소 운동에 의해 전방에 온 브레이드가 내려갔을 때는 후방의 브레이드가 올라가 로우터 회전면은 전방으로 무리 없이 기울일 수가 있게 되어 있다. 로우터 회전면을 원하는 방향으로 기울이려면 앞에서 설명한 것과 같이 브레이드 받음각을 주기적으로 바꿔줄 필요가 있으며, 이 때문에 브레이드는 페더링 힌지(Feathering Hinge) 주위에서 회전할 수 있게 되어 있다.

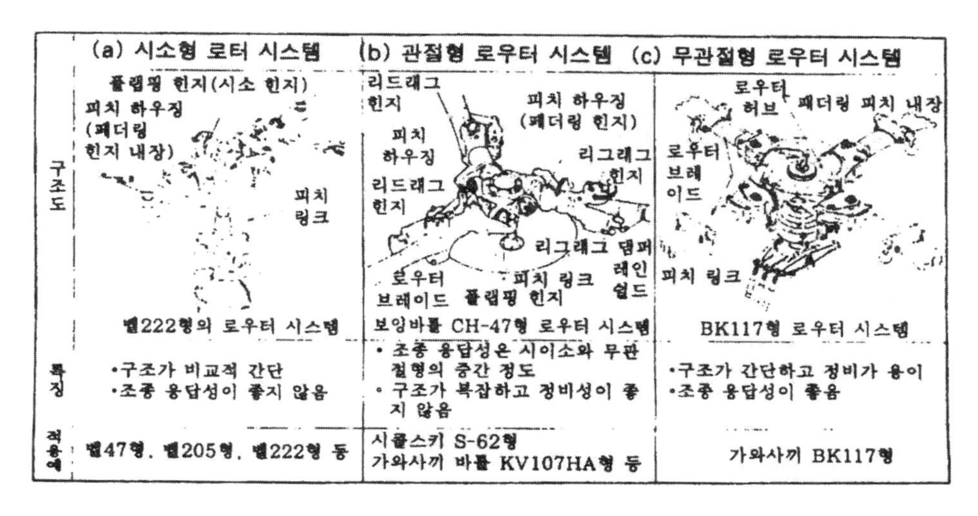

그림 5-47 각종 로우터 허브

b. 전관절형 로우터 시스템(Full Articulated Type Rotor System)

이 전관절형 로우터 시스템[그림 5-47(b)]은 스페인의 셀버가 오토 자이로(Auto Gyro)로 개발하여 시콜스키 등의 헬리콥터에 적용한 이래로 헬리콥터 로우터 시스템의 기본 형식이 되었다.

기구는 복잡하나 소형에서 대형, 브레이드 매수의 증가에도 대응할 수가 있어서 로우터 시스템 각부의 응력을 낮게 조절할 수 있고, 또 각종 로우터 시스템의 특성(조종력, 비행 특성, 진동 등) 선택의 폭이 큰 형식이다.

이 형식에서 브레이드는 플랩핑 힌지 주위에서 자유로이 상하 방향으로 움직일 수 있다. 또한 드래그 힌지(Drag Hinge) 주변의 브레이드 회전 면 내에서 자유롭게 움직일 수 있으며 브레이드 루트에 과대한 응력이 작용하는 것을 피하도록 되어 있다.

브레이드 피치를 바꾸는 페더링 힌지도 당연히 삽입되어 있다. 즉, 전관절형 로우터 시스템에서 각각의 브레이드는 로우터 구동축에 대해 상하 전후로 자유롭게 움직일 수 있도록 되어 있으므로 큰 양력이 걸려도 루트에서 파괴되지 않도록 되어 있다. 그러나 이러한 장착 방식을 취하면 지상운용중에 동체의 횡진동과 관련하여 심한 진동이 발생(지상 공진)하는 것이 셀버에 의해 발견되어 그 대책으로서 리드 래그 댐퍼(Lead Lag Damper)가 장착되게 되어 계통을 더 한층 복잡하게 하였다.

c. 무관절형 로우터 시스템(Non Articulated Type Rotor System)

전관절형 로우터 시스템[그림 5-47(c)]의 계통을 간소화하고 조종성, 안정성의 향상을 도모하기 위하여 모든 힌지를 섬유 강화 플라스틱(FRP)의 유연성으로 변환한 무관절형 로우터 시스템이 최신 최후의 로우터 시스템 형태로서 개발되고 있다.

현재 실용화되고 있는 무관절형 로우터 시스템으로서 BK117에 사용되고 있는 벨코어식 로우터 시스템을 그림 5-47(c)에 나타내었는데, 이 로우터 시스템에서는 페더링 힌지만 종래와 같이 베어링으로 지탱하고 있으며 플랩핑 및 리드 래그 힌지는 글래스 섬유 강화 플라스틱(GFRP)의 유연성으로 변환되어져 있다.

브레이드는 로우터 구동축에 대해 전관절형 로우터 시스템과 같이 자유롭게 움직일 수는 없으나 많은 구속력을 갖고 장착되어져 있으므로, 로우터 회전면의 기울기가 바로 기체의 움직임이 되는 우수한 조종성을 갖는 로우터 시스템이다.

B. 조종 장치

헬리콥터를 조종하기 위한 로우터의 작용 방향을 싱글 로우터 헬리콥터 및 탠덤 로우터 헬리콥터(Tandem Rotor Helicopter)를 예로 들어 나타내었다(그림 5-48).

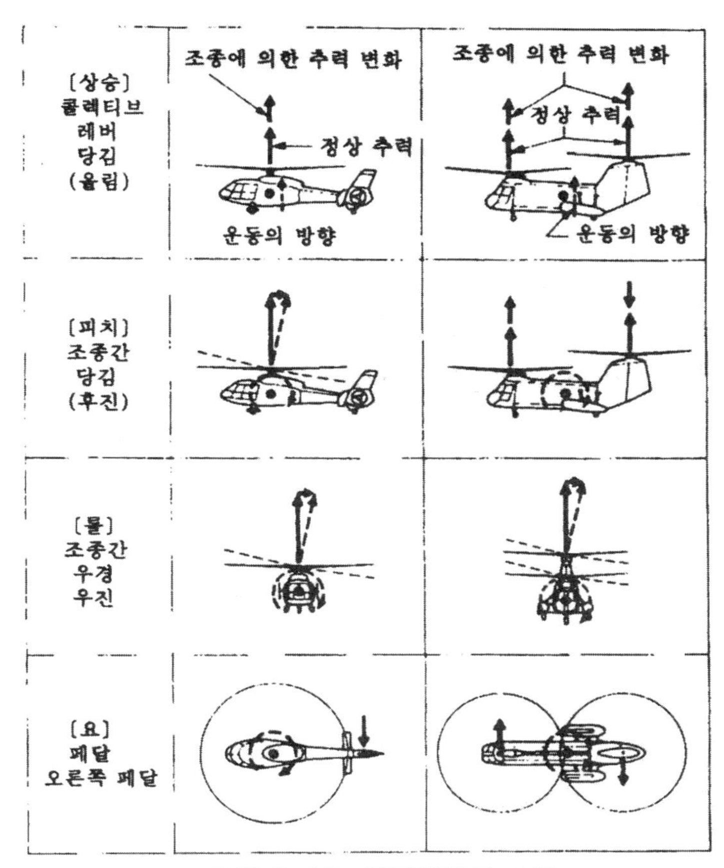

그림 5-48 헬리콥터의 조종

헬리콥터의 상승은 콜렉티브 레버(Collective Lever)를 당겨올려서 앞쪽 로우터 브레이드 피치각을 증가시켜 양력을 증가시킴으로써 행한다. 전진시키기 위해서는 사이클릭 스틱(Cyclic Stick)을 전방으로 조작한다. 기수를 오른쪽으로 향하게 하려면 테일 로우터 콘트롤(Tail Rotor Control)의 오른쪽 페달(Pedal)을 밟는다(그림 5-49, 5-50).

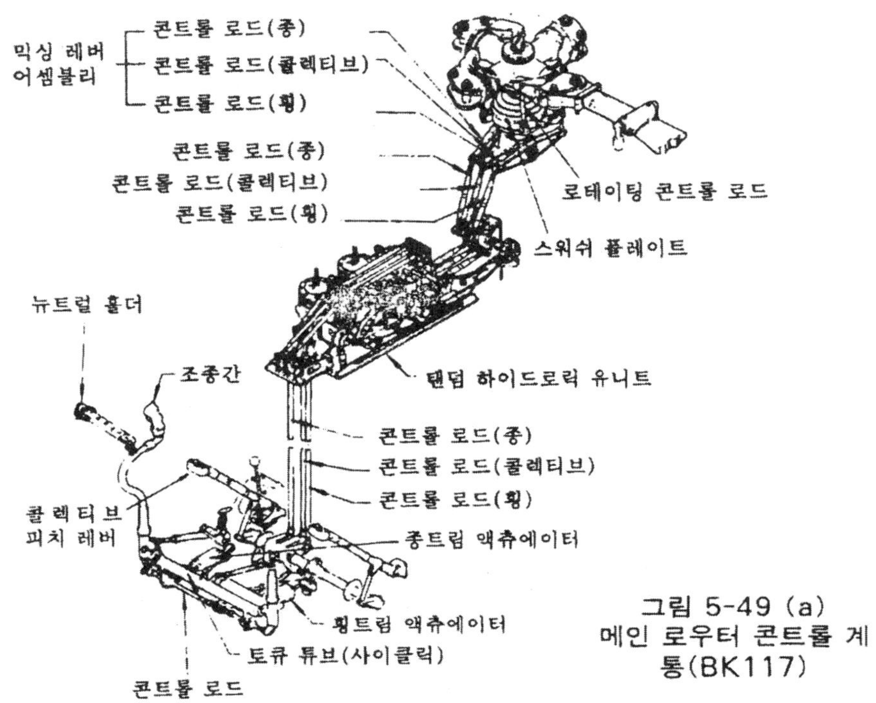

그림 5-49 (a) 메인 로우터 콘트롤 계통(BK117)

a. 콜렉티브 피치(Collective Pitch) 콘트롤 계통

조종사가 왼손으로 조작하는 조종 레버를 당겨 올림으로서 스와시 플레이트(Swash Plate)라고 하는 장치가 그림 5-49(a)에서 그림 (b)와 같이 상하로 움직여 앞쪽 브레이드의 피치를 동시에 증가시키고 양력을 증가시켜 상승한다.

b. 사이클릭 피치(Cyclic Pitch) 콘트롤 계통

조종사가 오른손으로 조작하는 조종 스틱을 전방으로 밀면

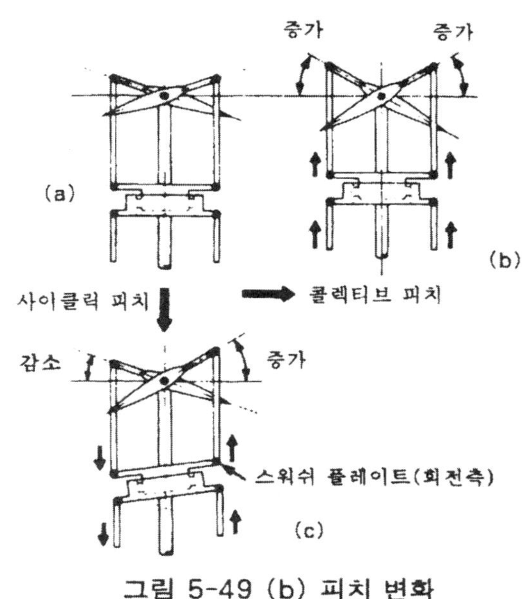

그림 5-49 (b) 피치 변화

스와시 플레이트가 기울어 전진쪽의 브레이드 피치가 내려가고 후퇴쪽 브레이드 피치가 올라가 로우터 회전면을 전방으로 기울게 한다.

c. 테일 로우터(Tail Rotor) 콘트롤 계통

테일 로우터는 조종사에 의해 발로 조작되며 오른발을 밟으면 우로, 왼쪽발을 밟으면 좌로 선회한다.

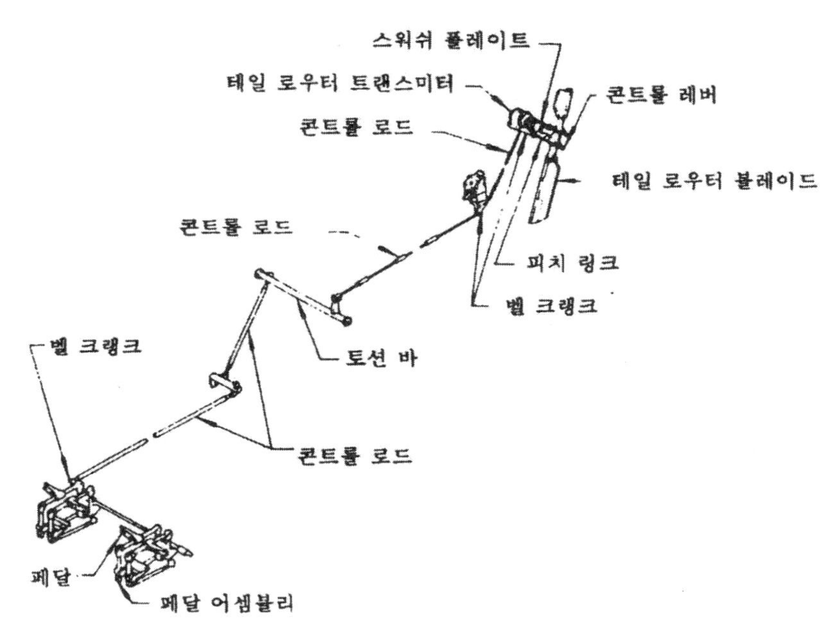

그림 5-50 테일 로우터 콘트롤 계통(BK117)

C. 동력 구동 계통

헬리콥터 로우터를 회전시키는 방식에는 다음의 방식이 있다.

① 기체에서 로우터 축을 구동하는 방식(그림 5-51)

② 로우터 브레이드 팁(Blade Tip)으로부터의 공기 분출에 의하여 구동하는 방식(그림 5-17)

②는 기체의 회전을 멈추게 하는 앤티 토큐(Anti Torque) 기구를 필요로 하지 않으므로 가스터빈 엔진이 실용화되기까지는 여러가지가 시도되어 적용되었으나 현재에는 거의 사용되고 있지 않다.

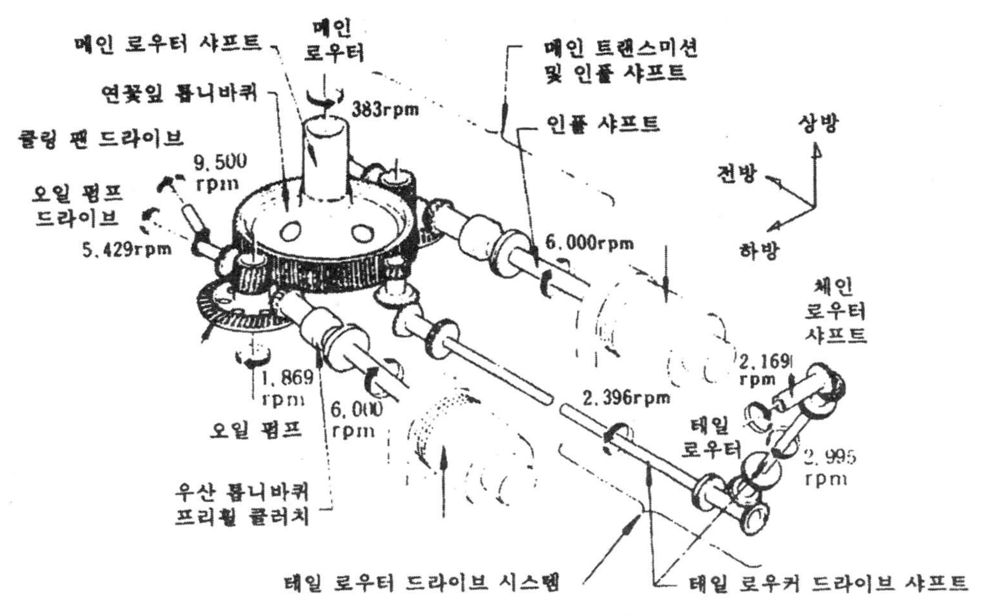

그림 5-51 트랜스미션 플레인 기어 (BK117)

①의 축구동 방식에서는 단발 또는 다발(2~3발)로 고속의 엔진 출력(왕복 엔진에서 약 3,000rpm, 가스터빈 엔진에서 6,000~20,000rpm)을 총합, 방향 변환, 감속하여 로우터(200~500rpm)를 구동하기 때문에 구동 계통(Drive System)을 필요로 한다.

구동 계통에 사용되는 기어 베어링 등은 헬리콥터의 중량, 신뢰성에 큰 영향을 주므로 진공중에서 처리된 결함이 적은 재료를 사용하고 매우 정밀하고 경량으로 만들어질 필요가 있다. 또, 엔진이 정지하여도 로우터는 자유로이 회전하여 오토 로테이션(Autorotation) 비행이 가능하도록 엔진과 메인 기어박스 사이 등에 프리 휠 클러치(Free Wheel Clutch)가 내장되어 있어 엔진 브레이크(Engine Brake)가 작용하지 않는 구조로 되어 있다.

D. 엔진

헬리콥터에 사용되는 엔진에는 왕복 엔진과 가스터빈 엔진이 있다.

왕복 엔진은 값이 저렴하나 중량이 무겁고 로우터가 엔진 시동시 저항으로 작용하지 않도록 마찰식의 원심형 클러치(Centrifugal Type Clutch)를 필요로 하거나 진동이 크다는 것 등의 점에서 현재에는 소형 헬리콥터에만 사용된다(그림 5-52).

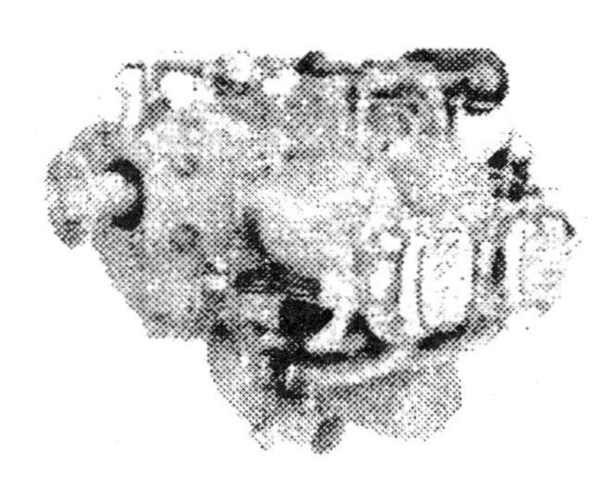

그림 5-52 피스톤 엔진과 터빈 엔진

가장 일반적인 엔진은 소형 경량의 가스터빈 엔진이다. 헬리콥터에 사용되는 프리 가스터빈 엔진(Free Gas Turbine Engine)에서는 로우터와 직접 연결되는 출력 터빈과 가스를 발생하는 가스터빈 사이에 기계적인 결합 없이 가스로 연결되기 때문에 유체 클러치가 부착된 자동차와 같이 마찰식 클러치(Friction Type Clutch)가 필요하지 않다.

엔진은 시동용으로 전기식 스타터(Starter), 대형 항공기에서는 APU(보조 동력 장치)를 갖추고 있다. 엔진은 시동 계통, 흡배기 계통, 윤활 계통, 연료 계통, 엔진 콘트롤 계통을 갖추고 있다.

2) 헬리콥터의 조종석

헬리콥터는 공중에서 정지하거나 전후, 좌우, 상하, 모든 방향으로 운동할 수 있으므로 조종실도 그에 대응하여 전후, 좌우는 물론 상하 방향도 볼 수 있도록 설계되어 있다(그림 5-53). 때로는 후방을 보기 위해 백 밀러(Back Mirror)를 장착하기도 한다.

그림 5-53
전망이 좋은 조종석 (알루엘 Ⅱ)

조종석에서 정조종사는 비행기와 달리 우측에 앉는다. 비상 착륙시에 견딜 수 있도록 설계된 좌석에 4점식 시트 벨트(Seat Belt)를 장착하고 탑승한다.

오른손으로 사이클릭 스틱(Cyclic Stick), 왼손으로 콜렉티브 피치 레버(Collective Pitch Lever), 양발로 러더 페달(Rudder Pedal)을 조작하여 헬리콥터를 자유로이 비행하게 한다. 엔진은 오버 헤드 판넬(Over Head Panel)에 장착된 엔진 콘트롤 레버(Engine Control Lever)를 조작하여 시동하며 지상 점검중에는 G.I(Ground Idle), 비행에 들어갈 때는 F.I(Flight Idle) 위치에 맞춘다. 비행중은 로우터의 피치 등이 변화하여 큰 마력이 필요해지더라도 로우터의 회전이 느려지지 않도록 자동적으로 조절되며 조종사의 노력이 경감되도록 되어 있다.

쌍발 이상의 엔진 기체에서는 각 엔진의 출력 균형을 위하여 토큐 매칭(Torque Matching)이 수동 또는 자동으로 조절된다. 조종사의 전방에는 전방 및 아래 방향 시계를 가능한 한 방해하지 않고, 야간에도 계기의 전방 캐노피(Front Canopy) 반사를 피하도록 설계된 계기 판넬이 장비되어 있다. 계기 판넬의 우측에는 정 조종사용 비행 계기, 좌측에는 부조종사용 비행 계기, 중앙에는 공용의 엔진 계기 등이 장착되어 있다.

중앙부의 오버 헤드 판넬이나 정·부조종사석 사이에는 각종 스위치, 무선기 등의 조작 판넬이 장비되어 외부와의 통신, 에어콘(Aircondition), 와이퍼(Wiper) 등 각종 장비품의 조작이 가능하도록 되어 있다(그림 5-54). 또, 로우터를 빨리 멈추거나 주기(Parking)중에 바람에 의해서 로우터가 회전하는 것을 방지하기 위하여 로우터 브레이크(Rotor Brake)를 장비한 헬리콥터도 있으며 조작 레버(Operation Lever)는 조종석에 장비되어 있다.

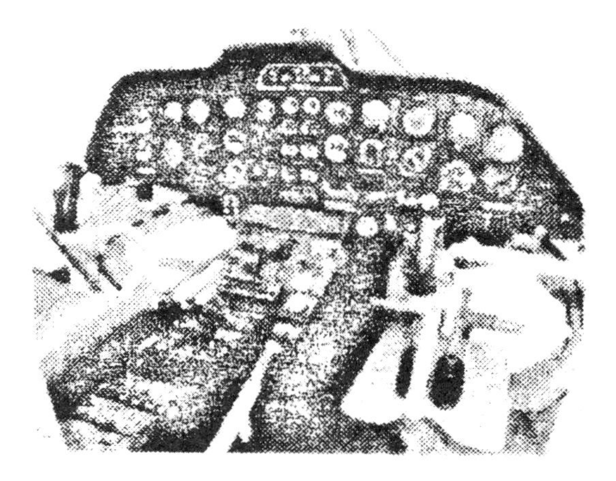

그림 5-54 헬리콥터의 조종석

3) 헬리콥터 장비의 종류

헬리콥터를 쾌적하고 안전하게 운항하기 위해서는 로우터, 기체 구조, 엔진 등 외에 여러가지 장비가 필요하다. 이들 장비는 앞에서 설명한 계기 장비를 비롯하여 다음과 같은 것이 있다.

① 계기 장비
② 전기 장비
③ 항법 통신 장치
④ 유압 계통
⑤ 등화 장치(Light System)
⑥ 방 · 제빙 장치
⑦ 방화 장치(Fire Protection System)
⑧ 와이퍼(Front Conopy Wiper)
⑨ 보안 장비

A. 계기 장비

헬리콥터의 계기 판넬에 장비되어 있는 계기는 크게 나누면 비행용 계기, 발동용 계기, 항법용 계기, 그밖의 계기로 되어 있다.

비행용 계기는 안전 비행을 하기 위하여 필요한 계기로서 고도계, 속도계, 승강계, 자세계, 선회 경사계 등이 이에 속한다.

발동용 계기는 엔진의 운전 상황을 나타내는 계기로 회전계, 연료 압력계, 연료량계, 오일 압력, 온도계, 터빈 입구 온도계 등이 여기에 속한다. 메인 로우터의 회전은 통상 엔진 회전계(파워 터빈의 회전수를 나타냄)와 조합된 동축 2침(단발) 또는 동축 3침(쌍발)식 회전계에 의해 나타내진다.

항법용 계기는 항법상 필요한 계기이며 ADF, VOR, DME, 자기 콤파스, 자이로 콤파스, 시계 등이 포함된다.

B. 전기 장비

전원 공급은 엔진 또는 트랜스미션(Transmission)에 의해 구동되는 직류 발전기(전압 28V) 또는 교류 발전기(26V 400Hz 단상, 115V 400Hz 단상, 또는 115/200V 400Hz 3상)가 사용되고 있으나, 최근에는 전선의 경량화, 방전, 불꽃 문제의 해결(브러쉬리스 발전기)에 의해 교류화의 경향이 있다. 교류에서 직류로 변환하는 장치는 변압 정류기이며, 직류에서 교류로의 변환에는 인버터(Inverter)를 사용한다.

엔진 시동시 또는 엔진 정지시의 긴급용 전원으로는 밧데리(Battery)가 장비된다. 밧데리로는 납밧데리와 알칼리 밧데리의 2종류가 있으며, 최근에는 소형 경량, 수명, 방전 특성 등으로 알칼리 밧데리의 일종인 니켈-카드뮴 밧데리가 사용된다.

전기 배선은 전기, 전자 장치 탑재량이 증가된 최근의 헬리콥터에서는 매우 높은 신뢰성이 요구되므로 MIL-W-5088 등의 군규격이 채용되고 있다. 또 기체 각부에 본딩 점퍼(Bonding Jumper)를 이용하여 전기적 접속과 도통을 좋게 하였으며, 기체를 어스(Earth)하여 사용해서 낙뢰 등의 피해로부터 인체 · 각종 장치를 보호한다.

C. 항법 통신 장치

현재의 항공기는 각종 항법 통신 장치를 갖춤으로서 어떤 기상 조건에서도 비행하는 것이 가능해졌다. 항공기에 장비되어 있는 전자 장치를 크게 나누면 다음과 같다.

① 통신 장치
② 항법 장치
③ 식별 장치

a. 통신 장치

최근과 같이 항공기의 수요가 증가한 상태에서 항공 교통의 원활화를 꾀하고 충돌 등의 사고 방지를 목적으로 한 항공 교통 관제(ATC)를 하기 위해 각종 무선 통신 장치가 이용되고 있다.

이들 장치에는 근거리 통신용의 VHF(118~136MHz) 통신 장치, 주로 군용 근거리 통신에 쓰이는 UHF(225~400MHz) 통신 장치, 원거리 통신용인 HF(2~22MHz) 통신 장치 등이 사용되고 있다. 기내 정보 전달 ICS에는 유선의 기내 교환 장치가 사용된다.

b. 항법 장치

야간이나 시계가 불량한 기상 상태에서도 안전히 운항할 수 있도록 각종 항법 장치가 장비된다. 이들 장치는 모두 지상국에서 발신되고 있는 전파를 항공기에서 감지하고 자기 위치를 파악하여 목적지에 도달하도록 되어 있다.

c. 식별 장치

지상 관제사에게 자기 위치를 자동적으로 연락 응답하는 장치는 군용으로 개발되었으나, 최근에 민간 항공기에서도 항공 관제상 필수적인 것이 되었다. 민간 항공용에는 항공 관제용 응답 장치(ATC, Transponder)로서 일반적으로 트랜스폰더(Transponder)라고 불리우는 장치가 사용된다.

D. 유압 계통

헬리콥터의 유압 계통은 주로 조종 계통의 액츄에이터(Actuator) 작동용으로 장비된다. 유압에 의한 작동 액츄에이터는 소형 대출력이 얻어지므로 신뢰도가 높을 뿐만 아니라, 조종 계통의 신뢰도를 보다 한층 높이기 위해 이중 계통으로 채택하고 있다.

작동 유압은 1,500psi(100kg/cm^2)가 보통이나 소형화를 위해 더 높은 압력이 사용되는 경향이 있다. 대형 항공기 등에서는 랜딩기어(Landing Gear), 브레이크(Brake), 브레이드(Blade) 작동용 등에 조종 장치용 유압 계통과는 별도로 다용도 유압 계통을 갖는 것이 보통이다.

E. 조명 · 등화

기내 조명 장치에는 계기를 비추는 계기등, 경보등(적색), 주의등(앰버색), 사용중을 나타내는 사용등(녹색), 실내등(통상 백색) 등이 있다.

기외 조명 장치에는 지상 조명용으로 착륙 또는 하버링등, 항법등으로서 전방 항공등(좌측 적색, 우측 녹색), 후방 항공등(백색), 또 충돌 방지용으로서 매분 10회 이상 100회 이하의 적색 섬광을 발하는 1개 이상의 충돌 방지등 및 또 수상용 헬리콥터에서 사용되는 정박등도 요구된다.

F. 방 · 제빙 장치

엔진 공기 흡입구는 모든 헬리콥터가 부주의하게 결빙 기상 상황에 놓여도 엔진이 안전하게 작동할 수 있어야 한다. 또 헬리콥터의 사용 목적에 따라 필요하면 메인 로우터(Main Rotor), 전방 캐노피(Front Canopy), 엔진 공기 흡입구 등 결빙되기 쉬운 부분에는 방빙 또는 제빙 장치가 장착된다.

G. 방화 장치

화재 탐지 장치, 연기 탐지 장치, 소화 장치, 방화벽 등이 장비된다. 연료계통 배관의 이중화, 전기 스파크, 정전기 방지, 실내 장비품의 내화성 등 화재 발생 방지에도 주의가 필요하다.

H. 와이퍼(Wiper)

눈, 빗 속을 비행하기 위해 정·부조종사 전방 캐노피에 장착되어진다.

I. 보안 장비

구명 보트, 구명구(Life Raft), 구급 상자(First Aid Kid), 안전 벨트(Safty Belt) 등을 장비하여야 한다.

J. FDR과 CVR(Flight Data Recorder and Cockpit Voice Recorder)

헬리콥터의 안전 비행을 하기 위해 FDR이나 CVR의 장비를 장착하는 기종도 있다.

5-6. 헬리콥터의 조종

「조종」이란 도대체 무엇을 하는 것일까? 알고 있는 것같지만 막상 말로 설명하려고 하면 꽤 어려운 것이다. 사전을 찾아보면 「조종」이란 「생각한 대로 조작하여 움직이는 것」이라고 설명되어 있다. 즉, 헬리콥터를 조종사의 의지대로 비행하게 하는 것으로 해석하면 좋을 것이다.

여기에서는 조종사를 위한 조종 교본은 아니므로 전문적인 조종 기술에 대해서 설명하는 것은 피하고 헬리콥터의 기본적인 비행에 대하여 그 조종은 어떻게 하여 행하여지고 어떤 것에 주의하면서 조종 조작을 하면 좋은지 가능한 한 쉽게 해설해 보았다.

1) 헬리콥터의 기본적인 비행

헬리콥터 비행 원리에 대해서는 앞에서 설명했으나, 여기서 다시 한번 생각해보자. 헬리콥터에는 여러가지 조종 기능을 가진 것이 있으며 성능이나 비행 특성도 기종에 따라 여러가지이다.

따라서, 이들 전부에 대해 설명할 수도 없으므로 여기서는 단발 가스터빈 엔진을 장착한 싱글 메인 로우터(Single Main Rotor, 로우터 회전 방향은 헬리콥터를 위에서 보아 반시계 방향)이며 테일 로우터식(Tail Rotor Type)의 헬리콥터를 모델로 해서 설명하겠다. 또, 설명하는 조작 순서나 비행 제원은 표준적인 방법이나 수치를 적용한다.

그림 5-56에서와 같이 헬리콥터의 전후, 좌우 조종은 오른손으로 사이클릭 스틱(Cyclic Stick)을 조작하여 메인 로우터의 회전면을 기울임으로서 행한다. 상하의 조종은 왼손으로 콜렉티브 피치 레버(Collective Pitch Lever)를 조작하여 메인 로우터 브레이드 받음각을 증감함으로서 이루어진다. 방향 조종은 양발로 러더 페달을 조작하여 테일 로우터 브레이드 받음각을 증감함으로서 행한다. 물론 헬리콥터에도 오토 파일롯(Auto Pilot)을 장비한 기종도 있으나기본적으로는 항상 양손, 양발을 사용하여 조종하고 있다.

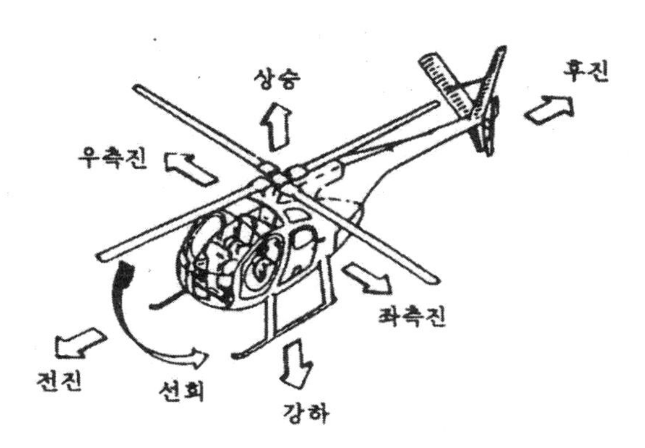

그림 5-55 헬리콥터 운동의 자유도

그래서, 이들 3가지의 키(Key)는 각각 조화되어 조작되어야 하며 어느 하나가 부적당한 위치에 있으면 헬리콥터는 안정을 잃게 된다. 헬리콥터는 본래 불안정한 교통수단이므로 조종사가 이들을 항상 잘 조화시키면서 조종함으로서 안정된 비행을 할 수 있다.

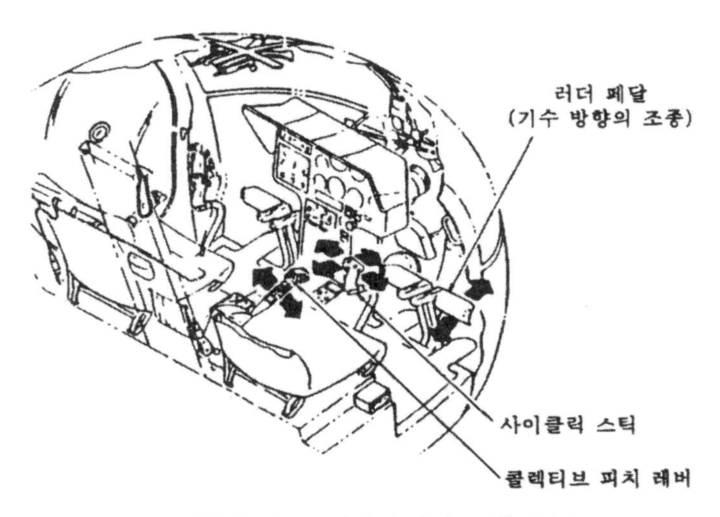

그림 5-56 헬리콥터의 조종 장치

이와 같은 헬리콥터의 조종을 조종사가 어떤 것에 주의하면서 어떤 조작을 하고 있는지 헬리콥터의 기본적인 비행 형태를 통하여 그림으로 나타내어 구체적으로 설명해 보겠다..

헬리콥터의 이륙에서 착륙까지의 비행 형태를 분리하면 다음과 같은 기본 조종의 조합이 된다.

① 수직 이륙
② 하버링(Hovering)
③ 하버링 선회(Hovering Turn)
④ 하버링 택시(Hovering Taxi:지상 활주)
⑤ 이륙 및 상승
⑥ 수평 직선 비행
⑦ 선회
⑧ 강하 및 진입 착륙
⑨ 수직 착륙

A. 수직 이륙

헬리콥터의 착륙 장치에는 차륜식(Wheel Type)과 스키드식(Skid Type)이 있으며, 착륙 장치에 관계 없이 헬리콥터의 이륙은 통상 지상에서 1～3m의 높이에 수직으로 상승하여 하버링하는 것에서부터 시작된다.

차륜식의 헬리콥터라도 항공기와 같이 지상을 활주하면서 이륙하는 것은 더물고 헬리포트를 이용하여, 이 · 착륙하는 헬리콥터에서는 이 · 수직 이륙에 의한 하버링으로부터의 이륙이 일반적인 방법이다.

수직 이륙의 조종은 다음에 설명하는 하버링의 조종과 아주 비슷하다. 그러나 이륙 조작의 초기에 있어서는 기체 중량이 완전히 착륙 장치에 작용하여 지면과의 사이에 마찰력이 작용하고 있으므로 사이클릭 스틱이나 러더 페달의 위치가 적정하지 않더라도 기체는 움직이지 않지만, 콜렉티브 피치 레버를 서서히 올려감에 따라 기체가 부양하기 시작하면 지면과의 마찰력이 급히 감소한다. 그때 사이클릭 스틱이나 러더 페달의 위치가 적정하지 않으면 기체가 급히 수평 방향을 이동하거나 회전하게 된다.

그러므로 그와 같은 현상이 발생하지 않도록 조종사는 이륙 조작에서 콜렉티브 피치 레버를 올리면서 실제로는 기체가 부양하기 전부터 약간의 기체의 움직임을 감지하여 사이클릭 스틱과 러더 페달에 의해 수직 상승을 위한 조종을 하고 있는 것이다. 그러나 헬리콥터에는 조종을 할 때 어려운 특성이 있다. 전문적으로는 커플링(Coupling)이라고 부르는데, 예를 들어 이륙을 위해 콜렉티브 피치 레버를 올리면 메인 로우터의 토큐가 증대하고 이에 따라 기체에 발생하는 앤티 토큐(Anti Torque)도 커지므로 기체는 우로 회전하려고 한다.

기수 방위를 유지하기 위해서는 콜렉티브 피치의 조작에 맞추어 좌측 러더 페달을 밟아서 기수 방위의 편향을 수정하여야 한다. 좌측 러더 페달을 밟음으로서 테일 로우터의 추력이 커지면 그 반력으로 기체가 우측으로 가기 시작하므로 사이클릭 스틱을 좌로 조작하여 우측 진행을 멈추어야 한다. 콜렉티브 피치 레버를 내리면 이것과 아주 반대인 움직임이 기체 반응으로 나타난다.

이러한 커플링을 이제부터 설명할 헬리콥터의 모든 비행 형태에서의 조종조작에도 공통되게 발생하여 하나의 조종키(Control Key : 콜렉티브 피치 레버, 사이클릭 스틱, 러더 페달)를 조작하면 그 부작용으로 목적 이외의 기체 운동이 연쇄적으로 일어난다. 이것 때문에 헬리콥터 조종은 하나의 키(Key)를 단독으로 조작하는 것은 거의 없으며 항상 3가지를 동시에 조화시켜 조작하여야만 한다.

이와 같이 하여 헬리콥터의 동작에 주의하면서 콜렉티브 피치 레버를 조용히 올려 천천히 기체를 부양시켜서 지상 1～3m의 높이까지 수직으로 이륙상승한다.

이륙중에 기체가 옆으로 이동하거나 후퇴하는 것은 위험하므로, 특히 주의하여야 한다.

B. 하버링(공중 정지)

헬리콥터의 가장 특징적인 비행 상태로서 공중의 한 지점에 헬리콥터를 정지시키는 조종이다. 비행기나 글라이더(Glider)와 같이 일정한 전진 속도를 유지하지 않으면 양력을 얻을 수 없는 경우에는 공중에 정지하려고 하면 실속되어 추락해 버리므로 불가능한 비행이다.

하버링에는 지면 효과를 받는 하버링과 지면 효과를 받지 않는 하버링의 2종류(그림 5-57)가 있으며 이륙할 때는 전자의 영향을 받는다.

하버링의 조종은 콜렉티브 피치 레버로 고도를 유지하면서 사이클릭 스틱과 러더 페달로 위치와 방향을 일정하게 유지하도록 조종한다.

하버링은 헬리콥터 만이 가능한 비행이지만, 헬리콥터 비행중에서도 가장 불안정한 비행이기도 하다. 그 때문에 미묘한 각 조종키(Control Key)의 조작이 필요하며 각각이 바르게 조화되지 않으면 헬리콥터를 공중에 정지시킬 수 없다.

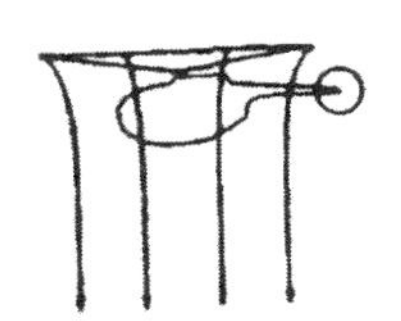

(a) 지면 효과 외 하버링
로우터의 하향 바람은 아래 방향으로 흘러 소멸한다.

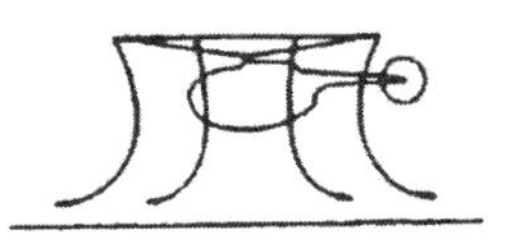

(b) 지면 효과 내 하버링
로우터의 하향 바람이 지표면에 닿아 에어쿠션 상태를 만든다.

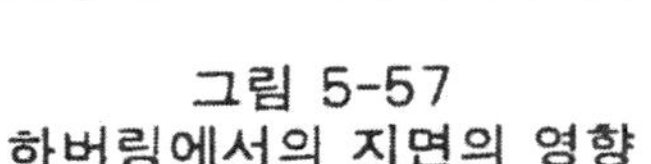

그림 5-57 하버링에서의 지면의 영향

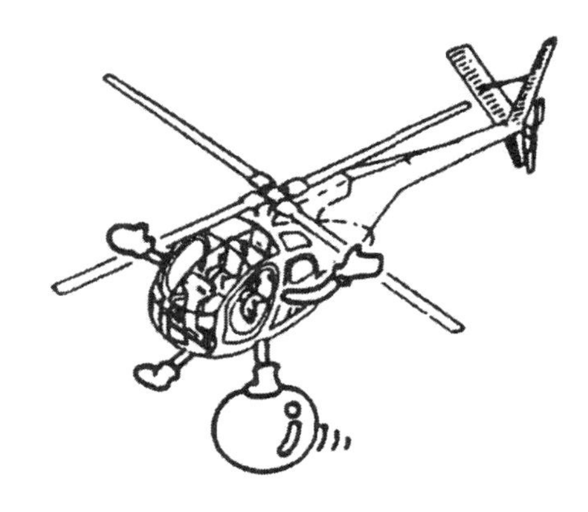

그림 5-58 하버링의 조종 균형

조종사는 항상 기체의 움직임을 주시하여(실제로는 움직이기 시작하는 징후를 보아) 부적절한 키(Key)를 반사적으로 수정 조작하고 있다. 간단하게 보이는 이 비행은 실제로는 곡예사의 공타기와 같은 균형 감각이 요구되는 비행이다(그림 5-58).

하버링 비행에서는 조종키에 의한 커플링(Coupling)의 영향이 가장 현저하게 나타나므로 각 키의 조작량은 최소한으로 하여야 한다. 또, 지면 근처의 비행이라는 점에서 지상의 대상물을 매개로 헬리콥터 움직임이 크게 느껴지기 때문에 수정 조작이 커지는 경향이 있다. 이 수정 조작이 클 때에 헬리콥터는 안정된 하버링을 할 수 없다.

C. 하버링 선회

기본적으로 앞에서 설명한 하버링 조종과 같으나, 하버링하고 있는 위치와 고도를 유지하면서 러더 페달을 조작하여 기수 방위 만을 바꾸는 조종이다. 러더 페달의 조작은 원하는 방향으로 기수가 향하도록 선회 속도를 조절하면서 행한다. 선회함에 따라 헬리콥터가 받는 바람의 방향이 변화하여 선회율이나 하버링 위치, 고도가 변화되기 쉬우므로 기체가 받는 바람 방향을 고려하여 조종해야 한다.

D. 하버링 택시(지상 활주)

비행장과 같이 지표면이 포장된 장소에서의 이동은 차륜식 헬리콥터의 경우, 항공기와 같이 지상을 차륜으로 활주하지만 스키드식 헬리콥터는 하버링하면서 이동한다. 이것을 하버링 택시라고 하여 지상 활주(Ground Taxi)와 구별한다. 차륜식 헬리콥터라도 지면의 굴곡이 심한 지역에서의 이동은 이 하버링 택시를 사용한다.

콜렉티브 피치의 조정에서 하버링 고도를 유지하면서 사이클릭 스틱을 조작하여 달리는 정도의 속도로 전진한다. 러더 페달은 헬리콥터 축이 진행 방향으로 바르게 향하도록 한다.

택시 조종은 하버링 조종의 연장으로 생각하여 치밀한 조종을 하지 않으면 순조로운 택시를 할 수 없다. 특히, 콜렉티브 피치가 큰 조작은 커플링(Coupling)에 의해 기체 자세를 흐트리는 큰 원인이 된다.

또, 택시 속도는 주위의 상황을 잘 보아 전방에 장해물을 발견하였을 때, 즉시 정지할 수 있는 속도로 한다.

E. 이륙 및 상승

보통 비행장이나 헬리포트로부터의 이륙 상승은 하버링으로부터 개시된다. 앞에서 설명한 수직 이륙은 문자대로 헬리콥터가 지면에서 떨어져 공중에 하버링하기 위한 조작이지만 일반적으로 말하는 이륙 조작은 여기서 설명하는 하버링으로부터 가속 및 상승의 일련된 조작을 말한다.

저속이라도 실속의 염려가 없는 헬리콥터는 출력에 여유가 있을 경우 실지로 여러가지 자세로 이륙이 가능하다. 수직 상승 이륙이나 후진하면서 이륙도 가능하다. 그러나, 일반적으로는 다음의 3가지 방식이 이륙의 기본 형태로 되어 있다.

① 정상 이륙(Normal Take off)
② 최대 성능 이륙(Maximum Performance Take off)
③ 활주 이륙(Running Take off)

a. 정상 이륙(그림 5-59)

그림 5-59 정상 이륙

지면 효과를 받는 하버링에서 H—V 선도의 금지 영역을 피하면서 가속하여 최대 상승률 속도(V_Y)에서 이륙 상승하는 방법으로서 기종마다 헬리콥터 제작사가 추천하는 이륙 방법으로서 수행하므로 이륙 조작 순서를 비행 규정에 나타내고 있다.

이륙 조작은 낮은 고도에서 이륙 출력까지 신속히 출력을 증가하여 하버링에서 엔진 계기와 기타 계기를 잘 점검하여 이상이 없음을 확인한 뒤 행한다. 사이클릭 스틱을 전방으로 조작하여 전진시 달리는 것을 돕는 것과 함께 콜렉티브 피치 레버를 조작하여 기체가 침하하지 않도록 지탱한다.

전진 속도가 증가함에 따라서 전이 양력이 발생하여 부력이 증가하므로 사이클릭 스틱을 더욱 전방으로 조작하여 최대 상승률 속도(V_Y)까지 증속을 계속한다. 콜렉티브 피치 레버도 속도 증가에 알맞는 출력을 얻도록 조작하면서 이륙 출력까지 순조롭게 출력을 올린다.

가속중에는 메인 로우터가 받는 바람(공기의 흐름)이 미묘하게 변화하여 공기역학적으로 복잡한 영향을 받으므로 헬리콥터의 자세도 복잡한 변화를 보인다. 사이클릭 스틱은 가속 뿐만이 아니고 이들 자세 변화의 수정도 겸하여 조종하게 되어 있다.

러더 페달은 출력 변화나 바람의 영향에 의한 기수 방향의 흐트러짐을 수정하여 항상 진행 방향으로 맞추도록 조작해야 한다.

H—V 선도의 금지 영역을 피하도록 속도/고도를 조절하면서 가속하여 속도계의 지시가 V_Y에 도달하는 약 10kt 앞에서 사이클릭 스틱을 약간 후방으로 당겨 가속을 멈춘다(속도계의 지시는 사이클릭 스틱 조작에 약간 늦게 따라오므로 속도계가 V_Y를 지시한 뒤 가속 조작을 멈추면 늦는다). 이 사이클릭 스틱 후방 조작에 의해 헬리콥터는 기수 상승 자세가 되어 상승으로 옮겨진다. 이 조작을「로테이션(Rotation)」이라고 한다.

속도 V_Y를 유지하면서 이륙 출력으로 안전 고도에 이르기까지 상승시키면 일련의 정상 이륙 조작이 완료된다.

이륙은 바람을 마주하면서 행하는 것이 원칙이다.

배풍 이륙은 이륙 거리를 길게 함과 동시에 예상 이상으로 전이 양력을 얻는 것이 느리고 이륙을 위한 필요 마력도 커져서 지형에 따라서는 위험한 경우도 있으므로 피해야 한다.

b. 최대 성능 이륙(그림 5-60)

이륙 경로상에 장해물이 있기 때문에 정상 이륙의 상승각으로는 장해물의 회피가 불가능하다고 조종사가 판단했을 때 사용되는 이륙 방법이다.

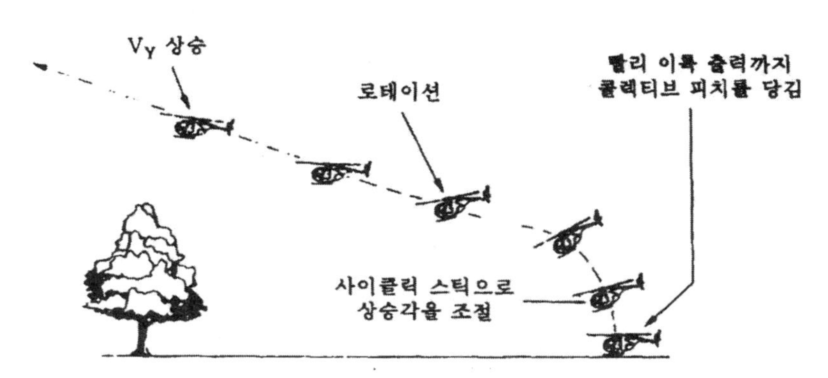

그림 5-60 최대 성능 이륙

효율적으로 급격한 각도로 상승을 하기 위해서는 낭비가 없는 이륙 출력으로서의 가속이 필요하지만, 급격한 콜렉티브 피치 조작은 출력 조정의 정확도가 결여되므로 주의해야 한다. 또, 단시간에 급격한 각도의 상승으로 전환되므로 3키의 조화가 특히 많이 요구된다.

전방에 장해물과의 안전 간격을 유지하기 위한 상승각의 설정은 이륙 조작시의 상승률과 전진 속도에 의해 정해지지만, 일반적으로 콜렉티브 피치는 신속하게 이륙 출력을 얻을 수 있도록 조작하여 사이클릭 스틱에서의 가속 방법으로 상승각을 조절한다. 다시 말해서 가속을 빨리 하면 상승각은 작아지고 천천히 가속하면 상승각은 깊어진다.

이와 같이 최대 성능 이륙은 상승각이 커져서 일시적으로 $H—V$ 선도의 저속 금지 영역에 들어갈 가능성이 있으므로 주의가 필요하다.

c. 활주 이륙(그림 5-61)

그림 5-61 활주 이륙

무거운 하중, 높은 온도, 높은 밀도 고도 등 이륙시에 충분한 엔진 출력을 기대할 수 없는 상태에서의 이륙시 사용되는 방식이다.

이 이륙 방식은 왕복 엔진이 장착된 헬리콥터의 출력 부족을 보충하는 이륙 방법으로 채용되었던 것이었지만, 최근의 헬리콥터는 고성능 가스터빈 엔진을 탑재하여 충분한 이륙 성능을 가진 것이 많고, 또 이 이륙 방식은 활주하기 위해 넓은 헬리포트(Heliport)가 필요한 점 때문에 현재에는 잘 이용되지 않게 되었다.

콜렉티브 피치 레버를 이륙 출력까지 당겨 지면과의 마찰력을 가능한 한 작게 한 뒤, 사이클릭 스틱을 조금씩 반복 조작하여 활주하면서 전진 속도를 증가시키며 전이 양력이 얻어지는 것을 기다린다. 전이 양력이 발생하여 기체가 뜨기 시작하면 스틱을 더욱 앞으로 눌러 가속시켜 최대 상승률 속도(V_Y)를 얻은 뒤 상승으로 옮아간다. 활주중은 특히 기수 방향을 정확히 유지해야 한다.

F. 상승에서 수평 비행

이륙하여 계속적인 상승으로 안전 고도, 또는 순항 고도에 달하면 수평 비행으로 옮겨진다.

a. 상승에서 수평 비행으로의 이행(그림 5-62)

수평 비행으로의 이행은 목표 고도에 도달하는 약 50ft 전부터 사이클릭 스틱을 전방으로 조작하여 기수를 낮추어서 수평 비행 자세를 확립한다. 고도계의 지시를 보면서 목표 고도에서 알맞게 수평 비행으로 옮기도록 기수를 내린다.

상승 속도에서 순항 속도로의 가속은 상승 출력을 유효하게 이용해야 한다. 그러기 위해서는 목표 고도에서 즉시 콜렉티브 피치를 내리지 말고 사이클릭

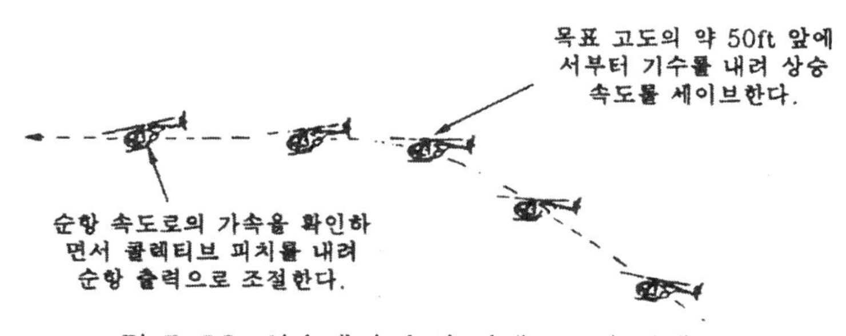

그림 5-62 상승에서 수평 비행으로의 이행

스틱을 전방으로 조작하여 상승 에너지를 가속 에너지로 변환시켜서 순항 속도에 도달하기 약간 전에 속도계의 지시가 늦어지는 것을 예측하여 콜렉티브 피치를 내려 이륙 출력에서 순항 출력으로 조정한다.

b. 수평 직선 비행

순항 상태에서의 수평 직선 비행은 동일 고도를 일정 속도로 비행하는 비교적 단순한 조종이나, 이 수평 직선 비행도 정확히 하려고 하면 의외로 어렵다. 잠시 다른 것에 정신이 팔리거나 비행 계기에 주목하지 않으면 고도나 속도, 침로가 곧 변화되어 버린다. 그 때문에 조종사는 항상 고도계, 속도계, 자세 지시기, 방위 지시기, 선회 경사계 등의 비행 계기에 주목하면서 설정된 비행 제원을 유지하도록 조종한다.

하버링이나 저속 비행에서는 고도 변화에 대한 수정이 주로 콜렉티브 피치 조작에 의하여 이루어지나, 순항과 같이 고속으로 비행하고 있을 때에 약간의 고도 수정을 하기 위해서는 콜렉티브 피치 레버는 그대로 두고 사이클릭 스틱으로 약간 기수를 올리거나(속도가 줄어 고도가 올라감) 내려서(속도가 늘어 고도가 내려감) 조작하는 것이 유효하다.

콜렉티브 피치 조작에 의한 고도 수정은 커플링에 의해 기체 자세가 변화하므로 대응 조종키(Control Key)가 복잡해진다. 물론, 큰 고도 수정이 필요한 경우는 콜렉티브 피치 조작을 하는 것이 가장 효과적이다.

G. 선회

전진 비행중의 선회에는 상승 선회, 수평 선회, 강하 선회가 있다. 하버링이나 극저속 비행에서의 선회는 주로 러더 페달로 조작하지만, 전진 비행중의 선회는 사이클릭 스틱을 주로 사용하여 러더 페달을 추가적으로 조화시켜 조작한다. 또, 선회에는 완만한 선회(경사각 15°), 정상 선회(30°), 급선회(45°)가 있으며 각각의 비행 상황에 따라 용도가 다르다.

상승 선회는 출발시의 이륙 상승중에서의 비행 경로의 전환 등에 사용되며, 수평 선회는 순항시의 비행 경로 전환이나 진로 수정 등에 사용된다. 또 강하 선회는 착륙 진입중의 방향 전환 등에 사용된다.

선회 조작은 사이클릭 스틱을 선회 방향으로 누름으로서 메인 로우터 회전면을 가로 방향으로 기울인다. 이 조작 만으로도 선회에 들어가지만 동시에 옆미끄러짐을 일으킨다. 이 옆미끄러짐을 방지하기 위하여 러더 페달을 선회 방향으로 조작한다.

옆미끄러짐 상태는 계기 판넬상의 선회 경사계로 확인할 수 있다. 또, 선회 때문에 메인 로우터의 회전면이 기울어지므로 양력이 감소하여 지금까지 균형을 이룬 양력과 기체 중량의 균형이 깨져 고도가 내려간다. 이것을 보충하기 위해 콜렉티브 피치의 조작도 동시에 행해야 한다. 콜렉티브 피치의 조작량에 의하여 선회하면서 상승하거나 강하하며 동일 고도를 유지하기도 한다.

선회 비행은 좌선회, 우선회시 조종에 능숙함, 미숙함이 생기기 쉬운 비행이다. 조종석이 기체축상에 없기 때문에 발생하는 감각적인 불평형에 기인하는 경우와 선회 방향에 따라 다른 비행 특성(기수 상승 및 기수 하강)의 차이에 의한 경우가 있다.

H. 강하 및 진입 착륙

a. 수평 비행에서 강하로의 이행(그림 5-63)

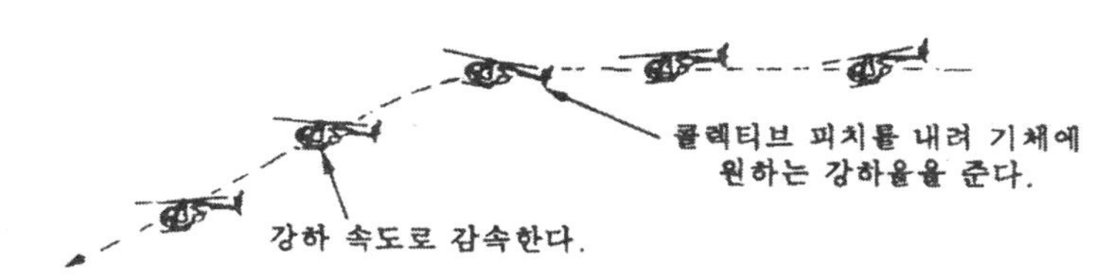

그림 5-63 수평 비행에서 강하로의 이행

수평 비행에서 강하로 옮기려면 단지 순항 고도를 낮은 고도로 변경하는 경우와 계속 진입 착륙을 도모하는 경우가 있다. 순항 고도를 변경하기 위한 목적으로 강하할 경우에는 순항 속도를 유지한 채 강하하지만 착륙을 위한 강하에서는 착륙 진입에 알맞는 강하 속도로 미리 감속하면서 강하로 옮긴다.

조작 순서로는 먼저 콜렉티브 피치 레버를 내리고 기체에 원하는 강하율을 준다. 우측 러더 페달을 밟아 기체의 옆미끄러짐을 방지하는 것도 잊어서는 안된다. 사이클릭 스틱에 의해 원하는 강하 속도로 조정한다.

일반적으로 싱글 로우터 헬리콥터에서는 콜렉티브 피치를 내리면 기수가 내려가며, 올리면 기수가 올라가는 특성이 있다. 따라서, 강하 비행으로 조작할 때는 기수를 내림으로서 속도가 빨라지기 쉬우므로 속도 유지에 주의해야 한다.

b. 최종 진입에서 착륙

최종 진입의 형태에는 크게 나누어 다음의 3종류가 있는데, 착륙 장소의 지형이나 이·착륙 항공기의 혼잡 등을 고려하여 조종사의 판단에 의해 나뉘어 사용된다.

① 정상 진입(Normal Approach)
② 고속 진입(High Speed Approach)
③ 저속 급각도 진입(Steep Approach)

최종 진입이란, 착륙할 때 최종적으로 착륙점에 마주하여 직선 진입하는 강하 비행을 말한다. 착륙 지점에 확실히 도달하기 위해 스스로 설정한 경로 진입각을 벗어나지 않도록, 특히 정확한 조종이 요구된다.

① 정상 진입 착륙(그림 5-64)

정상 진입은 속도 V_Y, 진입각 6~7°에서 실시한다. 정확한 진입각에서 강하한 경우, 대지 고도 150ft(약 50m)에서부터 착륙에 대비하여 감속 조작을 시작한다.

감속 강하중의 속도와 고도의 관계는 그 헬리콥터의 비행 규정에 나타난 있는 H—V 선도를 고려한 제원에 따라 조종해야 한다. V_Y 이하로 감속하면 감속에 따라 침하가 커지게 되므로 콜렉티브 피치를 조작하여 진입각을 유지한다.

착륙 지점상에 하버링하기 위해 일정한 감속률로 감속을 계속하지만, 일반적으로 속도계는 극저속(약 20kt 이하)에서는 신뢰성이 결여되기 때문에 지면의 흐름에 의해 시각적으로 속도감을 느끼면서 착륙 지점 위의 대지 고도 1~3m에서 하버링하여 착륙 조작을 종료한다. 횡풍을 받는 진입에서는 코스에서 벗어나지 않도록 수정 조작이 필요하다.

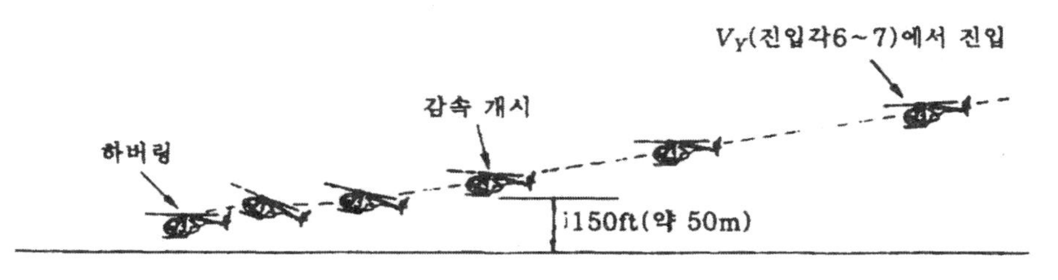

그림 5-64 정상 진입 착륙

② 고속 진입 착륙(그림 5-65)

비행장과 같이 장해물이 없는 넓은 장소에서 다음의 진입 항공기에 빨리 진입 코스를 제공해주는 등 필요에 따라 사용되는 진입 방법이다.

속도 약 100kt로 정상 진입보다 약간 작은 4~5°의 진입각으로 최종 진입 경로에 들어간다. 대지 고도 150ft(약 50m)까지 속도 100kt를 유지하며, 거기서부터 급감속 조작에 들어가 착륙 지점상에 하버링하는 진입 방법으로 급감속 과정에서는 감속을 위한 기수 상승 조작에 의해 기체가 상승하지 않도록 콜렉티브 피치를 크게 내려야 한다.

그런 다음에 하버링으로 옮기기 위해 콜렉티브 피치를 크게 올리게 된다. 그 때문에 러더 페달의 조작도 콜렉티브 피치의 조작에 맞추어 감속 과정에서는 우측 러더를 밟고 하버링으로 이행할 때에는 좌측 러더를 밟아 기수 방위를 유지해야 한다.

이와 같이 고속 진입에서 급감속 정지하기 때문에 기체 자세는 크게 변화하게 되지만, 사이클릭 스틱 조작에 의한 기체의 움직임(상승 또는 침하)을 보아 진입각과 기수 방위를 유지하므로, 콜렉티브 피치와 러더 페달의 조작의 전환 시기와 조절량을 순간적으로 판단하여 신속히 대응해야 한다.

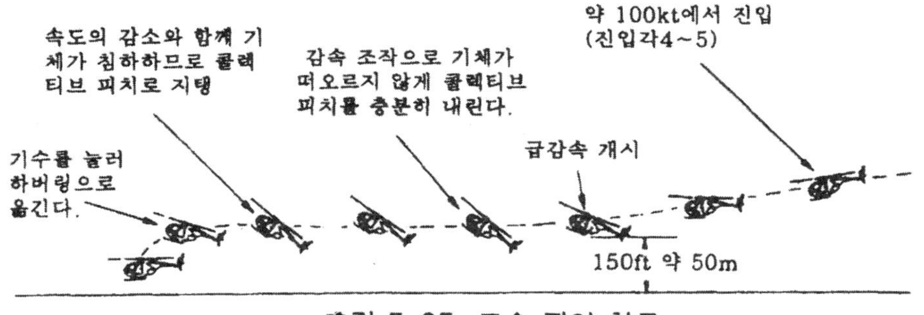

그림 5-65 고속 진입 착륙

③ 저속 급각도 진입 착륙(그림 5-66)

진입 경로상의 장해물 등에 의해 정상 진입각에서는 진입할 수 없는 장소에서 사용된다. 진입각은 20°를 표준으로 하며 기종에 따라서는 *H—V* 선도의 저속 금지 영역에 들어갈 우려가 있으므로 주의가 필요하다. 또 이 진입 방법은 앞에서 설명한 것처럼 지상 장해물을 피하기 위한 것이기 때문에 그다지 높은 고도에서 급각도로 진입할 필요가 없어 정상 진입의 후반으로부터 저속 급각도 진입으로 전환하는 것이 일반적이다.

안전 간격을 유지하며 장해물을 피한 시점에서 속도가 40kt가 되도록 서서히 감속하면서 장해물의 상공을 통과한다. 장해물을 회피하면 즉시 급각도 진입으로 전환하면서 감속에 들어간다. 장해물 회피를 확인하고 급각도 진입을 실시할 때 보이는 착륙 지점과 자기 위치를 이은 가상의 직선이 실제의 급각도 진입각이 된다. 이 가상의 진입각에 따라 속도와 강하율을 조정하면서 강하를 계속하여 착륙 지점상에 하버링한다.

진입각이 깊어서 착륙 지점이 잘 보이지 않는 경우와 착륙할 때 정상 진입이나 고속 진입의 경우와 같이 감속 조작에 의한 플레어 효과(Flare Effect)를 기대할 수 없으므로, 하버링에 대비하여 미리 출력을 증가시켜 강하율을 작게 하여 천천히 진입하여야 한다.

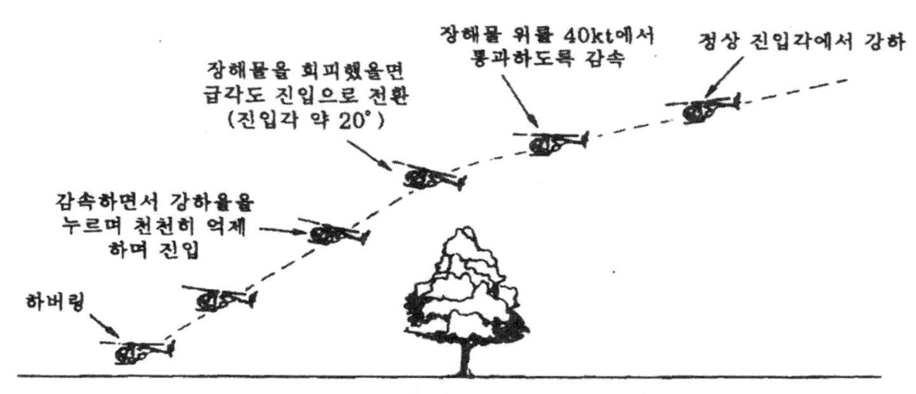

그림 5-66 저속 급각도 진입 착륙

④ 활주 착륙(그림 5-67)

헬리콥터의 이·착륙은 보통 지면 효과를 받는 하버링부터 개시되는데, 이 상태의 하버링이 끝나면 앞에서 설명한 예외적인 활주 착륙의 방법이 있다. 높은 기온, 높은 밀도 고도, 무거운 하중 등의 이유로 착륙시에 출력이 부족하여 하버링은 무리라고 조종사가 판단했을 때 사용되는 착륙 방법이다. 또 쌍발 헬리콥터가 한쪽 엔진 고장 상태에서 긴급 착륙할 때에도 이·착륙 방법을 사용한다.

이 방법은 출력 부족은 전진 비행함으로서 얻어지는 전이 양력으로 보충하려는 것으로 접지할 때까지 일정 속도을 유지할 필요가 있으며 활주 착륙이 가능한 어느 정도의 넓은 착륙장이 아니면 실시할 수 없다.

또, 활주 착륙을 이용해야 하는 상황에서는 콜렉티브 피치 조작으로 자유롭게 진입각을 수정할 수가 없으므로, 진입 초기부터 신중한 조종으로 정확한 진입이 필요하며 특히 안전 속도의 유지가 중요하다.

V_Y에서 진입을 계속하여 대지 고도 50ft(약 15m)에 달하여 확실히 착륙장에 도달할 수 있다고 판단되면 기체의 침하에 주의하면서 감속하여 대지 속도 10~15kt에서 활주 착륙을 한다.

러더 페달로 기수 방향을 바르게 진입 방향에 맞추어 접지하지 않으면 접지시의 마찰로 기수 방향이 바뀔 우려가 있으므로 주의해야 한다. 접지 후의 활주중에도 기체가 정지하기까지 러더 페달에 의한 방향 조종을 계속해야 한다. 접지하면 조용히 콜렉티브 피치를 내려 기체를 정지시킨다. 활주를 멈추려고 사이클릭 스틱 조작으로 감속해서는 안된다.

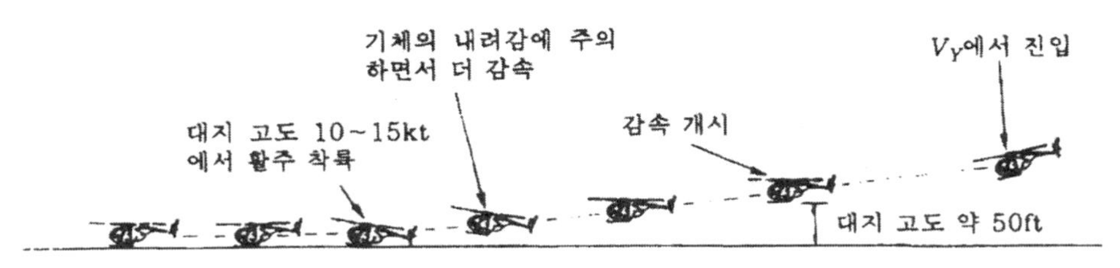

그림 5-67 활주 착륙

I. 하버링으로부터의 수직 착륙

비행의 결말은 하버링으로부터의 수직 착륙이다. 조종 조작은 최초에 설명한 수직 이륙 조작의 반대가 된다. 사이클릭 스틱으로 하버링 위치를 유지하면서 수직으로 강하한다. 부드러운 착륙을 위한 접지 직전의 콜렉티브 피치 조작에는 미묘한 강하율 조절이 필요하다.

또, 접지하더라도 콜렉티브 피치 레버를 최저 위치로 끝까지 내리기까지는 하버링 조종을 계속해야 한다.

이상으로 헬리콥터의 이륙에서 착륙까지의 비행을 각각의 비행 형태로 구분하여 그 조종을 설명했는데, 이와 같은 기본적인 비행 외에도 헬리콥터 특유의 비행이 있다. 다음에 이들 중에서 중요한 것 만을 설명한다.

2) 헬리콥터 특유의 비행

A. 오토 로테이션 착륙(Auto Rotation Landing)

헬리콥터는 엔진이 고장나도 오토 로테이션 착륙이 가능하므로 안전하다고 할 수 있다. 그러나 그것은 올바른 조종과 적당한 불시착 장소가 있어야 하는 것을 전제로 한다.

엔진의 신뢰성이 높아져서 최근에는 비행중에 엔진 고장이나 엔진 정지시에 실제로 오토 로테이션 착륙을 한 예는 거의 찾아 볼 수 없게 되었으나, 100%의 신뢰성이 보증되지 않는 한 그것에 대응하는 긴급 조작 순서를 준비해 두어야 한다. 그것이 오토 로테이션 착륙 조작이며 테일로터 고장시에도 유효한 착륙 방법으로서 사용된다.

오토 로테이션 착륙에는 고장 발생시의 비행 상태나 착륙 장소의 조건 등에 따라 조작 방법이 다른 다음의 3가지 착륙 방법이 있다.

① 플레어 오토 로테이션 착륙(Auto Rotation Landing With Flare)
② 노플레어 오토 로테이션 착륙(No Flare Auto Rotation Landing)
③ 하버링 오토 로테이션 착륙(Hovering Auto Rotation Landing)

a. 플레어 오토 로테이션 착륙(그림 5-68)

정상 비행에서의 가장 일반적인 오토 로테이션 착륙 방법으로서 고도에 여유가 있어 조종을 정확히 한다면 좁은 장소라도 안전히 착륙할 수 있다.

엔진 고장과 동시에 메인 로우터 회전수가 저하되므로 이것을 방지하기 위해 즉시 콜렉티브 피치를 내린다. 메인 로우터 토큐도 급격히 감소하기 때문에 기수가 크게 좌로 편향하며 콜렉티브 피치를 내리면 점점 기수가 좌로 흔들리므로 우측 러더 페달을 힘껏 밟아 기수 흔들림을 방지한다. 사이클릭 스틱을 조작하여 속도를 V_Y로 조절한다. 이것으로 일단 오토 로테이션 강하로의 조작이 끝나며 엔진 고장에 의한 위험 상태에서 일시적으로 탈출하게 된다.

그러나, 오토 로테이션 강하는 침하가 빠르고 기종에 따라 다소의 차이는 있으나 평균적으로는 분당 2,000ft의 강하율로 고도가 내려가므로 착지할 때까지 시간적인 여유가 없다. 조종사는 즉시 활공 범위 내에 적당하게 생각되는 불시착 장소를 선정하여 그 방향으로 기수를 향해 강하해간다. 엔진 출력은 없으므로 진입의 수정은 불가능하다. 신중히 진입 경로와 진입각을 조정하면서 강하를 계속하는 동안 착륙시의 2차 재해를 예방하기 위해 엔진을 정지 상태로 하여야 하므로 연료 콕크를 잠그고 더 여유가 있다면 전원(Electric Power)도 끈다.

대지 고도 약 100ft(30m)에 달하면 사이클릭 스틱을 당겨 플레어 조작을 개시하여 강하율을 일시적으로 유지함과 동시에 착지 속도가 거의 "0"이 되도록 감속하면서 착륙한다. 접지에 맞추어 콜렉티브 피치를 충분히 당겨 올려 착지의 충격을 완화시킨다. 조작 시기를 잘못 선택하면 지면에 충돌하거나 전복되므로 평상시의 훈련과 침착한 조작이 필요하다.

강하중의 메인 로우터 회전수의 저하는 브레이드 실속에 연결되어 위험하므로 특히 주의가 필요하다. 또 강하중의 기체 옆미끄러짐은 강하율을 크게 하여 체공 시간을 단축하게 된다. 접지시의 플레어는 너무 높으면 H—V 선도의 저속 금지 영역에 들어갈 염려가 있으며, 너무 낮은 플레어는 접지 자세를 만회하기가 힘들어 테일 로우터를 지면에 접촉시킬 위험성이 있으므로 2가지 다 충분히 주의해야 한다.

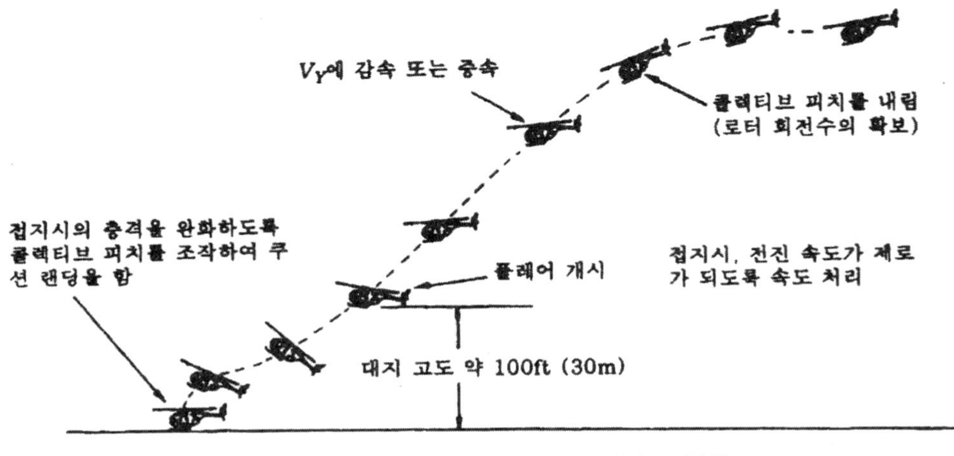

그림 5-68 플레어 오토 로테이션 착륙

b. 노플레어 오토 로테이션 착륙(그림 5-69)

이 착륙 방법은 활주 착륙의 형태를 취하므로 어느 정도 넓이의 불시착 장소가 아니면 실시할 수 없으나, 전진 속도를 이용한 양력의 도움을 얻을 수 있고 착륙 조작이 단순하며 용이하다는 장점이 있어 그만큼 안전한 착륙을 기대할 수 있으므로 조건이 허락되면 많이 이용할 착륙 방법이라 할 수 있다.

오토 로테이션으로의 이행과 그것에 이어지는 강하의 조종 조작은 앞에서 설명한 플레어 오토 로테이션과 같다. 대지 고도 약 100ft에서 서서히 기수를 올려서 감속하고 콜렉티브 피치는 지면의 접근에 맞추어 스무스(Smooth)하게 당겨 부드럽게 착륙하도록 조작한다. 콜렉티브 조작이 너무 크면 접지 전에 메인 로우터의 회전수가 낮아져 실속 낙착이라는 가장 위험한 상태가 되므로 충분한 주의가 필요하다. 착지는 20~30kt에서 하므로 기수 방향의 조절도 기수 방향 변경을 방지하기 위해 중요하다. 접지후의 조작은 활주 착륙에서 설명한 요령과 같다.

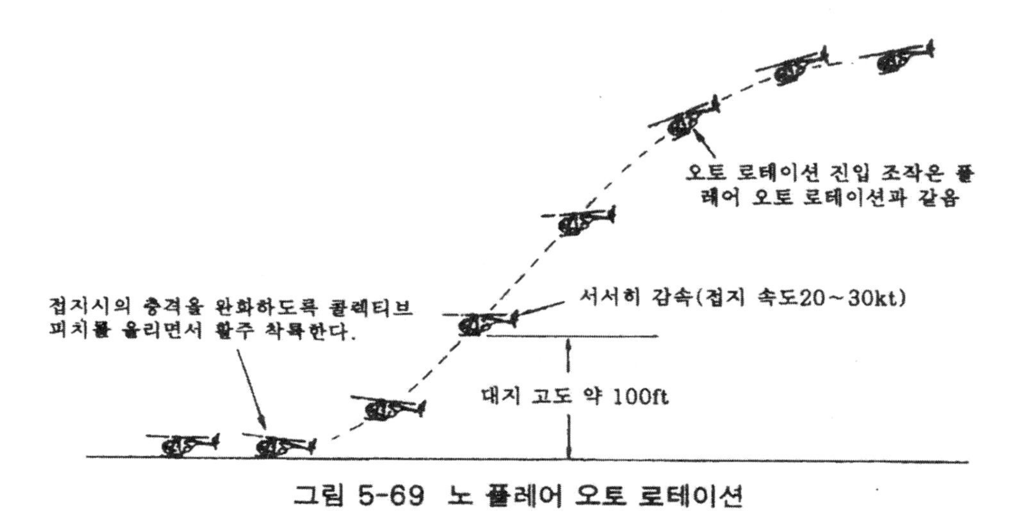

그림 5-69 노 플레어 오토 로테이션

c. 하버링 오토 로테이션 착륙

엔진 고장 등의 좋지 않은 상태는 저고도 비행에서도 발생할 가능성이 있으며 또 하버링 중에도 일어날 수 있다.

지면 효과를 받는 하버링과 같이 극단적으로 대지 고도가 낮을 때는 메인 로우터 회전수 저하의 회복 조작을 위해 콜렉티브 피치를 내릴 여유가 없다. 기체의 하강에 맞추어 접지 직전에 한번에 당겨 부드럽게 착륙한다. 러더 페달은 엔진 고장시의 기수 좌진동과 접지시의 콜렉티브 조작에 의한 기수 우진동에 대응하여 바꿔 밟는 조작이 필요하다. 사이클릭 스틱은 기체가 수직 강하하도록 조종한다. 후진이나 측방향으로 이동하면서 접지하는 것은 위험하므로 약간 전진 조짐이 있을 때 착륙하는 것이 안전하다. 지면이 가까우므로 일순간의 신속한 대응 조작이 필요하다.

이러한 오토 로테이션 착륙도 어떠한 비행 상태에서나 가능하다고는 할 수 없으며, *H—V* 선도에서와 같이 안전한 오토 로테이션 착륙이 보증되지 않는 영역이 존재한다는 것을 잘 이해하여 이러한 영역에 접근하는 비행 상태에 들어가지 않도록 주의해야 한다.

B. 비행중의 급정지(그림 5-70)

고속 비행에서 갑자기 급감속에 들어가고, 또 급정지가 가능한 것은 저속에서도 실속되지 않는 헬리콥터 특유의 비행 때문이다. 장해물 회피를 포함하여 여러가지 경우에 이용되는 비행이다. 여기서는 상세한 조작의 설명은 생략하겠으며, 이 비행은 기체 자세의 변화가 크며 출력 조절도 넓은 폭으로 행해지므로 3키의 조화가 항상 필요하다.

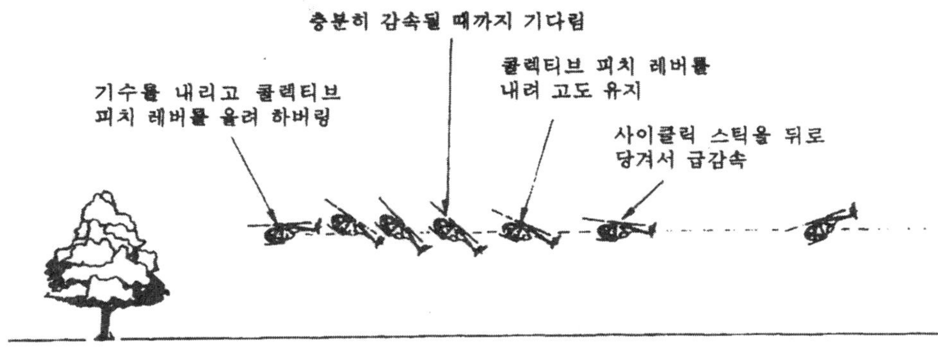

그림 5-70 비행중의 급정지

C. 측방향 비행 및 후진 비행(그림 5-71)

측방향 비행이나 후진 비행은 헬리콥터 특유의 비행이다. 헬리콥터가 전진하기 때문에 메인 로우터의 회전면을 전방으로 기울여 전진력을 얻는 것과 같은 원리로 로우터 회전면을 기축에 대해 횡방향이나 후방으로 기울여 원하는 방향으로 비행할 수가 있다. 그러나, 기체 구조는 이들 비행을 중점으로 설계되어 있지 않기 때문에 안전성이나 공기 저항, 테일 로우터의 조종 능력 등의 이유에서 전진 비행과 같이 고속 비행은 할 수 없으나, 속도 20kt(약 35km/h) 정도 이하에서의 측방향, 후진 비행은 가능하다.

이상 헬리콥터의 조종에 대해 간단히 설명했는데, 「조종은 몸으로 기억하는 것」이라고 말하는 것처럼 읽어서 이해하는 것은 매우 어렵다고 생각된다. 조종에는 말로 표현할 수 없는 감각이 중요한 요소가 되는 부분이 많아 조종 훈련도 실제 헬리콥터의 움직임을 체감하면서 행한다.

헬리콥터의 조종은 실로 변화가 풍부한 내용을 가지면 그만큼 이용 범위도 넓다고 할 수 있다. 그러나, 반면 그 편리함 때문에 비행 환경이 나쁜 장소에서의 비행도 많아 조종사는 조종하는 헬리콥터의 성능과 비행 특성을 충분히 파악하여 안전한 비행, 무리가 없는 조종을 염두에 두어야 한다.

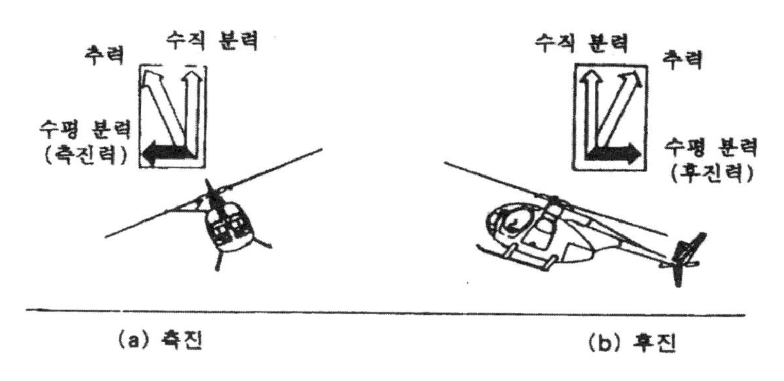

그림 5-71 축진 비행 및 후진 비행

찾아보기

저자 약력

조용욱 금오공고 졸
대한항공 근무
미국 Northrop 대학졸
교통부 항공 정비면허 소지
미국 FAA 항공 정비면허 소지

서 욱 브리엘고 졸
미국 Northrop 대학 졸
UCLA 졸
미국 FAA 항공정비면허 소지

비행원리

1993년 3월 5일 초판발행
2020년 8월 25일 재판발행

저 자 조용욱 · 서 욱
발행처 청 연
주 소 서울시 금천구 독산동 967번지 2층
등 록 제18-75호
전 화 02)851-8643
팩 스 02)851-8644

정가 : 20,000원